Wegweiser durch die Natur

Vögel Mitteleuropas

EIN ADAC BUCH

Dieses Buch entstand in Zusammenarbeit
zwischen dem ADAC Verlag GmbH, München,
und dem Verlag Das Beste GmbH, Stuttgart

Sonderausgabe für den ADAC Verlag GmbH, München

Printed in Germany
ISBN 3-87003-315-0

Wegweiser durch die Natur

Vögel Mitteleuropas

Bearbeitung
Dr. Claus König
Staatliches Museum für Naturkunde,
Stuttgart

Inhalt

Einführung

Einen Vogel erkennt man daran, daß er Federn hat. Fliegen, Singen, Nester bauen, Eier legen oder Wandern – all das können auch andere Tiere; aber nur Vögel haben Federn. Die Reptilien mit ihren Schuppen stehen entwicklungsgeschichtlich den Vögeln am nächsten. Beide Tierklassen hatten einmal, vor langer Zeit, einen gemeinsamen Vorfahren. Aus der Reptilienschuppe hat sich im Lauf der Evolution die Vogelfeder entwickelt.

Wann dies geschehen ist, wissen wir nicht genau. Im Solnhofener Schiefer hat man den Urvogel Archäopteryx gefunden. Inzwischen sind von ihm fünf Exemplare vorhanden. Sie zeigen, daß bereits vor etwa 150 Millionen Jahren die Federn so entwickelt waren wie die der heutigen Vögel. Außerdem besaß der Archäopteryx aber noch Zähne und überdies einen langen, aus Wirbeln bestehenden Schwanz wie die Reptilien. Sein Brustbein war nur wenig entwickelt, und es fehlte ihm der kräftige Kiel, an dem die Flugmuskulatur der Vögel ansetzt. Dies läßt vermuten, daß der Archäopteryx nur schwach mit seinen Schwingen schlagen konnte und wohl in erster Linie ein Gleiter war. Er kletterte vielleicht an Baumstämmen empor oder einen Hang hinauf, um von da aus zu einem nicht allzu weit entfernten Punkt zu segeln.

Die Eroberung der Luft ist der Hauptgrund dafür, daß die Vögel zu einer der erfolgreichsten Tiergruppen der Erde geworden sind, die mit Tausenden von Arten nahezu alle Winkel unseres Globus besiedelt haben. Vögel sind in jeder Hinsicht hervorragend für das Fliegen geeignet. Einige Knochen, die bei den flugunfähigen Vorfahren der Vögel noch getrennt waren – etwa Knochen in den Flügeln und Teile der Wirbelsäule –, sind jetzt miteinander verwachsen und geben so dem Körper mehr Stabilität. Die großen Bein- und Flügelknochen sind hohl, wodurch das Körpergewicht sich verringert. Mächtig entwickelte Brustmuskeln, die an einem Brustbeinkamm ansitzen, können die Flügel kraftvoll bewegen.

Das Herz schlägt sehr schnell, beim Rotkehlchen z. B. achtmal rascher als das des Menschen. Vögel haben von allen Lebewesen auf der Erde wohl die schärfsten Augen. Diese können verhältnismäßig viele Informationen mit der gleichen Schnelligkeit aufnehmen, mit der die sonstigen Lebensvorgänge bei dieser Tiergruppe ablaufen.

Die ungeheure Behendigkeit der Vögel in Verbindung mit ihrer Rastlosigkeit macht die Vogelbeobachtung so faszinierend. Vögel sitzen im allgemeinen nur still, wenn sie sich ausruhen, auf Beute lauern oder ihre Eier bebrüten. Aber auch dann sind sie jederzeit aufmerksam. Ihre Bewegungen sind fast nie ohne irgendeine Bedeutung; jede drückt etwas aus. So können erfahrene Vogelbeobachter erklären, warum sich Vögel so und nicht anders verhalten. Bei eingehender Beobachtung lernt man bald, zwischen einem drohenden Imponieren und einer Werbehandlung zu unterscheiden. Auch erfährt man z. B., wie ein Vogel sein Gefieder pflegt: ob er sich „vorn herum", d. h. vor dem Flügel, das Kopfgefieder kratzt oder ob er den Fuß hinter dem Flügel nach vorn führt. Diese und viele andere Dinge sind wichtig, wenn man das Leben der Vögel verstehen und die einzelnen Arten voneinander unterscheiden will.

Die Klassifizierung der Vögel

Auf der Erde gibt es etwa 8600 Vogelarten. Das moderne Klassifizierungssystem faßt die Vögel entsprechend dem Grad ihrer entwicklungsgeschichtlichen Verwandtschaft in Gruppen zusammen. Jeder Vogel hat dabei einen mehrteiligen wissenschaftlichen Namen.

Die Grundeinheit des modernen Systems ist die Art: eine Gruppe von gleichen Vögeln, die sich miteinander paaren können. Die nächstgrößere Einheit stellt die Gattung dar, eine Gruppe nahe miteinander verwandter Vogelarten, die im allgemeinen deutliche Ähnlichkeiten aufweisen. So ist z. B. die Lachmöwe eine von vielen Arten, die zur Gattung der Möwen gehören. Ein wissenschaftlicher Vogelname nennt stets zunächst die Gattung, dann die Art. Die Lachmöwe heißt wissenschaftlich *Larus ridibundus*.

Wenn eine Gattung deutlich einer oder mehreren anderen ähnelt, werden diese zu einer Familie zusammengefaßt. Möwen sind in mehrfacher Hinsicht Seeschwalben ähnlich. Beide Gattungen gehören deshalb der Familie der *Laridae* an. Manche Fachleute unterteilen diese noch in zwei Unterfamilien: in die *Larinae* (Möwen) und *Sterninae* (Seeschwalben).

Die Familien der Vögel wiederum sind zu 27 verschiedenen Ordnungen zusammengefaßt. Die Familie der Möwen und Seeschwalben gehört zusammen mit verschiedenen anderen See- und Küstenvögeln zur Ordnung *Charadriiformes* – so benannt nach dem griechischen Wort für Regenpfeifer. Alle Ordnungen insgesamt bilden die zoologische Klasse der *Aves*, der Vögel.

Die Vögel Mitteleuropas

Mitteleuropa umfaßt die Bundesrepublik Deutschland und die DDR, Österreich, die Schweiz, Liechtenstein, die Niederlande, Belgien, Luxemburg und Ostfrankreich. In diesem Raum kommen rund 300 verschiedene Vogelarten vor. Die meisten davon sind Brutvögel; andere besuchen Mitteleuropa nur als Durchzügler und Gäste.

Dazu kommen dann noch unregelmäßige Durchzügler, so daß sich die Zahl von 300 noch etwas vergrößert. Durchzügler und Irrgäste verweilen hier meist nur kurz. Aber auch die Brutvögel bleiben häufig nicht während des ganzen Jahres bei uns.

So kann man die Vögel Mitteleuropas grob in drei Gruppen einteilen:

1. Sommervögel; das sind Arten, die nur im Sommerhalbjahr, d. h. während der Brutzeit, in Mitteleuropa weilen. Im Herbst ziehen sie in südliche Regionen ab, meist nach Afrika.

2. Teilzieher; das sind Arten, bei denen ein Teil der Population wegzieht, ein anderer dableibt. Ein typisches Beispiel für einen Teilzieher ist der Buchfink.

3. Jahresvögel; das sind Arten, die das ganze Jahr über in ihrer Brutheimat bleiben und außerhalb der Brutzeit gar nicht oder nur wenig umherstreifen.

Zu diesen drei Gruppen kommen dann noch die bereits erwähnten Durchzügler und Wintergäste. Sie stammen überwiegend aus nordischen Regionen und suchen unseren Raum meist außerhalb der Brutzeit auf. In diesem Buch sind sowohl die Brutvögel als auch die wichtigsten Gäste behandelt.

Manche Vogelarten treten in bestimmten Jahren oft invasionsartig bei uns auf. Man bezeichnet sie als Invasionsvögel.

Wie man dieses Buch benutzt

Dieses Buch ist entsprechend der modernen Vogelsystematik aufgebaut, und die verschiedenen Vogelfamilien werden in einer bestimmten Reihenfolge behandelt. Dabei kommen die ursprünglicheren Arten zuerst und die am höchsten entwickelten zum Schluß. Die Kenntnis der verschiedenen Familiengruppen ist der erste Schritt zum kundigen Vogelbeobachter.

In dem Abschnitt „Die Gruppierung der Vögel" (S. 18–23) sind alle wichtigen Familien aufgeführt und beschrieben, und von jeder Gruppe sind eine oder mehrere Arten abgebildet. Diese Seiten muß man sich zunächst anschauen, wenn man einen unbekannten Vogel gesehen hat. Man vergleicht die Beschreibungen und Illustrationen, um festzustellen, in welche Gruppe der Vogel gehört. Dann schlägt man die entsprechenden Seiten auf, um die Art endgültig zu bestimmen.

Anfängern erklären die ersten Abschnitte des Kapitels „Wie man Vögel bestimmt" (S. 8–17), worauf man zu achten hat, wenn man einen Vogel richtig erkennen will. Wer diese Seiten aufmerksam durchliest, kann sich anschließend rascher in der Kunst üben, die wichtigsten Charakteristika der verschiedenen Arten zu erfassen. Weitere Informationen sind dem Kapitel „Vogelbeobachtung als Hobby" (S. 300–315) zu entnehmen.

Manchmal gibt es auffällige Unterschiede zwischen dem Gefieder eines Männchens und eines Weibchens derselben Art oder zwischen ihrem Winter- und ihrem Sommerkleid oder zwischen dem Alters- und Jugendkleid. Bei jeder Beschreibung im Hauptteil dieses Buches sind die wichtigsten Kleider einer Vogelart abgebildet, um die Bestimmung zu erleichtern.

Die Verbreitungskarten

Die Verbreitungskarten im Hauptteil zeigen an, wo die jeweils behandelte Vogelart vorkommt, bzw. wo man sie am ehesten sehen kann. Die Jahreszeit, in der man einen Vogel beobachtet, oder die Gegend, in der man ihn antrifft, kann ein wichtiger Hinweis für die Bestimmung sein.

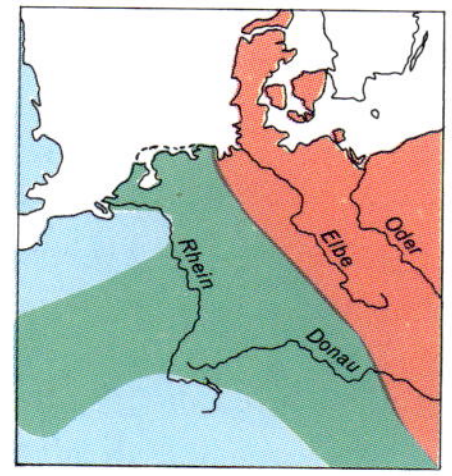

Rot zeigt das Brutgebiet eines Sommervogels an

Blau zeigt, wo sich der Vogel im Winter aufhält

Grün gibt die Verbreitung von Jahresvögeln wieder

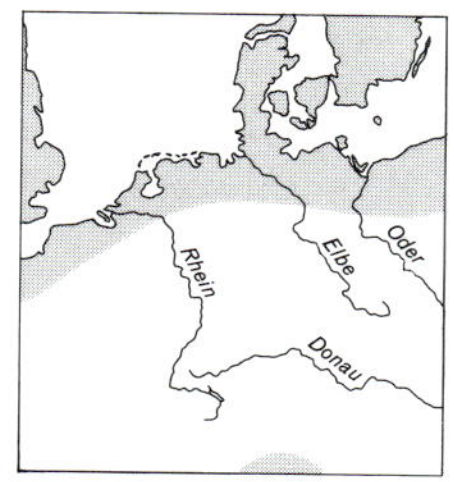

Grau gibt an, wo Durchzügler anzutreffen sind

Die Angaben über die Winterverbreitung von Vögeln und über das Vorkommen von Durchzüglern sind etwas weniger genau als die Darstellung des Brutvorkommens von Jahres- oder Sommervögeln, da sie von zusätzlichen Faktoren abhängen. Überdies kann mancher Vogel auch einmal außerhalb seines normalen Verbreitungsgebietes auftreten.

Wie man Vögel bestimmt

Zu wissen, wonach man schauen muß – das ist der Schlüssel zum Erfolg, wenn man Vögel bestimmen will. Größe, Gestalt und Färbung eines Vogels sind die Merkmale, die am meisten auffallen. Aber wie der Vogel sich bewegt oder sich hält, wie er schwimmt oder fliegt, wie er singt, seine Nahrung aufnimmt oder sich seinem Partner nähert – diese Verhaltensmerkmale sind oft für die Bestimmung der Art ebenso wichtig. Das gleiche gilt für die Jahreszeit und den Ort, wo der Vogel gesehen wurde. Verschiedene Vogelarten besuchen Mitteleuropa nur zu besonderen Jahreszeiten. Andere Vogelarten sind so an bestimmte Biotope angepaßt, daß man sie kaum außerhalb dieser Lebensräume beobachten kann.

Stockente (Weibchen)

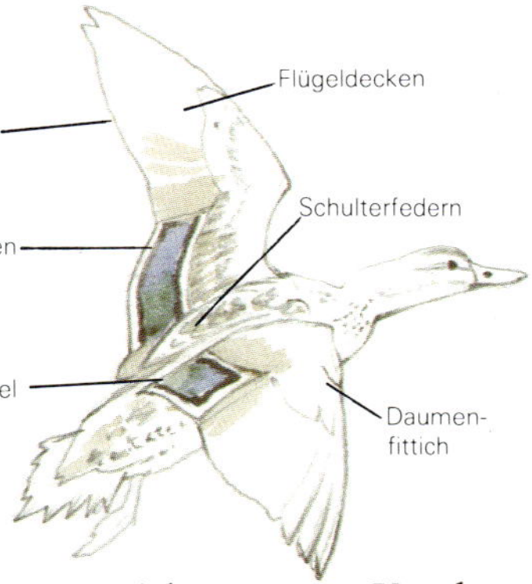

Austernfischer

Haussperling (Männchen)

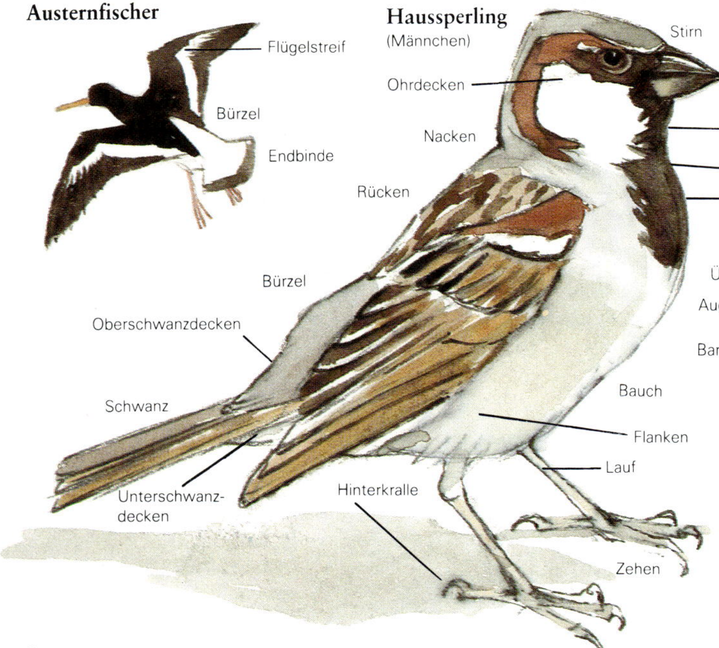

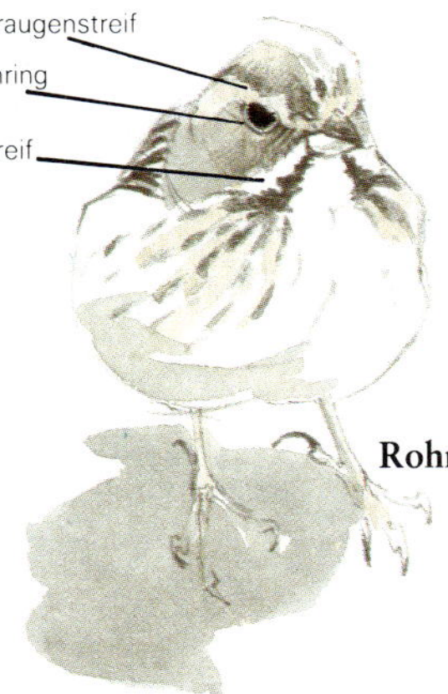

Rohrammer (Weibchen)

Bezeichnungen am Vogel

Die einzelnen Partien am Vogelkörper mit den richtigen Namen zu belegen ist fast ebenso wichtig, wie die Art richtig anzusprechen. Hierzu gibt es verschiedene Fachausdrücke, die auf dieser Seite angegeben sind. Wenn man darauf achtet, wie die mit besonderen Ausdrücken bezeichneten Partien am Vogel gestaltet oder gefärbt sind, wird die Bestimmung sehr erleichtert.

Wie groß ist der Vogel?

Wenn man einen unbekannten Vogel sieht, sollte man zunächst feststellen, wie groß er ist. Am einfachsten ist es, ihn mit einer bekannten Art zu vergleichen. Die Länge eines Vogels wird von seiner Schnabelspitze bis zur Schwanzspitze gemessen. Ein Haussperling mißt beispielsweise 14,5 cm, während eine Amsel fast doppelt so lang ist: rund 25 cm. Die bekannte Stockente ist wiederum mehr als doppelt so lang, nämlich 58 cm, während der recht häufige Höckerschwan 152 cm mißt. Die Gestalt eines Vogels kann ebenfalls für die Bestimmung sehr wichtig sein. Sie ist entweder schlank und zart wie bei einer Bachstelze oder plump und untersetzt wie bei einer Ringeltaube.

Haussperling
14,5 cm; gedrungener Körper mit relativ dickem Schnabel

Amsel
25 cm; kräftig gebaut; altes Männchen mit leuchtendgelbem Schnabel

Bachstelze
18 cm; schlank und langgestreckt

Lachmöwe
38 cm; lange, sp tze Flügel

Ringeltaube
40 cm; stabiler Körperbau, relativ breite Flügel

Stockente
58 cm; gedrungener Körper, lange Flügel

Höckerschwan
152 cm; langer Hals, der S-förmig gebogen wird, wenn der Vogel nicht fliegt

Heckenbraunelle
Bewegt sich meist geduckt am Boden, wobei sie fast dahinrutscht

Haussperling
Bewegt sich auf dem Boden hüpfend fort. Bildet nicht selten lärmende Gesellschaften und nimmt häufig Staubbäder

Star
Man sieht Stare im allgemeinen in Trupps, wenn sie auf dem Boden nach Nahrung suchen. Sie bewegen sich stets laufend, niemals hüpfend fort

Wasseramsel
Steht häufig knicksend auf Steinen im Wasser und taucht nicht selten unter

Kleiber
Klettert an Baumstämmen auf- und abwärts. Verengt den Eingang seiner Bruthöhle mit Erde und Lehm

Wie verhält sich der Vogel?

Manche Vögel laufen, manche hüpfen. Einige lassen sich gewöhnlich hoch oben auf einem Baum nieder; andere halten sich meist dicht am Boden auf, während wiederum andere an Baumstämmen herumklettern. Es gibt Arten, die man im allgemeinen einzeln oder paarweise sieht, während andere gesellig leben. Die Verhaltensweisen der Vögel geben oft wertvolle Hinweise für die Bestimmung der Art.

Zwergtaucher

Schwimmt wie ein Kork auf dem Wasser und taucht mit einem kleinen Sprung plötzlich unter. Danach kommt er meist meterweit von der Untertauchstelle entfernt wieder an die Wasseroberfläche

Baßtölpel

Ein Meeresvogel, der seine Beute stoßtauchend fängt

Brandseeschwalbe

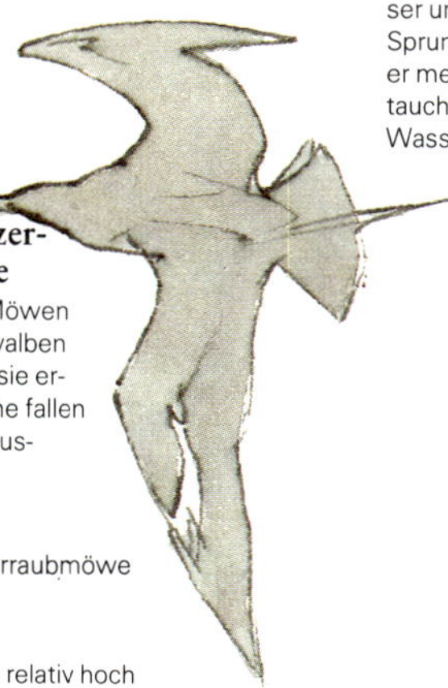

Schmarotzerraubmöwe

Jagt häufig Möwen und Seeschwalben so lange, bis sie erbeutete Fische fallen lassen oder auswürgen

Schmarotzerraubmöwe

Teichhuhn

Liegt beim Schwimmen relativ hoch im Wasser und nickt ständig mit dem Kopf. Bevor es auffliegt, rennt es erst eine Strecke flügelschlagend über die Wasserfläche dahin

Stockente

Fliegt im Gegensatz zum Teichhuhn direkt von der Wasseroberfläche auf. Bei der Nahrungssuche gründeln Stockenten häufig, wobei nur die Hinterhälfte aus dem Wasser schaut

Vögel im Flug

Um Vögel im Flug sicher anzusprechen, muß man auf die Flugweise achten, etwa darauf, ob der Vogel geradlinig oder in einer Bogenlinie fliegt. Auch die Flugsilhouette ist dabei wichtig. Man muß feststellen, ob die Flügel schmal und spitz sind oder ob man einen Vogel mit abgerundeten Flügeln vor sich hat. Gefiederzeichnungen und die Art und Weise, wie Kopf und Beine gehalten werden, sind ebenfalls wertvolle Hilfen bei der Bestimmung des fliegenden Vogels.

Mauersegler
Rasender Flug, mit schnellen, kräftigen Flügelschlägen, denen ein längeres Gleiten folgt. Flügel sichelförmig

Rauchschwalbe
Fliegt leichtflügelig umher und fängt Insekten im Flug. Typisch die tiefe Schwanzgabel

Turmfalke
Steht oft rüttelnd in der Luft; dabei spreizt er den Schwanz. Danach schießt er mit angelegten Flügeln zur Erde, um ein Beutetier zu greifen

Saatkrähe
Breite Flügel mit gefingerten Spitzen. Meist gesellig. Streift vor allem im Winterhalbjahr weit umher

Graureiher
Flug langsam, mit abwärts gebogenen Schwingen. Der Hals wird S-förmig eingezogen, und die Beine ragen weit über die Schwanzspitze hinaus

Grünspecht

Fliegt im Bogenflug, wobei er mit schnellen Flügelschlägen in die Höhe steigt und mit angelegten Flügeln wieder absinkt

Türkentaube

Steigt flügelschlagend in die Höhe und segelt dann mit ausgebreitetem Schwanz langsam hinab

Reiherente

Männchen und Weibchen lassen im Flug eine auffallende weiße Binde sehen

Mittelgroße Eule

Flug langsam und lautlos. Flügelschläge oft weit ausholend, aber fast kraftlos wirkend

Kennzeichnende Merkmale

Häufig zeigen der Schwanz und die Schwingen eines Vogels, der Kopf, der Hals oder der Bürzel auffallende Zeichnungen oder Farbflecke, die für die Bestimmung der Art wichtig sind. Der Ornithologe nennt diese Kennzeichen Feldkennzeichen. Im Flügel gibt es beispielsweise Streifen und Binden oder Flecken. Ein gutes Erkennungsmerkmal ist oft die Form des Vogelschwanzes. Der Schwanz kann tief abgegabelt, eingebuchtet, keilförmig, abgerundet oder gerade abgestutzt sein. Auch die Beinlänge sowie die Form und Länge des Schnabels sind wertvolle Hilfen. Zudem geben sie uns darüber Aufschluß, wie der betreffende Vogel sich ernährt.

Schwalben

Die meisten Schwalbenarten sind an ihrem gegabelten Schwanz zu erkennen. Die Rauchschwalbe hat den am tiefsten gegabelten Schwanz

Bachstelze

Der schlanke Körper und der lange Schwanz sind charakteristisch. Der Schwanz wird häufig wippend auf und ab bewegt

Braunkehlchen und Steinschmätzer

Der Steinschmätzer ist an seinem weißen Bürzel und der weißen Schwanzwurzel deutlich zu erkennen. Beim Braunkehlchen sind weiße Flecken in den Flügeln sowie an den Schwanzseiten charakteristisch

Gartenrotschwanz

Beide Geschlechter zittern häufig mit dem lebhaft orangerot gefärbten Schwanz. Das Männchen ist vor allem durch die schwarze Kehle und die weiße Stirn gekennzeichnet

Regenpfeifer mit Halsring

Der Flußregenpfeifer hat einen gelblichen Augenring und einen einfarbig dunklen Schnabel; der ähnliche Sandregenpfeifer besitzt einen zweifarbigen Schnabel und weist eine andere Beinfärbung auf

Sperber

Ein kleiner Greifvogel mit langem Schwanz und relativ kurzen, gerundeten Schwingen. Er ist ein Überrumpelungsjäger

Baumläufer

Die zwei Baumläuferarten sind an ihrem dünnen, verlängerten und leicht abwärts gebogenen Schnabel zu erkennen. Sie rutschen am Baumstamm in die Höhe und suchen ihre Nahrung in den Rindenspalten

Teichrohrsänger

Der Teichrohrsänger verbirgt sich meist im Schilf, wo er von Stengel zu Stengel hüpft. Der lange, schmale Schnabel verrät den Insektenfresser

Säbelschnäbler

Leicht kenntlich an seinem schwarzweißen Gefieder und dem etwas aufwärts gebogenen, langen Schnabel

Dompfaff

Dieser Finkenvogel ist durch einen kräftigen Schnabel, eine schwarze Kopfplatte und einen weißen Bürzel gekennzeichnet. Das Männchen hat eine leuchtendrote, das Weibchen eine graue Brust

Brandente

Ein typischer Entenvogel mit Schwimmhäuten zwischen den Zehen und mit verbreitertem Schnabel, mit dem er die Nahrung aus dem Wasser sieben kann

Die verschiedenen Federkleider

Bei vielen Vogelarten sind die Männchen prächtiger als die Weibchen. Diese brauchen eine Schutzfärbung während des Brütens; die Männchen dagegen müssen ihr Revier verteidigen und einen Partner anlocken. Junge Vögel können verschiedene Färbungen im Gefieder haben. Die Altvögel von manchen Arten haben ein farbenfrohes Brutkleid und ein unscheinbares Winterkleid.

Mönchsgrasmücke
Nur das Männchen hat eine schwarze Kopfplatte; beim Weibchen ist sie braun gefärbt, bei Jungvögeln bräunlich

Lachmöwe
Das Gefieder verändert sich, je älter der Vogel wird, bis er sein Alterskleid hat; auch gibt es Unterschiede zwischen Brut- und Winterkleid

Alpenschneehuhn
Diese Art hat drei verschiedene Kleider: das weiße Winterkleid, das überwiegend graue Federkleid im Herbst und das braungemusterte im Sommer

Bestimmung nach dem Gesang

Manche Vogelarten, die äußerlich sehr ähnlich sind, unterscheiden sich deutlich durch ihren Gesang. Sogar erfahrene Ornithologen haben Schwierigkeiten, im Freiland den Zilpzalp und den Fitis zu unterscheiden – was jedoch einfach wird, wenn man die verschiedenen Gesänge hört. Der Vogelgesang dient in erster Linie dazu, das besetzte Revier anzuzeigen und einen Partner anzulocken. Wer Vogelstimmen kennt, kann Vogelarten finden, ohne sie zu sehen.

Kiebitz
Die Männchen vollführen im Frühling taumelnde Flüge über ihrem Revier und lassen dabei ihre schrille Stimme hören

Feldlerche
Der Vogel singt meist beim Emporsteigen im Flatterflug. Er ist dabei sehr ausdauernd

Bläßgänse
Typische Gänse, die meist in großen Trupps an der Küste entlangziehen

Wann man die Vögel sieht

Einige Vogelarten besuchen Mitteleuropa zur Brutzeit und ziehen dann nach Afrika oder ins Mittelmeergebiet, um zu überwintern. Zur selben Zeit, wenn die Zugvögel wegziehen, wandern Millionen anderer Vögel aus ihren Brutgebieten im hohen Norden südwärts, um den Winter in unseren Breiten zu verbringen. Darüber hinaus gibt es noch eine Reihe anderer Vogelarten, die zur Zugzeit über Mitteleuropa hinwegziehen, wenn sie auf ihrem Weg von ihren Brutgebieten zum Überwinterungsgebiet sind. Es ist daher wichtig festzuhalten, wann man einen Vogel gesehen hat, weil dies unter Umständen für die sichere Bestimmung äußerst hilfreich ist.

Die Verbreitungskarten im Hauptteil dieses Buches zeigen durch verschiedene Farben an, ob die jeweilige Vogelart in Mitteleuropa ein Jahresvogel ist, ob sie nur im Sommer vorkommt oder ein Wintergast ist. (Siehe Erklärung zur Verbreitungskarte, Seite 7.)

Wo Vögel leben

Die Landschaft, in der man einen Vogel beobachtet, kann häufig eine Hilfe sein, die Art zu bestimmen. Verschiedene Vogelarten sind nämlich an verschiedene Lebensräume angepaßt und halten sich bevorzugt in diesen auf. So ist beispielsweise die Tannenmeise stark an das Vorkommen von Nadelbäumen gebunden. Der Mittelspecht lebt vor allem in Eichen-Hainbuchen-Wäldern. Andere Vogelarten wiederum sind typisch für Weinberggelände oder für Feuchtgebiete.

Die Gruppierung der Vögel

Die Gestalt und die Größe eines Vogels geben für die Bestimmung der Art erste Anhaltspunkte. Zumindest liefert seine ganze Erscheinung doch Hinweise dafür, zu welcher Familie er gehört. Deshalb sind in der folgenden Übersicht von jeder Familie eine oder mehrere Arten abgebildet. Die Texte geben Informationen über wichtige Merkmale. Mit Hilfe dieser Angaben kann man einen unbekannten Vogel, den man gesehen hat, einkreisen und einer bestimmten Familie zuordnen. Näheres findet man dann im Hauptteil des Buches auf den genannten Seiten. Am Kopf jeder Seite ist neben der betreffenden Art auch die Familie genannt, zu der sie gehört.

Seetaucher und Lappentaucher Seite 26–33

Seetaucher sind große Schwimm- und Tauchvögel mit kräftigem Hals, kurzem Schwanz und einem langen, spitzen Schnabel. Während Seetaucher Schwimmhäute zwischen den Zehen haben, sind die Zehen der Lappentaucher lappenartig verbreitert.

Seetaucher
53–84 cm
Küsten- und Binnengewässer

Sterntaucher

Lappentaucher
25–48 cm
Küsten- und Binnengewässer

Ohrentaucher

Sturmvögel, Sturmtaucher und Sturmschwalben Seite 34–35

Sturmtaucher sind Hochseevögel mit langen, schmalen Schwingen und kurzen Schwänzen. Sie segeln oft niedrig über dem Wasser und tauchen nach Nahrung. Zur Brutzeit kommen sie an felsige Küsten. Sturmschwalben fliegen oft flatternd, mit hängenden Beinen über den Wellen.

Schwarzschnabel-Sturmtaucher

Sturmtaucher
36–47 cm
Vögel der offenen See

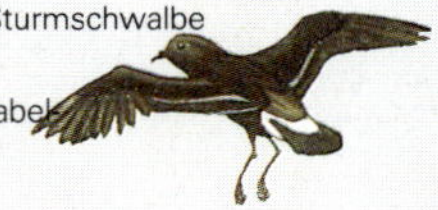
Sturmschwalbe

Sturmschwalben
15–20 cm
Vögel der offenen See

Tölpel und Kormorane Seite 36–39

Tölpel sind große Meeresvögel. Sie tauchen von der Wasseroberfläche aus und verfolgen Fische unter Wasser. Gern setzen sie sich auf Klippen oder auf Pfähle. Dabei öffnen sie ihre Schwingen halb, um sie zu trocknen.

Baßtölpel

Tölpel
90 cm
Meeresvogel

Kormoran

Kormorane
90 cm
Küstenbewohner

Reiher und Störche Seite 40–44

Große Stelzvögel mit langen Hälsen und Beinen und einem langen, spitzen Schnabel. Ihre Flügel sind breit und gerundet. Sie fliegen meist langsam und mit ausgestreckten Beinen.

Rohrdommeln, Reiher und Störche
36–100 cm
Sümpfe und Ufer von Gewässern

Graureiher

Entenvögel Seite 46–79

Die größten Vertreter dieser Familie sind die Schwäne. Weiter gehören die Gänse und Enten dazu. Gänse sind ebenfalls kräftige Vögel mit langen Hälsen und kurzen Beinen. Bei den Enten sind die Männchen im Brutkleid prächtiger gefärbt als die Weibchen. Alle Entenvögel fliegen schnell.

Höckerschwan

Schwäne
120–152 cm
Sümpfe, Seen, Flüsse

Graugans

Gänse
55–100 cm
Sümpfe, Wiesen, Ackerland

Stockente

Enten
36–66 cm
Küsten- und Binnengewässer, Teiche, Seen und Sümpfe

Greifvögel Seite 80–99

Alle Greifvögel haben scharfe, hakenförmige Schnäbel und kräftige, gebogene Krallen, mit denen sie ihre Beute festhalten. Einige segeln, andere rütteln, andere stoßen in rasendem Flug auf ihre Beute. Bei den meisten Arten sind die Weibchen größer als die Männchen.

Turmfalke Männchen

Bussarde
50–58 cm
Wälder, Sümpfe, Felder

Mäusebussard

Falken
20–48 cm
Wälder, Gebirge, Felder, Stadtgebiete

Kornweihe Männchen

Weihen
40–50 cm
Sümpfe, Heiden, Wiesengelände

Steinadler

Adler
76–89 cm
Gebirge, offenes Gelände

Sperber und Habicht
30–60 cm
Wälder, Busch- und Baumgruppen

Sperber Weibchen

Rotmilan

Milane
55–60 cm
Wälder, Baumbestände an Gewässern

Rauhfußhühner und Hühner Seite 100–106

Kompakt gebaute Landvögel mit kräftigem, kurzem Schnabel und relativ kurzen, gerundeten Schwingen, Beine kräftig; Füße zum Kratzen des Bodens geeignet. Viele Arten flüchten häufiger zu Fuß als durch Abfliegen. Hühner fliegen schnell, mit kräftigen Schlägen und meist geräuschvoll.

Jagdfasan Männchen

Hühner
53–210 cm
Felder, Auwälder, Buschland

Rebhuhn

Rebhühner und Wachteln
18–34 cm
Wiesen, Äcker, Heiden

Birkhuhn

Rauhfußhühner
36–86 cm
Gebirge, Moore, Wälder

Rallen Seite 109–113

Kleine oder mittelgroße, langbeinige Vögel, die meist im Sumpf oder Wasser leben. Die meisten leben sehr versteckt, im Flug lassen viele die Beine herabhängen.

Teichhuhn

Teich- und Bläßhühner
30–38 cm
Sümpfe, Binnengewässer

Wasserralle

Rallen
23–28 cm
Sümpfe, Seeufer, Feldmarken

Watvögel Seite 114–153

Meist langbeinige Vögel mit relativ plumpem Körperbau und spitzen Flügeln. Viele haben lange Schnäbel. Der Flug ist schnell. Die meisten Watvögel oder Limikolen sind Zugvögel, die oft in riesigen Schwärmen an unseren Küsten auftreten.

Austernfischer

Austernfischer

43 cm
Meeresküsten,
Schlammbänke,
Sümpfe, Salzwiesen

Goldregenpfeifer

Regenpfeifer

15–30 cm
Meeresküsten,
Schlammbänke,
Sümpfe, Feldmarken,
Bergmatten

Großer Brachvogel

Brachvögel

40–55 cm
Sümpfe, Moore,
Feuchtwiesen,
Schlammbänke

Bekassine

Schnepfen

19–36 cm
Sümpfe, Feuchtwiesen,
Wälder

Rotschenkel

Wasserläufer

28–30 cm
Sümpfe, Schlammbänke, Feuchtwiesen

Uferschnepfe
Ruhekleid

Uferschnepfe

38–40 cm
Flußmündungsgebiete,
Sümpfe, Feuchtwiesen,
Schlammflächen

Alpenstrandläufer
Ruhekleid

Strandläufer

12,5–30 cm
Meeresküsten, Schlammflächen, Sümpfe, Flußufer,
Moore

Thorshühnchen
Weibchen im Brutkleid

Wassertreter

20 cm
Meeresküsten, offenes
Meer, Teiche, Seen

Raubmöwen Seite 154–155

Meeresvögel, die mit den Seeschwalben verwandt sind. Sie haben in den Schwingen eine weiße Zone. Ihre Zehen sind durch Schwimmhäute verbunden, und die mittleren Schwanzfedern sind verlängert. Ihr Flug ist kraftvoll und schnell. Raubmöwen verfolgen andere Seevögel, um ihnen Nahrung abzunehmen.

Schmarotzerraubmöwe

Raubmöwen

45–58 cm
Auf dem Meer, an Küsten
und Binnengewässern

Möwen Seite 156–167

Sehr verbreitete Meeresvögel, die z. T. auch im Inland vorkommen. Sie haben Schwimmhäute zwischen den Zehen, spitze Flügel und kurze Schwänze. Das Gefieder ist im allgemeinen grau und weiß und weist schwarze Zeichnungen auf. Die Jungen sind mehr oder weniger bräunlich gefleckt.

Lachmöwe
Brutkleid

Möwen

28–79 cm
Meeresküsten, Binnengewässer, offenes Gelände

Seeschwalben Seite 168–175

Schlanke, zierliche Vögel mit schmalen, spitzen Flügeln und einem gegabelten Schwanz. Das Gefieder ist im allgemeinen blaßgrau oder schwärzlich und weiß. Sie fliegen leicht über dem Wasser und rütteln manchmal, ehe sie stoßtauchend nach einem Fisch jagen.

Flußseeschwalbe
Brutkleid

Seeschwalben

23–40 cm
Meeresküsten, Binnengewässer

Alken Seite 176–177

Untersetzte, schwarz und weiß gefärbte Meeresvögel mit kurzen Schwänzen und spitzen Flügeln. Auf dem Land sitzen sie meist sehr aufrecht. Im Wasser sind sie hervorragende Schwimmer und Taucher, die Fische unter Wasser verfolgen.

Alken
30–42 cm
Offenes Meer, felsige Küsten

Tauben Seite 178–181

Untersetzte Vögel mit relativ kleinen Köpfen und breiten, zugespitzten Flügeln. Sie treten oft in Trupps auf und suchen gemeinsam auf dem Boden nach Futter. Ihr Flug ist schnell und kraftvoll.

Tauben
28–40 cm
Wälder, Parks, Stadtgebiete

Kuckucke Seite 182–183

Schlanke, langschwänzige Vögel mit spitzen Flügeln. Das Flugbild ist falkenähnlich, aber der Kopf wird weit vorgestreckt.

Kuckucke
Wälder, Heiden, Buschland

Eulen Seite 184–191

Hauptsächlich nachtaktive Vögel mit runden Köpfen, kurzen, hakenartig gebogenen Schnäbeln und meist relativ großen Augen. Der Flug der Eule ist, wenn sie Beute jagt, geräuschlos.

Eulen
22–60 cm
Wälder, offene Landschaften, Gebäude

Ziegenmelker Seite 192

Nächtlich lebende Vögel mit langen Schwingen und ebensolchem Schwanz. Der Schnabel ist kurz, der Kopf flach. Flugbild falkenähnlich, aber nur unstet.

Ziegenmelker
27 cm
Wälder, Heiden

Segler Seite 193–194

Schlanke Vögel mit langen, sichelartigen Flügeln. Sie leben hauptsächlich in der Luft und jagen dort fliegende Insekten. Die meisten Arten leben gesellig.

Segler
16,5–21 cm
Freier Luftraum, Felswände, Stadtgebiete

Rackenvögel Seite 195

Meist prächtig gefärbte Vögel mit großem Kopf und kräftigem, spitzem Schnabel. Der Schwanz ist kurz. Der Eisvogel stößt entweder von einer Warte aus oder aus dem Rüttelflug ins Wasser, um einen Fisch zu erbeuten.

Rackenvögel
16,5 cm
Bäche, Flüsse, Seen

Spechte Seite 196–201

Vielfach recht bunt gefärbte Vögel mit einem kräftigen Meißelschnabel und einem Stützschwanz aus stabilen Federn. Der Flug ist wellenförmig.

Spechte
14,5–32 cm
Wälder, Gärten, Parks

Schwalben Seite 202–205

Schlanke Vögel mit langen, spitzen Flügeln und meist gegabeltem Schwanz. Beine kurz mit kleinen Füßen. Schwalben sind elegante Flieger, die ihre Nahrung meist im Flug fangen.

Schwalben
12–19 cm
Offenes Gelände, Dörfer, Sandgruben, Felswände

Lerchen Seite 206–208

Meist bräunliche, dunkelgestreifte Vögel, die in offenem Gelände leben und ihre Nahrung vor allem auf dem Boden suchen. Viele Arten singen im Flug, andere wiederum von einer Singwarte aus.

Feldlerche

Lerchen
15–18 cm
Meeresküsten, Sümpfe, Heiden, Felder

Pieper und Stelzen Seite 209–215

Schlanke und relativ langschwänzige Vögel mit dünnen Insektenfresserschnäbeln. Sie suchen ihre Nahrung vor allem auf dem Boden, indem sie dort hin und her rennen.

Bachstelze

Pieper und Stelzen
14,5–18 cm
Offenes Gelände, Küsten, Bachufer, Bergmatten, lokkerer Baumbestand

Würger Seite 216–218

Singvögel mit hakenförmig gebogenem Oberschnabel, mit dem sie kleinere Wirbeltiere und größere Insekten zerlegen können. Schwanz lang und abgerundet. Der Flug ist wellenförmig. Würger rütteln manchmal.

Raubwürger

Würger
17–24 cm
Heiden, Buschland, Waldränder

Stare und Pirole Seite 219–220

Stare sind häufige Vögel mit erzglänzendem, weißlich geflecktem Gefieder. Der Schwanz ist kurz, der Flug schnell und geradlinig. Stare laufen auf dem Boden mit schnellen Schritten umher. Sie treten oft in Schwärmen auf. Pirole haben ein gelb oder gelbgrün und schwarz gefärbtes Gefieder.

Star

Stare
22 cm
Stadtgebiete, Wälder, Weiden, Weinberge

Rabenvögel Seite 221–227

Die größten aller Singvögel. Sie haben breite Flügel und kräftige Schnäbel; das Gefieder ist überwiegend schwarz. Auf dem Boden schreiten Rabenvögel umher; Eichelhäher hüpfen. Einige Arten treten in Schwärmen auf.

Alpenkrähe

Eichelhäher

Rabenkrähe

Elster

Rabenvögel
33–64 cm
Wälder, Felsen, Felder, Buschland

Seidenschwänze Seite 228

Plumpe, kurzschwänzige Vögel mit auffallendem Federschopf. Man sieht sie meist in Trupps. Ihr Flug ist schnell und erinnert an den der Stare.

Seidenschwanz

Seidenschwänze
18 cm
Buschland, Wälder, Gärten

Wasseramseln Seite 229

Plumpe, kurzschwänzige Vögel mit scharf abgesetzter, weißer Kehle und Brust. Die Wasseramsel setzt sich meist auf Steine in schnellfließenden Bächen. Sie taucht geschickt und läuft unter Wasser.

Wasseramsel

Wasseramseln
18 cm
Schnellfließende Bäche

Zaunkönige Seite 230

Kleine, sehr aktive Vögel mit kurzem, gebändertem Schwanz, der meist senkrecht aufgerichtet wird. Der Flug ist schnell. Im Flugbild sieht man kurze, abgerundete Schwingen.

Zaunkönig

Zaunkönige
9,5 cm
Wälder, Parks, Gärten, Schluchten

Braunellen Seite 231

Gestreifte, überwiegend bräunliche Vögel. Sie suchen die Nahrung hauptsächlich auf dem Boden und singen von exponierten Warten aus.

Braunellen
14,5 cm
Wälder, Parks, Gebirge

Grasmückenartige Seite 232–246

Alle Grasmückenartigen sind schlanke, aktive, insektenfressende Vögel mit meist wenig auffallender Gefiederfärbung. Viele Arten leben sehr versteckt, und man hört sie öfter, als man sie sieht. Am Gesang kann man die Arten gut unterscheiden.

Rohrsänger
12,5–14 cm
Schilfbestände, Sümpfe, Buschland

Laubsänger
12,5–15 cm
Wälder, Berghänge, Buschland

Grasmücken, Goldhähnchen
9–14 cm
Wälder, Buschland, Gärten

Fliegenschnäpper Seite 249–250

Kleine Vögel mit etwas abgeflachtem, spitzem Schnabel. Fliegenschnäpper erbeuten vorüberfliegende Insekten in einem „Flugsprung".

Fliegenschnäpper
12,5–14 cm
Wälder, Parks, Gärten

Drosselvögel Seite 251–265

Eine große Gruppe von kleinen Vögeln, z. B. Schmätzern, bis zu größeren, den robust gebauten, langbeinigen Drosseln. Drosselvögel ernähren sich hauptsächlich am Boden, wo sie Würmer, Insekten und Früchte verzehren.

Drosseln
14–27 cm
Wälder, Gebirge, Gärten, Parks, Stadtgebiete

Schmätzer und Rotschwänze
12,5–14 cm
Wiesen, Stadtgebiete, Parks

Steinschmätzer
14,5–15 cm
Offenes, steiniges Gelände

„Meisen" Seite 266–274

Kleine, sehr lebhafte Vögel, die geschickt im Gezweig klettern. Hierzu auch Schwanz- und Beutelmeisen.

Meisen, Schwanz-, Beutel- und Bartmeisen
12–16,5 cm
Wälder, Gärten, Röhrichtbestände

Kleiber Seite 275

Kleinere Vögel mit kräftigem, meißelartigem Schnabel und kurzem Schwanz. Der Mauerläufer hat einen langen, gebogenen Schnabel.

Kleiber
14 cm
Wälder, Gärten, Felslandschaften

Baumläufer Seite 276

Kleine, überwiegend bräunliche Vögel mit weißlicher Unterseite und dünnem, etwas gebogenem Schnabel. Sie klettern in Spiralen an Baumstämmen in die Höhe.

Baumläufer
11,5 cm
Wälder, Parks, Gärten

Webervögel Seite 277–278

Kleine, etwas untersetzte Vögel mit kräftigem Körnerfresserschnabel. Sie hüpfen am Boden, wenn sie nach Nahrung suchen, und sind sehr gesellig.

Sperlinge
14–14,5 cm
Felder, Gärten, Parks, Stadtgebiete

Finken Seite 279–290

Meist kleinere, insektenfressende Vögel mit kräftigem Körnerfresserschnabel. Außerhalb der Brutzeit bilden die meisten Arten Trupps.

Finken
12–18 cm
Gärten, Parks, Wälder, offenes Gelände

Ammern Seite 291–299

Finkenähnliche Vögel, die in erster Linie auf dem Boden Nahrung suchen. Männchen meist kräftiger und auffallender gefärbt als Weibchen.

Ammern
15–18 cm
Felder, Gärten, Parks, Buschland

VÖGEL MITTELEUROPAS

Die schnellen Flügelschläge gehen tiefer als die des Prachttauchers

Aufgeworfener Kopf

Roter Vorderhals

Ein beunruhigter Vogel liegt verhältnismäßig tief im Wasser. Der Kehlfleck sieht aus der Entfernung meist dunkel aus, es sei denn, er ist von der Sonne beleuchtet

Der rotbraune Fleck am Vorderhals ist typisch für das Brutkleid. Der übrige Hals und der Kopf sind zu dieser Zeit grau. Die Geschlechter sind gleichgefärbt. Größe: 53–58 cm

Außerhalb der Brutzeit ist der Vorderhals weißlich. Der leicht aufgeworfene Schnabel unterscheidet den Vogel aber vom ähnlichen Prachttaucher

Durchzügler und Gast im Winterhalbjahr

Brütender Sterntaucher. Das Nest besteht aus einer Ansammlung von Moos und dürrem Pflanzenmaterial

Sterntaucher *Gavia stellata*

Der Sterntaucher ist entengroß. In der Brutzeit ist sein Hals vorn rostbraun gefärbt. Im Gegensatz zu dem nur wenig größeren Prachttaucher ist der Schnabel leicht „aufgeworfen“; auch trägt der Sterntaucher beim Schwimmen den Kopf fast immer so, daß die Schnabelspitze schräg aufwärts zeigt.

Wenn ein Sterntaucher oder ein anderer Seetaucher starten will, muß er erst eine Strecke flügelschlagend über das Wasser dahinrennen, ehe er sich in die Luft erheben kann. Im Tauchen sind die Seetaucher Meister; sie holen ihre Nahrung, die vor allem aus Fischen und Muscheln besteht, noch aus einer Tiefe von 9 m. Bei der Balz rennen beide Partner flügelschlagend über die Wasseroberfläche. Das Nest ist eine flache, mit dürrem Pflanzenmaterial ausgepolsterte Mulde am Ufer von Binnengewässern oder auf kleinen Inselchen.

Im Spätsommer mausert der Sterntaucher und verliert dabei alle Schwungfedern; er ist dann flugunfähig. Zur Zugzeit kommen Sterntaucher aus ihren nordischen Brutgebieten hin und wieder auf größere Binnengewässer in Mitteleuropa.

Schwarz und weiß gezeichneter Hals und Rücken

Die Flügelschläge sind flacher und langsamer als die des Sterntauchers

Die Dunenjungen sind einfarbig grau und setzen sich gern auf den Rücken der Altvögel

Altvögel im Brutkleid haben eine auffallende schwarzweiße Zeichnung. Der Kopf ist etwas rundlicher als der des Sterntauchers. Die Geschlechter sind gleichgefärbt. Größe: 58–68 cm

Das Nest des Prachttauchers besteht gewöhnlich aus einem Haufen Moos oder anderem Pflanzenmaterial

Durchzügler und Gast im Winterhalbjahr

Das Schlichtkleid (Ruhe- oder Winterkleid) ist dunkler als das des Sterntauchers, und der dunkle Hinterhals ist vom weißen Vorderhals schärfer abgegrenzt

Prachttaucher *Gavia arctica*

Der Prachttaucher ist etwas größer als der Sterntaucher und im Brutkleid durch den schwarzen Vorderhals sowie durch die schwarze, weiß gezeichnete Oberseite unterschieden. Sein Schnabel ist nicht „aufgeworfen", sondern gerade. Auch schwimmt der Prachttaucher häufig mit geradegehaltenem Kopf. Im Verhalten ähnelt er dem Sterntaucher, und wie dieser ist er auf dem Land recht unbeholfen.

Die Nahrung besteht aus Fischen aller Art und Muscheln. Der Prachttaucher baut sein Nest vor allem in der Flachwasserzone oder am Ufer von Binnengewässern im Norden Europas. Sein Gelege besteht aus zwei olivgrünen oder bräunlichen Eiern, die mit schwarzen Flecken gekennzeichnet sind. Die Jungen setzen sich gern auf den Rücken ihrer Eltern und lassen sich von ihnen auf dem Wasser herumtragen. Im Alter von acht bis zehn Wochen fangen sie an, ihre Beute selbst zu fangen. Etwa zur gleichen Zeit sind sie flugfähig.

Außerhalb der Brutzeit trifft man Prachttaucher sowohl auf Binnengewässern als auch im Küstenbereich an.

Die Flügelschläge sind kräftiger als die der übrigen Seetaucher. Das Flugbild ist gänseartiger als das der anderen Arten

Die massige Gestalt und der kräftige, gerade Schnabel sind typische Kennzeichen des Eistauchers. Die Geschlechter sind gleichgefärbt. Größe: 76–84 cm

Gefleckter Rücken

Halsflecken

Kräftiger Schnabel

Beim Putzen zeigt der Vogel oft seine schneeweiße Unterseite

Eistaucher im Ruhekleid. Man sieht diese Vögel meist an der Küste, gelegentlich auch auf anderen Gewässern

Durchzügler und Gast im Winterhalbjahr

Das Winterkleid ähnelt dem der anderen Seetaucher. Der Schnabel des Eistauchers ist jedoch stets gerade, sehr kräftig und zumindest auf der Oberseite dunkel gefärbt

Gelbschnabel-Eistaucher

Gavia adamsii

Ähnlich dem Eistaucher, aber mit gelblichweißem, leicht aufgeworfenem Schnabel. Dieser Vogel ist ein seltener Gast aus der Arktis.

Eistaucher *Gavia immer*

Der Eistaucher ist deutlich größer als Stern- und Prachttaucher. Sein Brutgebiet befindet sich in der Arktis sowie auf Island. Zur Brutzeit ist der Vogel an seinem schwärzlichen Gefieder mit der weißen Musterung auf dem Rücken leicht zu erkennen. Am Hals hat er zwei größere, weißlich-längsgestreifte Zonen. Sein Schnabel ist kräftig und gerade.

Vor allem im Brutgebiet läßt der Eistaucher unheimlich heulende und jaulende Rufe hören. Er brütet an großen und tiefen Binnenseen und baut dort aus Moos und anderem Pflanzenmaterial sein Nest, meist unmittelbar am Ufer oder auf einer kleinen Insel. Außerhalb der Brutzeit halten sich die Eistaucher auf Gewässern aller Art auf, besonders an der Meeresküste. Auf größeren Binnengewässern in Mitteleuropa sind sie zur Zugzeit gelegentlich zu beobachten.

Die Nahrung des Eistauchers besteht vor allem aus Fischen; daneben verzehrt der Vogel auch Amphibien, Krebse, Wasserinsekten, Würmer und manchmal sogar kleine Küken anderer Vögel.

Zwergtaucher fliegen häufiger als andere Taucherarten und streichen dabei oft niedrig über das Wasser hin

Altvögel im Brutkleid haben einen rotbraunen Hals und einen weißlichen Fleck am Schnabelgrund. Die Weibchen sind meist weniger kontrastreich als die Männchen. Jungvögel sind am Kopf und Hals gestreift. Größe: 25–30 cm

Das Winterkleid ist auf der Oberseite heller graubraun, auf der unteren Seite bräunlichweiß

Zwergtaucher sträuben oft ihr Gefieder und schwimmen dann wie ein Kork auf der Wasseroberfläche

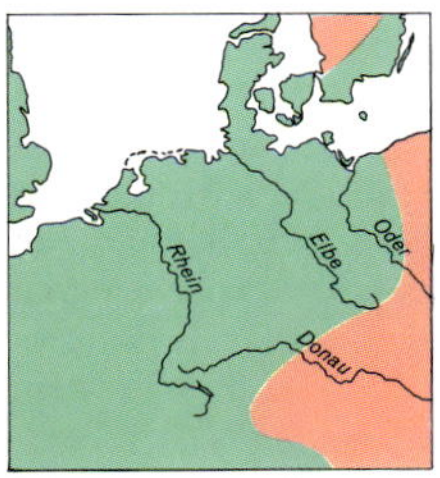

Teilzieher, der auf offenen Gewässern überwintert

Beunruhigt, taucht der Zwergtaucher bis zum Hals unter

Das Nest des Zwergtauchers besteht aus einem Haufen Wasserpflanzen und schwimmt auf der Wasseroberfläche

Zwergtaucher *Podiceps ruficollis*

Der Zwergtaucher und die folgenden Taucherarten gehören zu den Lappentauchern. Sie unterscheiden sich von den Seetauchern dadurch, daß ihre Zehen nicht durch Schwimmhäute verbunden, sondern einzeln lappenartig verbreitert sind.

Der Zwergtaucher ist in Mitteleuropa recht weit verbreitet und dort das ganze Jahr über zu beobachten. Er bewohnt Seen, Teiche und langsam fließende Flüsse mit Verlandungszonen. Außerhalb der Brutzeit kann man ihn örtlich auch im Küstengebiet antreffen. Im Gegensatz zu den Seetauchern baut der Zwergtaucher ein schwimmendes Nest aus Pflanzenteilen. Es wird im Röhricht oder zwischen Wasserpflanzen angelegt. Manchmal kommen auch frei schwimmende Nester vor, die aber meist ebenfalls irgendwie verankert sind.

Die auffallendsten Laute der Zwergtaucher sind metallische Triller, die wie „bibibibibi …“ klingen und bei der Balz im Duett zu hören sind. Die Nahrung besteht aus Wasserinsekten und deren Larven sowie aus Weichtieren, kleinen Krebsen und Fischen, Kaulquappen und kleinen Fröschen.

Beim Flug sind weiße Zonen in den Schwingen sehr auffällig. Die Flügelschläge sind rasch und kräftig

Im Ruhekleid sind das weiße Gesicht und der weißliche Hals charakteristisch

Junge Vögel haben an den Kopfseiten und oben am Hals dunkle Streifen auf weißem Grund

Das Nest ist meist ein schwimmender Bau aus Pflanzenmaterial, der z. B. an Schilfstengeln verankert ist

Bei der Balz schütteln die Partner abwechselnd die Köpfe und bieten Nistmaterial dar

Altvogel im Brutkleid. Die auffällig hell und dunkel längsgestreiften Jungen setzen sich gern auf den Rücken der Altvögel. Die Geschlechter sind gleichgefärbt. Größe: 48 cm

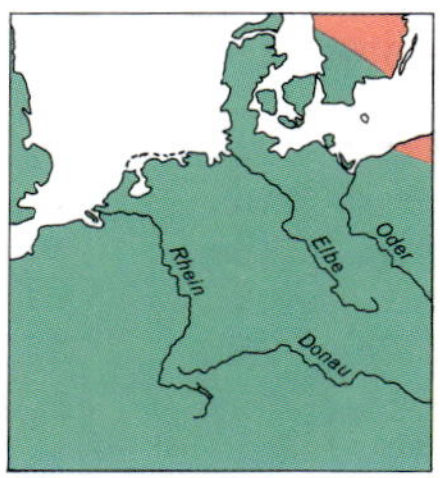

Teilzieher, der in ganz Mitteleuropa heimisch ist

Haubentaucher *Podiceps cristatus*

Der Haubentaucher ist im Brutkleid unverkennbar: Männchen und Weibchen tragen auf dem Kopf eine schwarze, in zwei Zipfel auslaufende Haube und haben eine rostfarbene, schwarzbraun gesäumte Halskrause. Der Vorderhals und die Unterseite sind weiß; die Oberseite ist schwarz. Im Ruhekleid ist die Haube nur angedeutet, und die Halskrause fehlt.

Unter den Rufen des Haubentauchers fällt ein lautes „Kokkok“ besonders auf; außerdem hört man quorrende und knarrende Laute.

Der Haubentaucher kommt in ganz Mitteleuropa vor, ist aber gebietsweise selten geworden. Er bewohnt Seen und Teiche mit Ufervegetation. Außerhalb der Brutzeit findet man ihn auch auf Flüssen, Stauseen und in Meeresbuchten. Das Nest ist ein schwimmender Bau aus Pflanzenteilen, der an Schilfstengeln oder anderem Material verankert wird.

Die Nahrung des Haubentauchers besteht aus Fischen, Wasserinsekten, Krebstieren, Kaulquappen und kleinen Amphibien. Die Beute wird hauptsächlich beim Tauchen gefangen.

Altvögel sind etwas kleiner und plumper als Haubentaucher und im allgemeinen dunkler. Die Geschlechter sind gleichgefärbt. Größe: 43 cm

Im Flug erscheint der Vogel kompakter als der Haubentaucher, und er hat weniger Weiß in den Schwingen als dieser

Im Ruhekleid unterscheidet sich der Rothalstaucher vom Haubentaucher durch seinen kurzen, dickeren Hals, der auf der Vorderseite grau gefärbt ist

Der Jungvogel ähnelt dem Altvogel im Ruhekleid, ist aber trübe gefärbt. Auch fehlt die schwarze Federhaube

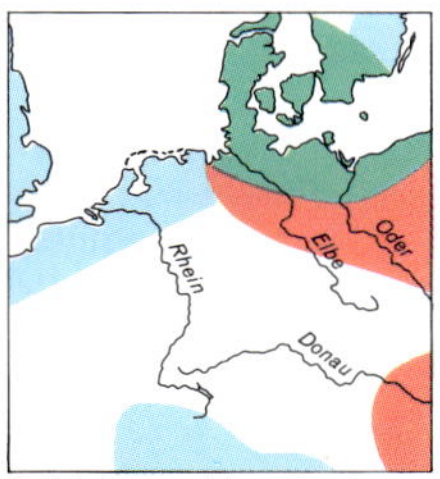

Teilzieher: auf dem Zug in ganz Mitteleuropa

Im Winterkleid hat der Rothalstaucher im Gegensatz zum Haubentaucher kein Weiß über dem Auge

Rothalstaucher *Podiceps griseigena*

Der Rothalstaucher ähnelt dem Haubentaucher, ist aber etwas kleiner. Im Brutkleid ist er durch seinen rotbraunen Hals und die damit stark kontrastierenden grauweißen Wangen gekennzeichnet.

In Mitteleuropa kommt der Rothalstaucher nur in den nördlichen Teilen vor. Vor allem im küstennahen Bereich trifft man ihn auf Teichen und Lagunen mit reichlicher Vegetation. Eine besondere Vorliebe hat er für verlandete Seen und Teiche. Außerhalb der Brutzeit kann man ihn auch auf anderen Binnengewässern sowie an der Küste beobachten. Fliegende Rothalstaucher sind selten zu sehen, weil diese Vögel hauptsächlich nachts ziehen.

Das Nest ist ein Haufen schwimmenden Pflanzenmaterials; es wird meist zwischen Wasserpflanzen gebaut.

Die Lautäußerungen bestehen aus keckernden Rufen und entenartigem Quaken. Zur Zeit der Paarbildung sind laute, wiehernde Rufe zu hören. Die Nahrung des Rothalstauchers ähnelt der des Haubentauchers (siehe Seite 30).

Der weiße Fleck am Vorderflügel, in der Nähe der Schulter, ist charakteristisch

Brütender Ohrentaucher. Die Jungen schlüpfen nach etwa dreieinhalb Wochen und verlassen alsbald das Nest

Altvögel im Brutkleid haben auffallende goldgelbe Federbüschel. Hals, Brust und Flanken sind rötlichbraun. Die Küken sind blasser und stärker gestreift als die Jungen des Schwarzhalstauchers. Die Geschlechter sind gleichgefärbt. Größe: 33 cm

Durchzügler und Gast außerhalb der Brutzeit

Im Ruhekleid sind die Wangen des Ohrentauchers weißer als die des Schwarzhalstauchers, und das Kopfprofil ist flacher

Ohrentaucher *Podiceps auritus*

Der Ohrentaucher ist zur Brutzeit durch einen rötlichbraunen Hals, eine ebensolche Vorderbrust sowie durch einen schwarzen Kopf mit goldgelben Ohrbüscheln gekennzeichnet. Er ist klein und kurzhalsiger als der Rothalstaucher.

Der Ohrentaucher ist in Nordeuropa, Sibirien, Nordschottland, Island und im nördlichen Nordamerika verbreitet. In Mitteleuropa sieht man ihn nur auf dem Durchzug. Er bewohnt Seen und Teiche mit Verlandungszonen und Uferbewuchs. Dort baut er sein schwimmendes Nest aus abgestorbenen Pflanzenteilen, das er an Vegetation verankert. Im Gegensatz zum Haubentaucher baut der Ohrentaucher sein Nest meist recht geschützt zwischen Pflanzen, die im Wasser stehen.

Die Jungen sind hell und dunkel längs gestreift. Nach der Brutzeit ziehen Ohrentaucher umher; sie überwintern häufig in Küstengewässern. Auch auf Seen und Teichen im Binnenland Mitteleuropas kann man sie dann gelegentlich sehen.

Die Nahrung des Ohrentauchers besteht vorwiegend aus Wasserinsekten und kleinen Fischen.

Die Flügel sind schmal. Im Gegensatz zum Zwergtaucher hat der Schwarzhalstaucher in den Flügeln eine weiße Zone

Der schwarze Hals und die goldfarbenen Ohrbüschel kennzeichnen die Altvögel im Brutkleid. Die Kopffedern können bei der Balz haubenartig gesträubt werden. Die Geschlechter sind gleichgefärbt. Größe: 30 cm

Brütender Schwarzhalstaucher auf einem schwimmenden Nest. Die Nester werden oft in kleinen Kolonien angelegt

Die steilere Stirn und der leicht aufgeworfene Schnabel sowie die Wangenzeichnung unterscheiden den Schwarzhalstaucher im Winterkleid vom ähnlichen Ohrentaucher

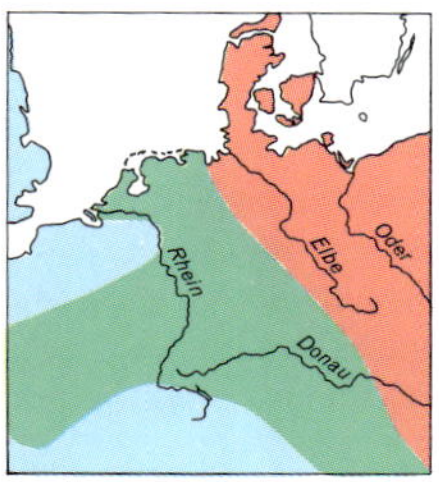

Teilzieher; als Durchzügler auf Gewässern aller Art

Schwarzhalstaucher *Podiceps nigricollis*

Zur Brutzeit ist der Schwarzhalstaucher durch seinen schwarzen Hals, die goldgelben Ohrbüschel und die rostbraunen Flanken gekennzeichnet. Er ist geringfügig größer als der Zwergtaucher, hat aber einen längeren Hals. Durch die Form des Unterschnabels wirkt der Schnabel leicht aufgeworfen.

Der Schwarzhalstaucher bewohnt Seen und Teiche mit Verlandungsbeständen, vor allem solche mit dichtem Wasserpflanzenbewuchs. Außerhalb der Brutzeit trifft man ihn auf Binnengewässern aller Art sowie auch im Küstenbereich. Er ist ein Teilzieher, der vorwiegend in West- und Südeuropa überwintert. Zur Balzzeit lassen die Vögel einen „bibbernden" Triller hören.

Das Nest ist ein schwimmender Bau aus Pflanzenteilen und wird meist im Schutz von Röhricht oder Binsen angelegt. Beide Partner beteiligen sich am Nestbau.

Schwarzhalstaucher tauchen sehr häufig. Sie ernähren sich von Wasserinsekten und deren Larven, kleinen Fischen, Weichtieren, Kaulquappen und ähnlichen Wassertieren.

Wenn der Vogel dicht über dem Meer dahinsegelt, hält er die Flügel meist starr ausgestreckt

Wenn die Eissturmvögel einschwenken, leuchten die weißen Unterseiten auf. Die langen, schmalen Flügel sind für ausdauerndes, schnelles Segeln sehr gut geeignet

Grauer Rücken

Weißer Kopf

Eissturmvögel haben eine gedrungene Gestalt und einen kräftigen Schnabel. Die Geschlechter sind gleichgefärbt.
Größe: 47 cm

In den arktischen Gewässern findet man vor allem Vögel der dunklen, nördlichen Phase mit dunklen Köpfen

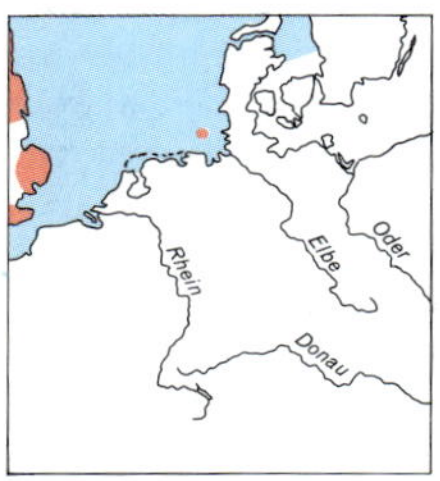

Außerhalb der Brutzeit lebt der Vogel auf dem Meer

Auf dem Land sind Eissturmvögel recht unbeholfen. Sie hocken dort auf den Unterschenkeln. Bei der Balz lassen sie keckernde und stöhnende Rufe hören

Aus der Nähe ist der charakteristische Schnabel mit den Nasenröhren gut zu erkennen

Eissturmvogel mit seinem Jungen am Brutplatz. Der Jungvogel ist im Alter von etwa sieben Wochen voll flugfähig

Eissturmvogel *Fulmarus glacialis*

Oberflächlich gesehen, ähnelt der Eissturmvogel einer Möwe; aus der Nähe betrachtet, ist er jedoch durch die Nasenröhren auf dem Oberschnabel deutlich unterschieden. Die Art kommt in zwei Farbphasen vor, einer hellen und einer dunklen.

In Mitteleuropa brütet der Eissturmvogel nur auf Helgoland, wo er an steilen Felsklippen in Nischen nistet. Während er dort eine Seltenheit ist, brütet er weiter nördlich meist in Kolonien. Das einzige, reinweiße Ei wird direkt auf ein Felsband oder in eine flache Mulde gelegt. Werden Jung- oder Altvögel dort gestört, so speien sie den Angreifer mit einem übelriechenden Öl an, das im Magen produziert wird. Außerhalb der Brutzeit leben Eissturmvögel auf der hohen See.

Am Brutplatz vollführen die Vögel ein lautes Geschrei, das aus keckernden, schnarrenden und stöhnenden Rufen besteht. Als Nahrung dienen den Eissturmvögeln kleine Tintenfische, Fische, Krebse sowie Teile toter Tiere, die auf dem Wasser treiben. Die Jungvögel werden von den Alten mit ausgewürgter Nahrung gefüttert.

Die schwarze Oberseite des Vogels kontrastiert sehr stark mit der weißen Unterseite. Die Geschlechter sind gleichgefärbt. Größe: 36 cm

Beim Flug wechselt Gleiten mit schnellen Flügelschlägen ab. Beides geschieht mit steif gehaltenen Schwingen

Das Küken hat ein dichtes Dunenkleid. Es verläßt die Bruthöhle erst, wenn es völlig flugfähig ist

Schwarzschnabel-Sturmtaucher vor seiner Bruthöhle, die er oft ins grasbewachsene Erdreich gräbt

Schwarzschnabel-Sturmtaucher

Puffinus puffinus

Der Schwarzschnabel-Sturmtaucher ist oberseits schwärzlich, unterseits weiß. Der Schnabel ist schlanker als der des Eissturmvogels und schwärzlich gefärbt; auch er hat die charakteristischen Nasenröhren.

Schwarzschnabel-Sturmtaucher sind Teilzieher, deren Wanderungen sehr weit gehen; einige Überwinterungsgebiete liegen im südlichen Atlantik. Als Brutplätze dienen Spalten und selbstgegrabene Höhlen auf Felseninseln im Atlantik und Mittelmeer. Außerhalb der Brutzeit halten sich Schwarzschnabel-Sturmtaucher auf dem offenen Meer auf. Oft segeln sie über längere Strecken dicht über der Wasseroberfläche dahin, wobei sie diese oft mit dem Schnabel berühren. Die Vögel sind gute Schwimmer und Taucher.

Die Nahrung besteht aus kleineren Fischen, Krebsen, Weichtieren und auf dem Wasser treibenden Abfällen.

An den Brutplätzen lassen die Vögel heiser krächzende und guttural quäkende Rufe hören.

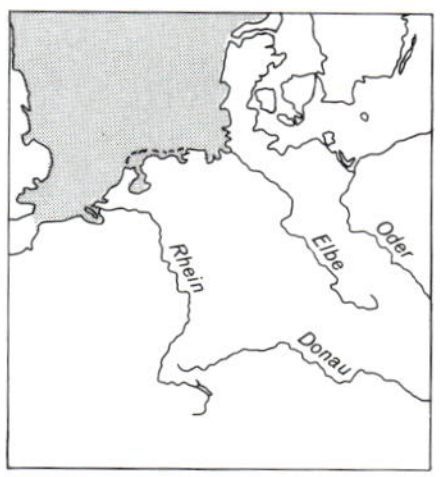

Durchzügler an den Küsten; im Binnenland Irrgast

Sturmschwalbe
Hydrobates pelagicus
Europas kleinster Seevogel (15 cm) fliegt meist niedrig über der Wasseroberfläche und brütet in Fels- und Mauerspalten. In Mitteleuropa ist er ein Irrgast.

Zum-Himmel-Zeigen
Baßtölpel stürzen sich aus einer Höhe von etwa 30 m senkrecht ins Wasser, um einen Fisch zu erbeuten
Beim Eintauchen werden die Schwingen nach hinten geschlagen
Der Baßtölpel hat einen stromlinienförmigen Körper und lange, schmale Flügel
Alt-vogel
Vogel im 3. Jahr
Verbeugung
Zum sozialen Verhalten der Baßtölpel gehört eine Grußzeremonie, bei der die Partner eine Art Schnabelfechten austragen. Eine Verbeugung dient der Revierverteidigung. Das „Zum-Himmel-Zeigen" kündigt an, daß der Vogel auffliegen will
Immature (unausgefärbte) Baßtölpel haben im ersten Jahr ein dunkelgraues Gefieder mit weißen Fleckchen. Von Jahr zu Jahr werden sie dann immer weißer
Schnabelfechten
Immaturer Vogel im 2. Jahr
Immaturer Vogel im 1. Jahr

Immaturer
Vogel im
2. Jahr

Baßtölpel nisten im allgemeinen in großen Kolonien. Diese befinden sich fast immer auf Felseninseln. Die Jungvögel sind an ihrem Dunenkleid zu erkennen

Das Gefieder erwachsener Baßtölpel ist weiß – bis auf den ockerfarbenen Kopf und die schwarzen Flügelspitzen. Die Füße sind schwarz; der lange, sehr spitze Schnabel ist am Ende leicht abwärts gebogen. Der Vogel hat eine Flügelspannweite von maximal 1,8 m. Die Geschlechter sind gleichgefärbt. Größe: 90 cm

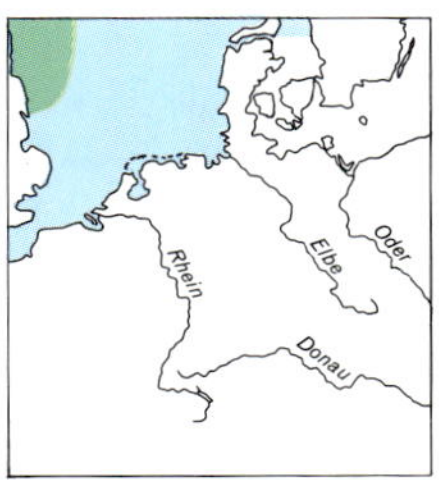

Durchzügler an den Küsten. In Großbritannien Brutvogel

Baßtölpel *Sula bassana*

Der Baßtölpel ist an seiner schlanken Gestalt sowie an dem überwiegend weißen Gefieder und den schwarzen Flügelspitzen leicht zu erkennen. Sein Flug ist rasch; kräftige Flügelschläge werden durch längeres Gleiten unterbrochen. Besonders auffallend ist das elegante Stoßtauchen nach Nahrung.

Baßtölpel sind im mitteleuropäischen Raum Irrgäste, die sich fast ausschließlich im Küstenbereich zeigen. Selten verfliegt sich einmal ein Exemplar ins Binnenland. Die Vögel brüten in Kolonien auf den Britischen Inseln und anderen Inseln im nördlichen Atlantik. Sie sind Teilzieher, die meist im atlantischen Raum überwintern.

Das Nest ist ein unordentlicher Bau aus Tang und Gras, der meist auf Felsen angelegt wird. Die ein bis zwei Eier sind weiß. Beide Partner bebrüten das Gelege 43 bis 45 Tage lang. Die Dunenjungen werden von beiden Eltern mit ausgewürgten Fischen gefüttert, die die Hauptnahrung des Baßtölpels darstellen. Am Brutplatz vollführen Baßtölpel ein lautes Geschrei, das aus rauhen Rufen und tiefem Quaken besteht.

Jungvögel sind mit dichten, schwarzen Dunen bedeckt und haben ein nacktes Gesicht

Nach dem Tauchen stehen Kormorane oft auf Pfosten und trocknen ihre ausgebreiteten Flügel

Die kontinentale Rasse des Kormorans ist durch den weißlichen Kopf gekennzeichnet

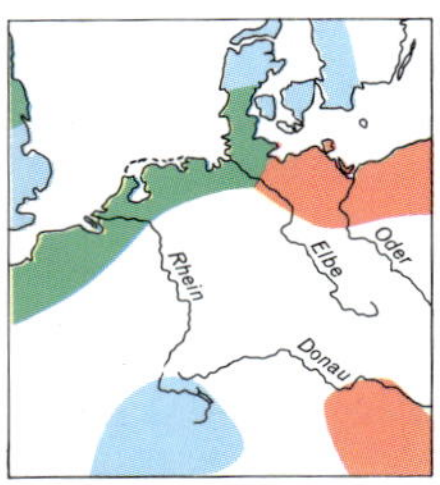

Teilzieher; übersommert örtlich im Binnenland

Weiße Wangen

Flankenfleck

Charakteristisch die weißen Wangen, das ebenso gefärbte Kinn und der weiße Flankenfleck. Die Geschlechter sind gleichgefärbt. Größe: 90 cm

Immature Vögel sind bräunlich mit hellerer Unterseite. Im Flug wirkt der Kormoran wie ein fliegendes Kreuz

Schwimmender Kormoran mit gefangenem Fisch

Die etwas wollig wirkenden Jungen – hier betteln sie um Futter – werden von beiden Eltern gefüttert

Kormoran *Phalacrocorax carbo*

Das Gefieder des Kormorans ist überwiegend schwarz mit Erzglanz. Kehle und Wangen sind weiß. Zur Brutzeit tragen beide Geschlechter einen weißen Fleck in der Flankengegend.

In Mitteleuropa kommt der Kormoran vor allem im Küstenbereich vor. Man findet ihn bei Brackwasserseen, an der Meeresküste sowie bei Flußmündungen und Binnengewässern mit hohem Baumbestand in der Nähe. Außerhalb der Brutzeit streift der Vogel weit umher.

Kormorane brüten in Kolonien. Sie legen ihre aus Reisern bestehenden Nester sowohl an Klippen als auch auf Bäumen an. Manchmal brüten die Vögel auch im Röhricht. Die bläulichen Eier haben einen kreidigen Überzug. Die Jungen werden mit ausgewürgter Nahrung gefüttert.

Vor allem in der Brutkolonie hört man von den Kormoranen quorrende und knarrende Laute. Die Nahrung der Vögel besteht hauptsächlich aus Fischen, wobei Aale oft einen großen Anteil ausmachen. Die Vögel fangen ihre Beute meist schwimmend mit untergetauchtem Kopf.

Immature Vögel sind dunkelbraun; sie haben keinen weißlichen Bauch wie immature Kormorane

Typisches Kopfwerfen des Männchens bei der Balz

Krähenscharben trocknen ihre Flügel in ähnlicher Weise wie der Kormoran. Dabei stehen sie lieber auf Steinen

Im Ruhekleid haben Altvögel keinen Schopf. Ihr Gefieder ist dann düsterer und das Kinn blasser

Krähenscharben nisten vor allem in Felsnischen sowie in natürlichen Höhlungen an der Küste

Jungvögel haben dichte, braune Dunen

Zu Beginn der Brutzeit hat das Gefieder der erwachsenen Krähenscharbe einen schwarzgrünen Schimmer. Typisch ist in dieser Periode die kleine Haube. Der Schnabelansatz ist gelb. Die Geschlechter sind gleichgefärbt. Größe: 76 cm

Durchzügler an den mitteleuropäischen Küsten

Krähenscharbe *Phalacrocorax aristotelis*

Die Krähenscharbe ist kleiner als der Kormoran. Ihr Gefieder ist völlig schwarz und weist einen leicht grünlichen Erzglanz auf. Im Gegensatz zum Kormoran hat die Krähenscharbe kein Weiß im Gefieder. Zum Brutkleid gehört eine Kopfhaube, die aufgerichtet werden kann.

Der Vogel bewohnt in Mitteleuropa die Meeresküste. Er nistet vor allem an felsigen Küsten mit steilen Klippen sowie auf felsigen Inseln. Das Nest ähnelt dem des Kormorans. Auch die Krähenscharbe brütet meist in Kolonien, manchmal aber auch einzeln.

Die bläulichen Eier – meist sind es drei – ähneln denen des Kormorans, sind aber kleiner. Hauptsächlich das Weibchen bebrütet das Gelege 30 bis 31 Tage lang. Die Jungen verlassen nach etwa 50 Tagen das Nest.

Krähenscharben sind wenig lautfreudig. Vor allem zur Brutzeit hört man vom Männchen rauh knarrende Rufe.

Die Nahrung der Krähenscharben besteht wie die des Kormorans fast ausschließlich aus Fischen.

Wenn der Graureiher sein Nest verteidigt, stellt sich sein Schopf auf, und die Brustfedern sträuben sich

Bei der Balz streckt das Männchen seinen Hals aus und zieht ihn dann langsam zurück, wobei es ihn über den Rücken beugt

Zu Beginn der Brutzeit sind Schnabel und Füße leuchtender gefärbt

Immature Vögel sind brauner und grauer als Altvögel. Wie diese ziehen sie in Ruhestellung den Hals ein

Purpurreiher

Ardea purpurea

Purpurreiher haben eine rotbraune Unterseite und einen bräunlichen Hals mit dunkler Längsstreifung. Sie sind örtlich in Mitteleuropa Brutvögel, z. B. in Süddeutschland, und kommen in sumpfigem Gelände mit Röhricht oder Gestrüpp vor. Hauptverbreitungsgebiet sind Feuchtgebiete Südeuropas.

Im Flug wird der Hals S-förmig eingezogen. Die breiten, gerundeten Schwingen sind stark gebogen, und die Flügelschläge sind langsam

Der Graureiher ist ein großer, langbeiniger und langhalsiger Vogel. Durch seinen schwarzen Schopf am weißen Kopf und die schwarze Längsstreifung auf dem langen Hals ist er leicht vom Kranich zu unterscheiden. Geschlechter gleichgefärbt. Größe: 90 cm

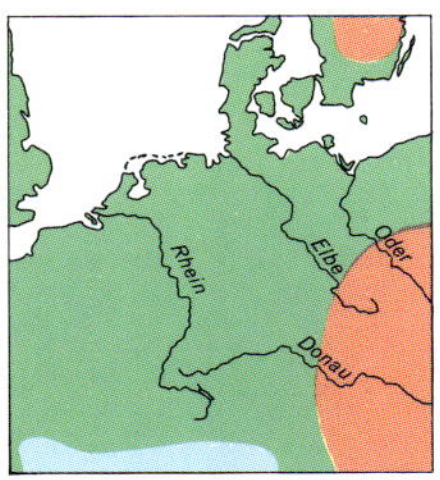

Teilzieher; bereits im Spätwinter am Brutplatz

Blick in eine Graureiherkolonie. Reiher nisten oft hoch in Bäumen, seltener auch im Röhricht. Sie kehren immer zum gleichen Nistplatz zurück

Graureiher *Ardea cinerea*

Der Graureiher ist aufgrund seiner Kopf- und Halszeichnung gut zu erkennen. Er hat eine Flügelspannweite von etwa 1,6 m. Der lange Schnabel ist gelblich; er wird aber im Frühjahr, ebenso wie die Beine, orangerötlich.

In Mitteleuropa kommt der Graureiher fast immer in der Nähe von Gewässern vor. Er brütet dort überwiegend in Kolonien. Zuweilen steht er mit gestrecktem Hals regungslos da; man sieht ihn aber auch mit ganz eingezogenem Kopf stehen.

Die Eier werden von beiden Partnern knapp vier Wochen bebrütet. Beide Eltern füttern die Küken mit ausgewürgter Nahrung. Im Alter von etwa 30 Tagen verlassen die Jungen das Nest; sie sind aber erst mit acht bis neun Wochen voll flugfähig und wandern dann endgültig aus der Kolonie ab.

Von fliegenden Graureihern hört man häufig ein rauhes „Kräik“, am Brutplatz krächzende und keckernde Rufe.

Die Nahrung des Graureihers besteht aus Fischen, Fröschen, Schlangen, Eidechsen, Molchen, Mäusen, Maulwürfen, Käfern und anderen Insekten sowie aus Krebsen und Regenwürmern.

Silberreiher
Casmerodius albus

Fast graureihergroß, mit schneeweißem Gefieder. Füße einschließlich der Zehen schwärzlich. Keine Schmuckfedern am Kopf. Brutvogel am Neusiedler See. Größe: 90 cm.

Nachtreiher
Nycticorax nycticorax

Mittelgroßer Reiher mit schwarzem Rücken und Oberkopf; sonst überwiegend grau. Hals relativ kurz. Jungvögel dunkelbraun mit hellerer Fleckung und Streifung. Örtlich Brutvogel in den Niederlanden und im südlichen Mitteleuropa. Größe: 61 cm.

Seidenreiher
Egretta garzetta

Kleinerer, weißer Reiher; während der Brutzeit mit langen Schmuckfedern am Hinterkopf. Brutvogel am Neusiedler See und im südlichen Mitteleuropa. Größe: 55 cm.

Zwergdommel
Ixobrychus minutus

Hier ein altes Männchen im Brutkleid. Weibchen und Jungvögel sind weniger kontrastreich gefärbt. Bewohnt Seen und Teiche mit Röhrichtbeständen und Gebüsch. Gebietsweise sehr selten geworden.
Größe: 36 cm.

Seltenere Reiher

Die hier dargestellten Arten gehören zu den Reihern. Die kleinste davon ist die Zwergdommel, die meist sehr versteckt im Röhricht lebt. Fühlt sie sich bedroht, so nimmt sie eine Art Pfahlstellung ein, indem sie den Hals ganz lang macht und mit der Schnabelspitze senkrecht nach oben zeigt. So hebt sie sich kaum von ihrer Umgebung ab. Der Silberreiher und der Seidenreiher sind beide ganz weiß gefärbt; der Seidenreiher ist aber deutlich kleiner. Der Nachtreiher ist relativ kurzhalsig und führt meist ein heimliches Leben.

Der Flug ist fast eulenartig weich. Die Flügelschläge sind flacher und schneller als bei den übrigen Reihern

Altvögel sind gedrungener als die anderen Reiher. Charakteristisch die schwarze Kopfplatte und die hell-dunkle Streifung des Gefieders. Die Geschlechter sind gleichgefärbt. Größe: 76 cm

Rohrdommeln sind geschickte Kletterer im Röhricht

Weibliche Rohrdommel mit dem Jungen im Nest. Dieses wird immer sehr versteckt angelegt

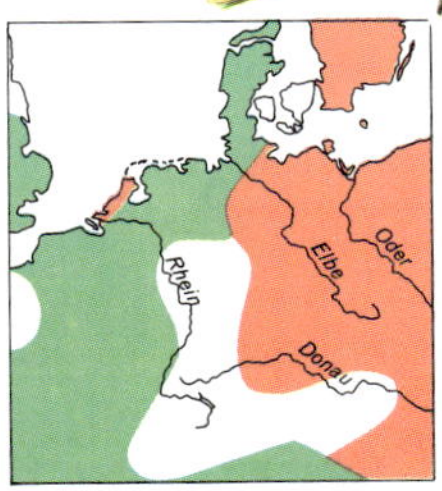

Überwintert in Westeuropa und im Mittelmeerraum

Jungvögel ähneln ihren Eltern, sind aber weniger kontrastreich gestreift

Rohrdommel *Botaurus stellaris*

Die Rohrdommel, auch Große Rohrdommel genannt, ist überwiegend gelblichbraun, mit dunkler Streifung und einer schwärzlichen Kopfplatte. Sie bewohnt Seen mit ausgedehnten Röhrichtbeständen sowie Sumpfgebiete mit dichter Vegetation. In Mitteleuropa ist sie selten.

Das Nest wird auf umgebrochenem Schilf im Röhrichtwald gebaut. Die Jungen werden vom Weibchen mit ausgewürgter Nahrung gefüttert. Das Männchen paart sich nicht selten mit mehreren Weibchen. Zur Brutzeit läßt es aus dem Röhricht dumpfe Rufe hören, die wie „wumb" klingen. Diesem dumpfen Ruf geht ein leiser, hoher Laut voraus, der aber nur aus der Nähe zu hören ist. Rohrdommeln sind vor allem in der Dämmerung aktiv und lassen im Flug rauh krächzende Laute hören.

Die Nahrung der Rohrdommel besteht aus Fischen, Fröschen, Molchen und anderen kleinen Wirbeltieren sowie Insekten, Würmern und Krebsen.

Wie die Zwergrohrdommel nimmt auch die Große Rohrdommel bei Gefahr eine Pfahlstellung ein.

Der ausdrucksvolle, große Vogel sieht vorwiegend weiß aus, hat aber weitgehend schwarze Flügel. Dazu kontrastieren der rote Schnabel und die langen, roten Beine

Im Gegensatz zu Reihern streckt der Weißstorch im Flug den Hals weit nach vorn

Adulter Weißstorch am Horst mit seinen Jungen. Das Nest ist ein mächtiger Bau aus Reisern und Knüppeln

Weißstorch bei seinen Jungen am Nest. Beim Klappern legt er oft den Kopf auf den Rücken

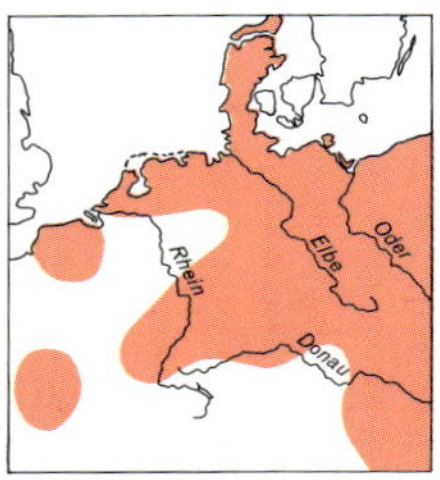

Sommervogel, der im tropischen Afrika überwintert

Schwarzstorch
Ciconia nigra
Seltener Brutvogel in Mitteleuropa. Horstet in Wäldern auf Bäumen. Oberseits schwarz, Bauch weiß.

Weißstorch *Ciconia ciconia*

Der Weißstorch ist ein überwiegend weißer Vogel mit schwarzen Schwingen, rotem Schnabel und roten Beinen. Bei den Jungvögeln sind Schnäbel und Beine schwärzlich; sie werden erst gegen Ende der Nestlingszeit rötlicher.

In Mitteleuropa ist der Weißstorch gebietsweise ausgestorben. Man findet ihn noch vor allem in Norddeutschland sowie im Osten. Der Weißstorch bewohnt offenes Gelände, vorwiegend Wiesen und Sumpfgelände. Häufig brütet er auf höheren Gebäuden in Ortschaften. Das riesige Nest wird jahrelang immer wieder benutzt. Die Jungen sind weißlich bedunt und werden von beiden Altvögeln mit ausgewürgter Nahrung gefüttert. Im Alter von etwa 60 Tagen verlassen sie das Nest.

Während Jungvögel jaulende Rufe ausstoßen können, sind die Alten stimmlos; sie lassen nur ein Zischen und das charakteristische Schnabelklappern hören.

Die Nahrung des Weißstorchs besteht aus kleinen Wirbeltieren wie Mäusen, Amphibien und Reptilien sowie aus Insekten, vor allem Heuschrecken und Würmern.

Im Gegensatz zu Reihern strecken Löffler, wie auch andere zur Familie der Ibisse gehörende Vögel, im Flug den Hals aus

Bei der Nahrungssuche führen Löffler den leicht geöffneten Schnabel durch das seichte Wasser. Dabei scheuchen sie manchmal Beutetiere durch heftige Beinbewegungen auf

Der nahrungssuchende Löffler unterbricht seine Tätigkeit hin und wieder und richtet sich auf, um zu „sichern"

Jungvögel haben rosafarbene Schnäbel, graue Beine und dunkle Flügelspitzen

Im Brutkleid hat der Löffler einen gelbbraunen Brustlatz sowie einen deutlichen Federschopf am Hinterkopf. Im Ruhekleid fehlt beides. Die Geschlechter sind gleichgefärbt. Größe: 86 cm

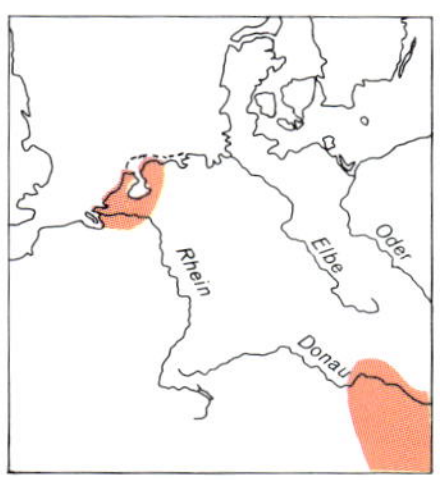

Sommervogel; überwintert vor allem südlich der Sahara

Löffler *Platalea leucorodia*

Der Löffler hat ein weißes Gefieder und einen langen, löffelartig verbreiterten Schnabel. Hin und wieder hört man von ihm grunzende und murrende Laute sowie ein Schnabelklappern.

In Mitteleuropa kommt der Löffler nur sehr sporadisch vor, z. B. im niederländischen Küstenbereich und am Neusiedler See. Er bewohnt Sumpfgelände mit Röhricht oder Weiden-Erlen-Gestrüpp, größere Binnenseen mit Verlandungsbeständen und Brackwassersümpfe.

Löffler brüten in Kolonien. Die Nester werden meist im Röhricht auf umgebrochenem Schilf gebaut. Die Eier sind auf weißem Grund unregelmäßig rötlichbraun gefleckt. Beide Partner bebrüten das Gelege abwechselnd drei Wochen lang. Die Jungen sind im Alter von etwa zwei Monaten selbständig, aber erst mit drei bis vier Jahren geschlechtsreif.

Die Nahrung des Löfflers besteht aus Fischen, Wasserinsekten, Molchen, Kaulquappen, Schnecken und Krebstieren. Sie wird beim „Durchschnäbeln" des Wassers erbeutet, wobei der Vogel mit dem Kopf halbkreisförmige Bewegungen ausführt.

Der Singschwan hat einen sehr langen Hals, den er meist gerade trägt. Jungvögel sind hellgrau-braun mit fleischfarbenem Schnabel, der an der Spitze schwärzlich ist. Geschlechter gleichgefärbt. Größe: 152 cm

Singschwäne grasen häufig in Familienverbänden. Rostfärbungen an Hals und Kopf rühren von Verschmutzungen bei der Nahrungssuche her

Der Singschwan fliegt mit langsamen, kräftigen Flügelschlägen, denen das typische Summen wie beim Höckerschwan fehlt

Das Gelb des Oberschnabels zieht sich relativ weit nach vorne und läuft im allgemeinen spitz aus

Zwei Singschwäne bei ihrem Nest, das aus einer Anhäufung von Schilf, Rohr und Riedgras besteht

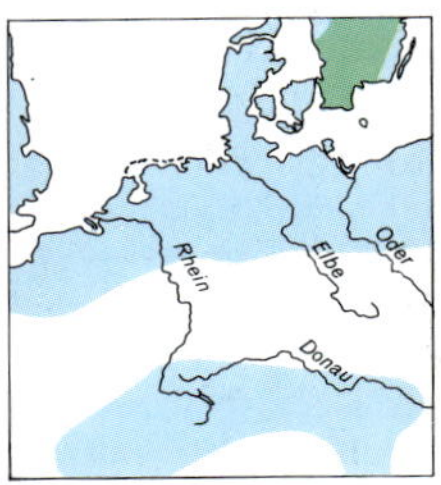

In Mitteleuropa Wintergast aus dem Norden

Singschwan *Cygnus cygnus*

Singschwäne haben ein einfarbig weißes Gefieder. Ihre Füße sind schwarz, und der Schnabel ist gelb mit schwarzer Spitze. Im Flug strecken Singschwäne ihre Hälse weit aus.

Singschwäne sind in Mitteleuropa Wintergäste. Sie halten sich zu dieser Zeit vor allem im Küstenbereich auf, gelangen aber auch mancherorts ins Binnenland, z. B. an den Bodensee. Gegen Ende des Winters verlassen sie Mitteleuropa, um in ihre nordischen Brutgebiete zu ziehen. Diese liegen in Nordosteuropa, Nordskandinavien, Nordschottland, auf Island und im nördlichen Asien. Dort kommen Singschwäne an seichten Seen und ruhig fließenden Gewässern vor. Sie bauen im flachen Wasser, auf Inseln oder im Uferbereich ein riesiges Nest aus Schilf und anderem Pflanzenmaterial.

Der Singschwan hat seinen Namen von einem Ruf, den er im Flug ausstößt: Er klingt melodisch wie „ang-hö" und erinnert entfernt an menschlichen Gesang. Die Nahrung dieser großen Vögel besteht aus Sumpf- und Wasserpflanzen, Gras, Sämereien, Insekten, Krebsen, Würmern u. a.

Mit seinem kürzeren Hals wirkt der Zwergschwan gänseähnlicher als die übrigen Schwäne

Das Gelb des Oberschnabels reicht meist nicht bis zum Nasenloch. Die Form des gelben Flecks ist individuell verschieden. Fast immer endet die gelbe Zone, anders als beim Singschwan, vorn gerundet

Der Kopf des Zwergschwans ist gerundeter als der des Singschwans. Die Jungvögel sind graubraun. Geschlechter gleichgefärbt. Größe: 1,2 m

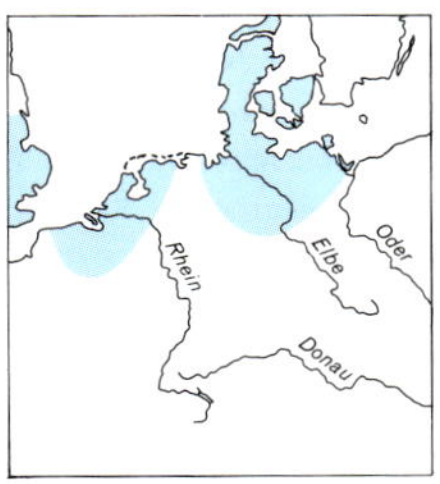

In Mitteleuropa nur Wintergast aus dem Norden

Wie andere Schwäne gründeln Zwergschwäne: Sie holen sich Nahrung vom Boden des Gewässers

Jeder Vogel hat eine besondere Zeichnung am Schnabel, so daß man ihn in einer Gruppe wiedererkennen kann

Zwergschwan *Cygnus columbianus*

Der Zwergschwan ähnelt dem Singschwan, ist aber kleiner und hat einen kürzeren und dickeren Hals. Das Gelb am Schnabel ist weniger weit ausgedehnt als beim Singschwan. Während man dem Zwergschwan früher den wissenschaftlichen Namen *C. bewickii* gab, stellt man ihn heute aufgrund neuer Untersuchungen als Unterart (geographische Rasse) zu dem amerikanischen Schwarzschnabel-Zwergschwan, *C. columbianus*.

Wie der Singschwan ist der Zwergschwan ein Wintergast, dessen Brutgebiete im Norden liegen. In Mitteleuropa überwintert er vor allem im Küstenbereich, gelegentlich auch im Binnenland. Die Art lebt gern gesellig.

Der Zwergschwan legt drei bis fünf rahmfarbene Eier. Seine Brutbiologie ähnelt der des Singschwans. Seine Stimme ist schwächer und weniger trompetenhaft als die des Singschwans. Die Flügelschläge des Zwergschwans erzeugen nicht wie die des Höckerschwans ein summendes Geräusch.

Die Nahrung des Zwergschwans besteht vor allem aus Gras, Klee, Wasserpflanzen und Sämereien.

Orangeroter Schnabel mit schwarzem Höcker

Der Flug ist kraftvoll. Der Hals wird dabei weit ausgestreckt. Die Flügelschläge verursachen ein recht lautes, summendes Geräusch

Jungschwäne sind graubraun bedunt. Meist werden fünf bis sieben Küken ausgebrütet

Höckerschwäne leben vor allem auf stehenden Gewässern mit reichlicher Vegetation und Verlandungsbeständen

Der Höckerschwan trägt beim Schwimmen seinen Hals meist S-förmig gebogen. Selbst wenn er sich im Wasser aufrichtet, ist eine solche Biegung noch erkennbar. Das Männchen hat einen größeren schwarzen Höcker auf der Schnabelwurzel als das Weibchen. Größe: 152 cm

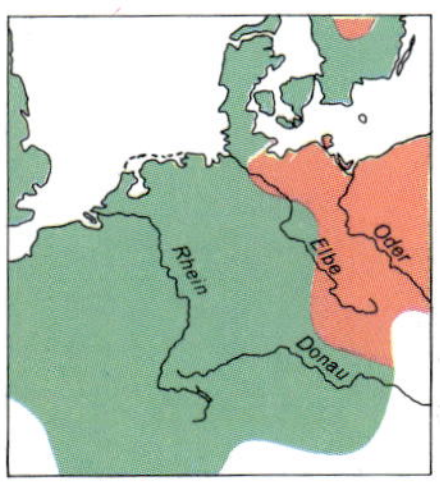

Höckerschwäne sind bei uns meist Jahresvögel

Die Drohgeste des erwachsenen Männchens, wenn es die Familie verteidigen will, besteht aus einem Zurückziehen des Halses und einem Hochheben der geschlossenen Schwingen über dem Rükken. Dabei schwimmt der Vogel auf den Angreifer zu

Höckerschwan *Cygnus olor*

Der Höckerschwan ist in Mitteleuropa weit verbreitet und häufig halbzahm. Als Ziervogel wurde er verschiedenenorts auf Parkseen ausgesetzt und hat dann im verwilderten Zustand viele Binnengewässer besiedelt. Auch an der Küste kann man ihn beobachten. Wirklich „echte“ Wildschwäne findet man vor allem im Norden Europas.

Im Gegensatz zu den beiden anderen Schwanenarten hat der Altvogel einen orangeroten Schnabel mit einem schwarzen Höcker auf der Stirn.

Höckerschwäne sind in Mitteleuropa Teilzieher, die an offenen Gewässern überwintern. Sie brüten an Binnengewässern mit flachen Ufern und ausgedehnten Schilfgürteln. Halbzahme Vögel brüten an Gewässern aller Art. Das Nest ist ein umfangreicher Bau aus Schilf, Reisern und anderen Stoffen; es wird häufig im Schilf angelegt.

Außer fauchenden und grunzenden Lauten hört man vom Höckerschwan nichts. Die Nahrung besteht aus Wasserpflanzen, Gras, Sämereien, Weichtieren, Würmern usw.

Die weiße Form ist durch die schwarzen Flügelspitzen gekennzeichnet

Altvögel der weißen Phase haben schwarze Flügelspitzen, einen fleischfarbenen Schnabel und ebensolche Füße. Die Geschlechter sind gleichgefärbt. Größe: 64–76 cm

Weiße Phase (immatur)

Blaue Phase (adult)

Bei der blauen Phase sind Rücken und ein Großteil der Unterseite hellblaugrau. Immature Vögel der weißen Phase haben ein einfarbiges, aschgraues Gefieder

Eine adulte Schneegans der weißen Phase ist in Mitteleuropa nur als seltener Irrgast anzutreffen

Rothalsgans
Branta ruficollis
Seltener Irrgast aus Sibirien. Der Rücken ist schwarz, der rotbraune Hals weiß gezeichnet. Größe: 55 cm.

Wenn überhaupt, so sieht man Schneegänse meist unter anderen Wildgänsen, z. B. unter Bläßgänsen

Schneegans *Anser caerulescens*

Die Schneegans unterscheidet sich von Schwänen durch die schwarzen Flügelspitzen sowie durch die fleischfarbenen Füße und den ebenfalls rötlichen Schnabel. Neben dieser weißen Phase gibt es auch eine blaue, bei der Rücken und ein Großteil der Unterseite hellblaugrau gefärbt sind.

Die Schneegans brütet im nördlichen Nordamerika, in Nordgrönland und in Nordostsibirien. Außerhalb der Brutzeit gelangt sie, wenn auch nur äußerst selten, nach Mitteleuropa. Dort vergesellschaftet sie sich mit anderen Gänsearten.

Ein anderer seltener Irrgast ist die Rothalsgans. Sie brütet in Sibirien und gelangt gelegentlich auch bis Mitteleuropa. Die Färbung der Rothalsgans ist so charakteristisch, daß diese Art mit keiner anderen verwechselt werden kann.

Schnee- und Rothalsgänse werden in Mitteleuropa in verschiedenen Zoos gehalten. So besteht die Möglichkeit, daß gelegentlich ein Individuum in die Freiheit entkommt. Manche Beobachtungen dieser beiden Arten in Mitteleuropa sind vielleicht so zu erklären.

Im Flug sind Saatgänse von den ähnlichen Bläßgänsen durch den dunklen Hals und die dunklen Schwingen unterschieden

Bei der Nahrungsaufnahme wirken Saatgänse sehr langhalsig

Porträt einer ausgewachsenen Saatgans. Der schwarz und gelb gezeichnete Schnabel ist charakteristisch

Junge Vögel haben weniger leuchtend gefärbte Füße, und ihr Gefieder ist stärker marmoriert als das der alten

Weiß an der Schnabelwurzel

Dunkles Gefieder

Orangegelbe Füße

Erwachsene Saatgänse haben einen dunkelbraunen Kopf und Hals sowie ein heller und dunkler braun gemustertes Gefieder. Die Füße sind orangegelb; der Schnabel ist gelb mit schwarzer Zeichnung. Manchmal sitzen am Schnabelgrund weißliche Federn. Die Geschlechter sind gleichgefärbt.
Größe: 70–89 cm

Besucher aus dem Norden, vor allem Okt.–Apr.

Saatgans *Anser fabalis*

Die Saatgans ist eine überwiegend dunkelbraune Gans mit gelblichem, schwarz gezeichnetem Schnabel. Ihre Füße sind orangegelb. Die Saatgans stellt die Wildgansart dar, die man im mitteleuropäischen Binnenland am häufigsten beobachten kann. Sie ist hier Durchzügler und Wintergast. Ihre Brutgebiete liegen in Nordeuropa und in Rußland.

Bei Besuchen in unseren Breiten halten sich Saatgänse vor allem auf Feldern und Wiesen auf, wo sie sich in erster Linie von pflanzlicher Kost ernähren. In ihrer Brutheimat bewohnen sie die Tundra; dort brüten sie auf dem Boden. Nur das Weibchen brütet. Wenn es kurzfristig zur Nahrungssuche vom Nest geht, bedeckt es das Gelege mit Dunenfedern. Die Dunenjungen sind Nestflüchter. Im Alter von sechs oder sieben Wochen sind sie flugfähig, doch bleiben sie bis zum nächsten Frühling mit ihren Eltern zusammen.

Die Lautäußerungen der Saatgans bestehen aus „Ang-ang"-Rufen, die denen der Kurzschnabelgans ähneln, aber tiefer klingen. Außerdem hört man auch ein rauhes „Kajajak".

Im Flug ist die erwachsene Kurzschnabelgans vor allem an den heller grauen Vorderrändern der Schwingen zu erkennen

Die erwachsene Kurzschnabelgans ist kleiner als die Saatgans und hat fleischfarbene Füße und einen grauen Rücken. Die Geschlechter sind gleichgefärbt. Größe: 60–76 cm

Jungvögel sind brauner als erwachsene und haben gelbliche Füße

Kurzschnabelgänse fliegen oft in großen Trupps und lassen dabei ihre charakteristischen Rufe hören

Hier fällt ein Trupp von Kurzschnabelgänsen in charakteristisch taumelndem Flug auf eine Wiese ein

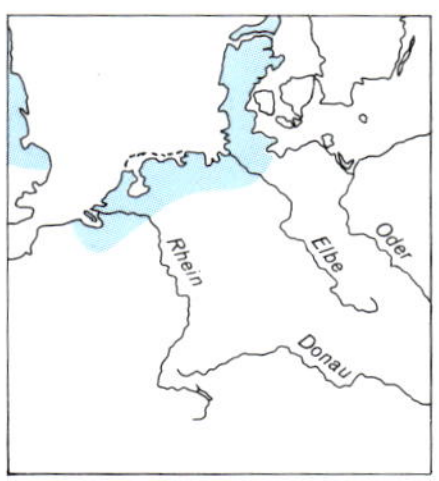

Überwinternde Vögel stammen oft aus Spitzbergen

Die Familien bleiben während des Winters zusammen und gehen gemeinsam auf Nahrungssuche

Kurzschnabelgans *Anser brachyrhynchus*

Die Kurzschnabelgans ähnelt der Saatgans; von manchen Ornithologen wird sie sogar nur als geographische Rasse der Saatgans angesehen. Von ihr ist sie aber an den rosa Füßen, dem schwarz und fleischfarben gezeichneten Schnabel sowie dem grauen Rücken gut zu unterscheiden.

Die Kurzschnabelgans brütet in Ostgrönland, auf Island und Spitzbergen. Mitteleuropa besucht sie nur außerhalb der Brutzeit als Wintergast; man findet sie dann vor allem an der Nordseeküste sowie örtlich im Binnenland. In ihrem Brutgebiet bewohnt sie felsiges Gelände. Außerhalb der Brutzeit hält sie sich, wie die übrigen Gänse, auf Wiesen und Äckern auf.

Das mit vielen Daunen gepolsterte Nest wird zwischen Felsen auf dem Boden angelegt. Die weißlichen Eier werden nur vom Weibchen bebrütet. Die Jungen sind Nestflüchter, werden aber noch längere Zeit von den Eltern geführt.

Die Rufe der Kurzschnabelgans klingen nasal „oing-oing" oder „wink-wink". Die Nahrung besteht aus Gräsern, Wurzeln und Feldfrüchten.

Eine Drohgeste gegenüber anderen Mitgliedern des Verbandes

Graugänse und andere Wildgänse fliegen in einer charakteristischen Keilformation

Orangefarbener Schnabel

Durch ihre Größe und ein blasseres Gefieder unterscheidet sich die Graugans von anderen Wildgänsen. Die Geschlechter sind gleichgefärbt. Größe: 76–89 cm

Rosa Füße

Verpaarte Altvögel stimmen ein Triumphgeschrei an, wenn sie einander begegnen

Grauganspaar mit seinen fünf Dunenjungen. Diese folgen sofort nach dem Abtrocknen ihren Eltern aufs Wasser

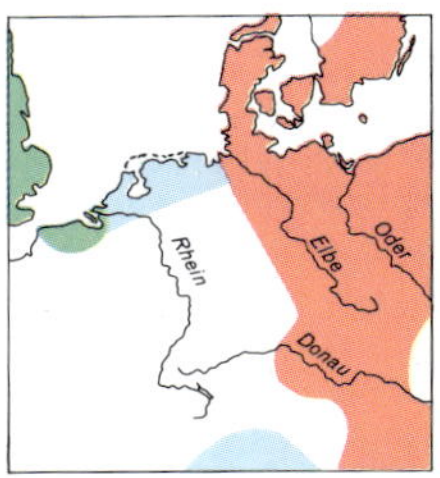

Teilzieher, der vor allem im Küstenbereich überwintert

Der Schnabel der östlichen Rasse ist rosa, nicht orangefarben

Das Gefieder jüngerer Vögel ist düsterer gefärbt und weniger deutlich bebändert

Graugans *Anser anser*

Die Graugans ist die Stammutter unserer Hausgans. Der Schnabel ist orangefarben, bei der östlichen Unterart rosafleischfarben. Die Füße sind rosa. Die Laute – ein nasales Schnattern – ähneln denen der Hausgans.

In Mitteleuropa brütet die Graugans etwa östlich der Elbe. Außerdem ist sie im Norden, auf den Britischen Inseln sowie in großen Teilen Asiens zu Hause. Sie ist ein Teilzieher, der im Bereich der Nordseeküste sowie im Mittelmeergebiet überwintert. Größere Schilfsümpfe, sumpfige Niederungen und Moore mit weiten Röhrichtwäldern und anschließenden Sumpfwiesen sind der Lebensraum der Graugans.

Das Nest wird meist in schwer zugänglichen Röhrichtwäldern oder in dichter Sumpfvegetation an etwas erhöhten Stellen angelegt, und die Nestmulde wird mit Daunen gepolstert. Im Alter von etwa viereinhalb Monaten sind die Jungen erwachsen.

Graugänse ernähren sich von Gras, Sumpfpflanzen, verschiedenen Wildkräutern, Klee und Sämereien.

Im Flug sind Bläßgänse an dem dunklen Vorderflügel von Kurzschnabelgänsen zu unterscheiden

Adulte Vögel haben eine weiße Stirn und eine schwarz quergebänderte Unterseite. Die Geschlechter sind gleichgefärbt. Größe: 66–76 cm

Trupps von Bläßgänsen gehen auch bei Vollmond auf Nahrungssuche

Ausgewachsene Bläßgans. Während des Zuges suchen diese Vögel gern feuchte Wiesen auf

Zwerggans *Anser erythropus*
Seltener Gast aus Nordosteuropa und Asien. Die Art ist kleiner und hat einen gelblichweißen Augenring.

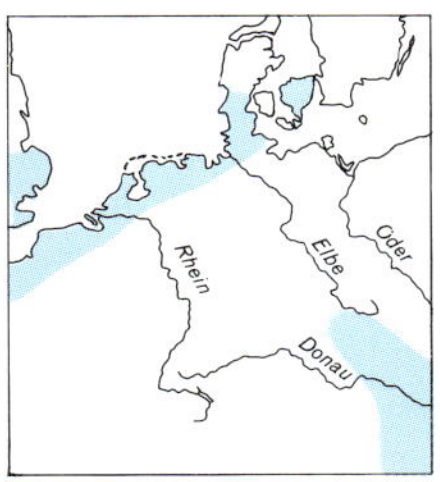

Okt.–Apr. Gast von Grönland und aus Sibirien

Der Schnabel der grönländischen Rasse ist orangegelb, nicht rosa

Jungvögeln fehlt die weiße Stirn. Vor allem an den orangefarbenen Füßen sind sie von Kurzschnabelgänsen zu unterscheiden

Bläßgans *Anser albifrons*

Die Bläßgans ist an ihrer weißen Stirn und der unregelmäßigen schwarzen Querbänderung auf der Brust recht gut zu erkennen. Die Füße sind orangerötlich. Der Vogel ist in Mitteleuropa ein Wintergast aus dem Nordosten, dem arktischen Asien und von der Westküste Grönlands.

Die Brutgebiete liegen in küstennahen Tundralandschaften mit flachen Seen und Sümpfen. Außerhalb der Brutzeit hält sich die Bläßgans auf Wiesen, Feldern sowie an Binnengewässern auf. Die Jungen verlassen bereits wenige Stunden nach dem Schlüpfen das Nest, das aus Gras, Moos und Flechten in einer Mulde hergerichtet wurde, und folgen den Eltern. Wie viele Nestflüchter müssen die Jungen nicht gefüttert werden, sondern sie können bereits selbst fressen. Im Alter von fünf oder sechs Wochen sind sie flugfähig. Einmal verpaart, bleiben Altvögel – wie auch die der Graugänse – ein Leben lang zusammen.

Bläßgänse schnattern etwas höher als Graugänse. Außerdem lassen sie einen Ruf hören, der wie „kou-jou" klingt.

Verbände von Weißwangengänsen ziehen häufig in unregelmäßigen Trupps, nicht in einer geordneten Formation

Das weiße Gesicht und der helle Bauch kontrastieren auch im Flug stark mit dem sonst dunklen Gefieder

Bei der Balz zucken die Vögel in charakteristischer Weise mit den Flügeln und rufen laut

Die blaßbraun und weiß gezeichneten Dunenjungen werden normalerweise von beiden Eltern geführt

Jungvögel sind weniger kontrastreich gefärbt als adulte

Das weiße Gesicht und der schwarze Hals machen diese Art unverwechselbar. Der Rücken ist dunkelgrau mit weißlichen Federsäumen. Die Geschlechter sind gleichgefärbt. Größe: 58–68 cm

Weißwangengans *Branta leucopsis*

Die Weißwangen- oder Nonnengans ist durch ihre schwärzliche Oberseite, den schwarzen Hals und die weißen Wangen charakterisiert.

Die Brutgebiete liegen an der Küste Grönlands, auf Spitzbergen und auf Nowaja Semlja. Dort hält sich die sehr gesellig lebende Weißwangengans in felsigen Tundralandschaften auf, vor allem im Küstenbereich. Außerhalb der Brutzeit ist sie in Mitteleuropa ein regelmäßiger Besucher der Meeresküsten.

Im Brutgebiet baut die Weißwangengans ihr Nest zwischen Felsbrocken oder auf Felsbändern an höheren Wänden. Die vier bis fünf Eier sind blaßgrün. Das Gelege wird nur vom Weibchen etwa vier Wochen lang bebrütet. Wie bei den anderen Gänsen folgen die Jungen nach dem Abtrocknen ihren Eltern.

Die Nahrung der Weißwangengans besteht aus verschiedenen Gräsern, Tundrapflanzen, Algen und Moos. Örtlich frißt sie auch Saat.

Vor allem im Flug hört man von der geselligen Weißwangengans ein kläffendes „Wröck“ sowie schnatternde Laute.

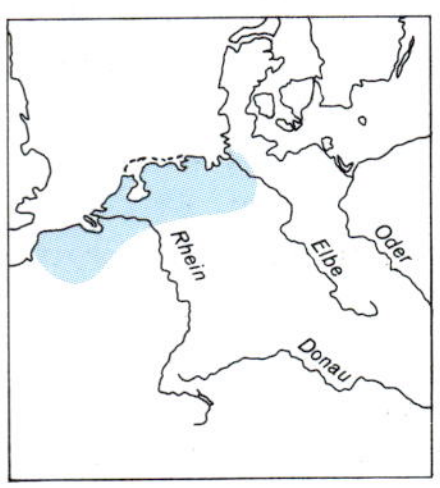

Okt.–Apr. in Mitteleuropa, vor allem im Wattenmeer

Ringelgänse fliegen in langen, auf und ab wogenden Reihen, meist in geringer Höhe

Im Flug sind Ringelgänse an ihrem dunklen Gefieder und den weißen Unterschwanzdecken zu erkennen

Jungen und immaturen Vögeln fehlt der weiße Halsfleck

Erwachsene und junge Ringelgans auf dem Meer. Die Vögel halten sich gern in flachen Küstengewässern auf

Wintergast und Durchzügler im Küstengebiet

Eine dunkle, an Kopf und Hals schwarze Gans mit auffallend weißem Hinterteil. Der weiße Halsfleck ist nur aus der Nähe zu erkennen. Die Ringelgans ist etwa so groß wie eine Stockente. Die Geschlechter sind gleichgefärbt.
Größe: 55–60 cm

Ringelgans *Branta bernicla*

Die Ringelgans ist eine kleine, dunkle Gans mit schwarzem Kopf und Hals. An den Halsseiten hat sie jeweils einen kleinen, weißen Fleck.

In Mitteleuropa erscheint die Ringelgans nur außerhalb der Brutzeit. Sie kommt aus Spitzbergen, Grönland oder Sibirien. Bei uns hält sie sich im Küstenbereich, vor allem im Wattenmeer, auf. In ihrer Brutheimat bewohnt sie Flußdeltas, die arktische Tundra sowie Teiche und Seen. Meist brütet sie kolonieartig in der Tundravegetation, häufig etwas erhöht.

Das Nest wird mit vielen Daunen gepolstert. Die drei bis fünf grauweißen Eier werden nur vom Weibchen 24 bis 26 Tage lang bebrütet. Die Jungen folgen nach dem Abtrocknen den Eltern ins nächste Gewässer.

Die Laute der Ringelgans sind ein gutturales, tiefes „Rott“, das häufig gereiht wird, sowie nasale Rufe.

Die Nahrung besteht aus Pflanzenteilen, im Wattenmeer vor allem aus Seegras, Algen und Salzwasserpflanzen sowie aus marinen Kleintieren.

Nach der Brutzeit mausern Kanadagänse und sind dann flugunfähig

Kopf und Hals haben charakteristische Merkmale. Die Geschlechter sind gleichgefärbt. Größe: 0,8–1 m

Zu den Drohgebärden gehört ein Senken des Kopfes, wobei der Schnabel fast den Boden berührt

Ein Paar Kanadagänse an ihrem Nest, das nahe am Wasser liegt. Die fünf bis sechs Eier sind cremeweiß

Im Flug wird der Hals lang ausgestreckt. Dabei fällt die Zeichnung am Kopf sehr auf

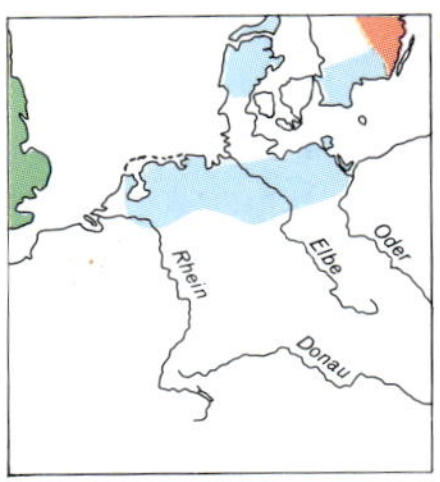

In Mitteleuropa gelegentlich Durchzügler und Wintergast

Bei jungen Vögeln ist der Kinnfleck weniger ausgeprägt als bei adulten; aber schon das erste Winterkleid ähnelt dem der Altvögel

Kanadagans *Branta canadensis*

Die Kanadagans hat eine gewisse Ähnlichkeit mit der Weißwangengans, doch ist das Weiß auf die Kehle und einen Teil der Wangen beschränkt. Außerdem ist sie deutlich größer.

Sie ist ein Brutvogel Nordamerikas, der in Europa häufig als Parkvogel gehalten wird. Verwilderte Vögel haben sich gebietsweise angesiedelt, z. B. in England und Skandinavien. Solche Exemplare erscheinen außerhalb der Brutzeit gelegentlich auch in Mitteleuropa, vor allem an den Meeresküsten.

Die Kanadagans bewohnt Feuchtgebiete und baut ihr Nest in der Nähe von Wasser oder auf Inseln. Es besteht aus Pflanzenmaterial und wird mit Daunen ausgepolstert. Die Dunenjungen verlassen sofort nach dem Abtrocknen das Nest und folgen ihren Eltern aufs Wasser. Im Alter von neun Wochen sind sie flugfähig; sie bleiben aber bis zum folgenden Frühjahr im Familienverband.

Im Flug lassen Kanadagänse ein lautes, nasal trompetendes „Örhonk“ hören. Sie fliegen in keilartiger Formation oder in Linie.

An ihrer Zeichnung kann man die Vögel auch im Flug leicht erkennen. Die Weibchen gackern häufig, und die Männchen lassen ein weiches Pfeifen hören

Adultes Männchen im Brutkleid. Der leuchtendrote Schnabel trägt einen kräftigen Höcker. Die Verteilung der weißen, rotbraunen und schwarzen Gefiederpartien ist sehr typisch. Größe: 60 cm

Immature Vögel haben am Kopf ziemlich viel Weiß. Die übrige Färbung ist weniger kontrastreich und verwaschener

Adultes Weibchen im Ruhekleid, das verwaschener aussieht und weniger Rot enthält

Durch ihre Zeichnung unterscheiden sich die Küken der Brandgans von denen aller anderen Enten- oder Gänsearten

Das Kopfaufwerfen verpaarter Vögel zeigt an, daß sie auffliegen wollen

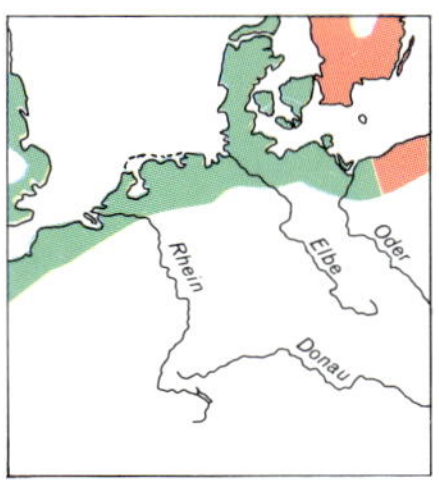

Teilzieher, der in Küstenbereichen überwintert

Dem Weibchen fehlt der Höcker auf dem Schnabel. Die Dunenjungen sind weiß mit dunkelbrauner Zeichnung

Brandgans *Tadorna tadorna*

Die Brandgans, auch Brandente genannt, ist dank ihrer auffallenden schwarzweißen und rostroten Gefiederfärbung unverkennbar. Das Männchen hat am Grund des Oberschnabels einen kräftigen Höcker, der dem Weibchen fehlt.

In Mitteleuropa kommt die Brandgans nur an den Meeresküsten vor. Dort bewohnt sie vor allen Dingen Landschaften mit Dünen oder Blockfeldern sowie Ruinen. Sie nistet hauptsächlich in Kaninchenhöhlen und Felsspalten.

Das Nest wird mit vielen Daunen gepolstert. Die meist sieben bis zwölf weißlichen Eier werden vom Weibchen etwa vier Wochen lang bebrütet. An der Aufzucht der Jungen beteiligen sich beide Partner. Die Jungen verlassen sofort nach dem Abtrocknen das Nest und folgen den Eltern. Im Alter von etwa zwei Monaten sind sie flugfähig.

Brandgänse stoßen gackernde und verschiedene nasale Rufe aus. Vor allem zur Paarungszeit lassen sie ein weiches „Jujuju" hören. Die Nahrung besteht aus Schnecken, Würmern, Wasserinsekten u.a.m., ferner auch aus pflanzlichen Stoffen.

Rostgans
Tadorna ferruginea
Der Vogel ist überwiegend rostfarben und hat einen weißen Kopf. Das Männchen hat einen dünnen schwarzen Halsring. Im Flug fallen die weißen Vorderflügel, die grünen Spiegel und die schwarzen Handschwingen auf.
Größe: 64 cm.

Mandarinente
Aix galericulata
Das Männchen ist an seinem Federschopf und den segelartig hochstehenden Flügelfedern leicht zu erkennen. Im Ruhekleid ähnelt es dem Weibchen, das recht einfach gefärbt ist. Im Flug ist bei beiden Geschlechtern ein grüner Flugspiegel zu sehen.
Größe: 40 cm.

Eingeführte Entenvögel

Verschiedene Entenvögel wurden als Ziergeflügel für Parkseen, Teiche usw. nach Europa eingeführt. Hin und wieder entkamen einige, so daß man diese Arten heute ab und zu auch im Freiland beobachten kann.

Die Rostgans, *Tadorna ferruginea*, ist örtlich Brutvogel in Südeuropa und Vorderasien. Aus der Gefangenschaft entkommene Vögel haben schon in Süddeutschland gebrütet.

Die Mandarinente, *Aix galericulata*, ist Brutvogel in Ostasien. Als Ziervogel kann man sie in Parkanlagen Mitteleuropas beobachten, wo sie nicht selten in halbwildem Zustand lebt. Sie brütet in Baumhöhlen.

Das fliegende Weibchen: braun mit grauen Schwingen

Das Männchen ist im Flug am rotbraunen Kopf, an den weißen Schulterflecken und dem grünen Spiegel zu erkennen

Das immature Männchen hat keine weißen Schultern

Von unten gesehen ist die rotbraune Vorderbrust scharf gegen das Weiß der restlichen Unterseite abgesetzt

Trupps von Pfeifenten fliegen in unregelmäßigen Linien

Drohgebärde: Die Flügel werden gelüftet

Weibliche Pfeifente mit Dunenjungen. Diese sind an ihrer einfarbig warmbraunen Bedunung zu erkennen

Pfeifenten grasen häufig auf feuchten Wiesen

Das adulte Männchen hat einen kastanienbraunen Kopf mit hellem Scheitel. Größe: 46 cm

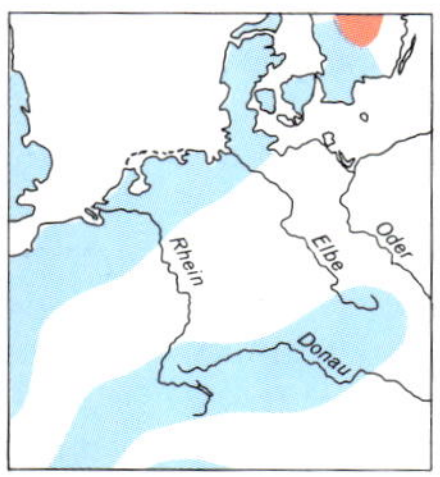

In Mitteleuropa Wintergast und Durchzügler

Das adulte Weibchen ist ziemlich einfarbig braun. Es hat einen kleinen Schnabel und eine hohe Stirn

Kastanienbrauner Kopf mit hellem Scheitel

Pfeifente *Anas penelope*

Der Name Pfeifente kommt von dem pfeifenden Ruf des Männchens, der wie „wüwi" klingt. Das Weibchen dagegen läßt knarrende Rufe hören.

Im Brutkleid ist die männliche Pfeifente mit ihrem überwiegend grauen Körper, dem rotbraunen Hals und Kopf sowie dem blaßockerfarbenen Scheitel unverkennbar.

Die Pfeifente brütet im nördlichen Europa und tritt in Mitteleuropa nur als Durchzügler und Wintergast auf. In den Brutgebieten lebt sie an Seen und Teichen mit Ufervegetation sowie in Bruchlandschaften. Dort baut sie ihr Nest meist versteckt in dichter Vegetation. Wie alle Entennester wird es mit Daunen gepolstert. Die sieben bis zehn hellbraunen Eier werden drei Wochen lang nur vom Weibchen bebrütet. Die Jungen sind Nestflüchter und folgen kurz nach dem Schlüpfen der Mutter.

Die Nahrung besteht aus Wasserpflanzen, Sämereien, Knospen, Insekten und Weichtieren.

Außerhalb der Brutzeit halten sich Pfeifenten auf Gewässern aller Art auf, und zwar im Binnenland wie auch an der Küste.

Weibchen

Männchen

Männchen

Die spitzen Schwingen und die weißen Spiegel sind im Flug sehr auffällig

Beim Schwimmen liegen Schnatterenten hoch im Wasser. Der Schwanz ist hochgestellt

Durch die weißen Flügelspiegel unterscheidet sich die weibliche Schnatterente vom Stockentenweibchen

Schnatterenten gründeln oft – wie andere Schwimmenten auch

Bei der Balz des Männchens werden die Gefiederkontraste besonders herausgestellt

Schwarzes Hinterteil

Die auffallendsten Merkmale des Männchens sind das schwarze Hinterteil sowie das Rotbraun auf den Vorderflügeln und der weiße Spiegel.
Größe: 50 cm

Das Küken ähnelt einem Stockentenküken, ist aber kontrastreicher gefärbt. Die Schnabelseiten sind rosa

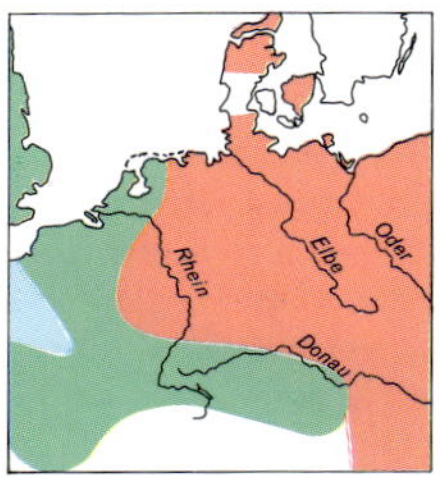

Teilzieher, der im Westen und Süden Europas überwintert

Schnatterente *Anas strepera*

Das Männchen der Schnatterente ist durch sein schwarzes Hinterteil sowie durch den weißen Flügelspiegel gekennzeichnet. In Mitteleuropa brütet die Schnatterente vor allem in den Niederlanden und in Norddeutschland; außerdem ist sie örtlich in Süddeutschland sowie im östlichen Österreich Brutvogel. Sie bewohnt hauptsächlich seichte Binnengewässer mit Verlandungszonen in offener Landschaft. Außerhalb der Brutzeit findet man sie auf größeren und kleineren Binnengewässern sowie an der Küste. Die meisten Schnatterenten überwintern im westlichen und südlichen Europa.

Das Nest wird meist an trockenen Stellen mit dichter Vegetation angelegt und mit Daunen gepolstert. Die acht bis zwölf rahmgelben Eier werden nur vom Weibchen 25 bis 27 Tage lang bebrütet. Die Jungen sind Nestflüchter und werden vom Weibchen sieben Wochen lang geführt.

Das Männchen läßt ein grunzendes Pfeifen sowie ein knarrendes „Reräp-rep" hören. Das Weibchen quakt.

Die Nahrung besteht hauptsächlich aus pflanzlicher Kost.

Fliegende Krickenten bilden im Flug unregelmäßige Verbände

Kastanienbrauner Kopf mit Grün

Das Männchen hat einen kastanienbraunen Kopf und eine grüne Zone an jeder Kopfseite. Größe: 36 cm

Die schwarz und grün gefärbten Spiegel des Männchens und die schwarzgelben Unterschwanzdecken sind im Flug charakteristisch

Weibchen

Männchen

Männchen

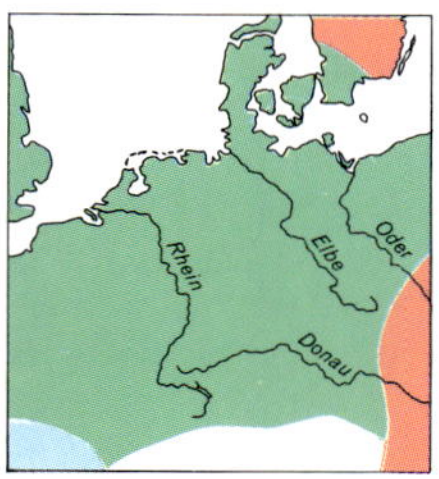

Teilzieher, in West- und Südeuropa überwinternd

Das Weibchen hat ebenfalls einen grünen Flügelspiegel

Das Männchen im Ruhekleid ähnelt dem Weibchen

Bei der Balz hebt das Männchen den Kopf und stellt den Schwanz hoch

Weibchen im Ruhekleid. Krickenten halten sich im Winter zuweilen auch an kleinen Tümpeln auf

Krickente *Anas crecca*

Das Männchen der Krickente, der kleinsten Wildentenart Mitteleuropas, ist durch den rotbraunen Kopf und die grüne, weißlich gesäumte Zone um die Augen- und Ohrengegend sowie durch den grünen Flügelspiegel gekennzeichnet.

Krickenten sind ausgezeichnete, schnelle Flieger, die gern in dichten Trupps reißende Flugspiele veranstalten. Wenn sie aufgeschreckt werden, können sie äußerst rasch und obendrein fast senkrecht starten.

Die Krickente ist in Mitteleuropa weit verbreitet und kommt vor allem an Binnengewässern mit Verlandungszonen vor. Dort baut sie ihr Nest am Ufer in dichter Vegetation. Die sieben bis zehn rahmgelben Eier werden nur vom Weibchen bebrütet. Die Jungen sind, wie alle jungen Enten, Nestflüchter.

Der Name Krickente kommt von den kurzen, wie „brrib" klingenden Rufen des Männchens her. Das Weibchen quakt. Außerdem lassen beide Geschlechter ein „Krräck" hören.

Die Nahrung besteht aus Wasserpflanzen, Sämereien, Insekten und deren Larven sowie aus Schnecken und Würmern.

Männchen

Der blaugraue Vorderflügel des Männchens sowie der weiße Überaugenstreif sind sehr charakteristisch

Weibchen

Seen und Teiche mit schilfbestandenen Ufern und Sümpfe sind beliebte Aufenthaltsorte

Die Dunenjungen der Knäkente sind am Verlauf der dunklen Streifen an den Kopfseiten zu erkennen

Beim Auffliegen zeigt das Männchen seine blaugrauen Vorderflügel und die grünen Spiegel

Weißer Augenstreif

Das erwachsene Männchen im Brutkleid hat einen sehr auffallenden Überaugenstreif und lange, lanzettförmige Federn auf dem Rücken. Bei der Balz wirft es den Kopf in den Nacken.
Größe: 38 cm

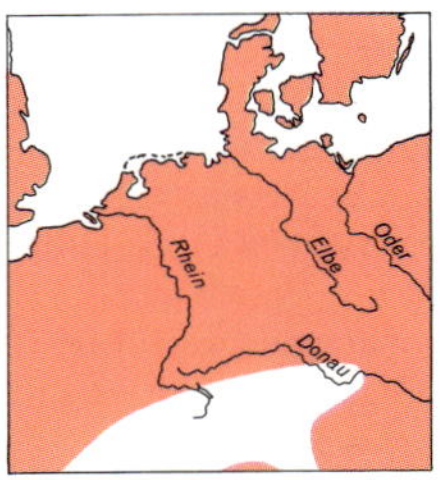

Sommervogel; etwa März bis Okt. in Mitteleuropa

Die Knäkente nimmt oft in dieser Stellung durch „Schlabbern" Nahrung auf

Die Weibchen sind unscheinbar gefärbt. Männchen im Ruhekleid ähneln den Weibchen

Knäkente *Anas querquedula*

Die männliche Knäkente ist im Brutkleid an dem dunkelbraunen Kopf und dem breiten, weißen Überaugenstreif zu erkennen.

Die Art kommt vor allem in Mitteleuropa vor, wo sie Seen und Teiche mit üppiger Vegetation in offenem Gelände sowie Sumpflandschaften bewohnt. Zur Zugzeit findet man sie auf Binnengewässern aller Art. Die Knäkente ist hauptsächlich Sommervogel. Sie überwintert vor allem im tropischen Afrika.

Das Nest wird meist ein Stück vom Wasser entfernt in dichter Vegetation angelegt. Die Brutbiologie ähnelt derjenigen der Krickente: Nur das Weibchen brütet. Die Jungen sind Nestflüchter.

Männliche Knäkenten lassen ein charakteristisches, schnarrendes „Klerrb" hören. Außerdem rufen beide Geschlechter nasal „jäg-jäg".

Die Nahrung ähnelt derjenigen der Krickente; sie besteht ebenfalls aus Wasserpflanzen, Insekten, Schnecken u. a. Tierische Nahrung wird jedoch bevorzugt.

Männliche Stockenten verfolgen Weibchen häufig im Flug

Bei der Balz stecken die Männchen oft den Schnabel ins Wasser und spritzen beim Hochwerfen des Kopfes

Männchen im Brutkleid, das sie von November bis Juni tragen. Die Stockente überwintert an eisfreien Gewässern

Vermauserte Männchen ähneln den Weibchen, haben aber einen grünlichgelben Schnabel

Das adulte Weibchen besitzt einen orangebräunlichen Schnabel mit einer dunkleren Zone in der Mitte der Oberseite

In Baumhöhlen ausgebrütete Dunenjungen springen nach dem Schlüpfen auf den Erdboden

Flaschengrüner Kopf

Rotbraune Brust

Das Männchen hat einen glänzenden, flaschengrünen Kopf, einen weißen Halsring und eine bräunlich-weinrote Brust. Die Stockente ist die größte Schwimmente Europas. Größe: 58 cm

Überwiegend Jahresvogel, aber auch Teilzieher

Stockente *Anas platyrhynchos*

Die Stockente ist die Stammutter der Hausente und die häufigste Wildentenart Europas. Das Männchen ist an dem flaschengrünen Kopf und der bräunlich-weinroten Brust zu erkennen.

In Mitteleuropa ist die Stockente sehr weit verbreitet. Hier bewohnt sie vor allem Binnengewässer mit Ufervegetation; sie kommt auch auf Anlagen- und Parkteichen vor, wo häufig Bastarde von Stockenten und Hausenten zu beobachten sind.

Das Nest, wie alle Entennester mit Daunen weich gepolstert, wird meist am Ufer in dichterer Vegetation angelegt. Seltener findet man es weiter vom Wasser entfernt, manchmal auch auf Kopfweiden und in großen Baumhöhlen. Das Gelege aus acht bis vierzehn gelbgrünen Eiern wird ausschließlich vom Weibchen bebrütet. Die Jungen sind Nestflüchter.

Das Männchen der Stockente ruft schnarrend „rräb-rräb", das Weibchen nasal „waak-waak-waak".

Die Nahrung besteht aus Wasser- und Landpflanzen, Sämereien, Eicheln, Bucheckern, Getreide usw., ferner auch aus Würmern, Schnecken, Krebsen, Insekten und deren Larven.

Der lange Hals und die verlängerten Schwanzfedern des Männchens im Flug sind charakteristisch

Trupps von Spießenten fliegen oft in Keilform

Das Männchen hat im Brutkleid eine typische Kopfzeichnung und spießartige Schwanzfedern

Das adulte Weibchen ist blaßbraun und schwärzlich gezeichnet; es hat eine schlanke Gestalt

Nach der Sommermauser ähnelt das Männchen dem Weibchen; der Rükken ist dann aber einfarbiger

Das adulte Männchen hat einen dunkelbraunen Kopf, einen weißen Hals, lange, lanzettförmige Schmuckfedern auf dem Rücken und stark verlängerte Schwanzfedern. Größe: 55 cm

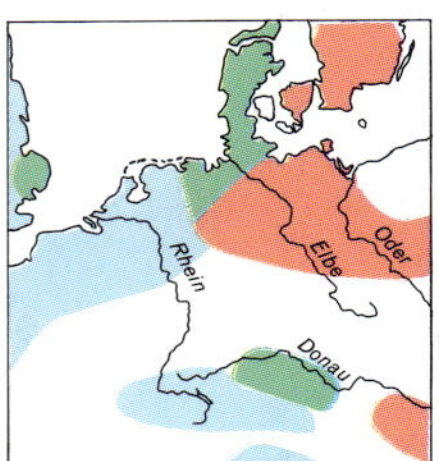

Die Spießente ist überwiegend Teilzieher

Bei der Gemeinschaftsbalz lassen die Männchen in Beugestellung ein unterdrücktes Pfeifen hören

Spießente *Anas acuta*

Das Männchen im Brutkleid hat einen dunkelbraunen Kopf sowie spießartig verlängerte Schwanzfedern. Solche Federn besitzt sonst nur noch die Eisente, die aber eine ganz unterschiedliche Zeichnung aufweist.

Die Spießente bewohnt in Mitteleuropa vor allem die nördlichen Bereiche, kommt örtlich aber auch im Süden vor. Sie lebt an Gewässern mit Verlandungszonen und erscheint außerhalb der Brutzeit auch an der Küste. Die Spießente überwintert sowohl in Westeuropa als auch im Mittelmeerraum.

Das Weibchen legt sieben bis neun schmutziggrüne oder hellbraune Eier. Die Jungen schlüpfen nach etwa 23 Tagen. Sie sind Nestflüchter und sind ungefähr nach 28 Tagen flugfähig.

An Lautäußerungen hört man vom Männchen – nicht sehr häufig – ein tiefes Pfeifen, während das Weibchen ein knarrendes Quaken hören läßt.

Die Nahrung der Spießenten besteht vor allem aus pflanzlicher Kost; sie verzehren aber auch Insekten, deren Larven und Weichtiere.

Männchen im Flug. Beide Geschlechter haben blaugraue Vorderflügel

Das adulte Männchen im Brutkleid ist ausgeprägt grün, weiß und kastanienbraun gefärbt. Der riesige Schnabel ist unverkennbar. Größe: 50 cm

Im Ruhekleid ähnelt das Männchen dem Weibchen; es ist aber etwas kontrastreicher gefärbt

Brütendes Löffelentenweibchen auf seinem Nest, das in Ufernähe gut versteckt angelegt ist

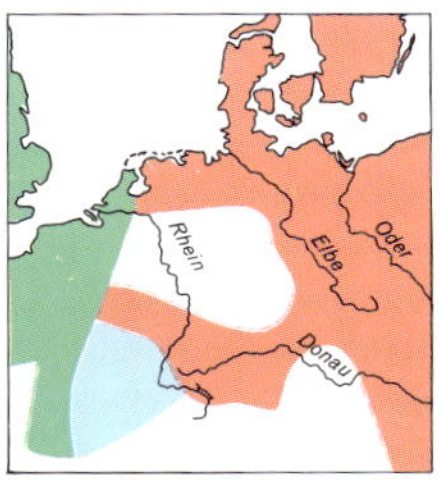

Teilzieher, überwintert im Westen und Süden Europas

Das adulte Weibchen ähnelt dem der Stockente, ist aber an dem blaugrauen Vorderflügel und dem großen Löffelschnabel zu erkennen

Löffelente *Anas clypeata*

Die Löffelente ist durch ihren großen, schaufel- oder löffelartig gestalteten Schnabel bestens charakterisiert. Im Brutkleid hat das Männchen einen flaschengrünen Kopf. Hals und Brust sind weiß, der Bauch und die Flanken kastanienbraun.

Die Löffelente kommt örtlich in Mitteleuropa vor, wo sie vor allem Sümpfe und verlandete Binnengewässer bewohnt. Wie bei den meisten Enten findet auch bei dieser Art die Paarbildung im Spätherbst oder Winter statt. Im Brutgebiet wird das Nest an einer versteckten Stelle in der Verlandungsvegetation oder am Ufer angelegt. Nur das Weibchen baut die Nestmulde und polstert sie mit Daunenfedern. Es bebrütet die acht bis zwölf grünlichgrauen Eier 22 bis 27 Tage lang.

Die Laute der Löffelente bestehen aus gutturalen und heiseren Rufen sowie einem lauten Quaken.

Löffelenten ernähren sich von kleinen Krebsen und Weichtieren, Insekten und deren Larven, Würmern usw., ferner von Sämereien und grünen Teilen von Wasserpflanzen. Dies alles seihen sie mit ihrem großen Schnabel aus dem Wasser.

Bei der Balz wirft das Männchen den Kopf in den Nacken und läßt ein heiseres Pfeifen hören

Das adulte Männchen hat einen kräftig rotbraunen Kopf, eine schwarze Brust und einen grauen Rücken. Größe: 45 cm

Die jungen Tafelenten sind oben schwärzlichbraun, unten grünlichgelb. Im Alter von acht Wochen sind sie flugfähig

Das Weibchen ist schmutzigbraun und hat eine helle Zeichnung im Gesicht sowie eine helle Querstreifung auf dem Rücken und an den Flanken

Wenn der Vogel zur Nahrungssuche taucht, macht er zunächst einen kleinen Sprung

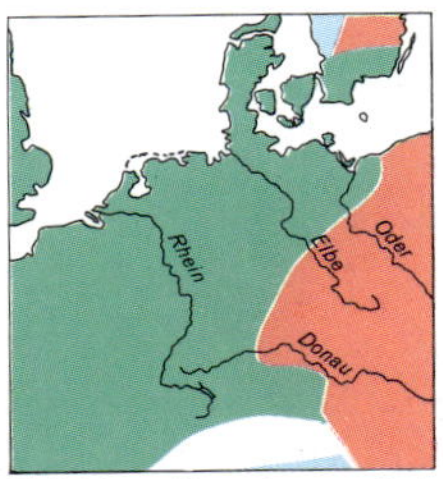

Teilzieher; überwintert auf offenen Gewässern

Beim Start rennen die Tafelenten zunächst eine Strecke flügelschlagend über das Wasser hin

Tafelente *Aythya ferina*

Zur Brutzeit ist das Männchen sehr charakteristisch gefärbt: Es hat einen rotbraunen Kopf, eine schwarze Brust und einen grauen Rücken.

Die Tafelente gehört zu den Tauchenten, die im Gegensatz zu den Schwimmenten nicht gründeln, sondern tauchen. In Mitteleuropa ist sie recht weit verbreitet. Sie bewohnt hier vor allem stehende Binnengewässer mit Verlandungszonen. Außerhalb der Brutzeit trifft man sie auf Gewässern aller Art an.

Das Nest wird meist versteckt in der Verlandungsvegetation angelegt und mit Daunen gepolstert. Die hellgrauen Eier mit rahmfarbener oder grünlicher Tönung werden nur vom Weibchen bebrütet. Die Jungen sind Nestflüchter.

Das Männchen stößt heisere Pfiffe aus, während das Weibchen schnarrende Laute und ein scharfes „Quäck“ hören läßt.

Die Nahrung der Tafelente besteht aus Wasserpflanzen und anderen grünen Pflanzenteilen sowie aus Weichtieren, Würmern, Insekten und deren Larven, Krebstieren und Amphibienlaich.

Im Flug sind die verhältnismäßig langen und spitzen Schwingen zu erkennen

Die Jungen sind Nestflüchter und folgen schon bald nach dem Abtrocknen der Mutter aufs Wasser

Das Weibchen ähnelt dem Bergentenweibchen, doch hat es am Ansatz des Schnabels weniger Weiß

Das adulte Männchen ist leicht an der schwarzen Oberseite und dem weißen Bauch zu erkennen. Im Flügel hat es einen weißen Streif. Aus der Nähe ist der bläulich-purpurfarbene Schimmer des Kopfes zu erkennen.
Größe: 41 cm

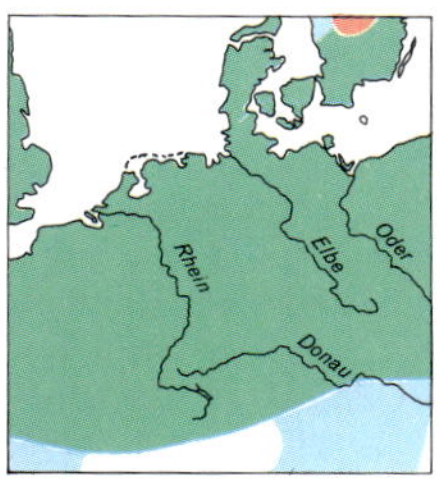

Teilzieher, der auf offenen Gewässern überwintert

Nach der Paarung senkt das Männchen in charakteristischer Weise den Schnabel

Dadurch, daß die Beine sehr weit hinten am Körper ansitzen, wirkt die Reiherente auf dem Lande plump

Reiherente *Aythya fuligula*

Zur Brutzeit ist das Männchen überwiegend schwarz, mit weißem Bauch und weißen Flanken. Der Kopf trägt einen kurzen Schopf.

In Mitteleuropa ist die Reiherente recht verbreitet und örtlich nicht selten. Sie brütet vor allem an Binnengewässern mit Verlandungszonen. Außerhalb der Brutzeit trifft man sie auf Gewässern aller Art an.

Das Nest wird am Ufer im Schutze der Vegetation angelegt. Dabei ist die Reiherente gesellig; sie nistet oft in Kolonien. Die grünlichgrauen Eier bebrütet das Weibchen 23 bis 26 Tage lang. Mit sieben bis acht Wochen sind die Jungen flugfähig. Um ihre Aufzucht kümmert sich auch das Männchen.

Vom Männchen hört man sanfte „Gü-gü"-Rufe, während das Weibchen knarrende Laute ertönen läßt.

Die Nahrung der Reiherente besteht aus Weichtieren, etwa Schnecken, Muscheln, Würmern, Laich, sowie aus Insekten und pflanzlichen Stoffen. Wie die Tafelente ist sie eine Tauchente, die ihre Nahrung tauchend sucht.

Beide Geschlechter haben einen breiten, weißen Streif im Flügel

Männchen

Weibchen

Grauer Rücken

Beim Männchen sind Kopf, Hals und Brust schwarz; der Bauch ist weiß und der Rücken grau mit zarter, dunkler Wellenzeichnung. Größe: 48 cm

Das Weibchen hat einen braunen Kopf und Hals und einen großen weißen Fleck am Grund des Schnabels. Die Dunenjungen werden von der Mutter geführt

Wintergast; von Island und dem nördlichen Skandinavien

Bergenten suchen ihre Nahrung oft truppweise auf dem Meer

An der Küste rasten Bergenten gerne auf Sandbänken

Aus der Nähe betrachtet, hat der dunkle Kopf des Männchens einen leicht grünen Schimmer

Bergente *Aythya marila*

Aus der Ferne ähnelt die männliche Bergente etwas der Reiherente; sie besitzt aber keinen Federschopf und hat einen grauen, zart „gewellten“ Rücken.

Die Bergente ist in Mitteleuropa nur Durchzügler und Wintergast; ihre Brutheimat ist Island sowie Skandinavien und Sibirien. Zur Brutzeit lebt sie auf Binnengewässern mit Inseln. Außerhalb dieser Zeit findet man sie in Mitteleuropa in Meeresbuchten und Flußmündungen; auf Gewässern im Binnenland ist sie nur selten zu beobachten.

Das Nest wird in der Ufervegetation auf dem Boden angelegt und mit Dunen ausgekleidet. Die sieben bis elf Eier sind bräunlichgrau. Die Jungen können sofort schwimmen und nach fünf bis sechs Wochen fliegen. Die Bergente hat eine tiefe Stimme. Ihr Ruf klingt wie „karr“.

Die Bergente ist eine Tauchente. Sie ernährt sich vor allem von Larven von Wasserinsekten sowie von Krebstieren, Muscheln und Schnecken, ferner auch von Würmern und pflanzlichen Stoffen.

Männchen

Weibchen

Das Männchen ist im Flug an seinem weißen Körper, den schwarzen Schwingen und dem schwarzen Hinterteil zu erkennen. Das Weibchen ist überwiegend braun

Verschiedene Ausdrucksbewegungen bei der Balz: Das Männchen wirft den Schnabel hoch oder stößt den Kopf vor

Schwarze Kappe

Männchen im Ruhekleid

Das braune Weibchen ist durch die flache Stirn leicht von anderen Entenweibchen zu unterscheiden

Das Männchen hat viel Schwarz am Oberkopf, eine flache Stirn sowie eine grünliche Zone am Hinterkopf. Im Ruhekleid ist es überwiegend schwärzlich. Größe: 58 cm

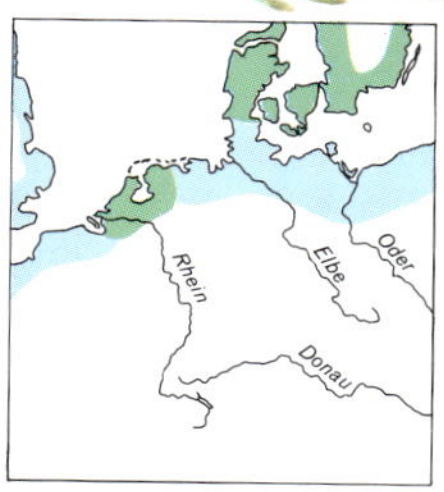

Teilzieher, der vor allem im Küstenbereich überwintert

Eiderenten suchen gern Felsen vor der Küste auf. Von hier aus suchen sie nach ihrer Nahrung

Eiderente *Somateria mollissima*

An der charakteristischen Schnabelform und dem schwarzweißen Gefieder ist die männliche Eiderente im Brutkleid leicht zu erkennen. Sie ist ein Meeresbewohner, der in Mitteleuropa zur Brutzeit nur an der Küste vorkommt. Dort bewohnt sie flaches Felsgelände mit kleinen, vorgelagerten Inseln sowie Dünen hinter dem Strand. Außerhalb der Brutzeit findet man die Eiderente hauptsächlich an der Küste und auf dem Meer, nur gelegentlich auf Gewässern im Binnenland.

Der Vogel brütet mit Vorliebe in Kolonien. Das Nest wird vielfach zwischen Geröllbrocken oder in der Vegetation angelegt und mit vielen Daunen gepolstert. Das Weibchen bebrütet die vier bis sechs grünlichweißen Eier knapp vier Wochen lang. Die Dunenjungen folgen nach dem Abtrocknen der Mutter.

Während das Weibchen knarrende und gackernde Laute hören läßt, ruft das Männchen schallend „guruho“.

Die Nahrung wird tauchend erbeutet. Sie besteht aus Miesmuscheln, Schnecken, Krabben und Seesternen, gelegentlich auch aus kleinen Fischen und Tang.

Baumhöhlen sind bevorzugte Brutplätze der Schellente

Bei der Balz hebt das Männchen den Schnabel und spritzt. Legt es sich flach aufs Wasser, so ist das eine Drohgebärde

Schwimmend zeigt das Männchen sehr viel Weiß. Im Brutkleid hat es an der Kopfseite einen weißen Fleck. Im Ruhekleid ähnelt es dem Weibchen

Außerhalb der Brutzeit bilden Vögel größere Verbände, die oft nur aus Vertretern eines Geschlechts bestehen

Das Weibchen hat einen braunen Kopf und eine weiße Zone in den Schwingen, die durch einen schwarzen Längsstreif geteilt wird

Kurzer Schnabel, dicker Kopf

Weiße Zone im Flügel

Das Gefieder des adulten Männchens ist überwiegend schwärzlich und weiß. Beide Geschlechter haben einen auffallend dicken Kopf. Die Augen sind gelb. Größe: 45 cm

Teilzieher; großenteils nur Durchzügler und Wintergast

Schellente *Bucephala clangula*

Die Schellente ist durch den auffallend dicken Kopf und die steile Stirn charakterisiert. Ihren Namen hat sie nach den pfeifenden Lauten erhalten, die ihre schlagenden Schwingen erzeugen.

In Mitteleuropa brütet die Schellente nur in nördlichen und nordöstlichen Gebieten. Sie bewohnt Binnengewässer mit Baumbeständen, wo sie in großen Baumhöhlen oder Nistkästen brütet. Das Nest wird mit Daunen gepolstert. Die Jungen sind Nestflüchter; sie klettern nach dem Schlüpfen aus der Höhle und springen in die Tiefe.

Außerhalb der Brutzeit halten sich Schellenten auf Gewässern aller Art auf, und zwar sowohl im Binnenland als auch an der Küste. Bei der Balz ruft das Männchen schrill „krirr". Sonst sind von beiden Geschlechtern tiefe nasale und heiser knarrende Rufe zu hören.

Die Schellente ist eine Tauchente, die sich von Weichtieren wie Schnecken und Muscheln, ferner von Insekten und deren Larven, Krebsen, Laich sowie von pflanzlicher Kost ernährt.

Weibchen, Winter

Männchen, Winter

Beide Geschlechter sind im Flug an den mehr oder weniger einfarbigen Schwingen zu erkennen. Das Weibchen hat keine Schwanzspieße

Männchen, Winter

Adulte Männchen tragen im Winter ein überwiegend weißes Kleid (Brutkleid) mit großen, braunen Flecken an den Kopfseiten. Der Schwanz ist spießartig verlängert. Auch das Weibchen hat dunkle Wangenflecken. Männchen 53 cm, Weibchen 40 cm groß

Das Sommerkleid ist das Ruhekleid. Es ist überwiegend braun mit großen, weißen Kopfflecken

Langer Schwanz

Bei der Balz werfen die Männchen den Kopf hoch, oder sie heben das Hinterteil

Eisentenpaar im Sommerkleid an der Küste. Das Weibchen fliegt voran, das Männchen folgt

In Mitteleuropa Wintergast, vor allem in Küstengewässern

Eisente *Clangula hyemalis*

Die Eisente trägt ihr Prachtkleid, das überwiegend weiß und braun gefärbt ist, im Winterhalbjahr. Der Schwanz des Männchens ist spießartig verlängert.

In Mitteleuropa ist die Eisente nur Wintergast. Ihre Brutgebiete liegen im nördlichen Skandinavien und in Sibirien sowie auf Island. Außerhalb der Brutzeit begegnet man ihr an der Küste, hin und wieder auch auf Gewässern im Binnenland.

Zur Brutzeit bewohnt die Eisente Seen in der Tundra. Das Nest wird im Felsgeröll oder in der Vegetation geschützt angelegt und mit vielen Daunenfedern gepolstert. Die fünf bis acht Eier sehen hellgraugrün aus. Die Jungen sind Nestflüchter.

Im Winter und Frühling läßt das Männchen einen heulenden, sich überschlagenden Ruf hören; außerdem quäken Eisenten nasal.

Die Eisente ist eine Tauchente. Sie ernährt sich von Weichtieren wie Muscheln und Schnecken, ferner von Würmern, Wasserinsekten, Krebstieren usw., gelegentlich auch von pflanzlicher Kost.

Weibchen

Männchen

Moorente

Aythya nyroca

Die Moorente ist eine überwiegend rotbraune Ente mit dunkelbraunem Rücken und weißen Unterschwanzdecken. Männchen mit weißen, Weibchen mit braunen Augen. Flügel mit auffallend breitem, weißem Streifen.

Kolbenente

Netta rufina

Das Männchen hat zur Brutzeit einen dicken, rotbraunen Kopf und einen roten Schnabel. Brust und Bauch sind schwarz, die Flanken weiß. Weibchen überwiegend graubraun mit hellgrauen Wangen und Vorderhals. Größe: 55 cm.

Männchen

Männchen

Weibchen

Männchen

Seltenere Enten

Die beiden hier gezeigten Enten sind in Mitteleuropa nur örtlich anzutreffen. Die Kolbenente bewohnt meist größere Binnengewässer mit Verlandungszonen; im Küstenbereich kommt sie auf Brackwassersümpfen vor. In Mitteleuropa findet man sie vor allem in Sumpfgebieten im Küstenbereich sowie am Bodensee und im Osten. Sie überwintert hauptsächlich im Mittelmeergebiet.

Die Moorente ist ein Teilzieher. Sie brütet in Süddeutschland sehr lokal, ferner auch im östlichen Mitteleuropa. Verbreitet ist sie in Süd- und Osteuropa.

Trupps fliegen meist in langen Linien niedrig über das Wasser

Im Flug wirken die Vögel kurzhalsig. Sie haben dunkle Schwingen

Weibchen auf dem Nest. Dieses ist in dichter Vegetation gut versteckt und befindet sich meist in Wassernähe

Höcker und orangegelber Fleck

Das dunkelgraubraune Weibchen hat helle Wangen

Das Männchen hat einen auffallenden orangegelben Fleck auf dem Oberschnabel und einen schwarzen Höcker. Größe: 48 cm

Beim Schwimmen liegt der Vogel manchmal tief im Wasser

Wintergast und Durchzügler; zumeist im Küstenbereich

Trauerente *Melanitta nigra*

Das Männchen ist eine einfarbige, schwarze Ente mit orangegelbem Fleck auf dem Oberschnabel und einem schwarzen Schnabelhöcker. Sie ist die einzige ganz schwarze Entenart Europas. Das Weibchen ist dunkelgraubraun mit hellen Wangen.

In Mitteleuropa ist die Trauerente nur Durchzügler und Wintergast an den Küsten. Sehr selten gelangt sie auch hin und wieder ins Binnenland. Die Brutplätze der Trauerente liegen in der Tundra Nordskandinaviens, Islands und Sibiriens. Dort lebt sie vor allem an Binnenseen. Außerhalb der Brutzeit hält sie sich hauptsächlich auf dem Meer auf.

Das Nest wird meist gut versteckt angelegt und mit Daunenfedern gepolstert. Die Brutbiologie ähnelt derjenigen der anderen Enten. Von der Trauerente hört man ein klangvolles Gurren und Kichern sowie ein Knarren.

Die Nahrung dieser Tauchente besteht vor allem aus Muscheln, Meeresschnecken, Krebsen und Meereswürmern sowie aus kleinen Fischen und Insektenlarven. Zur Brutzeit nimmt die Trauerente auch pflanzliche Kost.

Beide Geschlechter haben weiße Armschwingen, die auch im Flug sichtbar sind

Männchen

Weibchen

Orangegelber Schnabel

Weiße Armschwingen

Das dunkelgraue Weibchen hat seitlich am Kopf jeweils zwei helle Flecken

Die männliche Samtente hat eine schmale weiße Zone unter dem Auge. Die Art bevorzugt ruhiges Wasser

Brillenente
Melanitta perspicillata
Dieser Irrgast brütet in Nordamerika. Von der Samtente unterscheidet er sich durch Flecken am Kopf – weiße beim Männchen, hellgraue beim Weibchen.

Durchzügler und Wintergast; vor allem an der Küste

Das Männchen unterscheidet sich von dem der Trauerente durch den orangegelben Schnabel, den fehlenden Schnabelhöcker und die weißen Armschwingen. Außerdem hat es rötliche, fleischfarbene Beine. Größe: 56 cm

Beim Tauchen werden die Schwingen leicht geöffnet. Hauptnahrung sind Miesmuscheln

Samtente *Melanitta fusca*

Das Männchen ist weitgehend schwarz, hat aber weiße Armschwingen. Die vordere Hälfte des Schnabels sieht überwiegend orangegelblich aus. Das Weibchen ist etwas heller, wobei der Schnabel unauffällig gefärbt ist.

Die Verbreitung der Samtente ist ähnlich wie die der Trauerente: Sie tritt in Mitteleuropa nur als Durchzügler und Wintergast auf und besucht hier vor allem den Küstenbereich. Örtlich trifft man sie auch außerhalb der Brutzeit auf Gewässern im Binnenland an. Wie die Trauerente bewohnt die Samtente Tundralandschaften des Nordens und brütet in Wassernähe. Außerhalb der Brutzeit trifft man sie hauptsächlich auf dem Meere an. Ihre Brutbiologie ähnelt derjenigen anderer Enten.

Seine Stimme läßt dieser Vogel nicht häufig hören. Gelegentlich stößt er pfeifende und knurrende Rufe aus.

Die Samtente ist eine Tauchente, die bevorzugt Muscheln frißt. Außerdem verzehrt sie andere Weichtiere, Krebse, Seesterne, kleine Fische, Insekten und deren Larven sowie Teile von Wasserpflanzen.

Weibchen

Männchen

Das fliegende Männchen im Brutkleid wirkt hauptsächlich weiß, doch hat es einen schwarzen Rücken und schwarze Flügelspitzen. Bei beiden Geschlechtern sind die zwei weißen Flügelbinden auf den Armschwingen charakteristisch

Vor allem im Küstenbereich trifft man oft Trupps von Zwergsägern an, die gemeinsam fischen

Bei der Balz führt das Männchen verschiedene Bewegungen mit dem Kopf aus

Das Weibchen hat einen rötlichbraunen Oberkopf und weiße Wangen; sonst ist es überwiegend grau gefärbt. Das Männchen im Ruhekleid ähnelt dem Weibchen

Schwarze Augenflecken

Schwarze Streifen über der Brust

Das Männchen trägt auf dem Kopf einen leichten Schopf und hat einen schwarzen Streifen am Hinterkopf. Größe: 40 cm

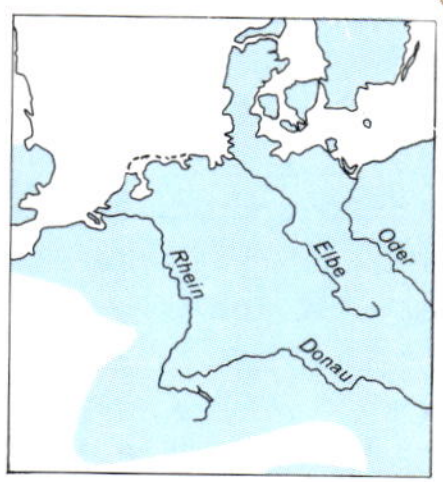

In Mitteleuropa Wintergast aus Skandinavien und Sibirien

Überwinternde Zwergsäger tauchen bei der Nahrungssuche auch unter die Eisdecke eines Gewässers

Zwergsäger *Mergus albellus*

Im Brutkleid ist das Männchen mit seinem überwiegend weißen, schwarzgemusterten Gefieder unverkennbar.

Nach Mitteleuropa kommt der Zwergsäger nur als Wintergast. Er überwintert sowohl im Küstenbereich als auch auf Gewässern im Binnenland. Der Vogel brütet in Nordskandinavien sowie im nordöstlichen Europa und in Sibirien. Dort bewohnt er zur Brutzeit Binnenseen und ruhig fließende Gewässer in Wäldern.

Der Zwergsäger ist ein Höhlenbrüter, der vor allem in Baumhöhlen, aber auch in Gesteinsspalten und zwischen Geröll sein Nest baut, das er mit Daunen polstert. Die gelblichweißen Eier werden nur vom Weibchen bebrütet. Die Jungen springen nach dem Schlüpfen aus der Bruthöhle.

Vom Zwergsäger hört man Rufe, die wie „kwürrick" klingen, sowie knarrende Laute. Die Nahrung besteht aus Fischen, Krebstieren, Muscheln, Schnecken und Wasserinsekten. Der Name Säger kommt von dem schmalen, am Rande gezähnelten Schnabel.

Mittelsäger fliegen schnell und gerade und mit ausgestrecktem Hals. Der weiße Flügelfleck ist beim Männchen ausgedehnter als beim Weibchen

Das adulte Weibchen im Brutkleid hat einen kürzeren Schopf als das Männchen; außerdem sind Kopf und Hals überwiegend braun

Die Dunenjungen sind oberseits sehr dunkel und unterseits hell. Auf dem Rücken und an den Flügeln haben sie weiße Flecken

Das adulte Männchen hat einen dunkelgrünen Kopf, eine rötlichbraune, schwarzgetupfte Brust und einen angedeuteten weißen Halsring. Der doppelte Schopf und das Braun an der Brust unterscheiden es vom Gänsesäger. Größe: 58 cm

Auf der Nahrungssuche schwimmen die Vögel häufig mit untergetauchtem Kopf, oder sie tauchen nach ihrer Nahrung

Im Ruhekleid ähnelt das Männchen dem Weibchen; es hat aber mehr Weiß in den Schwingen

Nur das Weibchen kümmert sich um die Jungen. Das Nest wird stets in Wassernähe gebaut

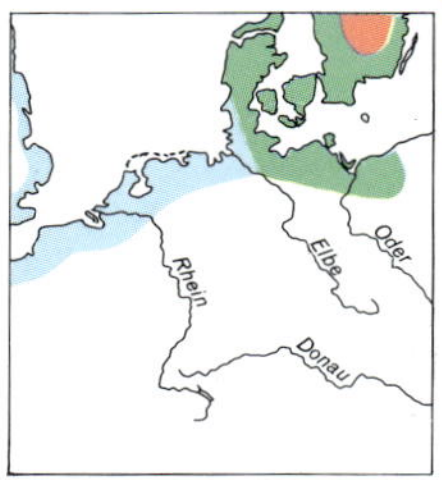

Nur örtlich Brutvogel, sonst Wintergast und Durchzügler

Mittelsäger *Mergus serrator*

Der männliche Mittelsäger im Brutkleid ist an seinem schwarzgrünen Kopf mit dem zerzausten, doppelten Schopf und der rotbraunen Brust leicht zu erkennen. Bei der Balz verbeugt er sich und vollführt mit dem Kopf verschiedene ausdrucksvolle Gesten.

In Mitteleuropa tritt der Mittelsäger nur im nordöstlichen Küstenbereich als Brutvogel auf. Seine Hauptbrutgebiete liegen in Skandinavien, Island, im Norden der Britischen Inseln und in Sibirien. Dort bewohnt er fischreiche, von Wäldern umgebene Seen sowie Meeresküsten.

Das Nest wird im Brutgebiet häufig in dichter Vegetation am Boden angelegt und mit Daunen gepolstert. Das Weibchen bebrütet die acht bis zehn blaßbräunlichen Eier etwa vier Wochen lang. Die Küken sind Nestflüchter und folgen nach dem Abtrocknen der Mutter.

Mittelsäger lassen zuweilen kratzende und knarrende Laute hören. Ihre Nahrung besteht überwiegend aus Fischen sowie aus Krebstieren, Würmern usw.

Der Flug ist schnell und kräftig. Die Flügelschläge erzeugen ein deutliches Pfeifen. Das Weibchen hat einen braunen Kopf und einen grauen Rücken

Gänsesäger nisten vor allem in großen Baumhöhlen, aber auch in Felsspalten

Männlicher Gänsesäger im Brutkleid. Die Tiere sind hervorragende Schwimmer und Taucher

Das Männchen im Ruhekleid ähnelt dem Weibchen; es hat aber mehr Weiß im Flügel

Das adulte Weibchen im Brutkleid hat einen braunen Kopf, der – anders als beim Weibchen des Mittelsägers – scharf gegen das hellgraue Gefieder des Halses abgesetzt ist

Beim adulten Männchen im Brutkleid ist die weiße Unterseite zartrosa überhaucht. Größe: 66 cm

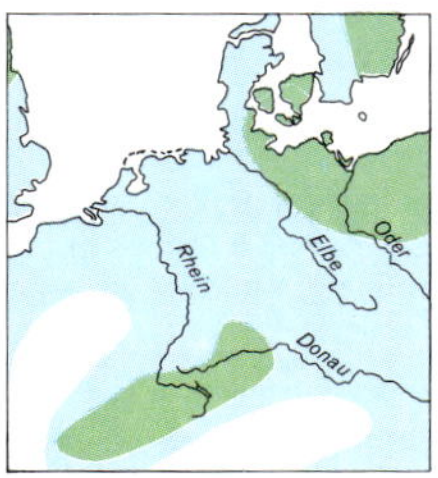

Teilzieher; überwintert meist im Küstenbereich

Gänsesäger *Mergus merganser*

Im Gegensatz zum Mittelsäger hat der Gänsesäger keinen doppelten Schopf am Kopf. Außerdem ist die Brust zur Brutzeit weiß mit einem Anflug von Zartrosa.

Der Gänsesäger ist in Mitteleuropa als Brutvogel selten. Er brütet hier vor allem im nordöstlichen Bereich sowie örtlich im Alpenraum. Sonst brütet er in Skandinavien, auf Island, im Norden der Britischen Inseln und in Sibirien. Außerhalb der Brutzeit findet man ihn im Küstenbereich sowie auf Binnengewässern der verschiedensten Art.

Zur Brutzeit bewohnt der Gänsesäger fischreiche Gewässer mit Bäumen oder Felswänden in der Nähe. Er kommt sowohl auf Wildbächen als auch auf Seen vor. Das Nest wird in großen Baumhöhlen oder in Felsspalten gebaut und mit Daunen gepolstert. Es kann auch weitab vom Wasser angelegt sein. Die Jungen springen bald nach dem Schlüpfen aus der Bruthöhle.

Von Gänsesägern hört man ein gedehntes Quaken und knarrende Laute. Ihre Nahrung besteht vor allem aus Fischen, Krebstieren, Insekten und Würmern.

Weibliche Enten im Flug

Die meisten männlichen Enten sind im Brutkleid leicht zu erkennen. Wenn sie jedoch im Sommer ihr Ruhekleid anlegen, ähneln viele den unscheinbarer gefärbten Weibchen. Aber auch diese weisen charakteristische Merkmale auf, an denen man die Vögel sicher bestimmen kann. Wichtige Merkmale sind hierbei oft die Färbung und Ausdehnung des Flügelspiegels.

Schwimmenten, die sich gründelnd ihre Nahrung holen, fliegen im allgemeinen senkrecht von der Wasseroberfläche auf. Tauchenten hingegen – die meist entweder einfarbige Flügel oder solche mit einem hellen Streif besitzen – müssen erst flügelschlagend ein Stück über die Wasseroberfläche dahinrennen, ehe sie sich in die Luft erheben können.

Trauerente
Melanitta nigra
Seite 73

Schellente
Bucephala clangula
Seite 70

Bergente
Aythya marila
Seite 68

Eisente
Clangula hyemalis
Seite 71

Eiderente
Somateria mollissima
Seite 69

Gänsesäger
Mergus merganser
Seite 77

Zwergsäger
Mergus albellus
Seite 75

Mittelsäger
Mergus serrator
Seite 76

Samtente
Melanitta fusca
Seite 74

Sehr bleicher Kopf

Tief gegabelter Schwanz

Immature Vögel haben einen dunkleren Kopf und kein so kräftiges rotbraunes Gefieder

Beim Segeln spreizt der Vogel seinen Schwanz oft so weit, daß die Gabel kaum noch zu erkennen ist. Von unten gesehen sind die grauweißen Zonen im äußeren Flügelbereich sehr charakteristisch

Adulter Rotmilan. Diese Art sucht ihre Nahrung im allgemeinen im offenen Gelände mit vereinzelten Bäumen

Der Rotmilan, im Volksmund auch Gabelweihe genannt, ist an seinem rotbraunen, tief gegabelten Schwanz und dem hellgrauen Kopf zu erkennen. Größe: 60 cm

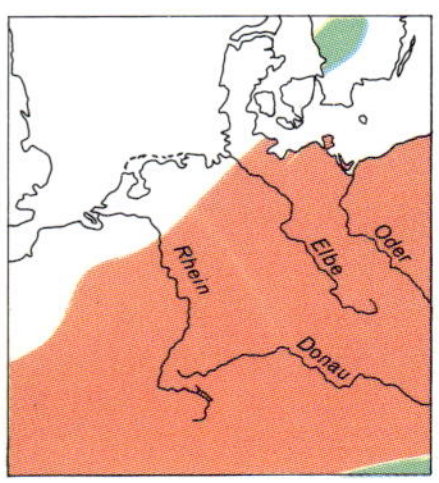

Teilzieher, der auch bei uns überwintert

Rotmilan *Milvus milvus*

Durch den grauweißen Kopf, das überwiegend rotbraune Gefieder und den tief gegabelten Schwanz ist der Rotmilan recht gut gekennzeichnet. Er ist ein relativ großer Greifvogel mit einer Flügelspannweite um 1,6 m. Vor allem im Brutrevier hört man von ihm Rufe, die wie „wiäh-wihewihewihe" klingen.

Der Rotmilan bewohnt in Mitteleuropa Laubwälder, offenes Gelände mit Baumgruppen, Gehölzstreifen an Gewässern und Auwälder. Der Horst wird aus Reisern und Knüppeln auf hohen Bäumen gebaut. Nicht selten brüten Rotmilane in oder bei Graureiherkolonien. Die zwei bis drei weißlichen, braungefleckten Eier werden vom Weibchen 30 bis 32 Tage lang bebrütet. Im Alter von 50 bis 54 Tagen verlassen die Jungen den Horst.

Die Nahrung des Rotmilans besteht aus Kleinsäugern und anderen kleinen Wirbeltieren sowie aus Fischen, Insekten, Weichtieren und sonstigen Wirbellosen. Sehr häufig verzehrt der Rotmilan Aas. Er versucht oft anderen Greifvögeln die Beute abzunehmen.

Gänsegeier sind hervorragende Segelflieger. Im Flug wird der lange Hals eingezogen

Der Gänsegeier ist an seinem weißlichen, langen Hals und dem überwiegend lehmbraunen Gefieder zu erkennen. Adulte Vögel haben eine weiße Halskrause. Größe: 100 cm

Immature Gänsegeier sind durch ihre braune Halskrause und die dunkle Augenfarbe von adulten zu unterscheiden

Schwarzmilan

Milvus migrans

Der Schwarzmilan ist dunkler als der Rotmilan und hat einen weniger tief gegabelten Schwanz. Unterseits hat er keine so auffallende grauweiße Zone im vorderen Flügelbereich.

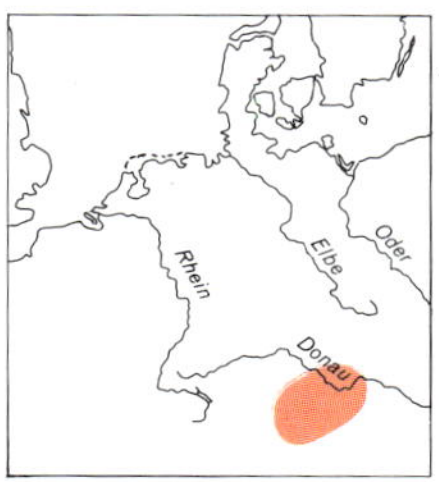

Regelmäßiger Übersommerer im östlichen Alpenraum

Gänsegeier *Gyps fulvus*

Der Gänsegeier ist der größte Greifvogel Mitteleuropas. Er erreicht eine Flügelspannweite von 2,5 m. Zumindest bis ins Mittelalter war der Gänsegeier Brutvogel auf der Schwäbischen Alb in Süddeutschland. Im österreichischen Alpenraum kann man vor allem im Salzburger Land regelmäßig Gänsegeier beobachten. Vermutlich fand dort auch 1980 eine erfolgreiche Brut statt. Sonst ist der Gänsegeier in Mitteleuropa ausgerottet.

Er bewohnt offene Landschaften, kahle Gebirge sowie Schluchten und Felswände mit bergigem Gelände. Dort brütet er auf Felsbändern oder in Nischen.

Gänsegeier sind gesellige Vögel und brüten meist in Kolonien. Das Weibchen legt nur ein einziges weißliches, rotbraun geflecktes Ei. Das Junge wird von beiden Eltern mit ausgewürgter Nahrung gefüttert. Im Alter von etwa drei Monaten verläßt es den Horst.

Gänsegeier sind ausschließlich Aasfresser. Sie ernähren sich von Fleisch und Eingeweiden. Beim Streit um die Nahrung stoßen sie keckernde, zischende und krächzende Laute aus.

Das adulte Männchen hat einen hellen Kopf und eine dunkelbraune, rötlich überhauchte Unterseite. In den Schwingen ist eine hellblaugraue Zone besonders auffällig. Wie alle Weihen hat die Rohrweihe sehr lange Beine. Größe: 50 cm

Heller Kopf

Rotbraune Unterseite

Das Weibchen ist überwiegend dunkelbraun; es hat einen gelblichweißen Kopf und gleichfarbigen Flügelbug. Größe: 58 cm

Immature Vögel sind entweder ganz braun, oder sie haben einen okkerfarbenen Kopf

Adultes Weibchen im gaukelnden Suchflug über dem Röhricht. Deutlich sichtbar der helle Flügelbug

Das Rohrweihennest besteht aus Pflanzenmaterial der Umgebung. Es wird auf dem Boden angelegt

Das Männchen hat graublaue Zonen in den Schwingen und einen graublauen Schwanz

Beim Segeln werden die Schwingen leicht V-förmig angehoben

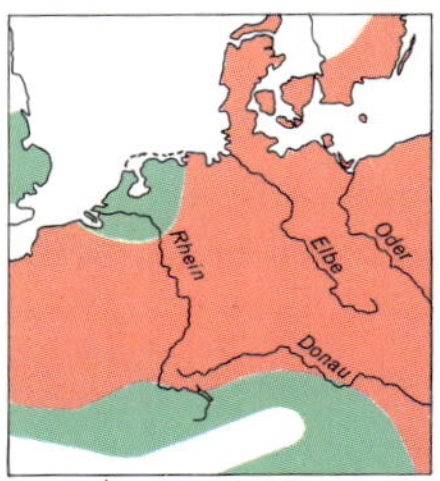

Teilzieher; überwintert hauptsächlich im Mittelmeerraum

Rohrweihe *Circus aeruginosus*

Die Rohrweihe ist eine überwiegend dunkelbraun wirkende Weihe. Das adulte Männchen hat eine hellblaugraue Zone auf den Oberflügeln.

Rohrweihen bewohnen offene Landschaften mit Gewässern und ausgedehnten Schilfgebieten sowie Sümpfe mit Röhrichtwäldern. Über dem Brutgebiet führt das Männchen Flugspiele aus, bei denen es sich oft überschlägt und heiser pfeifende, wie „quiäh“ klingende Rufe hören läßt.

Der Horst wird auf dem Boden im Schilf, manchmal auch in Getreidefeldern oder in Sumpfwiesen mit hoher Vegetation gebaut. Nur das Weibchen bebrütet die drei bis sechs weißlichen Eier 32 bis 36 Tage lang. Die Jungen werden von beiden Altvögeln gefüttert und sind mit ungefähr acht Wochen flugfähig. Sie verlassen das Nest aber schon vorher zu Fuß.

Die Nahrung besteht aus Wasservögeln, Mäusen und anderen Kleinsäugern sowie Reptilien und Amphibien. Die Rohrweihe gaukelt im Pirschflug niedrig dahin, bleibt auch rüttelnd in der Luft stehen und stößt plötzlich auf ihre Beute.

Das Männchen ist oberseits blaßgrau und von der Brust an unterseits weiß. Die Spitzen der Flügel sind schwarz.
Größe: 43 cm

Flügelspitzen schwarz

Das Männchen hat einen weißen Bürzel und einen dunklen Flügelsaum

Weißer Bürzel

Augen gelblich

Das adulte Weibchen ist größer als das Männchen. Es ist überwiegend braun mit hellerer und dunklerer Streifung sowie einem dunkel quergebänderten Schwanz.
Größe: 50 cm

Den Horst baut das Weibchen aus Reisern und Halmen auf dem Boden in nicht allzu hoher Vegetation

Bei ihren kunstvollen Balzspielen in der Luft, zu denen auch Loopings gehören, lassen die Vögel heisere Rufe hören. Später ruft das Männchen das brütende Weibchen und übergibt ihm bei Flugspielen die Beute in der Luft

Auch das Weibchen hat einen weißen Bürzel

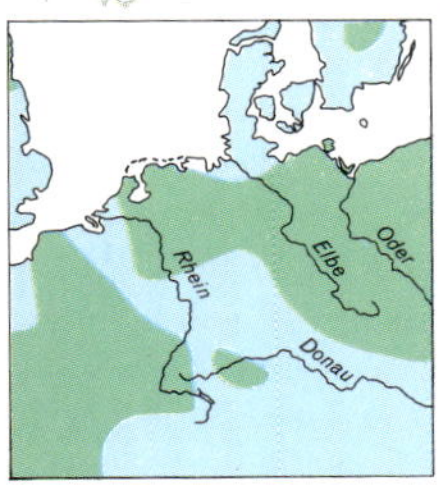

Nur noch örtlich Brutvogel; regelmäßiger Durchzügler

Kornweihe *Circus cyaneus*

Alle Weihen haben einen an Eulen erinnernden Gesichtsschleier. Bei der Kornweihe ist er am stärksten ausgeprägt.

Die Kornweihe kommt heute in Mitteleuropa nur noch örtlich vor. Vor dem Zweiten Weltkrieg war sie dagegen noch recht verbreitet. Schuld am Rückgang dieser Art, die im offenen Gelände am Boden brütet, sind in erster Linie die Technisierung in der Landwirtschaft und die großflächige Anwendung von Bioziden. Zur Zugzeit und im Winter können hier und da vereinzelt Kornweihen beobachtet werden, die aus nördlichen Regionen stammen.

Die Kornweihe bewohnt offenes Gelände mit Büschen oder Baumgruppen sowie Heideflächen, Moore, Wiesen und Ackerland. Der Horst wird in der Vegetation geschützt am Boden angelegt. Das Weibchen bebrütet allein die vier bis fünf bläulichweißen Eier.

Die Nahrung der Kornweihe besteht vor allem aus kleinen Wirbeltieren wie Mäusen, Kleinvögeln und Reptilien. Der pfeifende Ruf der Kornweihe klingt wie „kriäh“.

Der Flug der Wiesenweihe ist gaukelnd. Der Vogel hält dabei die Flügel leicht V-förmig hoch

Das Männchen setzt sich oft auf Pfähle im offenen Gelände, um von dort nach Beute auszuschauen

Das Nest wird auf dem Boden angelegt. Alte Weibchen haben manchmal gelblichbraune Augen statt brauner

Steppenweihe
Circus macrourus
Männchen unterseits überwiegend weißlich. Nur der mittlere Teil der Flügelspitzen schwarz.

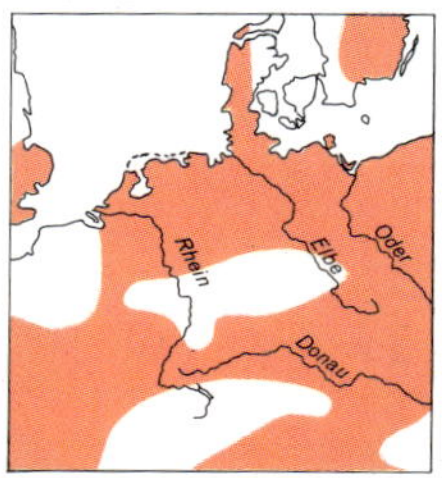

Sommervogel, der im tropischen Afrika überwintert

Das adulte Männchen ist leichter gebaut als das der Kornweihe und von diesem durch den grauweißen Bürzel, den schwarzen Flügelstreif und die bräunliche Flankenstreifung unterschieden. Größe: 40 cm

Immature Vögel ähneln dem Weibchen, sind aber unterseits ungestreift braun

Das adulte Weibchen ähnelt dem der Kornweihe, hat aber in der Regel braune Augen. Größe: 45 cm

Wiesenweihe *Circus pygargus*

Die Wiesenweihe ähnelt stark der Kornweihe, ist aber etwas kleiner. Während die Weibchen beider Arten im Freiland kaum unterscheidbar sind, ist das Männchen der Wiesenweihe durch den dunklen Flügelstreif und die bräunliche Flankenstreifung gekennzeichnet.

Der Bestand der Wiesenweihe ist in Mitteleuropa wegen der Eingriffe des Menschen in die Natur sehr stark geschrumpft. Der Vogel bewohnt ausgedehnte, ebene Gebiete mit Sumpfvegetation sowie baumlose Kultursteppe, ausgedehntes Wiesengelände und Dünenlandschaften.

Wiesenweihen führen in der Balzzeit über dem Brutplatz Flugspiele durch, bei denen sie alle möglichen Figuren fliegen und Rufe ausstoßen. Der Horst wird auf dem Boden gebaut. Wie die Kornweihe legt das Weibchen der Wiesenweihe vier bis fünf weiße oder hellblaue Eier und brütet sie in etwa 30 Tagen aus. Die Nestlinge werden von beiden Eltern gefüttert.

Die Nahrung der Wiesenweihe besteht aus kleinen Wirbeltieren und Insekten.

Charakteristisch ist die Bänderung an der Unterseite der Schwingen sowie die Anordnung der Schwanzbinden

Rauhfußbussard
Buteo lagopus
Beine bis zu den Zehen hinab dicht befiedert. Färbung sehr variabel, mit dunklem Bauchfleck. Wintergast aus Nordeuropa.

Adultes Weibchen. Jungvögel sind häufig überwiegend braun und haben dunkelbraune Augen

Der Wespenbussard hat einen kleineren Kopf und einen längeren Schwanz als der Mäusebussard. Auffallend ist das Schwanzbindenmuster. Der Kopf des Männchens ist meist grauer als der des brauneren Weibchens. Größe: 50–58 cm

Schwanzbinden

Sommervogel, der im tropischen Afrika überwintert

Wespenbussard *Pernis apivorus*

Der Wespenbussard hat etwa die Größe des Mäusebussards; sein Kopf mit dem verhältnismäßig schwachen Schnabel ist jedoch relativ klein. Er ist ein zwar seltener, aber doch verbreiteter Brutvogel Mitteleuropas und bewohnt Wälder mit Lichtungen und angrenzenden Wiesen oder Kultursteppen, gelegentlich auch größere Parklandschaften.

Beide Partner vollführen häufig Flugspiele über dem Brutrevier und lassen dabei ihre klagenden, wie „plihä“ klingenden Rufe hören. Häufig schraubt sich das Männchen in die Höhe und schießt dann mit angelegten Schwingen zu dem ebenfalls kreisenden Weibchen hinab.

Der Horst ist aus Reisern auf Bäumen gebaut, die Nestmulde mit grünen Zweigen und Blättern belegt. Die meist zwei kastanienbraunen, gemusterten Eier werden hauptsächlich vom Weibchen 33 bis 35 Tage bebrütet.

Die Nahrung besteht aus Larven von Wespen und Hummeln, die ausgescharrt werden, ferner aus anderen Insekten, kleinen Wirbeltieren usw.

Der Mäusebussard sitzt meist sehr aufrecht auf seiner Warte

Beim Abwärtsgleiten winkelt der Vogel die Schwingen an, so daß sie relativ spitz wirken

Beim Segeln in der Thermik werden die Schwingen ausgebreitet, der Schwanz gespreizt und die Flügelspitzen „gefingert"

Die Beine sind stets unbefiedert, was diese Art sicher vom Rauhfußbussard unterscheidet, der Mitteleuropa als Wintergast besucht

Der Horst wird jahrelang benutzt und weiter ausgebaut, so daß oft ein riesiger Reisigbau entsteht

Eng bebänderter Schwanz

Altvogel vom häufigsten Färbungstyp. Die Gefiederfärbung variiert von „überwiegend weiß" bis „sehr dunkel". Die Geschlechter sind gleichgefärbt. Größe: 50–55 cm

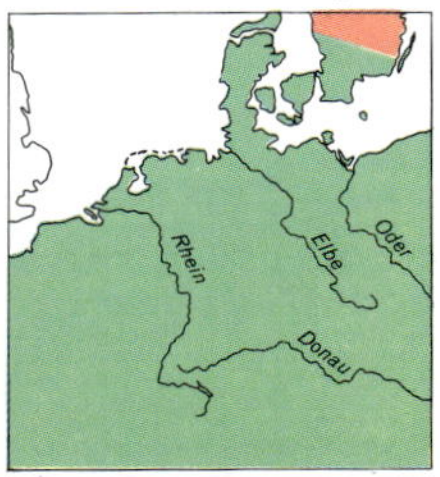

Vor allem Jahresvogel; auch Durchzügler aus dem Norden

Mäusebussard *Buteo buteo*

Der Mäusebussard ist der häufigste Greifvogel Mitteleuropas. Man sieht ihn vorwiegend kreisen, wobei er seinen charakteristischen, wie „hiäh" klingenden Ruf hören läßt. Zuweilen wird er von einem Trupp Krähen oder Dohlen angegriffen und zieht sich dann meistens zurück. Vor allem im Winter sitzt er gern an Autostraßen auf Pfosten oder Bäumen, wobei er darauf wartet, daß irgendwelche Kleintiere überfahren werden, die zu dieser Zeit seine Hauptnahrung bilden.

Der Mäusebussard bewohnt lichte oder aufgelockerte Wälder, offene Landschaften mit Baumgruppen oder einzelnen Bäumen sowie größere Parks. Dort baut er seinen umfangreichen Reisighorst auf einem hohen Baum. Die zwei bis drei weißlichbraun gefleckten Eier werden hauptsächlich vom Weibchen fünf Wochen lang bebrütet. Nach sechs Wochen sind die Jungen flügge.

Neben Mäusen nimmt der Mäusebussard auch andere kleine Wirbeltiere sowie Würmer, Schnecken u. a. Im Winter ernährt er sich vielfach von Aas.

Der Horst wird mit grünen Zweigen ausgelegt. In der Umgebung des Brutplatzes stößt der Habicht gickernde Laute aus

Über dem Brutgebiet vollführen die Vögel Balzflüge. Sonst sieht man sie wenig im freien Luftraum

Vor allem Jahresvogel; auch Durchzügler aus dem Norden

Weißer Überaugenstreif

Adulte Vögel sind an der kräftigen „Sperberung" der Unterseite zu erkennen. Das Weibchen ist 10 cm größer als das Männchen: 60 cm

Im Flugbild zeigt der Habicht einen viel längeren Schwanz als der Mäusebussard. Unterschwanzdecken weiß

Immature Vögel sind unterseits tropfenartig längs gefleckt

Der Horst wird mit grünen Zweigen geschmückt. Das Weibchen legt bis zu fünf grünlich- bis bläulichweiße Eier

Habicht *Accipiter gentilis*

Der Habicht ist etwa bussardgroß; allerdings besteht zwischen Männchen und Weibchen ein enormer Größenunterschied. Im Gegensatz zum Mäusebussard kreist der Habicht selten im offenen Gelände. In Mitteleuropa ist er weit verbreitet, jedoch nicht häufig. Sein Bestand wird, wie der anderer Greifvögel auch, durch das Angebot an Beutetieren geregelt; es kommt sogar zu Kannibalismus unter den Jungen. Solche Erscheinungen nennt man Selbstregulierung einer Population.

Der Habicht bewohnt Wälder aller Art, bevorzugt aber ausgedehnte Waldungen mit hohen Bäumen, auf denen er auch seinen Horst baut. Er ist ein Überrumpelungsjäger, der plötzlich aus der Deckung hervorschießt und sich im rasenden Flug auf sein Opfer stürzt. Dieses schlägt er sowohl am Boden als auch in der Luft.

Die Nahrung des Habichts besteht aus Säugetieren bis etwa Mardergröße und Vögeln bis Hühnergröße. Sein Ruf „hiäh" ähnelt dem des Bussards. Zur Brutzeit ruft das Männchen hell „gügügügü...".

Zu Beginn der Brutzeit vollführen Männchen und Weibchen Flugspiele über dem Revier

Das Männchen ist oberseits blaugrau, unterseits weißlich mit rostfarbener Querbänderung auf der Brust. Die Flanken sind roströtlich überhaucht. Größe: 30 cm

Das Weibchen ist oberseits dunkelgraubraun, unten weißlich mit dunkler „Sperberung". Größe: 38 cm

Die relativ kurzen, gerundeten Schwingen und der lange Schwanz sind für das Flugbild des Sperbers charakteristisch

Das Reisignest des Sperbers wird dicht am Stamm gebaut und mit Vorliebe in Fichtenstangenhölzern angelegt

Teilzieher; im Winter auch Gast aus dem Norden

Die Beute wird meist sorgfältig gerupft. Rupfplätze sind meist Baumstümpfe

Sperber *Accipiter nisus*

Der Sperber ist eine „verkleinerte Ausgabe" des Habichts. Bei ihm sind Männchen und Weibchen nicht nur verschieden groß, sondern auch unterschiedlich gefärbt.

In Mitteleuropa ist der Sperber weit verbreitet, gebietsweise aber recht selten geworden. Er bewohnt Wälder von der Ebene bis ins Gebirge; zuweilen findet man ihn auch in kleinen Waldkomplexen im offenen Gelände. Auf seinen Jagdflügen kommt er manchmal bis in Ortschaften.

Am Brutplatz läßt der Vogel ein helles „Gigigigi" hören. Der Horst wird aus Reisern in mittlerer Höhe gebaut. Die meist vier bis sechs schmutzigweißen Eier sind mit rotbraunen Flekken gekennzeichnet. Sie werden 33 bis 36 Tage lang nur vom Weibchen bebrütet, das in dieser Zeit vom Männchen gefüttert wird. Die Zeichnung der Jungen auf der Unterseite ist gröber als bei Altvögeln. Ihre Oberseite ist dunkelbraun.

Der Sperber ist ein Überrumpelungsjäger, der vorwiegend Kleinvögel im Flug erbeutet. Überdies schlägt er auch kleine Säugetiere.

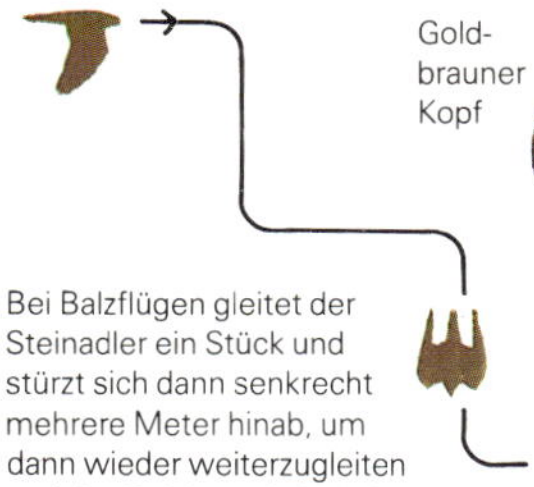

Bei Balzflügen gleitet der Steinadler ein Stück und stürzt sich dann senkrecht mehrere Meter hinab, um dann wieder weiterzugleiten und das Spiel zu wiederholen

Schreiadler
Aquila pomarina
Färbung ähnlich der des Steinadlers. Beine bis zu den Zehen hinab befiedert. In Mitteleuropa lokal Brutvogel im Osten. Brütet auf Bäumen.

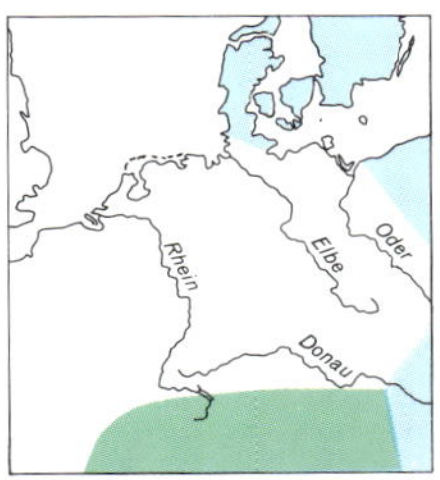

Überwiegend Jahresvogel; Jungvögel streifen umher

Goldbrauner Kopf

Adulte Vögel sind überwiegend dunkelbraun mit dunkelbrauner Befiederung am Kopf und Nacken. Das Weibchen ist meist etwas größer als das Männchen. Größe: 76–89 cm

Immature Vögel sind im Flug an den weißen Abzeichen in den Schwingen und am Schwanz zu erkennen

Adulte Vögel wirken im Flug einfarbig braun

Kleine Säugetiere können von einem Hang aus weggetragen werden

Der Steinadler baut in seinem Revier meist zwei bis drei Horste in Nischen oder auf Felsbändern

Steinadler *Aquila chrysaëtos*

Der Steinadler ist ein mächtiger Greifvogel mit einer Flügelspannweite bis zu 2,2 m. Die Füße sind bis zu den Zehen hinab befiedert.

In Mitteleuropa kommt der Steinadler nur im Alpenraum vor; umherstreifende Exemplare können vereinzelt aber auch anderenorts angetroffen werden. Dieser Greifvogel bewohnt Landschaften mit steilen Felswänden und offenem Gelände. Über dem Brutrevier vollführen die Altvögel Balzflüge.

Der Horst wird aus Knüppeln und Reisern gebaut und meist in Felsnischen an steilen Wänden angelegt. Oft baut ein Paar zwei oder drei Horste, in denen abwechselnd gebrütet wird. Die meist ein bis zwei weißlichen Eier sind leicht bräunlich gefleckt. Die Jungen verlassen mit etwa elf Wochen den Horst und werden bis in den Spätwinter von den Eltern geführt.

Die Nahrung des Steinadlers besteht aus bis etwa fuchsgroßen Säugetieren und aus Vögeln bis etwa zur Größe einer Gans. Daneben schlägt dieser Adler auch kleinere Wirbeltiere und verzehrt Aas.

Adulte Vögel sind an den brettartigen Schwingen und dem kurzen, weißen Schwanz zu erkennen

Adulter Seeadler. Im Gegensatz zum Steinadler sind die Beine nicht befiedert. Größe: 80 cm; Flügelspannweite: etwa 2,4 m. Immature Seeadler sind einschließlich des Schwanzes einfarbig dunkelbraun

Die Jungen in dem mächtigen Horst aus Reisern werden von beiden Altvögeln gefüttert

Teilzieher; die Jungen streifen außerhalb der Brutzeit umher

Seeadler *Haliaeëtus albicilla*

Der adulte Seeadler ist an seinem mächtigen Schnabel und dem kurzen, weißen Schwanz zu erkennen.

Er kommt in Mitteleuropa nur im Norden und Nordosten als Brutvogel vor. Außerhalb der Brutzeit können einzelne umherstreifende Exemplare auch anderenorts auftreten. Der Seeadler lebt an größeren Gewässern, in deren Nähe Wälder oder Baumgruppen stehen. Er legt seinen Horst aus Knüppeln und Reisern auf hohen Bäumen an und benutzt ihn häufig mehrere Jahre hintereinander.

Meist zwei bis drei kalkweiße Eier werden vorwiegend vom Weibchen rund sechs Wochen lang bebrütet. Im Alter von ungefähr drei Monaten verlassen die Jungen den Horst.

Seeadler lassen jauchzende Rufreihen aus „Kli"-Lauten hören, die in der Tonhöhe etwas abfallen. Die Nahrung besteht aus großen Fischen und Wassergeflügel, häufig auch aus Aas. Der Seeadler jagt von einem erhöhten Sitzplatz aus, oder er fliegt über die Wasseroberfläche hin und stößt dann auf seine Beute hinab.

Der Horst wird vorwiegend im obersten Wipfelbereich von Kiefern gebaut

Immature Vögel sind an der hellen Schuppung der Oberseite zu erkennen

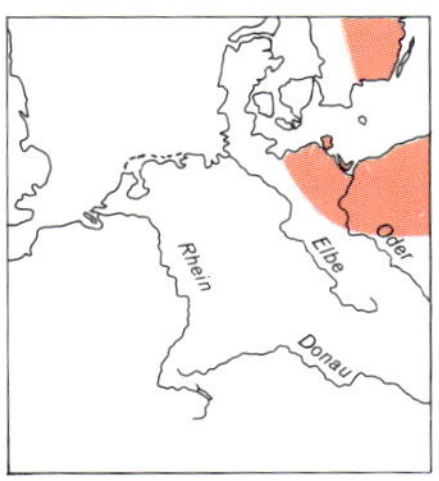

Teilzieher, in Mitteleuropa sehr selten

Kurzer Schopf

Beide Geschlechter haben einen kurzen, weißen Schopf, der aufgerichtet werden kann. Typisch der schwarze Streif durch das Auge. Größe: 50–59 cm

Besondere Schuppen an den Krallen ermöglichen es dem Vogel, die schlüpfrigen Fische festzuhalten

Bei der Jagd rütteln Fischadler häufig über dem Wasser. Im Flug sind die Schwingen kräftig gewinkelt

Mit vorgestreckten Fängen stürzt sich der Fischadler auf die Beute im Wasser

Der Fischadler trägt den Fisch immer in Längsrichtung. Er kann eine Zehe nach hinten biegen und so gut zupacken

Fischadler *Pandion haliaeëtus*

Wie der Seeadler, so hat auch der Fischadler keine befiederten Beine. In Mitteleuropa ist dieser Greifvogel weitgehend ausgerottet; er kommt nur noch im äußersten Nordosten als Brutvogel vor. Durchzügler sind regelmäßig an größeren Gewässern Mitteleuropas zu beobachten.

Zur Brutzeit lebt der Fischadler vor allem an größeren, fischreichen Gewässern mit Wäldern oder Baumgruppen in der Umgebung. Umherstreifende Exemplare besuchen Seen und Teiche aller Art. Bei der Jagd stößt dieser Adler mit angelegten Schwingen ins Wasser und packt mit seinen nadelscharfen Krallen Fische, die zuweilen schwerer sind als er selbst. Im Brutrevier führt das Männchen Flugspiele aus und ruft dabei gellend „kjikjikjikji“.

Der umfangreiche Reisighorst wird auf hohen Bäumen gebaut und viele Jahre benutzt. Die meist drei weißen, rotbraun gefleckten Eier werden hauptsächlich vom Weibchen etwa 35 Tage lang bebrütet. Die Nahrung des Fischadlers besteht vor allem aus Fischen, gelegentlich auch aus Wasservögeln.

Turmfalken setzen sich gern auf erhöhte Warten

Turmfalken nehmen auch Nistkästen als Brutplätze an

Männlicher Turmfalke beim Sturzflug auf seine Beute

Das Weibchen ist überwiegend rotbraun mit schwärzlicher Querwellung. Das immature Männchen ähnelt dem Weibchen, hat aber einen grauen Schwanz mit dunkler Querbänderung

Das Flugbild ist durch lange, spitze Flügel und einen langen Schwanz gekennzeichnet

Das adulte Männchen hat einen rotbraunen Rücken mit schwarzen Punkten und einen grauen Kopf sowie einen ebenso grauen Schwanz mit breiter, schwarzer Endbinde. Größe: 34 cm

Turmfalken brüten in Felsnischen oder Mauerspalten, außerdem in künstlichen Nistkästen und hohlen Bäumen

Überwintert in Mittel-, West- und Südeuropa

Turmfalke *Falco tinnunculus*

Der Turmfalke ist unser häufigster Falke. Man sieht ihn vielfach im offenen Gelände rüttelnd über einer bestimmten Stelle stehen und dann mit angelegten Schwingen hinabstoßen, um eine Beute zu ergreifen.

In Mitteleuropa ist der Turmfalke weit verbreitet. Er bewohnt felsiges Gelände, offene Landschaften mit einzelnen Bäumen oder Baumgruppen sowie Waldränder und kommt sogar in Ortschaften oder bei Burgruinen vor. Er ist lautfreudig und läßt vor allem in der Nähe des Brutplatzes durchdringende „Kikiki"-Rufe und ein anschwellendes „Krrii-ķrrii" hören.

Als Nistplätze dienen ihm Felsnischen, Mauerlöcher oder verlassene Greifvogel- bzw. Krähennester. Die Turmfalken selbst bauen kein Nest. Die dicht rotbraun gewölkten Eier werden einfach auf den Boden des Nistplatzes gelegt.

Turmfalken ernähren sich vor allem von Mäusen und anderen kleinen Wirbeltieren, die vorwiegend am Boden geschlagen werden. Sie sind aber auch in der Lage, manchen fliegenden Vogel zu erbeuten.

Weibchen und Jungvögel beiderlei Geschlechts sind auf der Oberseite dunkelgraubraun

Blaugraue Oberseite

Schwarze Endbinde

Das adulte Männchen sieht oberseits graublau aus. Die Unterseite ist zart rötlich angehaucht und hat eine schwarze Längsfleckung. Größe: 27–33 cm

Der Flug des Vogels ist unruhig, mit eingeschobenen kurzen Gleitflügen. Der Schwanz ist kürzer als der des Turmfalken

Im Winter jagen Merline nicht selten am Rand von Gewässern

Zu Beginn der Brutzeit fliegt das Männchen im Revier umher und ruft häufig

Nicht selten brüten Merline auf dem Boden, wobei eine flache Mulde ihnen als Nestplatz dient

Der Merlin jagt meist dicht über dem Boden. Aber manchmal entkommen seine Beutetiere, indem sie sich in der Vegetation verstecken

In Mitteleuropa nur Durchzügler und Wintergast

Merlin *Falco columbarius*

Der Merlin ist kleiner als der Turmfalke und oberseits niemals rotbraun gefärbt. Er ist der kleinste Falke Europas.

Der Merlin brütet auf Island, den Färöern, auf den Britischen Inseln sowie in Nord- und Nordosteuropa, wo er Tundralandschaften mit Zwergstrauchweiden, Hochmoore und unkultiviertes Hügelland bewohnt. Bei uns sieht man ihn im Winter meist im offenen Gelände, wo er häufig niedrig über dem Boden jagt und sich auch gern auf Erdschollen und Maulwurfhügel setzt.

Wie alle Falken baut der Merlin keinen Horst. Er legt seine meist vier bis fünf rotbraunen Eier direkt auf die vorgefundene Unterlage, nicht selten auf den Boden. Nach einer Brutdauer von 28 bis 32 Tagen schlüpfen die Jungen. Im Alter von etwa vier Wochen verlassen sie den Brutplatz.

Merline lassen ein rasches, hohes „Kvikvikvik" hören.

Die Nahrung des Merlins besteht hauptsächlich aus Kleinvögeln bis etwa Drosselgröße, die er in reißendem Jagdflug erbeutet.

Der adulte Baumfalke ist oberseits schiefergrau und hat einen dunklen Scheitel sowie einen schwarzen Bartstreif. Die Geschlechter sind gleichgefärbt. Größe 36 cm

Rotbraune „Hose“

Sichelförmige Flügel

Unter den Falken ist der Baumfalke der schnellste Flieger. Selbst Mauersegler entgehen ihm nicht

Das Flugbild des Baumfalken mit den langen, sichelförmigen Schwingen erinnert an das eines Mauerseglers. Der Schwanz ist kürzer als der des Turmfalken

Die dunkle Gesichtszeichnung des Altvogels ist sehr charakteristisch. Die Unterseite ist längsgefleckt

Altvogel bei den weniger kontrastreich gezeichneten Jungen am Brutplatz, einem ehemaligen Krähennest

Rotfußfalke

Falco vespertinus

Männchen überwiegend dunkelschiefergrau mit rotbraunen „Hosen“. Nur im Südosten Mitteleuropas heimisch.

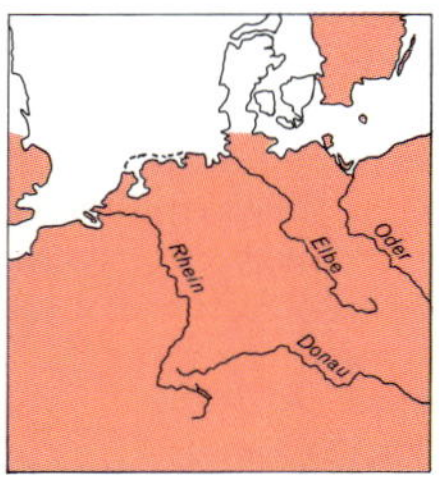

Sommervogel (Apr.–Sept.); überwintert in Afrika

Baumfalke *Falco subbuteo*

Der Baumfalke ist ein kleiner, sehr langflügeliger Falke mit charakteristischer Backenzeichnung und auffallend kastanienbraunen „Hosen“.

Als äußerst gewandter Flieger führt er gern Kunstflugfiguren aus; er kann Loopings drehen oder im Sturzflug aus großer Höhe hinabschießen.

In Europa ist der Baumfalke weit verbreitet, dabei jedoch keineswegs häufig. Er bewohnt Laub- und Nadelwälder, Parklandschaften sowie offenes Gelände mit Gehölzgruppen. Vor allem in der Nähe des Brutplatzes hört man seine klagenden wie „gihgihgihgih“ klingenden Rufreihen.

Der Baumfalke baut keinen Horst, sondern nistet in verlassenen Krähennestern auf Bäumen. Die Eier sind dicht bräunlich gewölkt. Mit knapp fünf Wochen sind die Jungen flugfähig.

Der Baumfalke ist ein schneidiger Jäger, der seine Beute in rasendem Flug in der Luft schlägt. Seine Nahrung besteht sowohl aus Kleinvögeln als auch aus größeren Insekten, vor allem Käfern und Libellen, die er noch in der Luft verzehrt.

Die Beute wird durch einen kräftigen Schlag mit den Fängen zu Boden geworfen. Dann schwenkt der Falke um und landet auf ihr

Bei der Balz überschlägt sich das Männchen häufig in der Luft

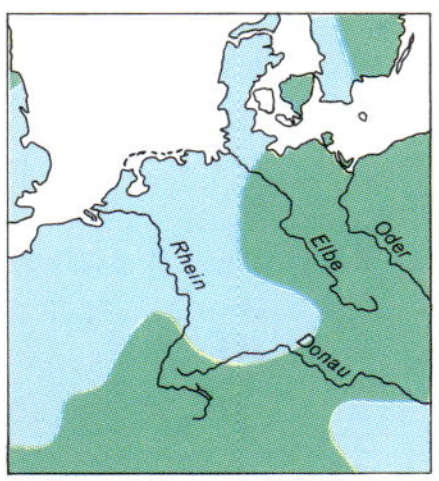

Überwiegend Jahresvogel; Jungvögel streichen umher

Dunkler Scheitel

Backenstreif

Adulte Wanderfalken haben einen dunklen Scheitel, einen breiten Backenstreif und eine graue Oberseite. Die weißliche Unterseite ist beim Weibchen kräftiger schwarz gefleckt und gebändert als beim Männchen. Das Männchen ist kleiner als das Weibchen. Größe: 38–48 cm

Immature Vögel sind oberseits überwiegend braun, unterseits längs gefleckt

Wanderfalken fliegen mit flachen Flügelschlägen, unterbrochen durch kürzeres Gleiten

Im Flugbild wirkt der Schwanz kurz

Der Horst besteht meist nur aus einer Nische in einer Felswand. Am Brutplatz wird lediglich eine Mulde gescharrt

Wanderfalke *Falco peregrinus*

Der Wanderfalke ist der größte Falke Mitteleuropas. Er war früher sehr weit verbreitet, kommt heute aber nur noch örtlich in geringer Zahl vor. Vor allem Verfolgung durch den Menschen und die Auswirkung von Bioziden haben zu dem drastischen Rückgang in ganz Europa geführt.

Der Vogel bewohnt vor allem felsiges Gelände, wo er an steilen Wänden in Nischen brütet. Manchmal benutzt er auch verlassene Horste anderer Vögel auf Bäumen. Die drei bis vier dicht rotbraun gewölkten Eier werden direkt auf die vorgefundene Unterlage gelegt. Die Brutdauer beträgt etwa 30 Tage. Nach fünf bis sechs Wochen verlassen die Jungen den Brutplatz. Während der Brutzeit schafft das Männchen Nahrung herbei und übergibt sie dem Weibchen in der Nähe des Horsts. Dort sind quäkende Rufreihen sowie ein scharfes „Kozick“ zu hören.

Die Nahrung besteht vor allem aus Vögeln, die im Flug geschlagen werden. Manchmal erbeutet der Wanderfalke auch größere Insekten.

Große Greifvögel im Flug

Wenn irgendeine Vogelgruppe die Bezeichnung majestätisch verdient, so sind es die größeren Greifvögel: Adler, Bussarde, Milane, große Falken und Habichte sowie Geier. Zwar sind alle diese Arten hinsichtlich ihrer Größe, ihres Flugbildes und ihrer Jagdweise recht verschieden, doch sind sie alle meisterhafte Flieger, deren Anblick jeden Vogelbeobachter begeistert.

Greifvögel ernähren sich überwiegend von lebender Beute; deshalb haben sie kräftige Füße mit Krallen, mit denen sie ihre Beute ergreifen und zum Nest oder zu einem Freßplatz tragen können. Dort benutzen sie ihren gebogenen Schnabel, um die Beute zu zerlegen und das Fleisch zu verzehren.

Die mehr oder weniger nach vorne gerichteten Augen der Greifvögel ermöglichen ein räumliches Sehen, das dem des Menschen ähnelt. So können sie Entfernungen genau abschätzen und ihre Beute anvisieren. Der Gesichtssinn der Greifvögel übertrifft bei weitem den des Menschen. Ihre Augen wirken häufig wie ein Fernglas, mit dem sie selbst auf große Entfernungen kleine Bewegungen erkennen können.

Lange, breite und gerundete Schwingen sind für die größeren Greifvögel typisch. Die Schwungfedern an den Spitzen der Flügel sind häufig gefingert. Dies ermöglicht es den Greifvögeln beim Segeln, langsamer zu fliegen, ohne durchzusacken.

Da die Vögel meist hoch über dem Boden kreisen, betrachtet man am besten die Zeichnung auf der Unterseite, um die Art zu bestimmen. Vor allem auf Bänderungen am Schwanz und in den Flügeln achten oder auffällig gefärbte Zonen und Flecken. Außerdem sind das Flugbild sowie die Form und Länge von Schwanz und Flügeln wichtig. Ob der Vogel den Kopf weit vorstreckt oder nicht, kann fürs Erkennen von Bedeutung sein.

Abgesehen von diesen Merkmalen hat jede Art eine bestimmte Flugweise, die sich von der anderer Arten unterscheidet. Der Flug kann leicht und gaukelnd sein oder schwerfällig mit kräftigen Flügelschlägen. Die Schwingen können leicht V-förmig angehoben oder horizontal gehalten werden. Bei manchen Arten wird der Handteil der Schwingen sogar abgesenkt. Die Beute wird entweder im rasenden Verfolgungsflug oder beim Sturz zur Erde bzw. ins Wasser geschlagen.

Steinadler
Aquila chrysaëtos
Altvogel; Flügelspannweite: 1,9–2,3 m
Seite 89

Steinadler
Aquila chrysaëtos
Immaturer Vogel
Seite 89

Wespenbussard
Pernis apivorus
Flügelspannweite: 1,19–1,27 m
Seite 85

Mäusebussard
Buteo buteo
Helle Phase
Flügelspannweite: 1,14–1,4 m
Seite 86

Rotmilan
Milvus milvus
Flügelspannweite: 1,4–1,6 m
Seite 80

Mäusebussard
Buteo buteo
Dunkle Phase
Flügelspannweite: 1,14–1,4 m
Seite 86

Schwarzmilan
Milvus migrans
Flügelspannweite: um 1,5 m. Meist bei Gewässern
Seite 81

Rauhfußbussard
Buteo lagopus
Flügelspannweite: 1,27–1,52 m.
Wintergast
Seite 85

Fischadler
Pandion haliaeëtus
Flügelspannweite: 1,47–1,63 m
Seite 91

Kleinere Greifvögel im Flug

Wenn die mittelgroßen und kleineren Greifvögel auch nicht so mächtig und majestätisch wirken wie die großen Arten, so erregen sie doch vielfach durch ihren rasanten Flug und ihre gewandten Flugspiele Bewunderung.

Man kann sie grob in zwei Gruppen einteilen: die Falken und die Habichtartigen. Die zuletzt genannten gehören zur selben Familie wie die größeren Greifvögel, nämlich Adler, Bussarde und Geier, während die Falken als eigene Familie abgetrennt werden. Habicht und Sperber haben kurze, relativ abgerundete Schwingen, die ganz anders gestaltet sind als die langen, spitzen Schwingen der Falken.

Unterschiede in der Flügelform sind bedingt durch Anpassung an die Lebensräume, in denen die jeweiligen Arten leben, sowie an deren Jagdweise. Habicht und Sperber sind Waldvögel, die auch in Feldgehölzen und anderen Baumbeständen vorkommen. Hier wären lange Schwingen und eine hohe Geschwindigkeit ungünstig, wenn die Vögel zwischen den Bäumen jagen. Mit kürzeren Schwingen und einem langen, zum Steuern besonders geeigneten Schwanz sind Habicht und Sperber gut an diesen Lebensraum und an die Jagdweise als Überrumpelungsjäger angepaßt. Bei beiden Arten sind die Weibchen stets deutlich größer als die Männchen.

Falken sind meist Vögel des offenen Geländes, wo sie schnell dahinjagen. Im freien Luftraum können sie mit ihren langen, spitzen Flügeln sehr geschickt manövrieren und ihre Beute mit hoher Geschwindigkeit verfolgen.

Lebensraum, Jagdweise und Flugbild helfen dem Beobachter, die verschiedenen Falkenarten voneinander zu unterscheiden. Dabei ist das Rütteln des Turmfalken sehr charakteristisch: Der Vogel steht mit raschen Flügelschlägen und weitgefächertem Schwanz in der Luft still und späht auf den Boden. Plötzlich legt er die Schwingen an und schießt hinab. Dieses Rütteln kommt auch bei anderen Greifvögeln vor, allerdings seltener. Farbe und Gefiederzeichnung können bei der Bestimmung ebenfalls von Nutzen sein. Turmfalken sind an dem rotbraunen Rücken zu erkennen. Das Männchen hat einen grauen Kopf und Schwanz.

Sperber
Accipiter nisus
Adultes Männchen.
Flügelspannweite:
60–68 cm
Seite 88

Sperber
Accipiter nisus
Adultes Weibchen.
Flügelspannweite:
70–79 cm
Seite 88

Turmfalke
Falco tinnunculus
Adultes Männchen.
Flügelspannweite:
rund 75 cm
Seite 92

Turmfalke
Falco tinnunculus
Adultes Weibchen.
Flügelspannweite:
60–68 cm
Seite 92

Wanderfalke
Falco peregrinus
Immaturer Vogel
Seite 95

Habicht
Accipiter gentilis
Immaturer Vogel
Seite 87

Baumfalke
Falco subbuteo
Altvogel.
Flügelspannweite:
73–84 cm
Seite 94

Wanderfalke
Falco peregrinus
Adulter Vogel.
Flügelspannweite:
95–105 cm
Seite 95

Merlin
Falco columbarius
Adultes Männchen.
Flügelspannweite:
60–68 cm
Seite 93

Habicht
Accipiter gentilis
Adulter Vogel.
Flügelspannweite:
0,99–1,19 m
Seite 87

Das adulte Männchen hat eine schwarze Kehle und auf dem Kopf einen aufrichtbaren Schopf. Das Weibchen besitzt eine helle Kehle. Größe: 36 cm

Adultes Männchen im Flug. Charakteristisch ist der graue Schwanz mit dunkler Endbinde, während der Vogel sonst überwiegend braun gefärbt ist

Die Schutzfärbung des brütenden Weibchens ist so wirksam, daß es sich kaum von der Umgebung abhebt

Haselhuhn *Bonasa bonasia*

Das Haselhuhn ist ein etwa rebhuhngroßes Rauhfußhuhn. Es lebt in Mitteleuropa in den Alpen, im Schwarzwald, im Bayerischen Wald und in einigen anderen Mittelgebirgen. Es bewohnt ältere Mischwälder, besonders solche mit hohem Nadelholzanteil und dichtem Unterwuchs. Gebietsweise findet man es auch in Laubwäldern mit Erlen, Haselnuß und Birken sowie in Bergwäldern mit ausgedehnten Moospolstern und dichter Beerkrautflora. In Mitteleuropa ist das Haselhuhn, meist infolge der Zerstörung seines Lebensraumes, sehr selten geworden.

Haselhühner leben paarweise. Vor allem im Frühling kann man die hohe pfeifende Balzstrophe des Männchens hören, die wie „ssih-ssih-sissitsiserih-sissitsirerih" klingt. Das Nest ist eine flache Mulde, die mit dürrem Pflanzenmaterial ausgelegt wird. Die ockerfarbenen Eier sind braun gefleckt.

Die Nahrung des Haselhuhns besteht vor allem aus Knospen, Blättchen, „Würstchen" von Hasel und Erle sowie aus Beeren und Sämereien. Auch Insekten werden verzehrt.

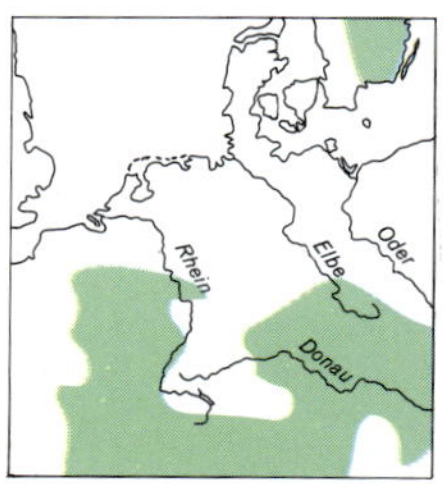

In Mitteleuropa nur örtlich verbreitet; Jahresvogel

Steinhuhn
Alectoris graeca
Sehr seltener Brutvogel in den Alpen. Hauptverbreitungsgebiet ist Südosteuropa. Bewohnt felsiges Gelände. Größe: 33 cm.

Das Weibchen ist blasser als das Männchen im Sommer, und es hat über den Augen weniger auffallende Rosen

Rote Rosen

Weißer Bauch

Das Männchen im Brutkleid ist oberseits dunkelbraun und schwärzlich gemustert und hat bei den roten Rosen einen schwarzen Streif durchs Auge. Kehle und Bauch sind weiß. Größe: 36 cm

Das Weibchen im Winterkleid hat kein Schwarz um das Auge und kaum sichtbare Rosen

Die Flügel sind in allen Kleidern weiß

Das Winterkleid des Männchens ist bis auf den dunklen Schwanz weiß. Über der schwärzlichen Augenpartie fallen die roten Rosen auf

Von oben gesehen heben sich Alpenschneehühner kaum von ihrer Umgebung ab. Hier ein Männchen

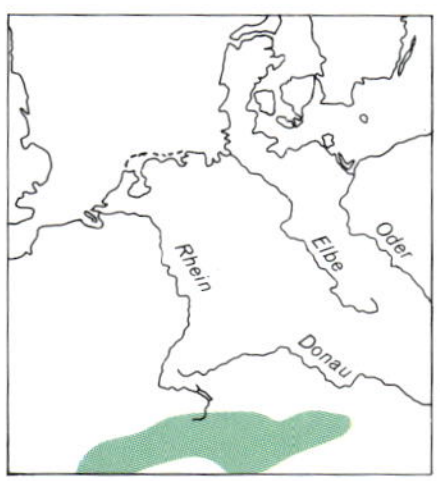

Jahresvogel; lebt oberhalb der Baumgrenze

Im Herbst ist das Gefieder des Alpenschneehuhns sehr unterschiedlich gefärbt

Alpenschneehühner sind Bewohner des Hochgebirges; sie ernähren sich von der dort spärlich vorhandenen, vor allem pflanzlichen Nahrung

Alpenschneehuhn *Lagopus mutus*

Beim Auffliegen ist das Alpenschneehuhn an seinen stets weißen Flügeln zu erkennen. Sonst trägt es ein sehr variables Gefieder; im Winter ist es ganz weiß. Über den Augen hat das Männchen jeweils eine rote, zur Brutzeit etwas angeschwollene Zone, die „Rose". Die Füße sind weiß befiedert.

In Mitteleuropa bewohnt das Alpenschneehuhn nur die Alpen. Dort kommt es oberhalb der Baumgrenze vor, hauptsächlich in der Nähe von Schneeresten. Im Frühling und Frühsommer hört man dort die kurzen, knarrenden Balzrufe des Männchens.

Die Vögel leben zur Brutzeit paarweise. Das Nest wird sehr versteckt zwischen Vegetation oder Steinen in einer flachen Mulde angelegt. Die hellbraunen, dunkelgefleckten Eier bebrütet nur das Weibchen. Die Dunenjungen sind Nestflüchter und werden bis in den Herbst geführt.

Die Nahrung besteht aus Knospen und frischen Trieben von Sträuchern sowie aus anderen Pflanzenteilen und Sämereien. Daneben verzehrt das Schneehuhn auch Beeren und Insekten.

Birkhühner sind polygam. Sie balzen gemeinsam auf Balzplätzen, die von den Weibchen besucht werden

Das Flugbild des adulten Männchens ist sehr charakteristisch

Das Weibchen ist im Flug am schwach gegabelten Schwanz zu erkennen

Immature Männchen sind während der Mauser schwarz gefleckt

Das Gefieder des Weibchens ist überwiegend braun mit schwarzer Bänderung und Fleckung. Der Schwanz ist leicht gegabelt

Die Dunenjungen ähneln denen anderer Rauhfußhühner. Sie verlassen sofort nach dem Abtrocknen das Nest

Leierförmiger Schwanz

Rote Rosen

An der überwiegend schwarzen Färbung, den großen, roten Rosen und der Form der Schwanzfedern ist der adulte Hahn leicht zu erkennen. Größe: 53 cm

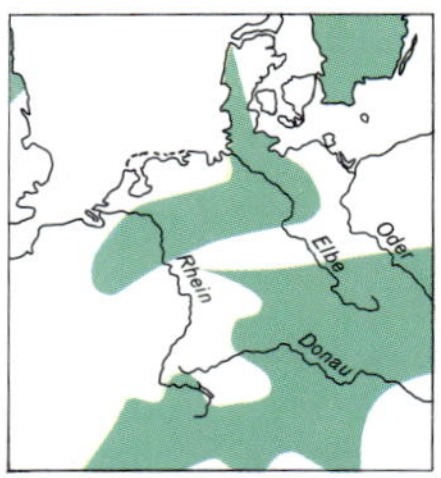

In Mitteleuropa Jahresvogel; örtlich nahezu ausgerottet

Die Küken werden nur vom Weibchen geführt. Sie bleiben bis in den Herbst hinein bei ihm

Birkhuhn *Lyrurus tetrix*

Der Hahn ist an seinem schwarzen, bläulich bis violett glänzenden Gefieder und dem leierförmigen Schwanz zu erkennen.

In Mitteleuropa ist das Birkhuhn sehr selten; abgesehen von den Alpen kommt es nur noch örtlich sehr begrenzt vor. Es bewohnt Moore und Heideland mit lockerem Baumbestand und nahen Wäldchen. Im Gebirge lebt es meist in der Nähe der oberen Waldgrenze, doch geht es gelegentlich auch tiefer hinab.

Im Frühjahr balzen die Hähne gesellig auf bestimmten, frei gelegenen Balzplätzen. Sie lassen dann kullernde und schnurrende Laute hören, die mit einem heiseren Zischen abwechseln. Das Nest ist eine Mulde, die das Weibchen scharrt und mit Laub und Halmen auslegt. Die sieben bis acht hellbräunlichen, fein dunkelgefleckten Eier bebrütet es 24 bis 28 Tage lang. Das Männchen kümmert sich nicht um die Brut. Die Jungen sind Nestflüchter.

Die Nahrung der Birkhühner besteht aus verschiedenen Pflanzenteilen, vor allem Knospen, sowie Beeren und Insekten.

Der Flug ist sehr geräuschvoll. Beide Geschlechter haben abgerundete Schwänze

Struppige Kehlfedern

Das adulte Männchen ist von anderen Hühnervögeln durch seine enorme Größe und seine dunkle Färbung unterschieden. Die Balzstellung ist sehr charakteristisch. Größe: 86 cm

Bei der Bodenbalz macht der Hahn regelrechte Luftsprünge

Die Auerhenne ähnelt der Birkhenne, ist aber größer (60 cm). Außerdem hat sie eine kastanienbraune Brust und einen gerundeten Schwanz

Die Dunenjungen picken sehr häufig Ameisen auf. Mit drei Wochen können sie schon ein bißchen fliegen

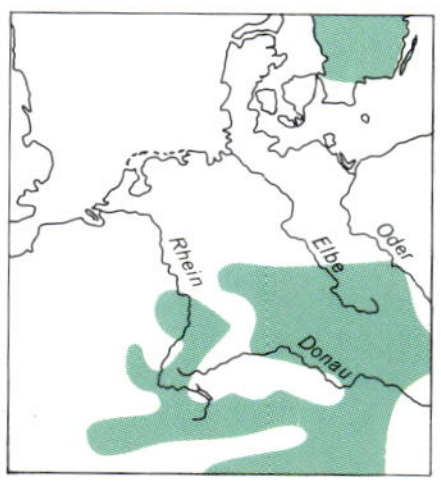

Jahresvogel, der meist sehr standorttreu ist

Die Zehen haben einen kammartigen Besatz, der ein Einsinken im Schnee verhindert

Zur Balzzeit verlieren manche Hähne ihre Scheu vor größeren Säugetieren

Auerhuhn *Tetrao urogallus*

Auerhühner sind Waldvögel, die in Mitteleuropa nur noch sehr lokal, vor allem im Alpengebiet, vorkommen. Ihr Lebensraum sind ausgedehnte Misch- und Nadelwälder mit Altholzbeständen und dichter Beerkrautflora.

Im Frühling versammeln sich die Hähne an bestimmten Plätzen und vollführen dort zunächst eine Baumbalz, später auch eine Bodenbalz. Dabei läßt der Vogel eine eigentümliche Strophe hören. Sie besteht aus einem sehr leisen, hölzernen „Knappen“, das in rhythmischer Folge vorgetragen wird und schließlich in einen Triller übergeht. Darauf folgt der „Hauptschlag“, ein glucksender Laut, der an das Entkorken einer Flasche erinnert. Die Strophe endet mit einem gutturalen Wetzen.

Die Hennen kommen zur Begattung durch die „Platzhähne“ zum Balzplatz. Danach scharren sie eine versteckte flache Mulde, die mit Halmen und Blättern notdürftig ausgelegt wird.

Die Nahrung besteht aus Beeren, Insekten (vor allem Ameisen), Knospen von Bäumen und Sträuchern sowie Blattspitzen, im Winter vorwiegend aus Koniferennadeln.

Wenn Rebhuhn „ketten" aufgeschreckt werden, fliegen sie gemeinsam ab

Das adulte Männchen hat einen auffallenden, dunkelbraunen, an ein Hufeisen erinnernden Bauchfleck. Kopf und Kehle sind rostbräunlich. Größe: 30 cm

Rotbräunliches Gesicht

Dunkler Hufeisenfleck

Im Flug ist der kurze, rotbraune Schwanz gut zu erkennen

Das Nest ist gut versteckt, und das darauf brütende Weibchen ist dank seiner Schutzfärbung kaum zu erkennen

Jahresvogel, der nur wenig umherstreift

Weibchen sind etwas matter gefärbt als Männchen, und der dunkle Bauchfleck ist bei ihnen kleiner und weniger stark ausgeprägt. Die Küken haben eine helle und dunkle Zeichnung

Rebhuhn *Perdix perdix*

Dieses kleine Wildhuhn ist oberseits graubraun mit gelblicher Strichelung. Kopf und Kehle sind rostbräunlich, während die restliche Unterseite bis auf einen dunklen, hufeisenförmigen Fleck am Bauch hell graubräunlich gefärbt ist. Das Männchen ruft vor allem abends schnarrend „girr-rreck".

Das Rebhuhn ist in Mitteleuropa weit verbreitet, gebietsweise aber – durch die Technisierung der Landwirtschaft, die Beseitigung von Hecken und die Anwendung von Unkrautbekämpfungsmitteln – auch selten geworden. Es bewohnt offene Kulturlandschaften und ähnliche Lebensräume.

Die Rebhühner leben zur Brutzeit paarweise; die Paarbildung findet gegen Ende des Winters statt. Die 6 bis 25 lehmfarbenen Eier werden in eine Mulde gelegt, die mit Halmen etwas gepolstert und durch die umgebende Vegetation geschützt ist. Die Dunenjungen bleiben mit den Alten bis zum Winter im Familienverband.

Rebhühner ernähren sich von Insekten, Spinnen, kleinen Schnecken, Würmern, Sämereien und grünen Pflanzenteilen.

Bei adulten Männchen des Jagdfasans kann die Färbung sehr variieren. Der lange, spitze Schwanz sowie das nackte, rote Gesicht sind jedoch charakteristisch. Größe: 76–89 cm

Manche Männchen haben einen weißen Halsring, andere sind grünlich. Diese Färbung hängt davon ab, welche Rasse zur Einbürgerung verwendet wurde

Aufgescheucht, fliegt der Fasanenhahn sehr geräuschvoll in die Höhe, um bald wieder einzufallen

Fasane suchen ihre Nahrung hauptsächlich auf Kulturland, wo sie auch einmal kleine Wirbeltiere verzehren

Jahresvogel, der nur wenig umherstreift

Zur Übernachtung fliegen Jagdfasane fast immer auf Bäume

Das Weibchen ist kleiner als das Männchen (53 bis 64 cm) und hat einen kürzeren Schwanz. Die Befiederung ist überwiegend bräunlich, dabei heller und dunkler geschuppt

Jagdfasan *Phasianus colchicus*

Der Fasanenhahn ist aufgrund seiner Gestalt und des langen Schwanzes unverkennbar. Er wurde in Mitteleuropa aus Vorderasien als Jagdwild eingeführt und hat sich gebietsweise beachtlich vermehrt.

Fasane bewohnen Auwälder mit angrenzendem Ackerland, Getreide- und Maisfelder, Feldgehölze, lichte Waldungen, Wiesen mit Buschwerk sowie Parks. Während die Hennen gackernde Laute hören lassen, ruft der Hahn in der Fortpflanzungszeit heiser „görr-göck“ und schlägt dabei schwirrend mit den Flügeln. Zu dieser Zeit hat jeder Hahn ein bestimmtes Territorium, in dem er keinen Nebenbuhler duldet. Er begattet stets mehrere Weibchen und kümmert sich nicht um die Brut. Das Nest ist eine flache, mit Pflanzenmaterial ausgepolsterte Mulde, die das Weibchen unter Gestrüpp oder dichter Vegetation versteckt anlegt. Die Küken sind Nestflüchter.

Fasane ernähren sich von grünen Pflanzenteilen, Sämereien, Getreide, Mais, Beeren sowie von Feldfrüchten, Insekten, Würmern und Schnecken.

Aufgeschreckt, fliegen Wachteln niedrig über dem Boden hin, um bald wieder einzufallen. Meist flüchten sie aber innerhalb der Deckung

Weißgestreifter Rücken

Das adulte Männchen hat eine charakteristische Kopfzeichnung mit einem schwarzen Kehlfleck. Größe: 18 cm

Das Weibchen und die Jungen haben eine ausgeprägte Schutzfärbung

Wachteln sind scheu und fliegen selten auf; meistens verbergen sie sich in der dichten Vegetation

Das Nest wird sehr versteckt angelegt

Sommervogel; überwintert südlich der Sahara

Dem Weibchen fehlt die schwarze Kehlzeichnung des Männchens

Wachtel *Coturnix coturnix*

Die Wachtel ist unser kleinster Hühnervogel. An den Flanken und auf der braunen Oberseite hat sie eine weißliche Längsstreifung.

Heute ist die Wachtel in Mitteleuropa selten; daran ist vor allem die Technisierung in der Landwirtschaft schuld. Der Vogel bewohnt offenes Gelände wie Wiesen, Getreide- und Kleefelder, und zwar sowohl in der Ebene als auch im Gebirge.

Das Männchen verrät seine Anwesenheit durch ein scharfes, dreisilbiges „Bick-bibick“. Man hört diesen Vogel mehr, als man ihn sieht; er ruft fast immer aus dichter Vegetation.

Die gelblichen, schwarzbraun marmorierten Eier werden in eine durch Vegetation gut geschützte Bodenvertiefung gelegt. Die Dunenjungen sind Nestflüchter und folgen sofort nach dem Abtrocknen der Mutter. Diese führt sie etwa sieben Wochen lang.

Wachteln ernähren sich von Grasspitzen und grünen Teilen von Kräutern sowie von Sämereien, kleinen Insekten und Weichtieren.

Kraniche fliegen auf dem Zug in Keilformation. Hals und Beine werden weit ausgestreckt

Durch ihre Kopfzeichnung, den kürzeren Schnabel und die Schmuckfedern am Hinterrücken unterscheiden sich Kraniche von Reihern

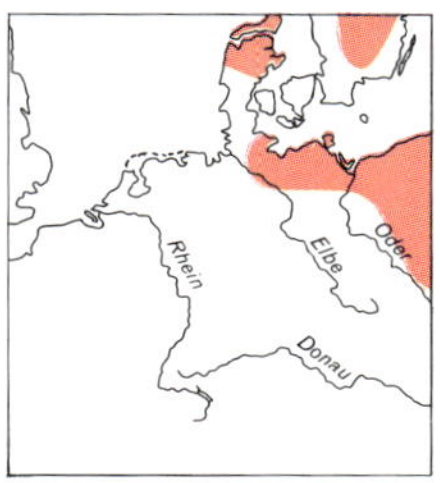

Teilzieher, der im tropischen Afrika überwintert

Überwiegend grau mit verlängerten Schmuckfedern am Hinterrükken. Altvögel haben einen roten Scheitelfleck, weißliche Wangen und Halsseiten. Die Geschlechter sind gleichgefärbt. Größe: 115 cm

Der immature Vogel ist an Kopf und Hals hellbraun gefärbt

Der Kranich ist einer der seltensten Brutvögel Mitteleuropas. Seine Brutgebiete müssen besonders geschützt werden

Kranich *Grus grus*

Der Kranich ist hinsichtlich seiner Höhe der größte Vogel Mitteleuropas. Seine Flügelspannweite beträgt etwa 2,2 m. Er stößt trompetenartige Rufe aus, die wie „kruh“ klingen. Zur Balzzeit hört man am Brutplatz ein wahres Trompetengeschmetter.

In Mitteleuropa kommen Kraniche nur noch örtlich vor, z. B. in Niedersachsen. Moore, ausgedehnte Sumpflandschaften mit höherer Vegetation und lichte Sumpfwälder dienen ihnen als Brutgebiete. Zur Zugzeit trifft man sie auch auf Äckern sowie in anderen offenen Landschaften.

Kraniche leben in Einehe. Das Nest ist ein Haufen aus abgestorbenem Pflanzenmaterial; oft wird es an schwer zugänglichen Stellen errichtet. Die meist zwei olivgrauen, braungefleckten Eier werden von beiden Partnern bebrütet. Die Dunenjungen bewegen sich in den ersten Tagen rutschend fort.

Die Nahrung des Kranichs besteht aus Insekten und deren Larven, kleinen Wirbeltieren sowie aus grünen Pflanzenteilen, Samen und Feldfrüchten.

Fliegendes Weibchen. Die Flügelschläge der Großtrappen sind kräftig. Im Flug fallen die großen, weißen Zonen in den Schwingen auf. Der Hals wird weit ausgestreckt

Balzender Großtrappenhahn. Das Männchen ist oberseits braun und dicht schwärzlich gewellt. Unterhalb des Schnabelansatzes ein weißlicher Federbart

Die Großtrappe bewohnt offenes, meist ebenes Gelände, etwa Steppengebiete und baumarme Kultursteppen

Die Großtrappe ist dank ihrer Größe und Gestalt kaum zu verwechseln. Dem Weibchen fehlt der weißliche Federbart des Männchens; auch ist es kleiner. Männchen etwa 102 cm groß

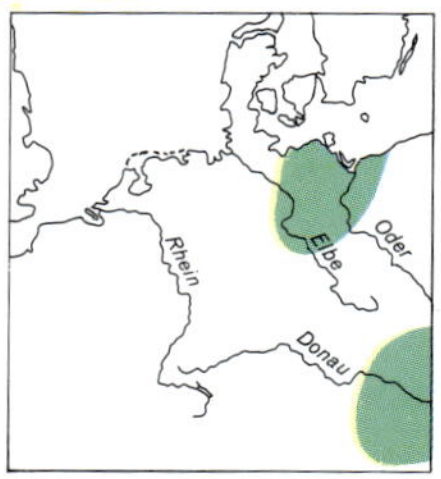

Teilzieher, der gelegentlich bis in die Niederlande vordringt

Großtrappe *Otis tarda*

Die Großtrappe wirkt wie ein sehr großer Hühnervogel; sie ist aber mit dieser Familie nicht verwandt. Wie viele Vogelarten, so ist auch die Großtrappe durch die Technisierung in der Landwirtschaft und die verstärkte Verwendung von Pflanzenschutzmitteln in Mitteleuropa selten geworden. Gebietsweise hat sich auch die Bejagung ausgewirkt. Die Großtrappe kommt noch im Osten und Südosten Mitteleuropas vor, z. B. in der Mark Brandenburg oder in der österreichisch-ungarischen Pußta. Dort treffen sich im Frühling an bestimmten Stellen die Hähne zur Balz. Dabei legen sie den Kopf auf den Rücken, blasen den Kehlsack weit auf und verrenken die Flügel.

Eine flache Bodenmulde in höherer Vegetation, mit ein paar Halmen ausgelegt, dient als Nest. Die meist zwei olivgrünen, braungefleckten Eier werden vom Weibchen bebrütet. Die Jungen sind Nestflüchter.

Die Nahrung der Großtrappen besteht aus grünen Pflanzenteilen, Sämereien und Insekten, vor allem Heuschrecken, sowie aus Würmern und kleinen Wirbeltieren.

Die knarrenden Balzrufe läßt das Männchen mit erhobenem Kopf und hängenden Flügeln hören

Das mit dürrem Gras gepolsterte Nest wird sehr geschützt angelegt. Das Weibchen bebrütet die sechs bis elf Eier allein

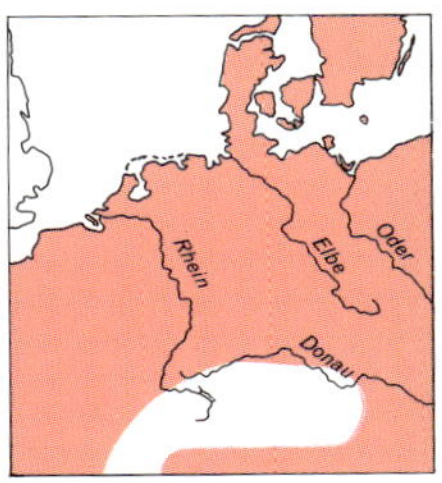

Sommervogel, der hauptsächlich in Afrika überwintert

Schwarze Längsflecken auf der Oberseite

Der Schnabel ist verhältnismäßig kurz. Der Körper ist schlanker als bei der Wachtel, und die Beine sind länger.
Größe: 27 cm

Für das Flugbild sind die großen, teils rotbraunen Flügel und die herabbaumelnden Beine charakteristisch

Über größere Strecken, vor allem beim Zug, ist der Flug kraftvoller, und die Beine hängen nicht herab

Die jungen Wiesenrallen können nur dort groß werden, wo nicht mit Mähmaschinen gemäht wird

Wiesenrallen bauen ihr Nest vor allem in „Streuwiesen", weil dort die Störungen durch das Mähen geringer sind

Wiesenralle *Crex crex*

Die Wiesenralle hat eine gewisse Ähnlichkeit mit der Wachtel; sie ist mit dieser aber nicht verwandt.

In Mitteleuropa kommt die Wiesenralle nur örtlich vor. Sie lebt auf hochwüchsigen Wiesen in ebenem Gelände, in Sumpflandschaften sowie auf größeren Wiesenflächen in Gebirgstälern. Eine flache Mulde am Boden, die mit dürren Grashalmen ausgelegt wird und von oben her sehr gut getarnt ist, dient als Nest. Über der Nestmulde werden die Halme oft haubenartig zusammengezogen. Die graurötlichen Eier sind rotbraun und grau gefleckt. Die schwarz bedunten Jungen sind Nestflüchter.

Wiesenrallen sind vor allem dämmerungsaktiv. Man hört die zweisilbig schnarrenden Balzrufe des Männchens, die wie „rreb-rreb" klingen, vor allem an milden Frühlingsabenden sowie in hellen Nächten im Mai und Juni.

Die Nahrung der Wiesenralle besteht in erster Linie aus Insekten und deren Larven. Daneben werden auch Weichtiere, Würmer sowie grüne Pflanzenteile und Sämereien gefressen.

Der flatternde Flug führt meist nicht weit. Dabei hängen die Beine des Vogels herab

Auf dem Zug ist der Flug kraftvoller, und die Beine werden ausgestreckt

Das Nest aus dürren Pflanzenteilen ist sehr gut verborgen. Die Vögel schleichen geschickt zu ihm hin

Roter Schnabel

Jungvögel sind matter gefärbt und haben auf der Brust eine dunkle Querbänderung

Schwarzweiß gestreifte Flanken

Das adulte Männchen ist oberseits braun mit schwärzlicher Fleckung. Der lange, rote Schnabel und die gestreiften Flanken sind für beide Geschlechter typisch. Größe: 28 cm

Auf dem Zug kommen Wasserrallen gelegentlich auch in die Nähe von Ortschaften

Überwintert in Westeuropa und im Mittelmeerraum

Das adulte Weibchen ist matter gefärbt als das Männchen. Die Dunenjungen sind schwarz

Wasserralle *Rallus aquaticus*

Die Wasserralle unterscheidet sich von ähnlichen Rallenarten durch den langen Schnabel. Wie die meisten ihrer Verwandten lebt sie sehr versteckt und kommt selten aus der schützenden Vegetation heraus. Oft verrät sie sich durch ihre grunzenden und quiekenden Laute. Der Balzruf des Männchens klingt wie „göp-göp-göpgepgepgirrr".

Die Wasserralle bewohnt in Mitteleuropa Binnengewässer mit dichter Ufervegetation sowie Sumpfgebiete. Das Nest wird aus Schilfblättern und anderen Sumpfpflanzen auf umgeknicktem Rohr, auf Riedgrasbülten oder auch auf dem Boden gebaut. Über ihm werden die Halme haubenartig zusammengezogen.

Die hellbräunlichen, dunkel gefleckten Eier werden von Männchen und Weibchen bebrütet. Die Jungen sind mit sechs bis sieben Wochen erwachsen und selbständig.

Die Nahrung der Wasserralle besteht aus Insekten und deren Larven sowie anderen kleinen Wassertieren. Manchmal werden auch Teile von Wasserpflanzen verzehrt.

Im Flug lassen die Vögel nach Rallenart die Beine herabbaumeln

Kurzer Schnabel mit orangefarbenem Grund

Weiße Fleckung

Die Beine sind grünlich; die Unterseite ist weißlich gefleckt

Da Tüpfelsumpfhühner die schützende Vegetation nur selten verlassen, ist es schwierig, sie zu fotografieren

Kleines Sumpfhuhn
Porzana parva

Etwas größer als das Zwergsumpfhuhn und ohne schwarzweiße Flankenbänderung. Schnabel mit rötlicher Wurzel. Männchen unten blaugrau; Weibchen bräunlich.

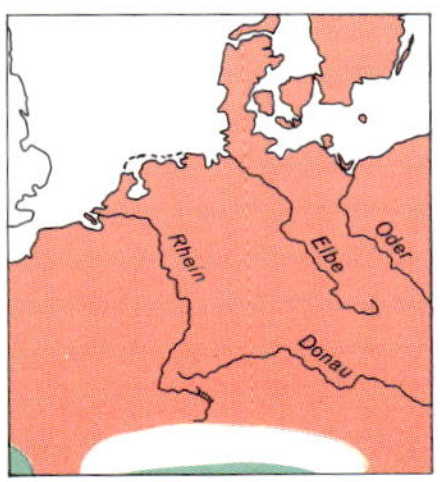

Teilzieher; überwintert vor allem im Mittelmeerraum

Das Tüpfelsumpfhuhn erweist sich zwar notfalls als ein guter Schwimmer, doch legt es so nur höchst selten einmal längere Strecken zurück

Der immature Vogel und das Weibchen sind auf der Unterseite matter gefärbt

Das Nest wird zumeist auf Seggenbülten angelegt

Tüpfelsumpfhuhn *Porzana porzana*

Das Tüpfelsumpfhuhn („Tüpfelralle“) hat etwa die Größe der Wasserralle, besitzt aber einen wesentlich kürzeren Schnabel. Beide Geschlechter sind oberseits braun, mit einem Anflug von Oliv und schwärzlichen Flecken sowie weißlichen Strichen und Fleckchen. Die Flanken sind nur undeutlich hell und dunkel gebändert.

Das Tüpfelsumpfhuhn lebt versteckt in der Vegetation. An milden Abenden im Frühling und Frühsommer und in hellen Nächten hört man die monotonen Balzrufe des Männchens, die wie „quitt, quitt, quitt...“ klingen.

Das Tüpfelsumpfhuhn bewohnt Binnengewässer mit ausgedehnten, dicht bewachsenen Verlandungszonen sowie Sumpfgebiete mit entsprechender Vegetation. Dort baut es sein verstecktes Nest aus Teilen von Sumpfpflanzen. Die olivgelblichen, dunkelbraun gefleckten Eier werden von beiden Geschlechtern bebrütet. Die schwarzen Dunenjungen sind Nestflüchter. Tüpfelsumpfhühner ernähren sich von Insekten, Würmern, Weichtieren und grünen Teilen von Sumpfpflanzen.

Beim Auffliegen rennen die Vögel erst flügelschlagend eine Strecke über das Wasser

Den schwarzen Dunenjungen wird das Futter vorgehalten

Das Nest ist aus trockenen Pflanzenteilen gebaut; es befindet sich meist gut versteckt in der Ufervegetation

Roter Schnabel mit gelber Spitze und rotes Stirnschild

Weiße Unterschwanzdecke

Altvögel sind überwiegend schwärzlich; sie haben weiße Unterschwanzdecken und grüne Beine. Im Gegensatz zum Bläßhuhn ist die Stirn rot. Die Geschlechter sind gleichgefärbt. Größe: 33 cm

Das Jugendkleid ist matt olivbraun; das Rot am Schnabel fehlt

Teilzieher; in Mitteleuropa weit verbreitet

Beim Schwimmen nickt der Vogel ständig mit dem Kopf und zuckt häufig mit dem Schwanz

Im Frühling wird das Revier verteidigt, wobei die Vögel verschiedene Drohstellungen einnehmen

Teichhuhn *Gallinula chloropus*

Das Teichhuhn ist eine dunkle Ralle mit weißen Unterschwanzdecken und weißem Längsstreif an den Flanken. Die Beine sind grün und haben am Gefiederansatz einen roten Ring. Der Vogel bewohnt Binnengewässer mit dichter Ufervegetation und kommt auch an Parkteichen sowie in Brackwassersümpfen vor. Sein Ruf ist ein charakteristisches „Kjürrk“.

Das Nest wird im Röhricht oder Gestrüpp in Ufernähe angelegt und besteht hauptsächlich aus Schilf. Beide Partner bebrüten die acht bis zehn gelblichgrauen, rotbraun und schwarz feinpunktierten Eier 19 bis 22 Tage lang. Die schwarzen Dunenjungen haben eine rote Stirn und eine gelbe Schnabelspitze. Sie sind Nestflüchter. Beim Teichhuhn kommen häufig „Schachtelbruten“ vor; das heißt, ehe die Jungen selbständig werden, beginnt das Weibchen bereits wieder zu brüten.

Teichhühner ernähren sich von Wasserinsekten, Würmern, Weichtieren und anderen kleinen Wasserbewohnern sowie von grünen Pflanzenteilen, Beeren und auch Abfällen.

Weißer Schnabel, weißes Stirnschild

Zehen mit seitlichen Lappenbildungen

Altvögel sind durch das dunkle Gefieder und das Stirnschild charakterisiert. Die Lappenbildung an den Zehen verbessert die Schwimmfähigkeit. Größe: 38 cm

Bei der Verteidigung des Reviers kommt es zwischen den Männchen zu Kämpfen

Das Nest ist ein recht großer Bau aus Schilfstengeln, der auf einer Seite rampenartig zum Wasser führt

Jungvögel sind auf der Unterseite schmutzigweiß, und sie haben keine weiße Stirn

Zur Brutzeit sind Bläßhühner sehr aggressiv

Im Flug streckt der Vogel die Beine lang aus

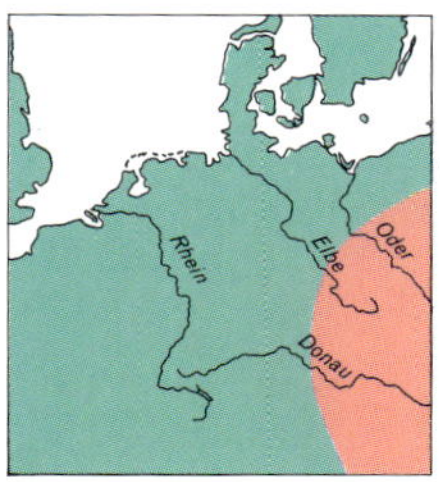

Teilzieher; überwintert häufig in großer Zahl auf Gewässern

Bei der Nahrungssuche tauchen die Vögel mit einer Art Kopfsprung und kommen dann an gleicher Stelle wieder empor

Die Köpfe der Küken sind auffällig rötlich gefärbt

Bläßhuhn *Fulica atra*

Einer der häufigsten Wasservögel Mitteleuropas ist das Bläßhuhn oder die Bläßralle. An seinem weißen Stirnschild und der einfarbig schieferschwarzen Färbung ist der Vogel gut zu erkennen. Häufig hört man von ihm rauh bellende, wie „köw" klingende Laute sowie ein hohes „Pitz".

In Mitteleuropa ist das Bläßhuhn weit verbreitet; man findet es nahezu auf allen Binnengewässern. Im zeitigen Frühjahr werden die Reviere unter heftigen Streitereien abgegrenzt. Häufig schwimmen die Männchen dabei mit geblähten Flügeln und vorgestrecktem Kopf umher.

Das Nest wird vorwiegend aus Schilf gebaut und vor allem im Röhricht, manchmal auch freischwimmend angelegt. Die gelblichbraunen, schwarz punktierten Eier werden von beiden Partnern bebrütet. Die Dunenjungen sind schwarz, haben aber orangefarbene Dunen an Kopf und Hals und eine rote Kopfhaut. Die Nahrung des Bläßhuhns besteht vor allem aus Wasserpflanzen und anderen Pflanzenteilen. Außerdem werden Insekten, Weichtiere, Laich, Kaulquappen usw. verzehrt.

Die Bestimmung von Watvögeln

Unter den Watvögeln oder Limikolen ist der Brachvogel der größte. Er hat etwa die Größe einer Stockente und besitzt einen sehr langen, etwas abwärtsgebogenen Schnabel. Seine Nahrung nimmt er vom Boden auf, oder er stochert nach ihr im Schlamm. Die Uferschnepfe geht bei der Nahrungssuche oft bis zum Bauch ins Wasser, um mit ihrem langen Schnabel den Bodenschlamm zu untersuchen. Brackwassertümpel, vor allem an der Küste, sind der Lebensraum des Säbelschnäblers. Dieser „durchsäbelt" das Wasser mit seinem aufwärts gebogenen Schnabel und fängt dabei kleine Lebewesen. Der Austernfischer kommt auf küstennahen Wiesen und Mooren sowie an der Meeresküste selbst vor.

Zu den mittelgroßen Wasservögeln, die etwa so groß sind wie eine kleine Taube, gehören die lebhaften Rotschenkel, die ihre Nahrung von Schlammflächen oder am Spülsaum aufpicken. Der etwas größere Grünschenkel rennt förmlich durch Pfützen und führt dabei mit seinem Schnabel schnelle, seitwärts gerichtete Bewegungen aus. Der Knutt hält sich meist in Trupps auf Wattflächen auf und stochert fast ständig im Schlamm. Zwei langschnäbelige Watvögel meiden deckungslose Schlammflächen: Die Waldschnepfe bewohnt feuchtere Wälder, während die kleinere Bekassine sumpfige Wiesen und schlammige Uferzonen aufsucht.

Der Alpenstrandläufer hat ungefähr zwei Drittel der Größe eines Knutts. Auch er hält sich meist in großen Trupps auf Wattflächen auf. Zwei andere Watvögel sind schlanker: Der Flußuferläufer und der Waldwasserläufer bewohnen die Ufer von Binnengewässern.

Die Regenpfeifer erinnern in ihrer Bewegung oft an rollende Kugeln. Der Sandregenpfeifer ist etwa so groß wie der Alpenstrandläufer und lebt vorwiegend auf sandigem oder kiesigem Strand. Der taubengroße Kiebitz kommt auf Wiesen, Feldern und in sumpfigem Gelände vor. Der Goldregenpfeifer brütet in Moorlandschaften und überwintert auf Küstenmarschen. Der spatzengroße Zwergstrandläufer hält sich vor allem an schlammigen Flußmündungen auf, wo er sich nicht selten mit anderen Arten vergesellschaftet.

Großer Brachvogel
Numenius arquata
Größter Watvogel. 55 cm
Seite 147

Zwergstrandläufer
Calidris minuta
Kleinster Strandläufer. 13,5 cm
Seite 130

Waldwasserläufer
Tringa ochropus
23 cm
Seite 150

Alpenstrandläufer
Calidris alpina
18 cm
Seite 133

Thorshühnchen
Phalaropus fulicarius
20 cm Seite 153

Flußuferläufer
Tringa hypoleucos
19,5 cm
Seite 151

Sandregenpfeifer
Charadrius hiaticula
19 cm
Seite 122

Knutt
Calidris canutus
25 cm
Seite 128

Uferschnepfe
Limosa limosa
40 cm
Seite 144

Austernfischer
Haematopus ostralegus
43 cm
Seite 116

Säbelschnäbler
Recurvirostra avosetta
43 cm
Seite 117

Kiebitz
Vanellus vanellus
30 cm
Seite 125

Bekassine
Gallinago gallinago
27 cm
Seite 138

Grünschenkel
Tringa nebularia
30 cm
Seite 141

Rotschenkel
Tringa totanus
28 cm
Seite 142

Waldschnepfe
Scolopax rusticola
34 cm
Seite 140

Goldregenpfeifer
Pluvialis apricaria
28 cm
Seite 123

Nördliche Rasse mit mehr Schwarz auf der Unterseite als bei der südlichen Form

Altvogel im Brutkleid. Das lebhaft schwarzweiße Gefieder und der orangerote Schnabel sind unverwechselbar. Die Geschlechter sind gleichgefärbt. Größe: 43 cm

Im Flug sind der weiße Schwanz mit der dunklen Endbinde sowie der weiße Flügelstreif sehr auffällig

Die Dunenjungen haben eine ausgezeichnete Schutzfärbung und heben sich kaum von der Umgebung ab

Adulte Vögel haben im Winter einen weißen Kehlfleck. Immature haben eine dünne, weiße Kehlbinde und eine dunkle Schnabelspitze

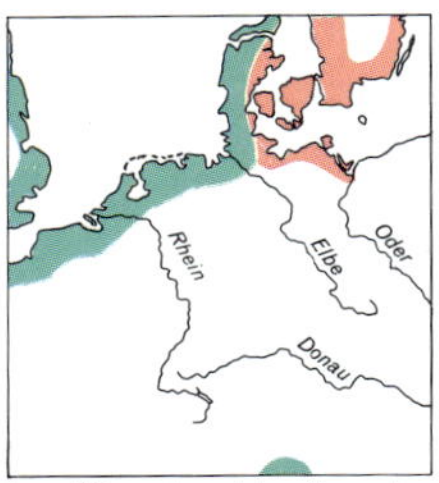

Im Küstenbereich überwiegend Jahresvogel

Der Austernfischer öffnet Muscheln, indem er seinen seitlich abgeflachten Schnabel zwischen die Schalen steckt, ihn dann verkantet und so die beiden Hälften auseinanderdrängt

Austernfischer *Haematopus ostralegus*

Unter den mitteleuropäischen Vögeln ist der Austernfischer an seinem schwarzweißen Gefieder und dem orangeroten Schnabel leicht zu erkennen. Er ist sehr lautfreudig und ruft häufig durchdringend „püliet". Diese Rufe werden bei der Balz in schneller Folge fast trillerartig gereiht. Wenn sie gestört werden, fliegen die Vögel mit gellenden „Pick-pick"-Rufen umher.

Austernfischer bewohnen die Küsten Mitteleuropas und gehören dort zu den auffälligsten Vögeln. Vor allem sieht man sie in Dünen- und Wattlandschaften sowie im küstennahen Marschland. Dort brüten sie vielfach in lockeren Kolonien.

Eine mit Muschelschalen und Kieseln belegte Mulde dient im allgemeinen als Nest. Die meist drei graugelben, schwarzpunktierten Eier werden von beiden Partnern rund 27 Tage lang bebrütet. Die Dunenjungen sind Nestflüchter, verlassen aber erst nach einem Tag die Brutstätte und werden von beiden Eltern geführt.

Die Nahrung besteht aus Wattwürmern, Muscheln, Krebsen, Weichtieren und Insekten.

Im Flug ist das schwarze Band auf den weißen Flügeln sehr auffällig

Schwarzer Oberkopf und Hinterhals

Säbelartig aufwärtsgebogener Schnabel

Bei der Nahrungssuche watet der Vogel im seichten Wasser. Die Gefiederzeichnung ist ebenso typisch wie die Schnabelform. Geschlechter gleich. Größe: 43 cm

Blaugraue Beine

Bei immaturen Vögeln sind die dunklen Zeichnungen bräunlich

Das Gefieder jüngerer Säbelschnäbler ist ebenso ausdrucksvoll kontrastreich wie dasjenige der Altvögel

Verteidigungsstellung des brütenden Weibchens

Säbelschnäbler können schwimmen und gründeln oft

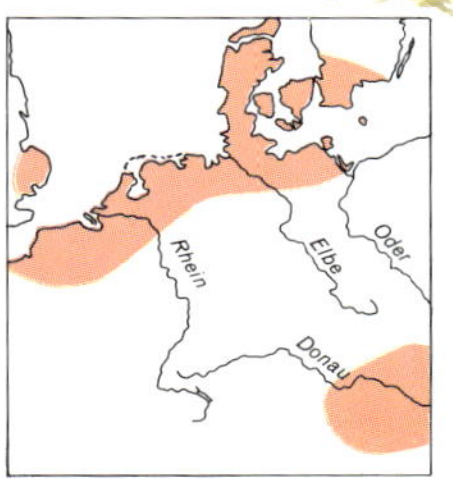

Teilzieher, der vor allem im Mittelmeerraum überwintert

Stelzenläufer
Himantopus himantopus
Brutvogel in Feuchtgebieten Südeuropas; örtlich im südlichen und westlichen Mitteleuropa. Größe: 38 cm.

Säbelschnäbler *Recurvirostra avosetta*

Das schwarzweiße Gefieder des Säbelschnäblers und sein säbelartig aufwärtsgebogener, langer Schnabel sind so charakteristisch, daß man die Art kaum verwechseln kann. Der Watvogel steht gern auf einem Bein. Er ruft melodisch „klüht“ und läßt bei einer Störung harte Rufe hören, die wie „klipit-klipit“ klingen.

Der Säbelschnäbler bewohnt in Mitteleuropa die Küstenbereiche; außerdem kommt er an salzhaltigen Binnengewässern im Südosten, z. B. im Gebiet des Neusiedler Sees, vor. Im offenen Gelände, etwa auf Salzmarschen oder im Strandbereich, wird eine flache Mulde mit wenigen Halmen ausgelegt. Beide Partner bebrüten die drei bis vier lehmfarbenen, schwarzpunktierten Eier. Die Dunenjungen sind Nestflüchter.

Die Nahrung des Säbelschnäblers besteht aus kleinen Krebsen und anderen kleinen Meerestieren, Weichtieren, Würmern und Insekten. Der Vogel fängt diese Lebewesen, indem er seinen Schnabel im Wasser in weiten Bögen wie mähend hin und her führt.

Große, gelbe Augen

Gelbe Beine

Wird der Triel überrascht, drückt er sich flach auf den Boden und wird dann leicht übersehen

Der Triel ist durch einen dicken, runden Kopf, große, gelbe Augen, gelbe Beine und einen weißen Flügelstreif gekennzeichnet. Immature Vögel ähneln den älteren. Die Geschlechter sind gleichgefärbt. Größe: 40 cm

Im Flug tritt eine sehr charakteristische Flügelzeichnung hervor

In der Dämmerung kommen manchmal mehrere Triele zusammen und springen flügelschlagend und rufend umher

Die Dunenjungen haben eine gute Tarnfärbung, so daß sie sich kaum von ihrer Umgebung abheben

Bei der Balz wenden sich beide Partner voneinander ab und richten den Schnabel zu Boden

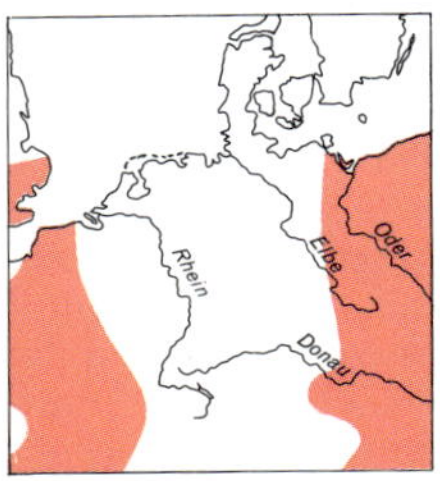

Überwintert in Westeuropa und im Mittelmeerraum

Triel *Burhinus oedicnemus*

Die großen, gelben Augen des Triels verraten, daß er überwiegend in der Dämmerung und nachts aktiv ist. Seinen Namen hat der Vogel von den rauhen, aber nicht unmelodischen „Trräüh"-Rufen, die er ausstößt. Außerdem läßt er anschwellende „Tlüt"-Reihen hören.

Der Triel kommt in Mitteleuropa nur stark örtlich begrenzt vor. Er bewohnt steppenartiges Gelände, trockene, offene Hügellandschaften sowie Brachflächen. In Südeuropa, wo man ihn vor allem in steinigen Halbwüsten und trockenen Salicorniasteppen findet, ist er weit verbreitet.

Das Nest des Triels ist eine flache Mulde, die mit ein paar Steinchen oder Halmen ausgelegt wird. Die zwei graurötlichen, dunkel gefleckten Eier werden von beiden Partnern 25 bis 27 Tage lang bebrütet. Die Dunenjungen sind Nestflüchter. Bei Gefahr drücken sie sich flach auf den Boden und verharren unbeweglich in dieser Stellung.

Die Nahrung des Triels besteht aus Insekten, Würmern, Schnecken und kleinen Wirbeltieren.

Weißes Brustband

Das etwas kontrastreicher gefärbte Weibchen kümmert sich nicht um die Brut. Größe: 22 cm

Dem adulten Männchen dient eine flache Mulde zwischen Steinen oder niedriger Vegetation als Nest

Adultes Weibchen im Brutkleid

Adultes Weibchen im Brutkleid

Adulter Vogel im Ruhekleid

Bei fliegenden Vögeln ist in allen Kleidern ein weißes Brustband zu erkennen

Das Männchen bebrütet die Eier, die sich dank ihrer Schutzfärbung kaum von ihrer Umgebung abheben

Kommt ein Feind ins Brutrevier, so „verleitet" das Männchen: Es stellt sich flügellahm und sucht den Feind wegzulocken

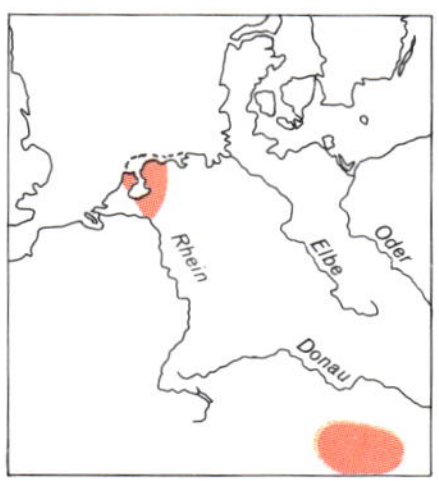

Sommervogel; überwintert vor allem im Mittelmeerraum

Immature Vögel ähneln adulten im Ruhekleid und sind unauffällig gefärbt

Mornell *Eudromias morinellus*

Der Mornell, auch Mornellregenpfeifer genannt, ist im Brutkleid an seiner kastanienbraunen Brust und dem schwärzlichen Bauch ohne weiteres zu erkennen.

In Mitteleuropa ist der Mornell nur an wenigen Stellen Brutvogel. Die meisten Exemplare, die man im Küstenraum beobachten kann, sind Durchzügler aus Skandinavien. In Mitteleuropa bewohnt der Mornell Gebirge oberhalb der Baumgrenze – z. B. in Österreich – und nordische Heiden mit niedriger Vegetation. Außerhalb der Brutzeit findet man ihn an Ufern von Gewässern sowie im Wiesengelände. Im Binnenland ist er sehr selten zu beobachten.

Beim Balzflug im Brutrevier läßt das Männchen einen melodischen Triller hören. Sonst rufen diese Vögel sanft „dürrit" und „düwirrih". Die meist drei olivbraunen, grob schwarzgefleckten Eier bebrütet nur das Männchen. Die Dunenjungen werden allein vom Männchen geführt. Sie sind Nestflüchter.

Die Nahrung besteht aus Insekten, Würmern und Schnekken, gelegentlich auch aus Beeren und grünen Pflanzenteilen.

Im Flug fällt beim Seeregenpfeifer der weiße Flügelstreif auf

Seeregenpfeifer halten sich vielfach am Strand auf und rennen dort hin und her. Ab und zu fliegen sie ein kleines Stück

Die Eier werden in einer flachen Mulde abgelegt. Sie heben sich kaum von der Umgebung ab

Teilzieher; überwintert hauptsächlich im Mittelmeergebiet

Das Männchen hat ein schwarzes, in der Mitte unterbrochenes Brustband. Außerhalb der Brutzeit ähnelt es dem Weibchen. Größe: 16 cm

Seeregenpfeifer *Charadrius alexandrinus*

Der Seeregenpfeifer ist durch ein in der Mitte unterbrochenes Brustband gekennzeichnet; dieses sieht beim Männchen schwarz aus, beim Weibchen bräunlich.

Der Seeregenpfeifer bewohnt die Küstengebiete Mitteleuropas sowie Salzsteppenlandschaften um den Neusiedler See. Am Strand oder auf Schlickflächen rennt er fast immer wie eine rollende Kugel dahin und bleibt dazwischen plötzlich stehen.

Als Nest dient eine in den lockeren Boden gedrehte Mulde, die mit Steinchen, Schneckenschalen usw. belegt wird. Die sandfarbenen, dunkelgefleckten Eier werden von beiden Partnern bebrütet. Die Dunenjungen sind Nestflüchter; sie haben eine sehr gute Schutzfärbung.

Zur Brutzeit vollführt das Männchen einen fledermausartigen Balzflug und trillert dabei melodisch. Sonst hört man ein weiches „Püit“ und ein „Pürr“. Wenn die Vögel aufgeregt sind, rufen sie gellend „tjip-tjip-tjip …“.

Die Nahrung des Seeregenpfeifers besteht aus Insekten und ihren Larven, kleinen Krebstieren, Schnecken, Spinnen u. a. m.

Die geringe Größe, der gelbe Augenring und der einfarbig dunkle Schnabel unterscheiden den Flußregenpfeifer vom ähnlichen Sandregenpfeifer. Größe: 15 cm

Im Flug erscheinen die Flügel einfarbig, ohne weißen Flügelstreif

Jungvögel sind matter gefärbt als die Alten; sie haben an der Oberseite eine helle Schuppenzeichnung und ein nur angedeutetes, dunkles Halsband

Altvögel am Brutplatz mit Dunenjungen. Diese heben sich dank ihrer Schutzfärbung kaum von der Umgebung ab

Die Drohgebärde: Der Vogel bläst sich auf und wirkt dann viel breiter

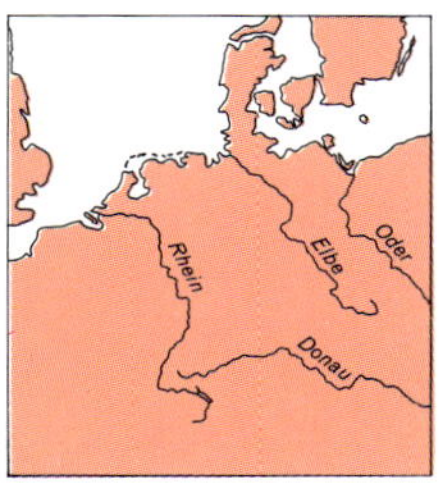

Sommervogel, der vorwiegend in Afrika überwintert

Bei der Balz spreizt das Männchen die Flügel ab und fächert den Schwanz auf. Das Weibchen läuft dann unter diesem Schwanzfächer hindurch

Flußregenpfeifer *Charadrius dubius*

Der Flußregenpfeifer ist eine der beiden Regenpfeiferarten, die im Brutkleid ein durchgehendes schwarzes Halsband haben. Er bewohnt in Mitteleuropa Sand- und Kiesufer an Binnengewässern sowie Rieselfelder und Schuttplätze. Dort fällt er vor allem durch seine Rufe auf. Am häufigsten ist ein weicher abfallender Pfiff, der wie „tiüh" klingt. Hieran kann man den Flußregenpfeifer vom ähnlichen Sandregenpfeifer unterscheiden, bei dem der Ruf ansteigt. Wie andere Regenpfeifer auch, rennen Flußregenpfeifer gleich einer Kugel dahin und bleiben ab und zu ruckartig stehen.

Das Nest ist eine flache Mulde im Erdboden, die mit ein paar Steinchen, Schneckenschalen oder ähnlichem Material belegt wird. Die meist vier sandfarbenen, dunkelgefleckten Eier werden von beiden Geschlechtern 22 bis 26 Tage lang bebrütet. Die Jungen verlassen bald nach dem Schlüpfen den Brutplatz und werden dann von beiden Eltern geführt.

Die Nahrung besteht aus Insekten, Spinnen, kleinen Schnekken, Würmern u. a.

Immature Vögel haben ein nur angedeutetes Brustband

Mit Drohgesten werden Artgenossen aus dem Revier vertrieben

Bei der Nahrungssuche trippeln die Vögel manchmal auf der Stelle, um Beutetiere aufzuscheuchen

Im Flug ist ein weißer Flügelstreif sichtbar

Die gesprenkelten Eier in der flachen Nestmulde heben sich kaum von der Umgebung ab

Das „Verleiten" soll Feinde von den Eiern oder Jungen ablenken

Orangefarbener Schnabel mit schwarzer Spitze

Breites, schwarzes Halsband

Der Sandregenpfeifer besitzt einen orangefarbenen Schnabel mit schwarzer Spitze. Das Dunenjunge hat eine Schutzfärbung, die es mit seiner Umgebung verschmelzen läßt, wenn es sich flach auf den Boden legt. Größe: 19 cm

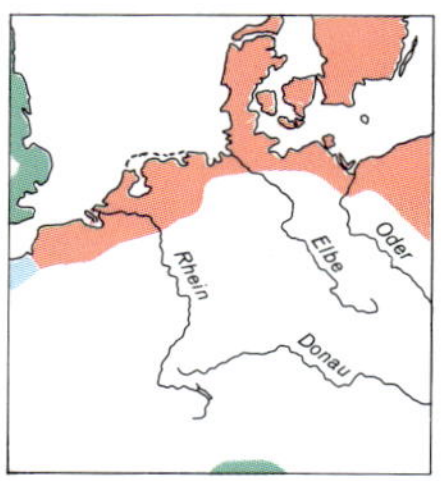

Überwintert an den Küsten West- und Südeuropas

Sandregenpfeifer *Charadrius hiaticula*

Der Sandregenpfeifer ähnelt dem Flußregenpfeifer, ist von ihm aber im Brutkleid durch den deutlich zweifarbigen Schnabel, die gelblichorangen Beine und einen relativ breiten, weißen Streif hinter den Augen zu unterscheiden. Außerdem steigen seine Rufe in der Tonhöhe an. Sie klingen melodisch wie „tüih".

Der Sandregenpfeifer bewohnt in Mitteleuropa die Küstenregionen, wo er sich vor allem auf Sand- und Kiesstränden aufhält. Darüber hinaus sucht er Schlickflächen und Uferzonen von Brackwasserseen auf. Außerhalb der Brutzeit sieht man ihn gelegentlich auch im Binnenland.

Das Nest ist wie bei allen Regenpfeifern eine flache Mulde. Beide Partner bebrüten die vier graugelben, dunkel gefleckten Eier. Im Jahr finden ein bis zwei Bruten statt. Wenn ein Feind im Revier auftaucht, „verleiten" die Altvögel, indem sie sich flügellahm stellen und so versuchen, den Feind wegzulocken.

Die Nahrung besteht aus Insekten und ihren Larven, Krebstieren, kleinen Schnecken, Würmern usw.

Beim Balzflug fliegt das Männchen mit langsamen, flachen Flügelschlägen über dem Revier und läßt dabei seinen melodischen Triller hören

Goldfarbene Flecken

Schwarzer Bauch

Adultes Männchen der südlichen Rasse. Es hat unterseits weniger Schwarz als die nördliche Rasse. Größe: 28 cm

Winter

Sommer

Sommer

Die Achselbefiederung (Unterseite) ist weiß. Auf der Oberseite haben die Flügel einen schwachen weißen Streif

Goldregenpfeifernest mit Gelege. Die gefleckten Eier haben eine ausgezeichnete Schutzfärbung

Trupps im Frühling können neben ausgefärbten Exemplaren auch solche im Ruhekleid umfassen. Vertreter der nördlichen Rasse sind unten schwärzlicher

Goldregenpfeifern auf dem Zug begegnet man vor allem auf küstennahem Wiesengelände

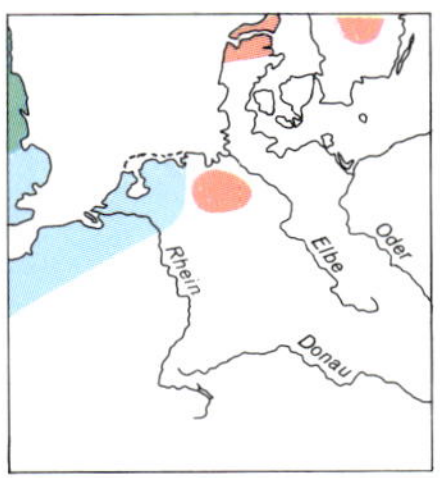

Überwintert in Westeuropa und im Mittelmeerraum

Das Weibchen ist unterseits etwas weniger schwarz als das Männchen. Die Dunenjungen haben eine gute Schutzfärbung

Goldregenpfeifer *Pluvialis apricaria*

Im Brutkleid ist der Goldregenpfeifer an der schwarzgoldenen Fleckung seiner Oberseite und der überwiegend schwarzen Brust gut zu erkennen. Von seinen Rufen ist ein klagender, flötender Pfiff, der wie „tlüh“ klingt, sehr charakteristisch. Dieser Pfiff wird beim Balzflug des Männchens zu einer Art Triller gereiht.

In Mitteleuropa brütet der Goldregenpfeifer nur örtlich in einigen Mooren Norddeutschlands; sonst kommt er lediglich als Durchzügler vor. Die meisten Exemplare, die bei uns auf dem Zug zu beobachten sind, stammen aus Skandinavien. Zur Zugzeit sieht man den Goldregenpfeifer auch auf Äckern, Wiesen und Schlammflächen. Über dem Brutrevier vollführt das Männchen Balzflüge. Die drei bis vier blaßolivgrünlichen, dunkelbraun gefleckten Eier werden von beiden Geschlechtern bebrütet.

Goldregenpfeifer ernähren sich von Schnecken, Würmern, Insekten usw. Gelegentlich wird auch pflanzliche Kost verzehrt.

Bei fliegenden Vögeln im Ruhekleid (Winter) ist unterseits die schwärzliche Achselbefiederung charakteristisch. Für das Brutkleid (Sommer) sind die schwarzen Wangen und die schwarze Unterseite typisch

Graues Gefieder

Adulte Vögel im Ruhekleid sind weißlich und dunkelgrau gefleckt. Der Schnabel ist kräftiger als der des Goldregenpfeifers. Größe: 28 cm

Adulte Vögel im Brutkleid haben eine schwarze Unterseite und ebensolche Wangen sowie eine grauweiße Oberseite

Die Vögel fangen vielfach am Strand kleine Tiere

Bei Flut rasten Kiebitzregenpfeifer in verschiedenen Mauserstadien auf Sandbänken oder in Küstennähe

Kiebitzregenpfeifer sieht man häufig im flachen Wasser – vor allem im Wattenmeer – auf Nahrungssuche gehen

In Mitteleuropa nur Durchzügler und Wintergast

Kiebitzregenpfeifer halten sich meist geduckter als Goldregenpfeifer

Kiebitzregenpfeifer *Pluvialis squatarola*

Der Kiebitzregenpfeifer ähnelt dem Goldregenpfeifer, hat aber nie goldgelbe Flecken im Gefieder. Das Brutkleid ist vielmehr oben hellgrau und schwarz gezeichnet. Die Stimme ähnelt der des Goldregenpfeifers; die melancholischen Flötenpfiffe sind jedoch höher. Außerdem stoßen Kiebitzregenpfeifer dreisilbige Rufe aus, wobei die mittlere Silbe tiefer klingt: „tluih".

Der Kiebitzregenpfeifer ist in Europa nur Durchzügler und Wintergast; seine Brutgebiete liegen in der arktischen Tundra. Kiebitzregenpfeifer überwintern vor allem an den Küsten Mitteleuropas, wo auch nicht brütende Exemplare übersommern. Auf dem Zug gelangen Vertreter dieser Art hin und wieder ins Binnenland. Man sieht sie fast immer an Gewässern.

In der arktischen Tundra brüten Kiebitzregenpfeifer auf dem Boden in selbstgescharrten Mulden. Die vier hellbraunen oder grünen, dunkel gefleckten Eier werden von beiden Partnern ausgebrütet. Die Jungen sind Nestflüchter.

Die Nahrung besteht aus Insekten und ihren Larven, Weichtieren, Würmern, kleinen Krebstieren u. a. m.

Für das Flugbild sind die weiße Unterseite und die breiten, lappenartig wirkenden Flügel sehr charakteristisch

Adultes Männchen im Brutkleid. Der lange Schopf und die ausgeprägte Gefiederfärbung machen die Bestimmung des Vogels recht einfach. Größe: 30 cm

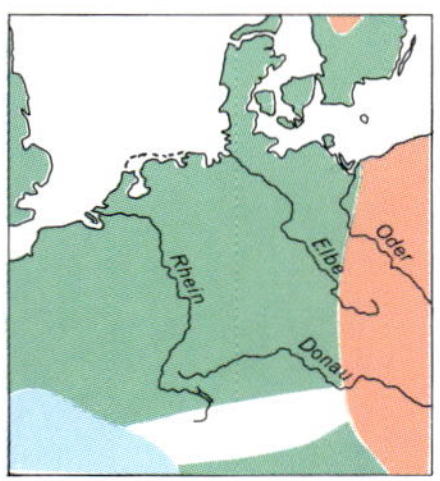

Teilzieher; überwintert vor allem im Küstenbereich

Das Weibchen ist matter gefärbt als das Männchen. Das Nest wird etwas erhöht angelegt. Die Eier haben eine sehr gute Schutzfärbung

Kiebitz *Vanellus vanellus*

Der taubengroße Kiebitz ist an seinem schwarzweißen Gefieder und dem langen Schopf gut zu erkennen. Die Oberseite des Rückens und der Flügel weist einen grünlichen Erzglanz auf. Der Vogel hat seinen Namen von den gellenden, wie „kiewit" klingenden Rufen, die er im Frühling bei gaukelnden Flügen über seinem Revier häufig hören läßt.

Der Kiebitz bewohnt offenes Gelände mit nicht zu hoher Vegetation. Man findet ihn daher vor allem auf feuchten Wiesen, auf Schlammbänken, feuchtem Ackerland, Rieselfeldern und in ähnlichen Landschaften.

Eine flache Mulde, die mit wenigen Niststoffen ausgelegt wird, dient als Nest. Die Partner bebrüten die meist vier olivgrünen, dunkelgefleckten Eier. Die Dunenjungen sind graubraun und weißlich gefleckt und verlassen nach dem Abtrocknen die Mulde. Sie werden von den Eltern geführt.

Kiebitze ernähren sich von Weichtieren und Würmern sowie von Insekten und ihren Larven. Auch pflanzliche Kost wird manchmal verzehrt.

Im Brutkleid sind die Vögel sehr bunt und haben einen überwiegend weißen Kopf. Die Beine sind orangerot; der Schnabel ist schwarz. Die Geschlechter sind gleichgefärbt. Größe: 23 cm

Im Flug zeigt der Vogel seinen weißen Rücken und eine charakteristische Zeichnung in den Flügeln und unter dem Schwanz

Steinwälzer setzen sich gern auf Felsbrocken im Wasser; dort versammeln sich oft mehrere von ihnen

Im Winter sind die oberen Partien überwiegend matt schwärzlichbraun, und der Kopf ist kaum weiß gezeichnet

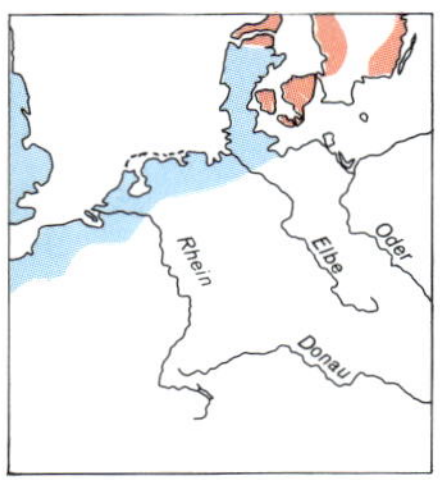

Durchzügler und Wintergast; Übersommerer an der Küste

Bei der Nahrungssuche wälzt der Vogel Steine und wendet angeschwemmten Tang um

Steinwälzer *Arenaria interpres*

Im Brutkleid ist der Steinwälzer recht bunt. Seinen Namen hat er erhalten, weil er mit dem leicht aufwärtsgebogenen Schnabel kleine Steine, Holzstückchen und Tanghaufen umwendet, um darunter nach Nahrung zu suchen.

Der Steinwälzer brütet an den Küsten Nordeuropas, Sibiriens und Nordamerikas. Dort bewohnt er Küstenzonen mit spärlicher Vegetation und Geröll oder Kiesstrand sowie Tundralandschaften mit niedrigem Pflanzenwuchs.

Zu Beginn der Brutzeit überfliegen die Männchen in taumelnden Balzflügen ihre Reviere und lassen dabei einen Balzgesang hören, der aus einer immer schneller werdenden Folge melodischer Rufe besteht. Sonst hört man vor allem Laute, die wie „tick“ klingen und häufig gereiht werden.

Die drei bis vier olivbräunlichen, braungefleckten Eier werden in eine selbstgescharrte Mulde am Boden abgelegt. Beide Geschlechter brüten. Steinwälzer ernähren sich von Schnecken, Muscheln, Würmern, Insekten und ihren Larven usw. Daneben wird gelegentlich auch pflanzliche Kost verzehrt.

Oben auf den Flügeln haben fliegende Meerstrandläufer im Winterkleid einen schwach sichtbaren weißlichen Streif

Das Sommerkleid ist weniger einfarbig und auf der Oberseite rotbraun gefleckt

Wie Steinwälzer, so setzen sich auch Meerstrandläufer gern auf Felsbrocken, die im Wasser liegen

Schiefergraue Oberseite

Gelbliche Beine

Adulte Vögel im Winterkleid sind oberseits und auf der Brust schiefergrau. Die Beine sehen gelblich-fleischfarben aus; der Schnabel hat eine ähnlich gefärbte Wurzel. Der Bauch ist weiß, und die Flanken sind dunkel gefleckt. Die Geschlechter sind gleichgefärbt. Größe: 21 cm

Durchzügler und Wintergast an den Küsten

Meerstrandläufer schwimmen oft ein kleines Stück am Ufer entlang. Nicht selten vergesellschaften sie sich mit Steinwälzern

Meerstrandläufer *Calidris maritima*

Der Meerstrandläufer ist ein überwiegend grauer Strandläufer mit gelblich-fleischfarbenen Beinen. Der nicht sehr lange Schnabel ist am Grund blaßorange und wird zur Spitze hin schwarz. Der Meerstrandläufer ist nicht sehr lautfreudig: Nur gelegentlich läßt er ein zartes pfeifendes „Wi-wit" ertönen.

In Mitteleuropa ist er Durchzügler und Wintergast. Er hält sich vor allem an felsigen Küsten auf und sucht dort oft in ganzen Trupps den Untergrund nach Nahrung ab.

Das Brutgebiet des Meerstrandläufers liegt in den Tundragebieten Nordeuropas, Islands und Nordasiens. Dort dient eine selbstgescharrte Mulde als Nest. Die gefleckten Eier werden in gut drei Wochen ausgebrütet; die Dunenjungen sind Nestflüchter. Im Spätsommer ziehen die Vögel an die west- und mitteleuropäischen Küsten, um dort zu überwintern.

Die Nahrung besteht hauptsächlich aus Insekten, kleinen Krebstieren, Spinnen, Weichtieren und Würmern. Bei der Nahrungssuche halten sich die Vögel am Meeresstrand auf, wo sie der mit den Gezeiten wechselnden Wasserlinie folgen.

Altvogel im Sommer

Im Flug zeigt der Vogel einen schmalen, weißen Flügelstreif. Der Bürzel ist hellgrau

Altvogel im Winter

Ein ganzer Schwarm vollführt oft blitzschnelle Schwenkungen, wodurch er einmal dunkel, dann wieder silberhell wirkt

Bei Flut sammeln sich Knutts auf Sand- und Schlammbänken und vergesellschaften sich oft mit Uferschnepfen

Beim Vogel im Brutkleid ist die gesamte Unterseite rostrot und der Rücken kräftig gemustert

Graue Oberseite

Altvogel im Winterkleid: ein untersetzter Vogel mit grauer Oberseite und weißer Unterseite. Die Beine sind hellgraubraun. Größe: 25 cm

Weiße Unterseite

Helle Beine

Durchzügler und Gast; einzelne Exemplare übersommern

Junge Vögel sind oberseits geschuppt. Knutts suchen fast immer in dichten Trupps nach Nahrung

Knutt *Calidris canutus*

Der Knutt ist ein mittelgroßer Strandläufer mit verhältnismäßig kurzem und geradem Schnabel. Seine Laute bestehen vor allem aus einem pfeifenden „Wit-wit" und einem tiefen „Wut", dem der Vogel wohl auch seinen Namen verdankt.

Der Knutt brütet nördlich des Polarkreises in der arktischen Tundra. In Mitteleuropa ist er nur Durchzügler und Wintergast; gelegentlich kommen aber auch übersommernde Exemplare vor. Im Frühling und Herbst sieht man oft riesige Schwärme, die sich vorwiegend auf den Schlickflächen des Wattenmeers aufhalten. Dort vergesellschaftet sich dieser Vogel häufig auch mit anderen Arten. Auf seinen langen Wanderungen nach Süden gelangt er bis nach Südafrika.

Knutts brüten auf dem Boden, wo sie eine Mulde mit Halmen o. ä. auslegen. Beide Eltern brüten, aber nur das Männchen betreut die Jungen. Knutts suchen sowohl am Strand als auch auf Schlickflächen nach Nahrung. Sie ernähren sich von kleinen Krebstieren, Mollusken, Würmern sowie Insekten und ihren Larven.

Altvogel
im Sommer

Altvogel
im Winter

Der Flug des Sanderlings ist schnell und gerade. Sowohl am Sommer- als auch am Winterkleid fällt ein weißer Flügelstreif auf

Immature Vögel ähneln adulten im Winterkleid; sie sind aber auf der Oberseite kräftig hell und dunkel gefleckt. Die Unterseite ist oft zartrosa überhaucht

Sanderlinge suchen häufig in Trupps nach Nahrung. Nicht selten mischen sie sich mit anderen Limikolen

Schwärzlicher Schulterfleck

Schwarze Beine

Sanderlinge im Winterkleid sind auf der Oberseite blaßgrau und haben einen schwarzen Schulterfleck. Die Beine sind schwarz. Geschlechter gleichfarbig. Größe: 20 cm

Durchzügler und Wintergast aus der Arktis

Adulter Vogel im Brutkleid. Dieses ist überwiegend rötlichbraun mit schwärzlicher Fleckung und hellen Federsäumen. Der Bauch ist weiß

Sanderling *Calidris alba*

Der Sanderling hat seinen Namen daher, daß er – im Gegensatz zu den meisten Limikolen – Sandstrände schlammigen Ufern vorzieht. Bei uns sieht man die Sanderlinge überwiegend in ihrem sehr hellen Ruhekleid. Man kann sie dann auf dem Strand an der Wasserlinie hin und her rennen sehen, wobei sie geschickt den Wellen ausweichen. Werden sie aufgescheucht, so lassen sie kurze, wie „kwick“ klingende Rufe hören.

Der Sanderling ist Durchzügler und Wintergast an den Küsten Mitteleuropas. Hin und wieder übersommern dort auch einzelne Exemplare, ohne zu brüten. Die Vögel halten sich überwiegend an flachen Sandstränden auf. Bei der Nahrungssuche konzentrieren sie sich auf die Wasserlinie und den Spülsaum. In ihrer nordischen Brutheimat dient ihnen eine flache Mulde, mit einigen Halmen ausgelegt, als Nest. Das Gelege besteht aus vier Eiern mit dunklen Flecken auf grünem Grunde. Die Jungen sind Nestflüchter.

Sanderlinge ernähren sich von kleinen Krebsen, Würmern, Mollusken sowie Insekten und ihren Larven.

Junge Vögel im ersten Herbst haben auf dem Rücken zwei weiße, V-förmige Zeichnungen, die für sie charakteristisch sind

Altvogel im Winter

Der schmale, weiße Flügelstreif tritt im Flug deutlich hervor. Die äußeren Schwanzfedern sind grau

Altvogel im Sommer

Altvogel im Winterkleid. Die Vögel suchen ihre Nahrung, indem sie im Schlamm oder flachen Wasser stochern

Schwärzlich und rötlichbraun gemusterte Oberseite

Schwarze Beine

Die Oberseite des Vogels ist rötlichbraun und schwarz gemustert, der Schnabel relativ kurz. Die Beine sind schwarz. Die Geschlechter sind gleichgefärbt. Größe: 13,5 cm

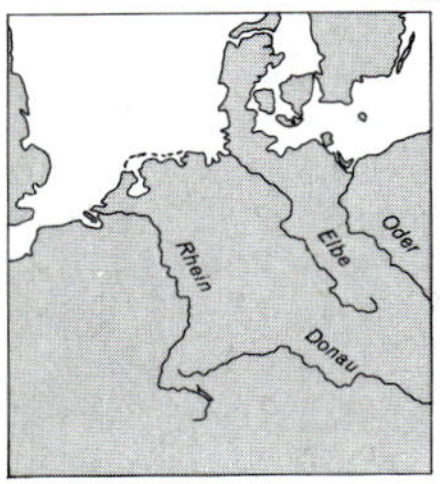

Durchzügler aus der Arktis; überwintert vor allem in Afrika

Adulte Vögel im Winterkleid sind auf der Oberseite überwiegend grau mit dunkler Fleckung. Die Unterseite ist weißlich, und zwar heller als die des ähnlichen Temminckstrandläufers

Zwergstrandläufer *Calidris minuta*

Der Zwergstrandläufer ist der kleinste Strandläufer Mitteleuropas; er ist kleiner als ein Haussperling.

In Mitteleuropa sind Zwergstrandläufer nur Durchzügler; ihre Brutgebiete liegen im nordöstlichsten Europa sowie in Nordsibirien. Sie überwintern vor allem im tropischen und südlichen Afrika, einige Exemplare auch im Küstenbereich der Iberischen Halbinsel sowie im Mittelmeerraum.

Im Brutgebiet in der arktischen Tundra dient dieser Art eine flache, mit ein paar Halmen ausgelegte Mulde als Nest. Das Gelege besteht aus vier Eiern, die vor allem vom Männchen bebrütet werden. Dieses übernimmt auch den Hauptanteil bei der Aufzucht der Jungen.

Zwergstrandläufer rufen klirrend „trrit“ und „dirrididit“. Im Brutgebiet läßt das Männchen einen auf- und absteigenden Triller hören.

Die Nahrung besteht aus Insekten und ihren Larven, Krebstieren, Würmern, Mollusken, gelegentlich auch aus pflanzlicher Kost.

Der Vogel im Winterkleid zeigt im Flug einen weißen Flügelstreif sowie weiße äußere Schwanzfedern

Trupps von Temminckstrandläufern sind im Flug weniger geordnet als die anderen Limikolen

Im Brutgebiet dienen erhöhte Punkte als Singwarten, von denen aus der Vogel seine trillernden Rufe hören läßt

Schlanker, dunkler Schnabel

Olivgrünliche Beine

Die Oberseite des Vogels ist graubraun mit einigen rostfarbenen Federrändern. Der schlanke Schnabel sieht schwarz aus. Die Geschlechter sind gleichgefärbt. Größe: 14 cm

Aufgescheucht, steigt der Temminckstrandläufer steil empor

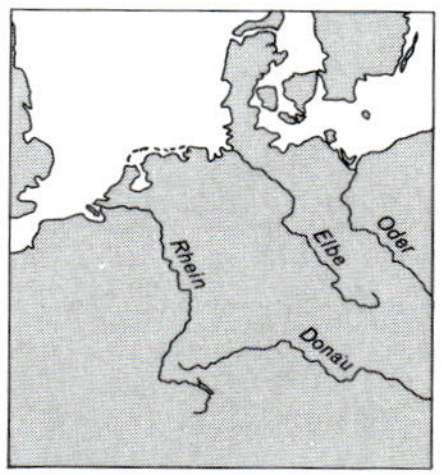

Durchzügler aus der Arktis; überwintert in Afrika

Junger Vogel im ersten Herbst

Altvogel im Winter

Altvögel sind oben fast einfarbig. Jüngere haben helle Federbänder

Temminckstrandläufer *Calidris temmincki*

Der Temminckstrandläufer ist nur wenig größer als der Zwergstrandläufer und im Ruhekleid diesem sehr ähnlich. Doch ist er auf der Oberseite einfarbiger, und seine Beine sind grünlich, nicht schwarz. Temminckstrandläufer äußern ein kurzes, schwirrendes „Tirr“. Beim Balzflug über dem Revier trillert das Männchen.

Der Temminckstrandläufer brütet im nördlichen Skandinavien und in Sibirien, wo er Tundralandschaften in der Nähe eines Binnengewässers oder der Küste bewohnt. In Mitteleuropa trifft man ihn zur Zugzeit an. Dort hält er sich ebenfalls gern an den Ufern von Binnengewässern und im Küstenbereich auf. Die meist vier Eier, vom Weibchen in eine flache, etwas ausgepolsterte Mulde gelegt, werden überwiegend vom Männchen bebrütet.

Die Nahrung des Temminckstrandläufers besteht aus Insekten, vor allem Käfern und Fliegen, sowie ihren Larven. Außerdem aus Würmern, die häufig von den Schlammflächen abgelesen werden.

Im Gegensatz zum Alpenstrandläufer untersucht der Sichelstrandläufer eine bestimmte Stelle sehr genau, ehe er weitergeht, und hinterläßt einen siebartig zerstochenen Untergrund

Der fliegende Vogel unterscheidet sich vor allem durch den weißen Bürzel vom Alpenstrandläufer

Immature Vögel haben eine blaßrostfarbene Brust. Dieses Kleid tragen sie auf ihrer ersten Herbstwanderung

Das Ruhekleid ist oben nahezu einfarbig grau. Die Unterseite ist weiß, die Brust sehr hell. Beim Brutkleid sind Kopf, Hals und die gesamte Unterseite überwiegend rostrot, und die Oberseite ist dunkel und hell gemustert. Die Geschlechter sind gleichfarben. Größe: 19 cm

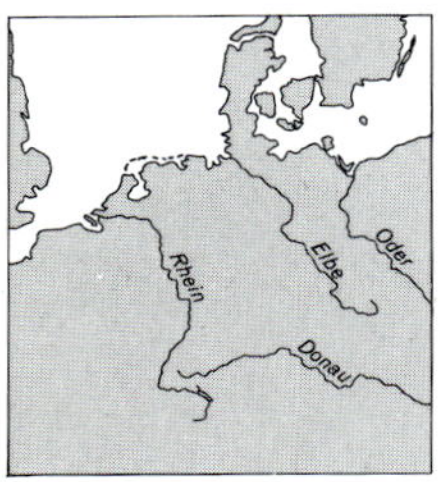

Durchzügler, vor allem im Spätsommer

Während der Zugzeit im Herbst kann man alle Übergänge vom Brut- zum Ruhekleid beobachten

Sichelstrandläufer *Calidris ferruginea*

Im Ruhekleid ähnelt der Sichelstrandläufer dem Alpenstrandläufer sehr; sein Schnabel ist jedoch etwas länger und stärker abwärts gebogen. Außerdem hat er einen weißen Bürzel. Seine hellen, wie „tschirrip“ klingenden Rufe sind melodischer als die des Alpenstrandläufers.

Sichelstrandläufer brüten in der arktischen Tundra; in Mitteleuropa tauchen sie nur als Durchzügler auf. Man kann sie dann an den Meeresküsten und gelegentlich auch an schlammigen Ufern größerer Seen beobachten. Auf dem Zug vergesellschaften sie sich häufig mit anderen Strandläufern, vor allem mit Alpenstrandläufern. Ihre Überwinterungsgebiete liegen in Afrika.

Die Sichelstrandläufer brüten in selbstgescharrten Mulden. Ihre Brutbiologie ähnelt der anderer Strandläufer. Die Vögel picken ihre Nahrung entweder von der Oberfläche auf, oder sie bohren mit dem Schnabel im Schlamm. Dabei erbeuten sie kleine Krebstiere und Mollusken, Würmer, Insekten und ihre Larven. Manchmal verzehren sie auch pflanzliches Material.

Bei der Nahrungssuche hinterläßt der stochernde und weiterlaufende Alpenstrandläufer eine Spur im Grund, die von einer Nähmaschine verursacht zu sein scheint

Bei Flut sieht man oft riesige Schwärme von Alpenstrandläufern wie Wolken an der Küste entlangziehen

Altvogel im Winter

Altvogel im Sommer

Fliegende Alpenstrandläufer haben in allen Kleidern einen weißen Flügelstreif; Bürzel und Schwanz sind schwarz, am Rande weißlich

Im Winter sind Alpenstrandläufer die häufigsten Strandläufer Mitteleuropas. Sie bilden oft riesige Verbände

Das Ruhekleid ist oben graubraun, unterseits weißlich. Die Brust ist dunkler. Immature Vögel sehen ähnlich aus. Der Schnabel ist meist kürzer als derjenige des Sichelstrandläufers

Rotbraun und schwarz gemusterter Rücken

Schwarzer Bauch

Adulte Vögel im Brutkleid haben einen rotbraun und schwarz gemusterten Rücken sowie einen schwarzen Bauch. Die Oberseite der Dunenjungen ist mit weißen Fleckchen gesprenkelt.
Größe: 18 cm

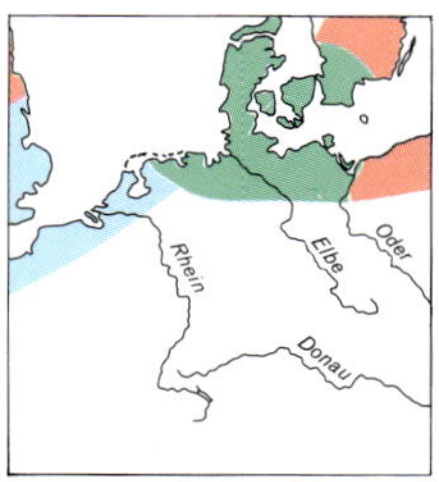

Teilzieher; überwintert an europäischen Küsten

Alpenstrandläufer *Calidris alpina*

Im Brutkleid ist der Alpenstrandläufer durch seinen schwarzen Bauch gekennzeichnet. Im Ruhekleid ähnelt er dem Sichelstrandläufer, hat aber keinen weißen Bürzel. Vor allem hört man von ihm ein dünnes „Trirr", das sich deutlich von den Rufen des Sichelstrandläufers unterscheidet. Im Brutrevier läßt das Männchen einen trillernden Balzgesang hören.

In Mitteleuropa kommt der Alpenstrandläufer örtlich in Norddeutschland als Brutvogel vor. Außerhalb der Brutzeit findet man ihn an allen europäischen Küsten, vorwiegend im Wattenmeer, auf Schlickflächen, an Stränden, ferner an Binnengewässern mit Schlammbänken.

Das Nest ist eine flache Mulde, die mit Halmen gepolstert wird und fast immer durch überhängende Vegetation gegen Sicht geschützt ist. Beide Partner bebrüten die vier olivbräunlichen, dunkelbraun gefleckten Eier drei Wochen lang.

Alpenstrandläufer ernähren sich von Würmern, Weichtieren, Insekten und ihren Larven sowie kleinen Krebsen, gelegentlich auch von pflanzlicher Kost.

Kleinere Limikolen im Flug

Wer diese schnell fliegenden und ziemlich ähnlichen Vogelarten bestimmen will, achtet am besten auf weiße Zeichnungen in den Flügeln sowie im Schwanz oder am Bürzel. Die meisten Arten lassen außerdem, vor allem beim Auffliegen, kurze Rufe hören, die als Bestimmungshilfe dienen können. Weiterhin sind verschiedene Verhaltensweisen von Bedeutung.

Die Bekassine lebt im Binnenland; zur Zugzeit kommt sie aber auch an die Küste. Sie hat einen sehr langen Schnabel und fliegt fast immer mit einem wie „ähtsch" klingenden Ruf auf; der Flug geht dann im Zickzack in die Höhe. Die kleinere Zwergschnepfe fliegt stumm auf; ihr Flug ist geradlinig und führt recht bald wieder zur Erde zurück.

Drei Watvogelarten halten sich am Süßwasser auf: Der Flußuferläufer fliegt so dicht über der Wasseroberfläche dahin, daß er sie fast berührt. Seine Flügelschläge sind kräftig und ruckartig; seine charakteristischen Rufe klingen wie „hididih". Im Gegensatz dazu fliegen Bruch- und besonders Waldwasserläufer häufig steil in die Höhe, wenn sie aufgescheucht wurden. Der Waldwasserläufer ruft beim Auffliegen melodisch „tit-lü-it", während der Bruchwasserläufer scharf „giff-giff-giff" ruft. Ein anderer Süßwasserbewohner ist der kleine Temminckstrandläufer, der, aufgescheucht, in die Höhe fliegt und dabei sein charakteristisches „Tirr" hören läßt.

Regenpfeifer sind ziemlich kurzschnäbelig; drei Arten haben dunkle Halsbänder. Der Flußregenpfeifer ist durch seinen klagenden, abfallenden Pfiff, „tiüh", vom Sandregenpfeifer zu unterscheiden, der einen aufsteigenden Pfiff, „tüih", hören läßt.

Der Alpenstrandläufer ruft dünn „trirr". Der etwas langschnäbelige, zudem durch einen weißen Bürzel gekennzeichnete Sichelstrandläufer äußert ein flüssiges „Tschirrip". Ein weiches „Wi-wit" ist der Ruf des Meerstrandläufers. Der Steinwälzer läßt ein schnelles, abgehacktes „Tick-e-tick" hören. Der im Ruhekleid sehr hell wirkende Sanderling hat schwarze Schultern und rennt viel an der Wasserlinie hin und her. Der Zwergstrandläufer stößt einen kurzen Triller aus.

Beide Wassertreter, das Odins- und das Thorshühnchen, rufen weich „twit".

Steinwälzer
Arenaria interpres
Brutkleid
Seite 126

Bruchwasserläufer
Tringa glareola
Seite 150

Waldwasserläufer
Tringa ochropus
Seite 150

Sanderling
Calidris alba
Ruhekleid
Seite 129

Bekassine
Gallinago gallinago
Seite 138

Dünner, weißer Flügelstreif
Weißer Bürzel
Sichelstrandläufer
Calidris ferruginea
Ruhekleid
Seite 132
Weißer Flügelstreif
Dunkles Halsband
Sandregenpfeifer
Charadrius hiaticula
Seite 122
Flußregenpfeifer
Charadrius dubius
Seite 121
Dunkles Halsband
Kein Flügelstreif
Meerstrandläufer
Calidris maritima
Seite 127
Gelbliche Schnabelbasis
Heller Flügelstreif
Weiß an den Schwanzseiten
Knutt
Calidris canutus
Ruhekleid
Seite 128
Hellgrauer Bürzel
Heller Flügelstreif
Dunkler Streif durchs Auge
Weißer Flügelstreif
Odinshühnchen
Phalaropus lobatus
Ruhekleid
Seite 152
Dünner, weißer Flügelstreif
Alpenstrandläufer
Calidris alpina
Ruhekleid
Seite 133
Dünner, weißer Flügelstreif
Mitte von Bürzel und Schwanz schwärzlich
Weiße Schwanzseiten
Temminckstrandläufer
Calidris temmincki
Ruhekleid
Seite 131
Kurzer Schnabel
Kein Weiß im Schwanz
Zwergschnepfe
Lymnocryptes minimus
Seite 139
Kräftiger Schnabel
Blaßgrauer Rücken
Schwarzer Augenfleck
Thorshühnchen
Phalaropus fulicarius
Ruhekleid
Seite 153
Dünner Flügelstreif
Graue Schwanzseiten
Zwergstrandläufer
Calidris minuta
Seite 130
Schwanz hauptsächlich dunkel
Weißer Flügelstreif
Flußuferläufer
Tringa hypoleucos
Seite 151

Dominante Männchen führen auf dem gemeinsamen Balzplatz ein gegenseitiges Drohbeugen aus. Nicht dazugehörende Vögel werden durch „Flügelblitzen“ vertrieben. Nebenmännchen mit weißer Halskrause werden geduldet

Der durch den Federkragen verdickte Hals des Männchens im Brutkleid fällt auch beim fliegenden Vogel auf. An allen Kleidern sind die weißen Zonen auf den Oberschwanzdecken gut zu erkennen

Das Gefieder des Weibchens ist rostfarben gemustert. Der Schnabel sieht blaßbeigefarben aus, und die Beine sind gelblich, grünlich oder fleischfarben. Das Männchen im Ruhekleid ähnelt dem Weibchen

Adultes Männchen im Brutkleid. An ihm fällt die riesige Halskrause auf, deren Färbung individuell verschieden sein kann. Der Schnabel ist verhältnismäßig kurz. Größe: 29 cm

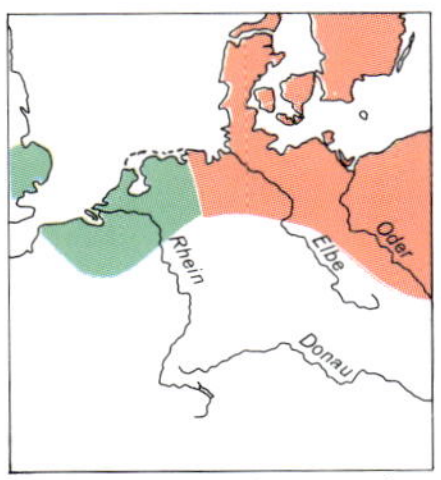

Teilzieher; überwintert an den Küsten Westeuropas

Selbst wenn die Halskrause angelegt ist, kann man das Männchen im Brutkleid kaum mit einer anderen Limikole (Watvogel) verwechseln

Kampfläufer *Philomachus pugnax*

Der männliche Kampfläufer ist im Brutkleid an seiner auffallenden Färbung und dem mächtigen Halskragen leicht zu erkennen. Männchen mit weißen Kragen sind sogenannte Nebenmännchen, die einen untergeordneten Rang einnehmen und daher auf dem Balzplatz keine Rolle spielen.

Im Brutgebiet versammeln sich die Männchen bald nach ihrer Ankunft auf bestimmten Kampfplätzen, wo sie um die Positionen der Platzhähne kämpfen. Einige Weibchen halten sich stets in der Nähe der Balzplätze auf und werden dort von einem der Balzhähne begattet. Die Männchen kümmern sich nie um die Brut.

In Mitteleuropa brütet der Kampfläufer nur in den nördlichen und westlichen Gebieten. Er bewohnt dort Niederungswiesen und Salzsümpfe mit entsprechender Vegetation. Zur Zugzeit trifft man ihn an Gewässern aller Art mit Schlammbänken sowie auf Schlickflächen.

Kampfläufer ernähren sich von Insekten, kleinen Krebstieren, Würmern und Mollusken.

Langer Schnabel

Adulte Vögel haben einen kräftig dunkel und hell gestreiften Oberkopf sowie helle Längsstreifen auf dem Rücken. Der lange Schnabel ist sehr charakteristisch. Der Schwanz hat rötlichbraune und weiße Randzonen. Die Geschlechter sind gleichfarben. Größe: 27 cm

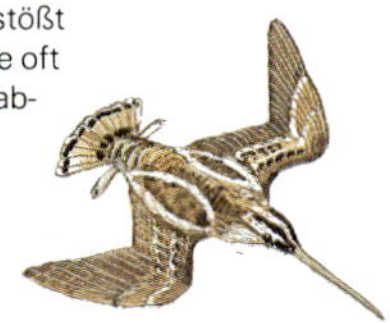

Bei der Balz stößt die Bekassine oft im Sturzflug abwärts

Aufgescheucht, fliegen Bekassinen im Zickzack davon

Bekassinen suchen ihre Nahrung einzeln oder in kleinen Trupps, oft in Verlandungszonen von Tümpeln

Teilzieher; überwintert örtlich in Mitteleuropa

Das Nest der Bekassine wird gut geschützt in höherem Gras angelegt. Die Dunenjungen sind braun mit weißen Fleckchen

Die Bekassine stochert mit ihrem langen Schnabel oft tief im Schlamm, um Würmer und andere Kleintiere herauszuholen

Bekassine *Gallinago gallinago*

Die Bekassine ist eine typische Schnepfe mit sehr langem Schnabel. Über dem Brutgebiet vollführt das Männchen im Frühling Balzflüge, bei denen es sich aus großer Höhe herabstürzt. Die gespreizten Schwanzfedern vibrieren dann und erzeugen ein dumpf meckerndes Geräusch. Die Balzstrophe, die der Vogel im Sitzen hören läßt, ist ein uhrwerkartiges „Tüketüke-tüke …“. Wird die Bekassine aufgescheucht, stößt sie ein rätschendes „Ähtsch“ aus.

In Europa ist die Bekassine weit verbreitet, vielfach aber durch die Vernichtung von Feuchtgebieten selten geworden. Sie bewohnt Sumpfwiesen, Riedflächen und Moore. Außerhalb der Brutzeit trifft man sie an Gewässern aller Art mit schlammigen Ufern an.

Eine Mulde, mit dürren Halmen gepolstert, dient der Bekassine als Nest. Die vier olivgrünlichen, dunkel gefleckten Eier werden nur vom Weibchen 20 bis 21 Tage lang bebrütet. Die Dunenjungen sind Nestflüchter. Die Nahrung besteht vor allem aus Insektenlarven, Würmern und Weichtieren.

Im Flugbild sind der verhältnismäßig kurze Schnabel und der keilförmige Schwanz, in dem Weiß fehlt, gute Erkennungsmerkmale

Dunkler Scheitel; heller, doppelter Überaugenstreif

Aufgescheucht, fliegt der Vogel geradlinig und meist stumm ab. Auch fällt er bereits nach einer kurzen Strecke wieder ein

Zwergschnepfen verbergen sich vor Feinden, indem sie sich in die Vegetation drücken

Adulte Vögel unterscheiden sich von der Bekassine durch den kürzeren Schnabel und den dunklen Scheitel. Die Geschlechter sind gleichfarben. Größe: 19 cm

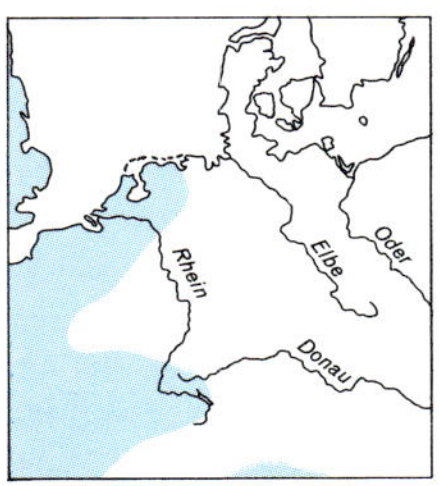

Durchzügler und Gast; hat in Norddeutschland gebrütet

Zwergschnepfen suchen manchmal gemeinsam mit Bekassinen nach Nahrung

Zwergschnepfe *Lymnocryptes minimus*

Die Zwergschnepfe ist kleiner als die Bekassine und hat einen deutlich kürzeren Schnabel. Auf dem dunklen Scheitel befindet sich kein heller Mittelstreif; dafür sind die Überaugenstreifen ausgeprägt. Der Rücken ist beiderseits mit zwei hellen kräftigen Längsstreifen überzogen, zwischen denen das Gefieder recht dunkel ist und manchmal grünlich schimmert. Beim Balzflug läßt die Zwergschnepfe ein gedämpftes Trommeln hören.

In Mitteleuropa ist die Zwergschnepfe normalerweise kein Brutvogel, sondern nur Gast aus Nordosteuropa und Sibirien. Sie bewohnt Sumpfgelände und Moore. Außerhalb der Brutzeit trifft man sie vereinzelt an Gewässern mit schlammigen Ufern, auf Rieselfeldern und in Sümpfen an. Dabei bevorzugt sie Lebensräume mit Vegetation, die Deckung bietet. Die Dunenjungen sind Nestflüchter.

Eine Mulde, die mit dürren Halmen gepolstert wird, dient dem Vogel als Nest. Nur das Weibchen brütet.

Die Zwergschnepfe ernährt sich hauptsächlich von Würmern und Weichtieren sowie von Insekten und ihren Larven.

Im Frühling führt das Männchen Balzflüge in der Dämmerung aus

Rotbraun und schwarz gemustertes Gefieder

Die Augen der Waldschnepfe sitzen ziemlich weit hinten am Kopf, so daß selbst ein Blick nach rückwärts möglich ist

Aufgescheucht, fliegt die Waldschnepfe geschickt zwischen Bäumen und Ästen hindurch

Die brütende Waldschnepfe ist dank ihrer Schutzfärbung kaum von der Umgebung zu unterscheiden

Querbänderung am Kopf

Kurze Beine

Das rotbraune, schwarzgemusterte Gefieder auf dem Rücken, die helle Querbänderung des Scheitels und Hinterkopfes sowie die dunkle Wellenzeichnung auf der Unterseite kennzeichnen diese Art. Die Geschlechter sind gleichfarben. Größe: 34 cm

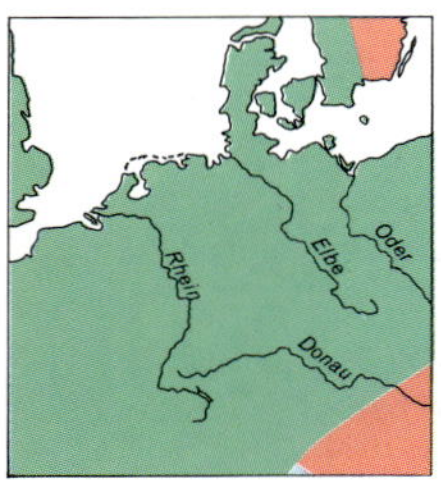

Teilzieher; überwintert vor allem im Mittelmeergebiet

Die Schnabelspitze ist biegsam, so daß die Waldschnepfe einen im Boden lebenden Wurm besonders gut, wie mit einer Pinzette, fassen und herausziehen kann

Waldschnepfe *Scolopax rusticola*

Die Waldschnepfe ist deutlich größer als die Bekassine und oberseits rotbraun mit dunkler Musterung. Ihr dunkler Hinterkopf ist hell quergestreift. In Mitteleuropa bewohnt sie dichte Wälder mit Schneisen bis zur Baumgrenze.

Im Frühling vollführen die Männchen Balzflüge über ihren Revieren: Mit langsamen Flügelschlägen fliegen sie in der Abend- und Morgendämmerung über Schneisen und Waldlichtungen dahin und lassen dabei ein dumpfes „Kwokwokwokwo“ hören, dem ein scharfes „Quitz“ folgt. Um paarungswillige Weibchen werben sie mit einer Bodenbalz, bei der sie die Flügel hängen lassen und den gefächerten Schwanz aufrichten.

Nach der Begattung kümmert sich das polygame Männchen nicht mehr um das Weibchen. Dieses bebrütet die meist vier hellbraunen, dunkler gefleckten Eier 20 bis 23 Tage lang in einer mit Moos und dürren Pflanzenteilen ausgelegten Mulde. Die Dunenjungen sind Nestflüchter.

Waldschnepfen ernähren sich vor allem von Würmern sowie von Insekten und ihren Larven.

Leicht aufwärtsgebogener Schnabel

Grünliche Beine

Adulte Vögel im Brutkleid haben eine graubraune Oberseite, sind auf der Unterseite weiß und am Hals und an der Brust dunkel längsgefleckt. Die Beine und der leicht aufwärtsgebogene Schnabel sehen grünlich aus. Die Geschlechter sind gleichfarben. Größe: 30 cm

Im Flug fallen der weiße Bürzel und untere Rücken auf

Im Ruhekleid sind Altvögel einfarbiger als im Brutkleid. Manchmal rennen die Vögel mit großen Schritten durch das flache Wasser, um Beutetiere aufzuscheuchen

Ein Grünschenkel hat in schnellem Zugriff einen kleinen Fisch gefangen

Grünschenkel nisten gern bei einem Felsbrocken oder einem Stück abgestorbenen Holzes nicht weit vom Wasser

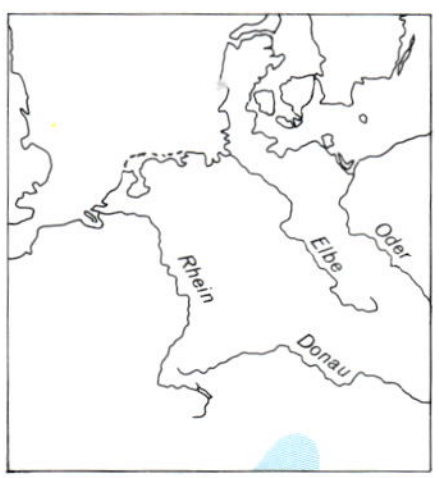

Durchzügler aus dem Norden; überwintert in Afrika

Bei Störungen im Brutrevier nehmen Altvögel eine Verteidigungsstellung ein

Grünschenkel *Tringa nebularia*

Grünschenkel sind langbeiniger als Waldschnepfen und Bekassinen. Sie haben ihren Namen nach ihren olivgrünen Beinen.

In Mitteleuropa ist der Grünschenkel nur Durchzügler; seine Brutgebiete liegen im Norden Europas und Asiens. Dort bewohnt er offene Moore und Sümpfe mit nicht zu hoher Vegetation, ferner Lichtungen in nordischen Wäldern sowie Verlandungszonen von Seen. Außerhalb der Brutzeit hält er sich auf Schlickflächen des Wattenmeers, auf Rieselfeldern und an Binnengewässern mit flachen Uferzonen auf.

Als Nest dient ihm eine flache, mit einigen Halmen ausgelegte Mulde. Die vier gelblichbraunen Eier werden rund drei Wochen lang hauptsächlich vom Männchen bebrütet. Die Dunenjungen sind Nestflüchter.

Fliegende Grünschenkel lassen ein melodisches „Tütütü" hören. Bei Balzflügen ruft das Männchen in rascher Folge „dühlüt-dühlüt ...".

Grünschenkel ernähren sich von Würmern, Weichtieren, Insekten und ihren Larven, kleinen Krebstieren und Spinnen.

Weiße Zonen in den Flügeln

Orangerote Beine

Adulte Vögel im Brutkleid haben orangerote Beine. Beim fliegenden Rotschenkel werden große, weiße Zonen in den Flügeln sichtbar. Der Schwanz ist schwarz und weiß gebändert. Die Geschlechter sind gleichgefärbt. Größe: 28 cm

Wenn Eindringlinge in die Brutreviere kommen, fliegen die Altvögel laut rufend umher

Die Jungen bleiben in der schützenden Vegetation, bis sie fliegen können. Sie werden von den Altvögeln geführt

Außerhalb der Brutzeit versammeln sich Rotschenkel gerne in der Gezeitenzone, um dort nach Nahrung zu suchen

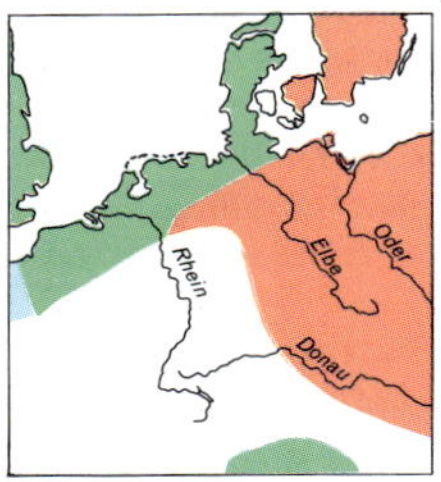

Teilzieher, der in West- und Südeuropa überwintert

Im Ruhekleid sind adulte Vögel einfarbiger. Meist suchen Rotschenkel ihre Nahrung auf schlammigen Flächen und picken sie von der Oberfläche auf

Rotschenkel *Tringa totanus*

Der Rotschenkel ist durch seine roten Beine und die großenteils weißen Armschwingen gekennzeichnet. Im Flug ruft er flötend „djüdüdü“. Dabei ist seine Stimme weicher als die ähnliche des Grünschenkels. Wird er gestört, ruft er scheltend „tschik-tschik-tschik ...“. Sein „jodelnder“ Balzgesang besteht aus melodischen Motiven, die wiederholt werden.

Der Rotschenkel bewohnt in Mitteleuropa nasse Wiesen, Moore und Salzsümpfe an der Küste. Zur Zugzeit findet man ihn an Gewässern mit Schlammbänken, auf Rieselfeldern, im Watt und an ähnlichen Stellen.

Im Frühling führen die Rotschenkel in ihren Brutgebieten Balzflüge aus. Das Nest ist eine flache Mulde, die mit Halmen ausgelegt wird. Die drei bis vier dunkelgefleckten Eier werden von beiden Geschlechtern bebrütet; die Dunenjungen sind Nestflüchter.

Rotschenkel ernähren sich von Würmern, Schnecken, Insekten sowie von kleinen Fischen und Fröschen. Daneben verzehren sie manchmal auch pflanzliche Kost.

Das Ruhekleid adulter Vögel ist überwiegend grau mit weißlicher Fleckung. Junge Vögel sehen ähnlich aus, sind aber brauner

Gerader Schnabel

Dunkelrote Beine

Im Brutkleid ist der Dunkle Wasserläufer überwiegend schwärzlich. Er hat weiße Fleckchen auf der Oberseite und einen weißen Augenring. Der Vogel watet oft in tiefem Wasser. Die Geschlechter sind gleichgefärbt. Größe: 30 cm

Beim fliegenden Vogel ist das Weiß von Bürzel und Unterrücken deutlich zu sehen

Ein jüngeres Exemplar, kenntlich an der leicht bräunlichen Tönung und den relativ hellen Beinen

Dunkler Wasserläufer *Tringa erythropus*

Wie der Rotschenkel, so hat auch der Dunkle Wasserläufer rote Beine. Er ist jedoch größer und besitzt einen längeren Schnabel, bei dem der Oberschnabel schwarz, der Unterschnabel rot gefärbt ist.

Die Heimat des Dunklen Wasserläufers sind das äußerste Nordeuropa sowie Sibirien. In Mitteleuropa ist diese Art im April bis Mai und von August bis Oktober zu beobachten. Auf dem Zug kann man sie an Gewässern mit Schlammbänken sowie auf Rieselfeldern und an ähnlichen Orten sehen.

Im Brutgebiet vollführt das Männchen Balzflüge mit Rufreihen. Dieser Balzgesang ist ein mehrfach wiederholtes, ziemlich rauhes „Krü-ärit“. Sonst ruft der Dunkle Wasserläufer flötend „tjuit“ und bei Erregung durchdringend „tjicktjicktjick …“.

Eine flache Bodenmulde mit etwas Pflanzenmaterial dient der Art als Nest. Die Eier werden hauptsächlich vom Männchen bebrütet. Dunkle Wasserläufer ernähren sich von Wasserinsekten und ihren Larven, Würmern, Schnecken sowie von Laich und Larven von Amphibien.

Durchzügler; überwintert im Mittelmeergebiet

Der Dunkle Wasserläufer schwimmt mehr als andere Arten

Für das Flugbild sind die schwarze Schwanzbinde und der weiße Flügelstreif charakteristisch

Durch die weißen Unterschwanzdecken und die schwarzen Endbinden unterscheidet sich diese Art von der Pfuhlschnepfe. Der Schnabel ist gerade. Die Geschlechter sind gleichgefärbt. Größe: 40 cm

Bei der Balz richtet sich das Männchen wiederholt auf und lüftet die Flügel

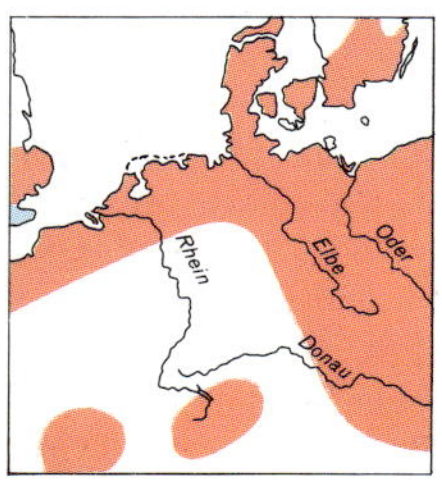

Teilzieher; überwintert in West- und Südeuropa

Uferschnepfen bevorzugen feuchtes Wiesengelände als Brutgebiet

Im Brutgebiet setzen sich Uferschnepfen gern auf Zaunpfosten. Sie umfliegen Eindringlinge schreiend

Adulter Vogel im Ruhekleid: Die langbeinigen Vögel sind im Winter einfarbig

Uferschnepfe *Limosa limosa*

Die Uferschnepfe ist eine große Limikole mit langem, geradem Schnabel und einem weißen Schwanz mit breiter, schwarzer Endbinde. Sie ruft fast kiebitzartig „kwuit“ sowie scharf „gritta“. Im Balzflug läßt das Männchen ein jodelndes „Dilüdjodilüdjo-lüdjo …“ hören.

Der Vogel bewohnt in Mitteleuropa feuchtes Wiesengelände, Küstenmarschen und Moore. Außerhalb der Brutzeit trifft man ihn an Küsten und Binnengewässern mit schlammigen Ufern. Im Brutrevier stolziert das Männchen mit steil aufgerichtetem und gefächertem Schwanz um das Weibchen herum. Dabei richtet es sich häufig auf und lüftet die Flügel.

Die meist vier birnenförmigen, auf olivbräunlichem Grund dunkelgefleckten Eier werden in einer flachen Mulde von beiden Partnern 24 Tage lang bebrütet. Die Dunenjungen sind Nestflüchter.

Uferschnepfen ernähren sich von Insekten und ihren Larven, Würmern, Weichtieren, kleinen Krebsen sowie von Larven und Laich von Amphibien.

Die Mitglieder eines Flugverbandes „trudeln“ häufig auf den Landeplatz herab

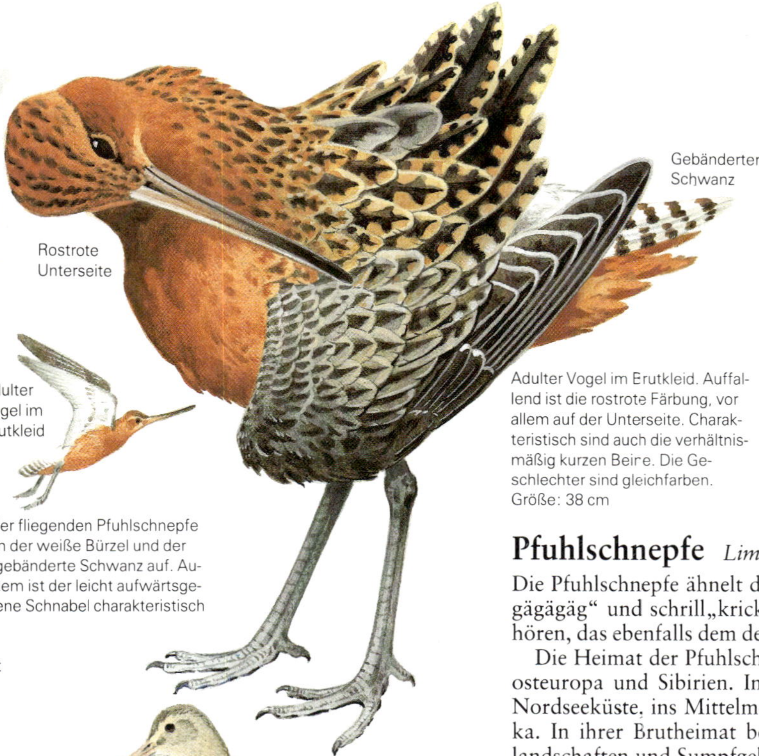

Adulter Vogel im Brutkleid. Auffallend ist die rostrote Färbung, vor allem auf der Unterseite. Charakteristisch sind auch die verhältnismäßig kurzen Beine. Die Geschlechter sind gleichfarben. Größe: 38 cm

Adulter Vogel im Winter

Adulter Vogel im Brutkleid

An der fliegenden Pfuhlschnepfe fallen der weiße Bürzel und der enggebänderte Schwanz auf. Außerdem ist der leicht aufwärtsgebogene Schnabel charakteristisch

Wenn der Vogel umherläuft, steckt er seinen Schnabel oft unzählige Male suchend in den Boden

Durchzügler und Wintergast, vor allem im Küstenbereich

Adulter Vogel im Ruhekleid: Es fehlt ihm nun die rostrote Färbung. An der Schwanzbänderung und dem leicht aufwärtsgebogenen Schnabel ist die Pfuhlschnepfe leicht von der Uferschnepfe zu unterscheiden

Im Winter bilden Pfuhlschnepfen gern größere Gesellschaften, oft gemeinsam mit anderen Arten

Pfuhlschnepfe *Limosa lapponica*

Die Pfuhlschnepfe ähnelt der Uferschnepfe. Sie ruft rauh „gjägägägäg“ und schrill „krick“. Außerdem läßt sie ein „Jodeln“ hören, das ebenfalls dem der Uferschnepfe ähnelt.

Die Heimat der Pfuhlschnepfe ist Nordskandinavien, Nordosteuropa und Sibirien. Im Winter kommt der Vogel an die Nordseeküste, ins Mittelmeergebiet und in das tropische Afrika. In ihrer Brutheimat bewohnt die Pfuhlschnepfe Tundralandschaften und Sumpfgebiete. Hier dient ihr eine flache, mit etwas Pflanzenmaterial ausgelegte Mulde als Nest. Außerhalb der Brutzeit begegnet man ihr an Meeresküsten, vor allem im Bereich des Wattenmeers, wo man sie häufig in größerer Zahl sieht – nicht selten mit anderen Limikolen, z. B. Brachvögeln, vergesellschaftet. Auch an Binnengewässern mit schlammigen Ufern trifft man diese Art an.

In ihren Rastgebieten stochern Pfuhlschnepfen mit ihrem langen Schnabel oft im Schlamm nach Nahrung. Diese besteht aus Würmern, Weichtieren, kleinen Krebsen, Insekten und ihren Larven sowie aus Kaulquappen und Amphibienlaich.

Am fliegenden Vogel fällt der weiße Bürzel auf. Der Schnabel ist kürzer als der des Großen Brachvogels

Regenbrachvögel fliegen oft in V-Formation. Charakteristisch sind ihr „Wiehern" und die schnelleren Flügelschläge

Der abwärtsgebogene Schnabel des adulten Regenbrachvogels ist kürzer als der des Großen Brachvogels. Charakteristisch der dunkle Oberkopf mit einem rahmfarbenen Scheitelstreif und einem ebenfalls helleren Überaugenstreif. Die Geschlechter sind gleichgefärbt. Größe: 40 cm

Der brütende Regenbrachvogel hat eine Tarnfärbung; er hebt sich kaum von der Umgebung des Nestes ab

Auf Wiesen fängt der Regenbrachvogel gern Insekten, vor allem Heuschrecken

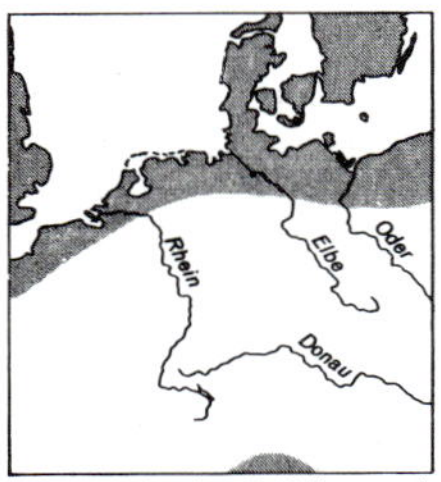

Durchzügler im Frühling und Herbst; einzelne übersommern

Bei der Nahrungssuche am Strand stochert der Vogel meist nicht tief im Boden

Regenbrachvogel *Numenius phaeopus*

Der Regenbrachvogel ist größer als eine Ufer- oder Pfuhlschnepfe und hat einen abwärtsgebogenen Schnabel. Von fliegenden Vögeln hört man häufig ein wieherndes „Hüjüjüjüjüt". Das Männchen läßt ein langgezogenes Trillern hören.

Der Regenbrachvogel brütet in Skandinavien, Nordosteuropa und Sibirien, im Norden der Britischen Inseln und auf anderen Inseln des Atlantiks. Er überwintert in tropischen Gebieten Afrikas. Auf dem Frühjahrs- und Herbstzug ist er an allen Küsten Europas, seltener im Binnenland zu beobachten.

In seiner nordischen Brutheimat bewohnt der Regenbrachvogel Moore und Sümpfe mit niedriger Vegetation sowie Tundralandschaften. Dort dient ihm eine flache, mit einigen Halmen ausgelegte Mulde als Nest. Beide Partner brüten. Während ein Vogel auf dem Gelege sitzt, wacht der andere in der Nähe und schlägt Alarm, sobald Gefahr droht.

Die Nahrung des Regenbrachvogels besteht aus Würmern, Schnecken, Insekten und ihren Larven, kleinen Amphibien und Krebstieren, gelegentlich auch aus pflanzlicher Kost.

Am Flugbild fällt der weiße Bürzel auf

Im Balzflug gleitet das Männchen abwärts und stößt dabei melodische Triller aus

Langer Schnabel

Der lange, abwärtsgebogene Schnabel sowie der nicht auffällig gezeichnete Oberkopf unterscheiden den Großen Brachvogel vom Regenbrachvogel. Die Geschlechter sind gleichgefärbt.
Größe: 55 cm

Bei der Nahrungssuche wird der Schnabel oft bis zum Ansatz in den Boden gesteckt

An der Küste sammeln sich Brachvögel häufig an bestimmten Rastplätzen, die sie mit anderen Limikolen teilen

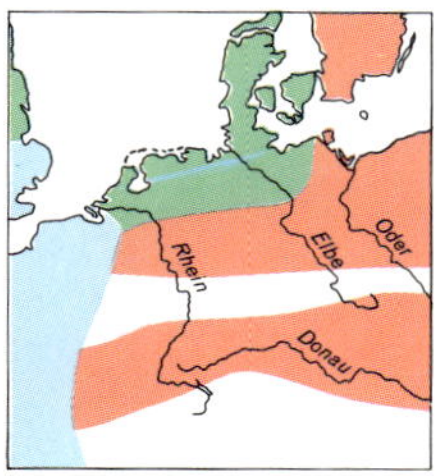

Teilzieher, der in West- und Südeuropa überwintert

Die Dunenjungen werden von den Altvögeln meist im Schutz der Vegetation geführt

Großer Brachvogel *Numenius arquata*

Der Große Brachvogel ist größer und langschnäbeliger als der Regenbrachvogel. Er bewohnt ausgedehntes Wiesengelände in der Ebene sowie Sümpfe und Moore mit nicht zu hoher Vegetation. Vor allem die Umgestaltung solcher Lebensräume durch den Menschen hat dazu geführt, daß diese Art in Mitteleuropa selten geworden ist. Außerhalb der Brutzeit sieht man Große Brachvögel häufig an den Küsten, vor allem im Wattenmeer.

Bald nach der Ankunft im Frühling vollführen die Männchen Balzflüge über ihrem Revier und lassen dabei klangvolle Flötentriller hören. Sonst ruft der Vogel melodisch „tlüihd". Bei Störungen im Brutrevier stößt er ein gellendes „Gückükkück" aus.

Das Nest ist eine selbstgescharrte Mulde, die mit einigen Halmen ausgelegt wird. Beide Partner brüten.

Der Große Brachvogel ernährt sich von Würmern, Schnekken sowie Insekten und ihren Larven. Auch kleine Amphibien und deren Larven sowie kleine Krebse werden verzehrt.

Große Limikolen im Flug

Limikolen sind schnellfliegende Vögel, und die Arten sind einander oft sehr ähnlich. Ihre Form, Färbung und Stimme, ihr Lebensraum und ihre Verhaltensweise können bei der Bestimmung eine Hilfe sein. Der Triel beispielsweise fliegt plötzlich von offenen, steinigen Flächen auf; er hat braune Schwingen mit weißen Längsstreifen. Gewöhnlich geht er bald wieder zu Boden. Die Waldschnepfe hat eine Gefiederzeichnung, die an dürres Laub erinnert. Sie fliegt etwa in Baumhöhe über Waldschneisen und Lichtungen. Kiebitze mit ihren lappenartigen Flügeln wirken schwarzweiß und haben einen kurzen Schwanz. Säbelschnäbler sind an ihrer schwarzweißen Zeichnung und am aufwärtsgebogenen Schnabel leicht zu erkennen.

Der Große Brachvogel und der Regenbrachvogel sind große, braune Vögel mit weißem Bürzel und langem, abwärtsgebogenem Schnabel. Der Regenbrachvogel hat aber einen hellen Längsstreif auf dem dunkelbraunen Oberkopf, und sein Schnabel ist kürzer. Die Uferschnepfe besitzt einen weißen Schwanz mit breiter, schwarzer Endbinde und einen auffälligen weißen Flügelstreif. Ihr Schnabel ist lang und gerade. Bei der ähnlichen Pfuhlschnepfe ist der weiße Schwanz eng dunkel quergebändert. Der Austernfischer ist durch sein schwarzweißes Gefieder und den langen, roten Schnabel gut charakterisiert.

Drei Arten von Watvögeln sind kleiner als die übrigen; alle drei haben lange Schnäbel sowie weiße Bürzel und Unterrippen. Von diesen besitzt der Rotschenkel breite, weiße Zonen in den Armschwingen, und er läßt melodisch jodelnde Rufe hören. Der Grünschenkel und der Dunkle Wasserläufer haben keine auffällige Flügelzeichnung. Beim Dunklen Wasserläufer reicht das Weiß des Unterrückens bis in die Schultergegend. Kampfläufer haben keinen weißen Bürzel, sondern zwei ovale, weiße Flecken seitlich an der Schwanzwurzel.

Die Köpfe der Regenpfeifer sind gerundet und ihre Schnäbel kurz und relativ kräftig. Der Goldregenpfeifer hat weiße Achselfedern und läßt einen melodischen, klagenden Pfiff hören. Der Kiebitzregenpfeifer hat einen weißlichen Bürzel und schwarze Achselfedern. Er ruft im Flug dreisilbig „tliuih". Beide Arten haben im Brutkleid eine dunkle Oberseite.

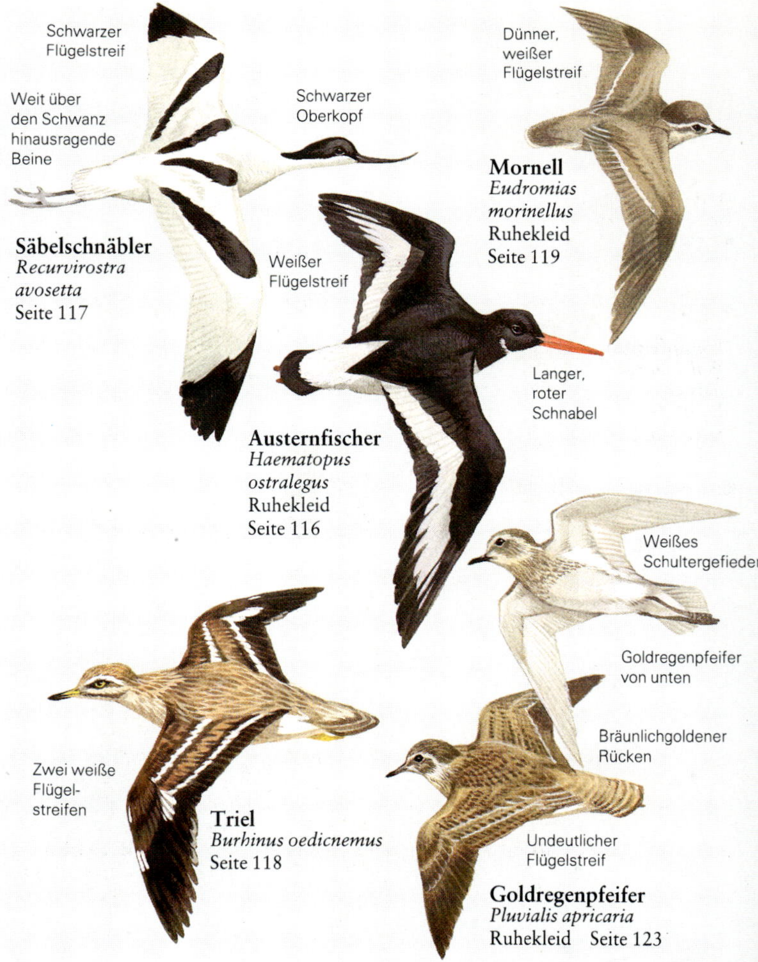

Säbelschnäbler
Recurvirostra avosetta
Seite 117

Mornell
Eudromias morinellus
Ruhekleid
Seite 119

Austernfischer
Haematopus ostralegus
Ruhekleid
Seite 116

Triel
Burhinus oedicnemus
Seite 118

Goldregenpfeifer
Pluvialis apricaria
Ruhekleid Seite 123

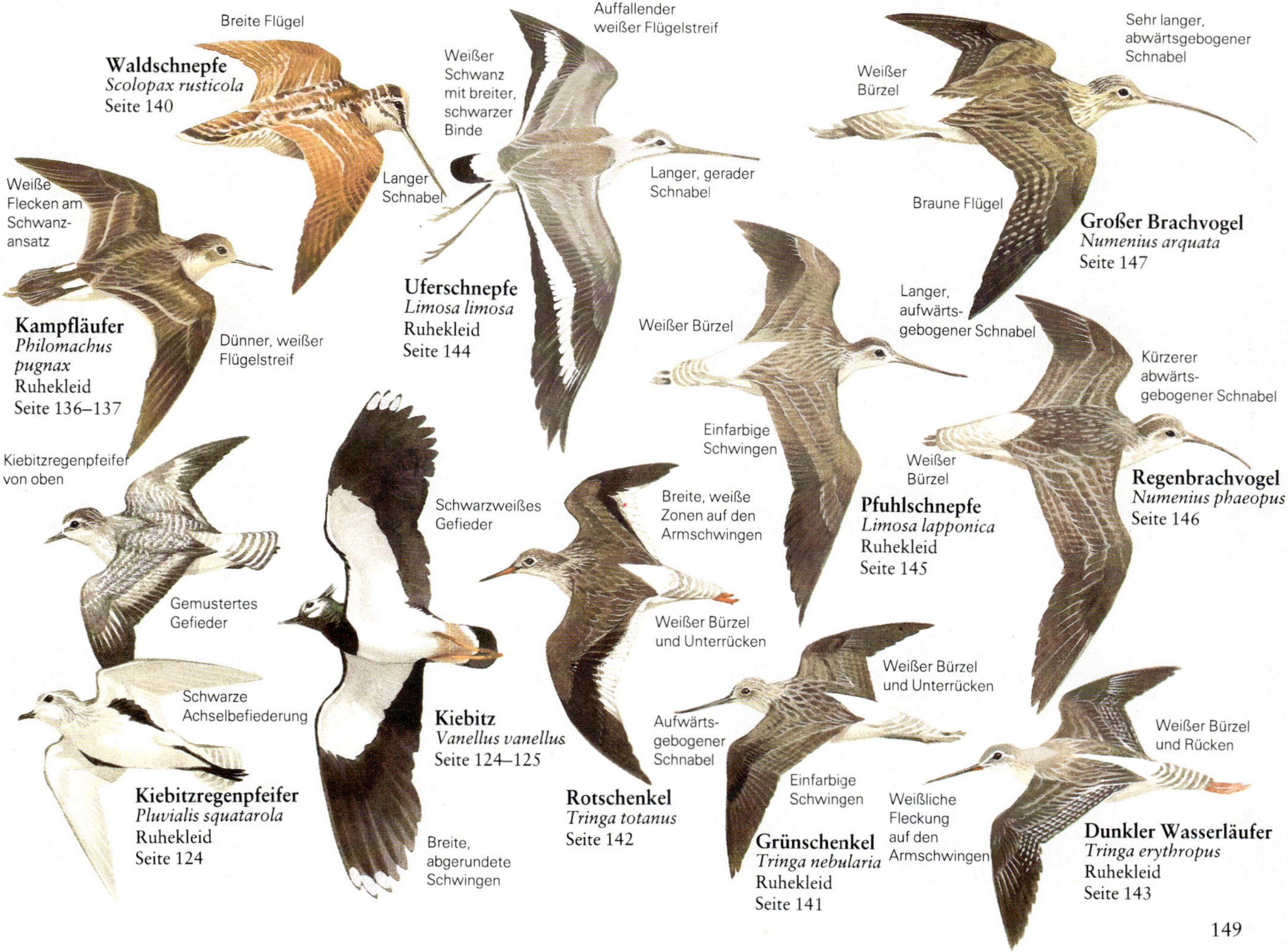
Breite Flügel
Waldschnepfe
Scolopax rusticola
Seite 140
Langer Schnabel
Weiße Flecken am Schwanzansatz
Kampfläufer
Philomachus pugnax
Ruhekleid
Seite 136–137
Dünner, weißer Flügelstreif
Auffallender weißer Flügelstreif
Weißer Schwanz mit breiter, schwarzer Binde
Langer, gerader Schnabel
Uferschnepfe
Limosa limosa
Ruhekleid
Seite 144
Weißer Bürzel
Sehr langer, abwärtsgebogener Schnabel
Braune Flügel
Großer Brachvogel
Numenius arquata
Seite 147
Langer, aufwärtsgebogener Schnabel
Weißer Bürzel
Einfarbige Schwingen
Pfuhlschnepfe
Limosa lapponica
Ruhekleid
Seite 145
Kürzerer abwärtsgebogener Schnabel
Weißer Bürzel
Regenbrachvogel
Numenius phaeopus
Seite 146
Kiebitzregenpfeifer von oben
Gemustertes Gefieder
Schwarze Achselbefiederung
Kiebitzregenpfeifer
Pluvialis squatarola
Ruhekleid
Seite 124
Schwarzweißes Gefieder
Kiebitz
Vanellus vanellus
Seite 124–125
Breite, abgerundete Schwingen
Breite, weiße Zonen auf den Armschwingen
Weißer Bürzel und Unterrücken
Aufwärtsgebogener Schnabel
Rotschenkel
Tringa totanus
Seite 142
Weißer Bürzel und Unterrücken
Einfarbige Schwingen
Grünschenkel
Tringa nebularia
Ruhekleid
Seite 141
Weißliche Fleckung auf den Armschwingen
Weißer Bürzel und Rücken
Dunkler Wasserläufer
Tringa erythropus
Ruhekleid
Seite 143

Die unteren Flügeldecken des Waldwasserläufers sind dunkel, die des Bruchwasserläufers hell

Sehr dunkle Oberseite mit winzigen, hellen Fleckchen. Der Schwanz ist bebändert. Die Geschlechter sind gleichgefärbt. Größe: 23 cm

Bruchwasserläufer
Tringa glareola
Kleiner und heller als Waldwasserläufer, Schwanz dichter gebändert. Ruft laut „giff-giff-giff". 20 cm.

Der Waldwasserläufer hält sich in der Zugzeit gern an schlammigen Ufern von Binnengewässern auf

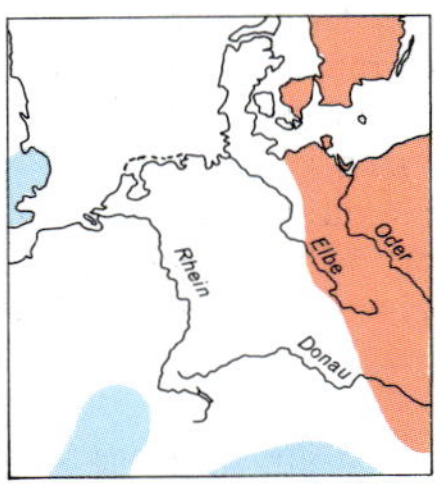

Teilzieher; überwintert in West- und Südeuropa

Aufgescheucht, fliegt der Waldwasserläufer fast senkrecht empor. Er steigt dann noch weiter auf und fliegt erst in großer Höhe ab. Dabei stößt er seinen typischen Flötenruf aus

Waldwasserläufer *Tringa ochropus*

Der Waldwasserläufer ist etwa drosselgroß und hat eine dunkelgraubraune, fein hell gefleckte Oberseite. Der Bürzel ist weiß, und der weiße Schwanz hat wenige (drei bis vier) dunkle Querbänder. Beim Auffliegen läßt der Vogel ein flötendes „Titlüit" ertönen.

Der Waldwasserläufer kommt örtlich im nordöstlichen Mitteleuropa sowie in Osteuropa, Skandinavien und großen Teilen Asiens als Brutvogel vor. In den übrigen Gebieten Europas ist er Durchzügler und Wintergast. Man trifft ihn dann an Binnengewässern wie auch an der Meeresküste an.

In seiner Brutheimat bewohnt er vor allem Sumpfwälder. Dort nistet er entweder in einer Mulde am Erdboden oder, noch häufiger, in verlassenen Nestern anderer Vögel auf Bäumen, z. B. in Drosselnestern. Werden die Jungen hier ausgebrütet, so springen sie nach dem Abtrocknen auf den Waldboden hinunter.

Waldwasserläufer ernähren sich von Insekten und ihren Larven, Weichtieren, Würmern und Spinnen.

Der Flußuferläufer ist häufig daran zu erkennen, daß er mit seinem Körper auf und ab wippt

Der dunkle Schwanz und der weiße Flügelstreif sind charakteristische Kennzeichen des fliegenden Vogels

Flußuferläufer laufen gern am Ufer entlang und picken nach Kleintieren. Sie stochern auch im Schlamm

Gerader Schnabel

Der Flußuferläufer hat einen geraden Schnabel. Das Brutkleid ist auf der Oberseite graubraun, unterseits heller mit einer schmutzig graubraunen Zone an den Brustseiten. Größe: 19,5 cm

Graubraune Flecken an den Brustseiten

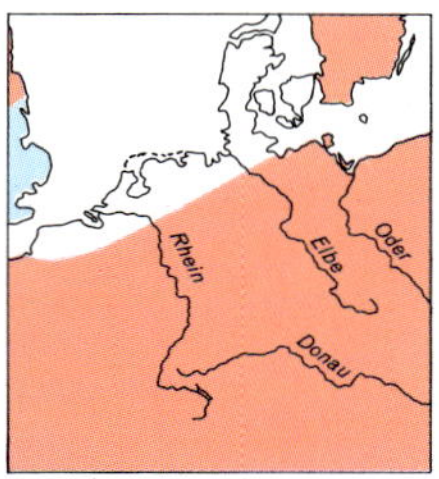

Teilzieher; überwintert in Afrika, lokal auch in Europa

Immaturer Vogel

Adulte Vögel im Ruhekleid sind weniger kontrastreich. Immature haben hellgesäumte Federn

Altvogel im Ruhekleid

Flußuferläufer *Tringa hypoleucos*

Im Gegensatz zum Waldwasserläufer und Bruchwasserläufer hat der Flußuferläufer keinen weißen Bürzel, dafür aber einen auffallenden weißen Flügelstreif. Beim Auffliegen läßt er ein hohes „Hididih" hören. Oft fliegt er mit ruckartigen Flügelschlägen niedrig über dem Wasser dahin.

In Mitteleuropa ist der Flußuferläufer weit verbreitet. Er bewohnt sandige oder mit Geröll bedeckte Ufer von Binnengewässern, wo er umhertrippelt und gern mit dem Körper auf und ab wippt. Außerhalb der Brutzeit begegnet man ihm an Binnengewässern aller Art sowie örtlich an der Küste.

Das Nest ist eine flache Mulde unter Stauden und Gebüsch. Die vier gelbbraunen, dunkelgepunkteten Eier werden hauptsächlich vom Männchen etwa drei Wochen lang bebrütet. Die Dunenjungen sind Nestflüchter und mit etwa vier Wochen selbständig.

Die Nahrung des Flußuferläufers besteht aus Insekten und ihren Larven, kleinen Krebstieren sowie Mollusken und Würmern.

Dunkler Kopf

Rotbraunes Halsband

Das adulte Weibchen im Brutkleid hat ein rotbraunes Halsband und einen dunklen Kopf. Bei der Balz spielt es die aktivere Rolle. Größe: 20 cm

Das adulte Männchen im Brutkleid ist matter gefärbt als das Weibchen und oberseits stärker hellgestreift. Es kümmert sich allein um die Brut

Weibchen im Brutkleid

Weibchen im Ruhekleid

Adulte Vögel haben einen weißen Flügelstreif. Die helle Rückenzeichnung ist auch im Winter sichtbar

Auf dem Herbstzug zeigen viele Odinshühnchen noch Spuren des Brutkleides. Dann vermausern sie völlig

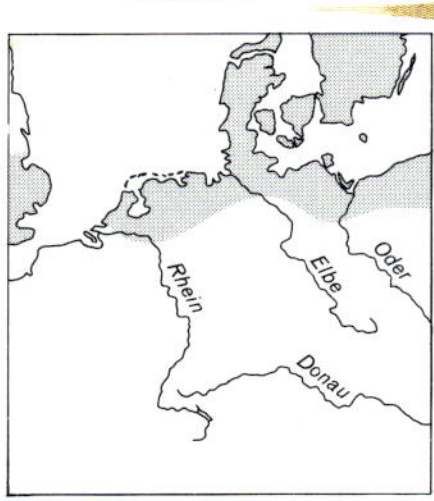

Durchzügler, der auf dem Südatlantik überwintert

Das Ruhekleid ähnelt dem des Thorshühnchens, ist aber auf der Oberseite dunkler und kräftig gestreift. Der Schnabel ist dünner und spitzer

Zwischen den Vorderzehen befindet sich eine angedeutete Schwimmhaut

Odinshühnchen *Phalaropus lobatus*

Das Odinshühnchen gehört, wie auch das Thorshühnchen, zur Familie der Wassertreter. Dieser Name rührt daher, daß die Vögel häufig, mit den Füßen ständig rudernd, im Kreise schwimmen. Das Odinshühnchen hat zwischen den drei Vorderzehen eine angedeutete Schwimmhaut. Der Schnabel ist dünn und spitz. Zuweilen stößt der Vogel ein kurzes „Tschritt" aus.

Odinshühnchen brüten im Norden Europas und Asiens sowie auf Inseln im Atlantik. Sie bewohnen dort Binnenseen und Teiche mit Verlandungszonen sowie arktische Sumpfgebiete. Wenn sie sich auf dem Zug befinden, trifft man sie auf Gewässern aller Art an. Im Gegensatz zu den meisten Vogelarten ist bei Wassertretern das Männchen unscheinbarer gefärbt als das Weibchen. Es bebrütet allein die vier olivgrauen, dunkelgefleckten Eier, die das Weibchen in eine mit Halmen ausgekleidete Mulde gelegt hat, und zieht auch die Jungen groß.

Die Nahrung des Odinshühnchens besteht aus Insekten und ihren im Wasser lebenden Larven sowie aus kleinen Krebsen.

Altvogel im Ruhekleid: Er ist heller als im Brutkleid und hat einen einfarbig grauen Rücken. Größe: 20 cm

Thorshühnchen verbringen einen großen Teil ihres Lebens auf dem Wasser und sind manchmal gar nicht scheu

Durchzügler; überwintert auf den südlichen Ozeanen

Wenn die Vögel am Ufer stehen oder sich einmal auf den Rücken eines Wales setzen, sieht man die gelblichen Hautlappen an den Füßen. Beim Odinshühnchen sind diese Lappen schwärzlich

Thorshühnchen *Phalaropus fulicarius*

Das Thorshühnchen hat einen kräftigeren Schnabel als das Odinshühnchen und ist im Brutkleid an den weißen Wangen und der rostroten Unterseite gut zu erkennen. Die Stimme – ein schrilles „Trit" – ähnelt derjenigen des Odinshühnchens.

In Mitteleuropa ist das Thorshühnchen nur Durchzügler; die einzigen europäischen Brutgebiete befinden sich auf Island, wo der Vogel an Binnengewässern in der Tundra brütet. Außerhalb der Brutzeit begegnet man ihm vor allem auf dem Meer. In Mitteleuropa trifft man ihn in erster Linie im Küstenbereich an.

Das Nest ist eine flache Mulde, in der das Männchen drei Wochen lang die Eier bebrütet. Die Jungen werden ausschließlich vom Männchen geführt und großgezogen.

Insekten und ihre Larven, kleine Krebse, Würmer und Mollusken dienen dem Thorshühnchen als Nahrung. Der Vogel schwimmt oft im Kreis, rudert dabei kräftig mit den Füßen und treibt auf diese Weise Kleintiere an die Oberfläche, die er dann aufpickt.

Die Drohgeste des adulten Vogels. Die Flügel werden hochgestreckt, und der Schnabel wird weit aufgerissen. Kurz darauf erfolgt der Angriff. Die Geschlechter sind gleich gefärbt. Größe: 58 cm

Große Raubmöwe am Brutplatz. Die Jungen sind graubraun bedunt und bleiben längere Zeit an diesem Ort

Durchzügler; überwintert vor den Küsten Südwesteuropas

Große Raubmöwe *Stercorarius skua*

Von den vier Raubmöwenarten Europas ist die Große Raubmöwe, auch Skua genannt, mit Abstand die größte. Der überwiegend dunkelgraubraune Vogel hat jeweils eine auffallend weißliche Zone im Handteil der Flügel.

Die Große Raubmöwe stößt guttural gackernde und bellende Laute aus. Ihre Brutgebiete befinden sich im Norden der Britischen Inseln sowie auf Island. Außerhalb der Brutzeit lebt die Große Raubmöwe auf dem Meer. In Mitteleuropa ist sie nur Durchzügler im Küstenbereich.

In ihrer Brutheimat bewohnt diese Raubmöwe Moore und sumpfige Wiesen mit niedriger Vegetation in Küstennähe. Dort bebrütet sie, vielfach in lockeren Kolonien, jeweils zwei olivfarbene, dunkelgefleckte Eier etwa vier Wochen lang in einer flachen Mulde. Die Dunenjungen sind Platzhocker und werden von den Eltern heftig verteidigt.

Die Große Raubmöwe ernährt sich von Fischen und anderen Wirbeltieren sowie von Aas. Oft jagt sie anderen Vögeln die Beute ab.

Durch „Verleiten" versucht der Altvogel, Feinde vom Nest wegzulocken

Immature Vögel sind überwiegend braun mit hellerer Wellung und Schuppenzeichnung

Adulter Vogel der hellen Phase. Die spießartig verlängerten mittleren Schwanzfedern sind für Altvögel typisch; bei Jungen und Immaturen hingegen sind sie nur angedeutet. Die Geschlechter sind gleichgefärbt. Größe: 45 cm

Durchzügler, besonders zwischen Juli und Oktober

Altvögel der dunklen Phase sind überwiegend schwärzlichbraun, und das Weiß in den Handschwingen ist weniger auffallend

Häufig greifen Schmarotzerraubmöwen Küstenseeschwalben an, um ihnen die Beute abzujagen

Schmarotzerraubmöwen brüten meist in Kolonien in nordischen Mooren und Tundralandschaften mit Tümpeln

Schmarotzerraubmöwe *Stercorarius parasiticus*

Die Schmarotzerraubmöwe ist schlanker und kleiner als die Große Raubmöwe. Adulte Vögel haben deutlich verlängerte mittlere Schwanzfedern. Diese Art kommt in zwei Farbphasen vor: einer überwiegend schwarzbraunen und einer unterseits hellen. Schmarotzerraubmöwen rufen kreischend „kiäh" und lassen jaulende und miauende Rufe hören.

Die Art brütet auf Inseln im Atlantik sowie im Küstenbereich Skandinaviens und Nordosteuropas, außerdem in Sibirien, auf Grönland und in Nordamerika. Die Jungen sind Platzhocker.

Schmarotzerraubmöwen überwintern an der Westküste Afrikas, im Persischen Golf und an den Küsten Südamerikas. In Mitteleuropa ziehen sie nur durch. Hauptsächlich sieht man sie hier im Küstenbereich, gelegentlich auch im Binnenland.

Diese Raubmöwen jagen mit Vorliebe anderen Vogelarten die Beute ab. Im übrigen ernähren sie sich von Fischen, Krebsen, Weichtieren, Insekten und ihren Larven sowie kleineren Vögeln und Vogelbruten. Auch Aas wird verzehrt.

Schwarzkopfmöwe

Larus melanocephalus

Ähnlich der Lachmöwe, aber mit schwarzem Kopf. Flügelspitzen weiß, Schnabel kräftiger. Flügel ohne weiße Vorderkante. Brütet in Südosteuropa.

Adulter Vogel im Brutkleid. Der schwarzbraune Kopf ist besonders auffällig. Die Geschlechter sind gleichgefärbt. Größe: 36–38 cm

Immaturer Vogel

Altvogel im Ruhekleid

Die Flügel von Altvögeln haben eine weiße Vorderkante. Bei Jungen hat der Schwanz eine dunkle Binde

Junge und immature Vögel haben graubraune Partien im Gefieder

Brutkolonien dieser Art finden sich besonders in Verlandungszonen; die Nester werden etwas erhöht angelegt

Lachmöwen folgen oft in Scharen pflügenden Bauern, um freigelegte Insekten und Würmer aufzupicken

Teilzieher; überwintert an offenen Gewässern aller Art

Lachmöwe *Larus ridibundus*

Die Lachmöwe ist die häufigste Möwe Mitteleuropas. Im Brutkleid ist sie an ihrem schwarzbraunen Kopf mit weißen Augenringen und ihrem roten Schnabel ohne weiteres zu erkennen. Den Namen hat sie nach ihren kreischenden Lauten erhalten, die entfernt an ein Lachen erinnern. Der häufigste Ruf ist ein rauh klingendes „Krrjääh".

In Mitteleuropa bewohnt die Lachmöwe offene Landschaften mit Sümpfen, Flußdeltas, verlandeten Zonen an Seen und Teichen sowie Salzwiesen und ähnliche Gebiete an der Küste. Außerhalb der Brutzeit trifft man sie an Gewässern aller Art an, zum Teil mitten in Städten.

Lachmöwen sind Koloniebrüter. Das Nest wird aus pflanzlichem Material im Sumpfgelände gebaut, meist auf Seggenbülten und anderen kleinen Erhebungen. Beide Partner brüten. Im Alter von einigen Tagen laufen die Dunenjungen innerhalb der Kolonie umher; nach sechs Wochen sind sie voll flugfähig.

Die Nahrung der Lachmöwe besteht aus Würmern, Insekten und Abfällen.

Schwarzer Kopf

Adulter Vogel im Brutkleid

Adulter Vogel im Ruhekleid

Die dunkle Unterseite der Flügel unterscheidet die Zwergmöwe von der größeren Lachmöwe

Adulter Vogel im Brutkleid von unten

Immaturer Vogel

Im Ruhekleid ist das Schwarz des Kopfes auf dunkle Flecke in der Ohrgegend und auf dem Oberkopf reduziert

Überwinternde Vögel sieht man meist einzeln. Sie halten sich dann mit Vorliebe an offenen Seen und Teichen auf

Für das Brutkleid ist der schwarze Kopf ohne weißen Augenring charakteristisch. Diese Farbe geht im Ruhekleid stark zurück. Die Geschlechter sind gleichgefärbt. Größe: 28 cm

Teilzieher; überwintert im europäischen Küstenbereich

Wenn die Vögel landen, heben sie oft die Schwingen hoch an. Die Dunenjungen haben ein bräunlichgemustertes Kleid und ähneln denen der Lachmöwe

Zwergmöwe *Larus minutus*

Die Zwergmöwe ähnelt der Lachmöwe, ist aber kleiner und hat im Brutkleid einen ganz schwarzen Kopf ohne weißlichen Augenring. Außerdem besitzt sie keine schwarzen Flügelspitzen, und die Unterseite der Schwingen ist dunkel. Die Stimme dieser Art ist ein halblautes Keckern.

Nach Mitteleuropa kommt die Zwergmöwe überwiegend als Durchzügler und Wintergast. Sie brütet nur örtlich an der Ostseeküste. Außerhalb der Brutzeit trifft man sie vor allem im Küstenbereich an. Auf dem Zug gelangt sie aber auch an Gewässer im Binnenland. Oft fliegt sie dann in seeschwalbenartigem Flug dicht über der Wasseroberfläche gaukelnd dahin. Dabei pickt sie oft ins Wasser, oder sie geht kurz nieder, um ein kleines Beutetier aufzunehmen. Nicht selten fängt sie Insekten im Flug. Zwergmöwen ernähren sich von kleinen Krebstieren, Insekten und anderen kleinen, im Wasser lebenden Tieren.

Im Brutgebiet bewohnt die Zwergmöwe sumpfiges Gelände, wo sie ihr Nest gern auf einer Bülte baut. Nicht selten bilden Zwergmöwen mit Seeschwalben gemischte Kolonien.

Altvögel im Ruhekleid sind an dem fein dunkelgestrichelten Kopf zu erkennen. Die Beine und der Schnabel haben eine gelbgrüne Farbe. Die Geschlechter sind gleichgefärbt. Größe: 40 cm

Schwarz und weiß gezeichnete Flügelspitzen

Gelbgrüner Schnabel

Gelbgrüne Beine

Fliegenden Sturmmöwen fehlt die weiße Vorderflügelkante der Lachmöwen

Kopf eines adulten Vogels im Ruhekleid. Charakteristisch die dunkle Strichelung

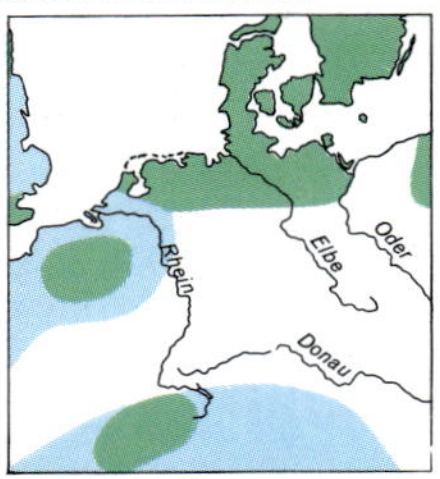

Teilzieher; überwintert auch an Binnengewässern

Adulter Vogel im Brutkleid

Immaturer Vogel im ersten Jahr

Adulte Vögel haben einen weißen Kopf. Die Schnabelspitze der Jungvögel ist dunkel

Adulter Vogel

Immaturer Vogel im ersten Jahr

Im Flugbild werden die typischen langen, spitz auslaufenden Möwenflügel sichtbar. Immature Vögel haben im weißen Schwanz eine dunkle Endbinde

Brütende Sturmmöwe auf dem Nest, das in moorigem Gelände angelegt ist. Diese Art brütet gern in Strandnähe

Sturmmöwe *Larus canus*

Die Sturmmöwe ist größer als die Lachmöwe und hat in keinem Kleid einen dunklen Kopf. Auch fehlt ihr die weiße Zone im Vorderflügel. Sie ruft „gäga“ und „giejä“.

Ihre Brutgebiete liegen in Mitteleuropa vor allem im Küstenbereich. Die Sturmmöwe kommt aber auch an Binnengewässern vor. An der Nordsee brütet sie gern auf Inseln, die der Küste vorgelagert sind; sie bildet dort häufig Kolonien. Der Untergrund kann dabei sehr verschieden sein, sowohl felsig als auch grasbewachsen oder sandig. Das Nest aus dürren Pflanzenteilen wird normalerweise zwischen niedriger Vegetation auf dem Boden angelegt. Beide Partner bebrüten die drei bräunlichen, dunkelgefleckten Eier rund drei Wochen lang. Die Dunenjungen sind mit etwa fünf Wochen selbständig.

Die Nahrung der Sturmmöwe ist sehr mannigfaltig. Sie besteht aus Insekten, Würmern, Krebstieren, Mollusken und anderen kleinen Meerestieren sowie aus Aas und Abfall. Wie viele größere Möwen plündert die Sturmmöwe auch Nester anderer Vögel.

Dreizehenmöwen sind elegante Flieger. An ihren einfarbig schwarzen Flügelspitzen kann man sie gut erkennen. Immature Vögel haben eine charakteristische Flügelzeichnung

Die Dreizehenmöwe hat dunkle Augen, einen gelbgrünen Schnabel und schwarze Beine. Der Rachen ist leuchtend rot. Die Geschlechter sind gleichgefärbt. Größe: 40 cm

Abseits der Kolonie sind die Vögel nicht sehr ruffreudig; dafür vollführen sie am Brutplatz ein lautes Geschrei

Die Brutkolonien sind häufig sehr groß; sie befinden sich vor allem an steilen Felsklippen

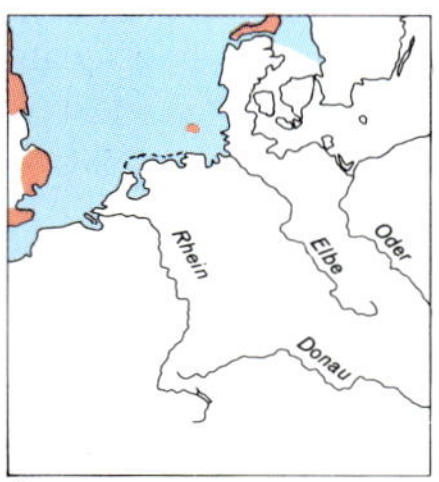

Überwintert im Küstenbereich und auf dem Meer

Fische oder Abfälle von Fischkuttern werden von der Wasseroberfläche aufgenommen

Ein schwarzer Flügelstreif und eine schwarze Genickbinde kennzeichnen immature Vögel

Dreizehenmöwe *Larus tridactylus*

Die Dreizehenmöwe unterscheidet sich von anderen, ähnlichen Möwenarten durch die ganz schwarzen Flügelspitzen. Sie ruft gackernd „gägägä“ und „kittiwääk“.

In Mitteleuropa brütet die Dreizehenmöwe nur auf Helgoland. An den Küsten Skandinaviens und Großbritanniens sowie auf Inseln im Atlantik ist sie recht verbreitet. Sie brütet an felsigen Meeresküsten in Kolonien auf Felsbändern oder in Nischen. Außerhalb der Brutzeit streift sie weit umher und ist vor allem auf dem Meer, vereinzelt auch auf Binnengewässern anzutreffen.

Dreizehenmöwen bauen ihre Nester aus Tang und Gras, verfestigt durch die Ausscheidungen der Vögel. Beide Partner bebrüten die meist hellbräunlichen, dunkel gefleckten Eier etwa drei Wochen lang. Die Dunenjungen bleiben nach dem Schlüpfen längere Zeit im Nest oder doch in seiner Nähe. Mit fünf bis sechs Wochen sind sie flugfähig.

Dreizehenmöwen ernähren sich von Fischen, Krebsen, Mollusken, Insekten und Abfällen.

Die Heringsmöwe wirkt im Flug wie alle Möwen sehr schlank

Herings- und Silbermöwen sind nah miteinander verwandt, vermischen sich aber nicht

Durch ihre gelben Beine unterscheidet sich die Heringsmöwe von der größeren Mantelmöwe. Die Geschlechter sind gleichgefärbt. Größe: 53–55 cm

Die Dunenjungen haben eine sehr gute Schutzfärbung. Bei Gefahr drücken sie sich flach auf den Boden

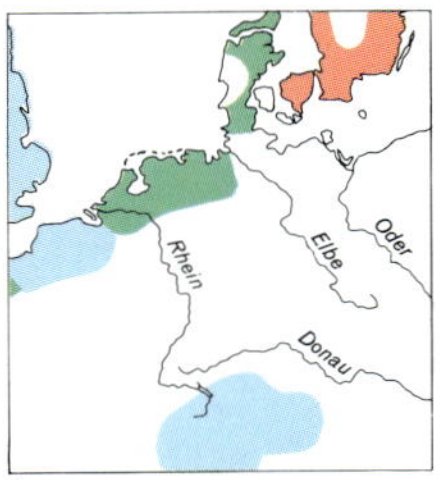

Überwintert an den Küsten West- und Südwesteuropas

Im Winter bilden Heringsmöwen gebietsweise große Trupps

Immature Vögel im ersten Jahr sind dunkler als ebenso alte Silbermöwen

Heringsmöwe *Larus fuscus*

Die adulte Heringsmöwe hat einen schwarzgrauen Rücken und ähnelt damit der Mantelmöwe; sie ist aber nicht mit dieser, sondern mit der Silbermöwe näher verwandt. Das umfangreiche Lautinventar ähnelt dem der Silbermöwe („kiau-kiau-kiaukjakjakja“ u. a.), enthält aber auch rauhere Rufe.

Heringsmöwen bewohnen die Küsten Mittel- und Westeuropas, Skandinaviens, der Britischen Inseln und anderer Inseln im Atlantik und erscheinen außerhalb der Brutzeit auch an größeren Binnengewässern. Die in Großbritannien brütende Unterart hat einen helleren Rücken als die in Mitteleuropa und Skandinavien vorkommende Form.

Die Vögel brüten häufig in lockeren Kolonien, vor allem im küstennahen Bereich. Das Nest besteht aus einer Ansammlung von Pflanzenmaterial oder aus einer spärlich ausgekleideten Mulde.

Heringsmöwen ernähren sich von Fischen und anderen kleinen Meerestieren sowie Kadavern und Abfällen. Nicht selten plündern sie auch Nester anderer Vögel.

Junge Vögel im ersten Jahr haben helle Köpfe und hellere Unterseiten als ebenso alte Herings- und Silbermöwen

Die Mantelmöwe ist deutlich größer als die Heringsmöwe. Sie hat einen kräftigen Schnabel und rosafarbene Beine. Die Geschlechter sind gleichgefärbt. Größe: 64–79 cm

Im Flug haben adulte Mantelmöwen einen breiteren weißen Saum am Hinterrand der Flügel als Heringsmöwen

Immaturer Vogel

Immature Vögel sind graubraun gefleckt und haben eine dunkle Schwanzbinde

Mantelmöwen können Küken anderer Seevogelarten ganz verschlingen

Mantelmöwen sind weniger gesellig und neigen weniger zur Koloniebildung als andere Möwen

Mantelmöwen folgen auch Fischkuttern, um ins Meer geworfene Abfälle zu erhaschen

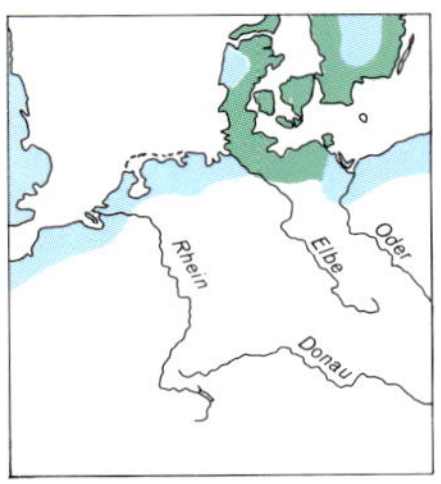

Teilzieher, der im Küstenbereich überwintert

Mantelmöwe *Larus marinus*

Die Mantelmöwe – die größte Möwe an unseren Küsten – ähnelt in der Färbung der Heringsmöwe, ist aber deutlich größer und hat rosa-fleischfarbene Beine. Ihre mannigfaltigen Rufe sind meist ziemlich rauh. Besonders typisch ist ein kräftiges, als Rufreihe vorgetragenes „Auk-au-auk ...“.

In Mitteleuropa brütet die Mantelmöwe nur im Küstenbereich. Auch außerhalb der Brutzeit ist sie dort zu beobachten. Die Brutplätze liegen meist in Strandnähe. Dort brüten die Vögel im allgemeinen in steinigem Gelände mit spärlicher Vegetation, entweder einzeln oder in kleineren Kolonien.

Das Nest besteht aus mancherlei zusammengetragenem Pflanzenmaterial. Die Dunenjungen bleiben zunächst eine Zeitlang am Brutplatz, laufen dann umher und sind mit sieben Wochen selbständig.

Mantelmöwen sind Allesfresser: Sie ernähren sich sowohl von Fischen als auch von anderen Meerestieren, von Aas, Abfällen und kleineren Landwirbeltieren und plündern Gelege anderer Seevögel.

Silbermöwen lassen größere Muscheln aus der Luft auf den Boden fallen, um ihre Schalen zu zerbrechen

Die hellgraublaue Oberseite und die schwarzen Flügelspitzen mit weißen Flecken kennzeichnen die adulte Silbermöwe im Flug. Immature Vögel sind bräunlich mit hellerer und dunklerer Fleckung

Roter Schnabelfleck

Die Küken picken nach dem roten Schnabelfleck des Altvogels, um diesen zum Herauswürgen der Nahrung zu veranlassen

Silbermöwen (hier immature Vögel) drohen andere Vögel (hier Bläßhühner) an, wenn diese ihnen zu nahe kommen

Es dauert mehrere Jahre, bis Silbermöwen das adulte Kleid angelegt und keine bräunlichen Fleckchen mehr haben

Rosafarbene Beine

Adulte Silbermöwen haben einen blaßgraublauen Rücken, einen gelben Schnabel mit auffallendem rotem Fleck und rosafarbene Beine. Bei seinen jauchzenden Rufen reckt der Vogel den Kopf hoch und wirft ihn nach hinten. Die Geschlechter sind gleichgefärbt. Größe: 55–66 cm

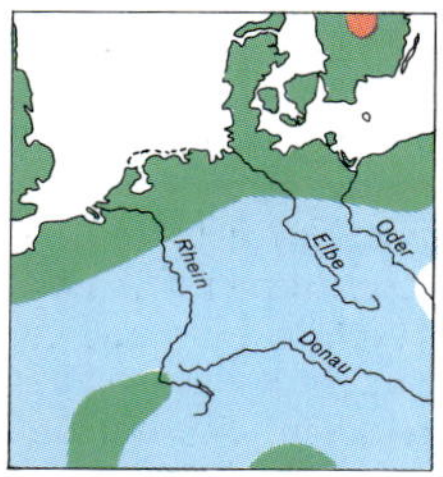

Überwiegend Jahresvogel; gelangt selten ins Binnenland

Silbermöwe *Larus argentatus*

Die Silbermöwe ist die häufigste Möwe an den Küsten Mitteleuropas. In der Größe gleicht sie der Heringsmöwe, doch hat sie einen blaßgrauen Rücken. Von den mannigfaltigen Lauten der Silbermöwe sind die wie „kiau-kiaukiaukjakjakja" klingenden jauchzenden Rufreihen sehr charakteristisch.

Silbermöwen bewohnen in Mitteleuropa die Meeresküsten. Seltener gelangen sie vereinzelt an Binnengewässer. Exemplare der gelbbeinigen Unterart aus dem Mittelmeergebiet kommen jedoch in größerer Zahl in den Raum um den Neusiedler See. Im Brutgebiet dient dem Vogel eine flache, mit etwas Pflanzenmaterial ausgelegte Mulde als Nest.

Silbermöwen können sehr alt werden, manchmal über 30 Jahre. Als Altvögel haben sie wenig unter Feinden zu leiden, und sie haben meist einen guten Bruterfolg. Diese Tatsachen in Verbindung mit dem reichlichen Nahrungsangebot haben zu einer starken Vermehrung der Silbermöwe geführt. Der Vogel ist ein Allesfresser und plündert nicht selten Nester anderer Seevögel.

Der Kopf ist im Brutkleid ganz weiß, im Ruhekleid fein bräunlich längsgefleckt. Die Flügelspitzen sind weiß. Die Geschlechter sind gleichgefärbt. Größe: 68 cm

Blaßgraue Oberseite

Beim fliegenden Vogel fallen die einfarbig weißen Schwingen auf

Weiße Flügelspitzen

Im Winter suchen Eismöwen manchmal einen Strand nach Kadavern und anderen genießbaren Dingen ab

Polarmöwe
Larus glaucoides
Schlanker und kleiner als die Eismöwe, mit kürzerem Schnabel. Größe: 52 cm.

Seltener Wintergast an den Küsten

Immature Vögel sind über und über bräunlich zart gefleckt. Die Schnabelspitze ist schwarz

Eismöwe *Larus hyperboreus*

Die Eismöwe ist größer als die Silbermöwe, von ihr aber auch durch die weißen Schwingen unterschieden. Ihre ziemlich schrille Stimme ähnelt ebenfalls derjenigen der Silbermöwe. Sie erreicht die beträchtliche Flügelspannweite von ungefähr 150 cm.

An den Küsten Mittel- und Westeuropas ist die Eismöwe nur gelegentlich anzutreffen. Vor allem handelt es sich dabei um jüngere Vögel. Brutgebiete der Eismöwe sind Island, Spitzbergen und andere Inseln in der Arktis, ferner die Küsten Grönlands sowie des nordöstlichen Europas und Sibiriens. Im Winter weichen die Vögel etwas nach Süden aus.

Die Eismöwe baut ihr Nest in Kolonien auf Felseninseln oder Felsbändern an Klippen. Beide Partner brüten. Die Dunenjungen bleiben eine Weile beim Brutplatz. Wie andere Großmöwen auch sind Eismöwen Allesfresser.

Der Eismöwe sehr ähnlich, aber kleiner ist die Polarmöwe, die als seltener Irrgast nach Mitteleuropa kommt. Sie brütet in der Arktis.

Möwen im Flug

Obwohl alle Möwen einander äußerlich recht ähnlich sind, hat jede Art doch besondere Merkmale, die auch am fliegenden Vogel zu erkennen sind. In vielen Fällen sollte man die Vögel aus der Nähe sehen, um Schnabel und Füße genau anschauen zu können. Sehr hilfreich ist es, wenn man unbekannte Arten mit einer bekannten vergleichen kann. Hier lassen sich die beiden häufigsten Möwenarten, die Silbermöwe und die Lachmöwe, zum Vergleich heranziehen. Die Silbermöwe ist groß. Sie hat einen hellblaugrauen Rücken und läßt die bekannten „jauchzenden" Rufreihen hören. Die Lachmöwe ist deutlich kleiner und schlanker, ihr Flug leichter.

Mehrere große Möwenarten haben kräftige, gelbe Schnäbel mit einem deutlich roten Fleck in der Nähe der Spitze. Zu ihnen gehören die Silbermöwe, die Heringsmöwe und die Mantelmöwe. Alle diese Arten haben schwarze Flügelspitzen mit weißen Flecken. Aber nur die Silbermöwe ist auf der Oberseite hell. Die Heringsmöwe hat dunkelgraue oder rußschwarze Flügeloberseiten und einen ebensolchen Rücken. Damit ähnelt sie der Mantelmöwe, die aber wesentlich größer ist und – wie eine Silbermöwe – fleischfarbene Beine und Füße hat, während die Beine der Heringsmöwe gelb sind. Eis- und Polarmöwe weisen keine schwarzen Zeichnungen in den Flügeln auf.

Die Sturmmöwe steht hinsichtlich der Größe zwischen der Silbermöwe und den kleinsten Möwenarten. Ihre Flügel sind ähnlich wie die der Silbermöwe gefärbt, doch hat sie einen wesentlich schlankeren, gelblichgrünen Schnabel, an dem der rote Fleck fehlt. Die Beine sind ebenfalls gelblichgrün.

Charakteristisch für viele kleine Möwenarten ist im Sommer der dunkle Kopf, der dann im Winter bis auf einen schwarzen Fleck in der Ohrgegend weiß wird. Dies gilt für die Lach-, Bonaparte-, Zwerg- und Schwarzkopfmöwe. Zur Bestimmung der Art sind die Schnabelfarbe und die Färbung der Unterflügel von Bedeutung. So hat die Zwergmöwe sowohl im Sommer wie auch im Winter dunkle Unterflügel, während die Schwarzkopfmöwe helle Unterflügel besitzt. Von unten gesehen hat die Lachmöwe dunkle Handschwingen, während die Handschwingen der Bonaparte-Möwe vorwiegend weißlich sind.

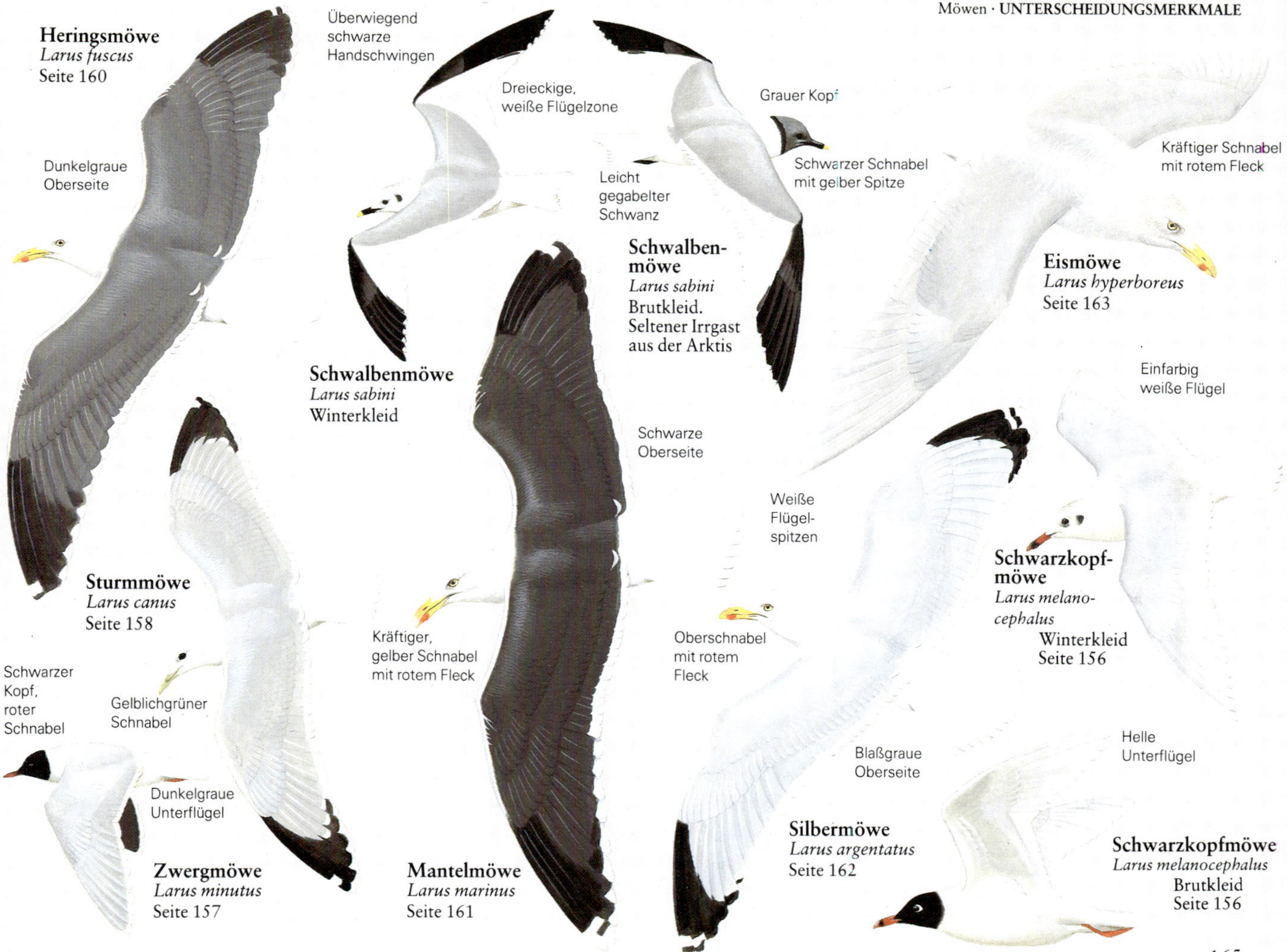
Heringsmöwe
Larus fuscus
Seite 160
Dunkelgraue Oberseite
Überwiegend schwarze Handschwingen
Dreieckige, weiße Flügelzone
Grauer Kopf
Schwarzer Schnabel mit gelber Spitze
Leicht gegabelter Schwanz
Schwalbenmöwe
Larus sabini
Brutkleid. Seltener Irrgast aus der Arktis
Schwalbenmöwe
Larus sabini
Winterkleid
Kräftiger Schnabel mit rotem Fleck
Eismöwe
Larus hyperboreus
Seite 163
Einfarbig weiße Flügel
Schwarze Oberseite
Weiße Flügelspitzen
Schwarzkopfmöwe
Larus melanocephalus
Winterkleid
Seite 156
Sturmmöwe
Larus canus
Seite 158
Kräftiger, gelber Schnabel mit rotem Fleck
Oberschnabel mit rotem Fleck
Schwarzer Kopf, roter Schnabel
Gelblichgrüner Schnabel
Dunkelgraue Unterflügel
Blaßgraue Oberseite
Helle Unterflügel
Silbermöwe
Larus argentatus
Seite 162
Schwarzkopfmöwe
Larus melanocephalus
Brutkleid
Seite 156
Zwergmöwe
Larus minutus
Seite 157
Mantelmöwe
Larus marinus
Seite 161

Immature Möwen

Immature Möwen sind wesentlich schwieriger zu bestimmen als adulte. Die meisten sind heller und dunkler bräunlich gemustert und haben am Schwanz eine dunkle Endbinde. Eismöwen kann man an den stets hellen Handschwingen erkennen, während die etwa ebenso großen Mantelmöwen immer dunkle Handschwingen haben. Kleinere Arten tragen das immature Kleid etwa zwei Jahre lang, große etwa vier Jahre.

Zwergmöwe
Larus minutus
Seite 157

Mantelmöwe
Larus marinus
Erster Winter
Seite 161

Mantelmöwe
Larus marinus
Zweiter Winter
Seite 161

Eismöwe
Larus hyperboreus
Erster Winter
Seite 163

Eismöwe
Larus hyperboreus
Zweiter Winter
Seite 163

Überwiegend braunes Gefieder
Heringsmöwe
Larus fuscus
Erster Winter
Seite 160
Weißlicher Schwanz mit dunkler Endbinde
Heringsmöwe
Larus fuscus
Zweiter Winter
Seite 160
Silbermöwe
Larus argentatus
Erster Winter
Seite 162
Rücken und Schwingen heller als bei der Heringsmöwe
Blaßgrauer Rücken
Silbermöwe
Larus argentatus
Zweiter Winter
Seite 162
Schwarzes Halsband
Schwarzer Diagonalstreif im Flügel
Dreizehenmöwe
Larus tridactylus
Seite 159
Bräunliche Schwingen, grauer Rücken
Weißer Schwanz mit dunkler Endbinde
Sturmmöwe
Larus canus
Seite 158
Blaßgrauer Rücken und bräunlicher Flügelstreif
Weißer Schwanz, schwarze Endbinde
Lachmöwe
Larus ridibundus
Seite 156

Struppige Haube

Gelbe Schnabelspitze

Während der Anpaarungszeit bringt das Männchen dem Weibchen einen kleinen Fisch und übergibt ihn in der Luft

Adulter Vogel im Ruhekleid

Adulter Vogel im Brutkleid

Im Ruhekleid ist die Stirn weißlich. Der Schnabel ist stets schwarz und hat eine gelbe Spitze

Erwachsene Jungvögel haben keine gelbe Schnabelspitze. Sie sind auf dem Rücken dunkel gewellt und gebändert

Adulte Vögel im Brutkleid sind durch den schwarzen Oberkopf mit der zottigen Haube gekennzeichnet. Die Geschlechter sind gleichgefärbt. Größe: 41 cm. Die Dunenjungen haben ein stachelig wirkendes Kleid

Manche Vögel mausern schon während der Brutzeit ins Ruhekleid und bekommen eine weißliche Stirn

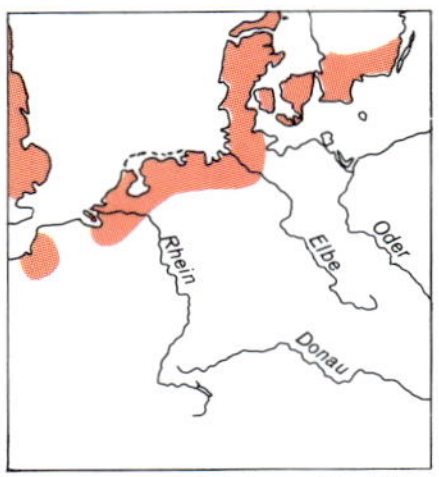

Sommervogel, der an den Küsten Westafrikas überwintert

Bei der Balz am Boden nehmen die beiden Partner auffällige Stellungen ein. Unter anderm recken sie den Kopf und lüften die Flügel

Brandseeschwalbe *Sterna sandvicensis*

Die Brandseeschwalbe hat einen langen, schwarzen Schnabel mit gelber Spitze und eine schwarze Federhaube; auch die Füße sind schwarz. Im Flug und in der Brutkolonie ist sie sehr lautfreudig. Ein charakteristischer Ruf ist das scharfe „Kirrick“.

In Mitteleuropa brütet die Brandseeschwalbe an flachen, sandigen Meeresküsten sowie auf Inseln mit Sanddünen. Den Winter verbringt sie an der Küste Westafrikas.

Nach der Rückkehr ins Brutgebiet erfolgt die Anpaarung der Partner, wobei das Männchen dem Weibchen einen kleinen Fisch als Brautgeschenk überreicht. Bei der Balz auf dem Boden umtrippeln die Partner einander mit hängenden Flügeln und gesträubter Haube. Brandseeschwalben brüten in Kolonien.

Eine in den Sand gedrehte Mulde dient als Nest. Die Dunenjungen bleiben zunächst am Brutplatz. Eindringlinge werden von den Altvögeln angegriffen und mit Kot bespritzt.

Die Nahrung der Brandseeschwalbe besteht aus kleinen Fischen, vor allem aus Sandaalen, sowie aus Würmern und Mollusken.

Auch am fliegenden Vogel fallen die schwarze Kappe und der kräftige, schwarze Schnabel auf

Immaturer Vogel

Adulter Vogel

Am Brutplatz rufen Lachseeschwalben häufig. Die Dunenjungen haben eine ausgezeichnete Schutzfärbung

Die mittelgroße Seeschwalbe hat einen kräftigen, fast möwenartigen, schwarzen Schnabel. Die Beine sind ebenfalls schwarz. Im Brutkleid hat der Vogel eine schwarze Kappe. Die Geschlechter sind gleichgefärbt. Größe: 35 cm

Sommervogel, der im tropischen Afrika überwintert

Im Ruhekleid ist der Kopf weiß, mit einer grauen Zone im Genick und dunkler Umgebung der Augen

Lachseeschwalbe *Sterna nilotica*

Die wissenschaftlich auch *Gelochelidon nilotica* genannte Lachseeschwalbe ist ähnlich gefärbt wie die Brandseeschwalbe, hat aber einen einfarbig schwarzen, auffallend kräftigen Schnabel und keine zottige Federhaube. Ihren Namen hat sie wegen ihres lachenden Rufes, „hägägägä“, erhalten.

In Mitteleuropa kommt die Lachseeschwalbe als Brutvogel nur örtlich begrenzt im nördlichen Küstenbereich vor. Dort brütet sie auf kurzgrasigem Gelände in Strandnähe sowie auf sandigem Untergrund. Die Überwinterungsgebiete liegen in Afrika.

Das Nest wird auf dem Boden entweder in kurzem Gras oder völlig ungedeckt angelegt. Es besteht aus einer leichten Vertiefung, die mit einigen Halmen gepolstert ist. Die Dunenjungen bleiben noch eine Zeitlang am Brutplatz und drücken sich bei Gefahr flach auf den Boden.

Die Nahrung der Lachseeschwalbe besteht vor allem aus Insekten und Würmern, gelegentlich auch aus kleinen Wirbeltieren.

Beim fliegenden Vogel wird in den Flügeln jeweils ein heller, durchscheinender Fleck sichtbar. Beim Ruhekleid ist die Stirn weiß und der Schnabel dunkel

Adulte Vögel im Brutkleid haben einen rötlichen Schnabel mit dunkler Spitze. Der Oberkopf ist von der Stirn bis zum Nacken schwarz; die Beine und Füße sind rot. Die Geschlechter sind gleichgefärbt. Größe: 36 cm. Die Küken besitzen ein bräunliches, dunkel gemustertes Dunenkleid

Flußseeschwalben fangen ihre Beute durch Stoßtauchen. Vorher rütteln sie häufig über dem Wasser

Nicht selten brüten Flußseeschwalben in sumpfigem Gelände oder auf schwimmenden Wasserpflanzen

Immature Vögel haben eine weißliche Stirn und bräunliche Zeichnungen im Gefieder

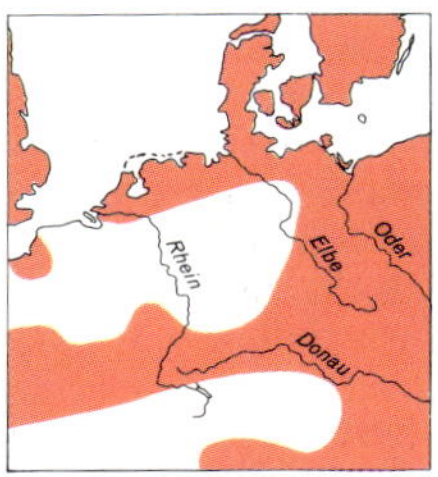

Sommervogel, der in Westafrika überwintert

Flußseeschwalben fliegen oft wie eine weiße Wolke in die Höhe und kehren dann zu ihren Ruheplätzen zurück

Flußseeschwalbe *Sterna hirundo*

Die Flußseeschwalbe ist die verbreitetste Seeschwalbenart Mitteleuropas, doch ist sie gebietsweise selten geworden. Sie hat rote Füße und einen roten Schnabel mit dunkler Spitze. Der Schwanz ist tief gegabelt. Flußseeschwalben rufen kreischend „kiärr“ sowie hart „kit-kit-kit-kirr“.

Die Flußseeschwalbe bewohnt Binnengewässer mit verlandeten Uferzonen, Strandwiesen, Flußmündungsgebiete sowie der Küste vorgelagerte Inseln. Nicht selten vergesellschaftet sie sich auch mit anderen Seeschwalbenarten.

Eine flache Mulde auf Sand oder Kies, auch in niedriger Vegetation, dient der Flußseeschwalbe als Nest. Dieses wird manchmal sogar auf schwimmenden Teppichen von Wasserpflanzen angelegt. Beide Partner brüten. Andere Arten, die in Brutkolonien von Flußseeschwalben eindringen, werden von diesen Vögeln im Sturzflug heftig angegriffen.

Flußseeschwalben ernähren sich von kleinen Fischen sowie von Wasserinsekten und ihren Larven, Mollusken, kleinen Krebsen und Würmern.

In einer gemischten Gruppe von Fluß- und Küstenseeschwalben sind die Küstenseeschwalben an den flachen Flügelschlägen sowie an der etwas graueren Unterseite und den helleren Flügelspitzen zu erkennen

Bei fliegenden Küstenseeschwalben erscheinen die Unterseiten stets grauer als bei der Flußseeschwalbe. Überdies sind die ganzen Handschwingen durchscheinend. Das Ruhekleid ähnelt dem der Flußseeschwalbe

Adulter Vogel im Brutkleid: mit einfarbig dunkelrotem Schnabel und sehr kurzen, roten Beinen. Geschlechter gleichgefärbt. (36 cm)

Nach der Landung heben Küstenseeschwalben oft ihre Flügel sehr hoch. Das Nest besteht aus einer Mulde

Küstenseeschwalbe *Sterna paradisaea*

Die Küstenseeschwalbe ähnelt der Flußseeschwalbe, hat aber einen einfarbig dunkelroten Schnabel; überdies sind ihre Schwanzspieße länger. Die Stimme ähnelt derjenigen der Flußseeschwalbe, doch sind die Rufe kürzer.

Die Brutgebiete der Küstenseeschwalbe liegen in Mitteleuropa im Küstenbereich. Dort brütet sie an flachen Meeresküsten mit spärlicher Vegetation sowie auf sumpfigen Küstenstreifen. Ihre Überwinterungsgebiete liegen vor allem an den südlichen Küsten Afrikas.

Das Gelege besteht meist aus zwei olivfarbenen, dunkel gefleckten Eiern, die in eine flache Bodenmulde gelegt und von beiden Partnern bebrütet werden. Die Dunenjungen bleiben zunächst am Brutplatz oder in der Nähe des Nestes, obwohl sie bereits mit zwei Tagen laufen und schwimmen können.

Küstenseeschwalben erbeuten ihre Nahrung in ähnlicher Weise wie die Flußseeschwalben: durch Rütteln über dem Wasser mit anschließendem Stoßtauchen. Dabei fangen sie vor allem kleine Fische.

Der Fuchs, der in eine Brutkolonie von Küstenseeschwalben eindringt, wird von den Vögeln im Verband heftig attackiert

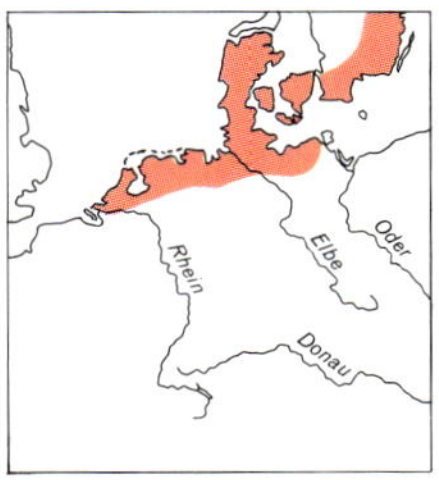

Überwintert an den Küsten der Südhalbkugel

Andere Vögel nisten gern zwischen Küstenseeschwalben. Hier sind sie durch die aggressiven Vögel vor Feinden geschützt

Adulter Vogel im Brutkleid

Immaturer Vogel

Der fliegende Vogel unterscheidet sich durch seinen kürzeren und weniger tief gegabelten Schwanz sowie die schnellen Flügelschläge von den größeren Seeschwalbenarten

Beim Balzflug werden die Flügel V-förmig über dem Körper gehalten

Die Zwergseeschwalbe ist klein. Sie hat eine weiße Stirn, gelbe Beine und einen gelben Schnabel mit schwarzer Spitze. Die Flügelschläge sind sehr schnell und ruckartig. Beim Rütteln richtet der Vogel den Kopf senkrecht nach unten. Die Geschlechter sind gleichgefärbt. Größe: 24 cm

Gelbe Beine

Beide Partner bebrüten das Gelege und bringen sich dabei gegenseitig kleine Fische

Die Eier haben eine Schutzfärbung. So werden sie von Feinden kaum gesehen – aber von Menschen leichter zertreten

Sommervogel, der in Afrika überwintert

Bevorzugte Brutplätze sind Sand- oder Kiesstrände

Zwergseeschwalbe *Sterna albifrons*

Die Zwergseeschwalbe, die kleinste Seeschwalbe Mitteleuropas, hat in allen Kleidern eine weiße Stirn und einen gelben Schnabel mit schwarzer Spitze. Sie ruft häufig scharf „kitt-kitt- …" und schnatternd „kirrikiki-kirri-kirri".

In Mitteleuropa kommt die Zwergseeschwalbe nur örtlich vor, zumeist im Küstenbereich; sie gehört zu den seltenen Seeschwalben. Flache Küsten mit Sandstrand, Dünengelände und vegetationsarme Streifen an Brackwassertümpeln dienen ihr als Brutplätze.

Zwergseeschwalben sind Koloniebrüter. Bei der Balz übergibt das Männchen dem Weibchen kleine Fische. Das Nest, eine flache Mulde, wird häufig mit Muschelschalenstückchen ausgelegt. Die sandfarbenen Eier sind schwärzlich gepunktet.

Die Nahrung der Zwergseeschwalbe besteht vor allem aus winzigen Fischen sowie Krebstieren, Würmern und Insekten. Häufig rütteln die Vögel über dem Wasser, stürzen sich dann stoßtauchend hinein und fliegen oft mit einem Beutetier im Schnabel ab.

Im Gegensatz zu den Flügeln der ähnlichen Weißflügelseeschwalbe sind die Flügeloberseiten der Trauerseeschwalbe grau und die Unterseiten hell. Die Geschlechter sind gleichgefärbt. Größe: 24 cm

Ruhekleid: schwarzer Fleck an den Brustseiten

Trauerseeschwalben fliegen niedrig über dem Wasser dahin und nehmen von der Oberfläche Insekten auf

Die Brutkolonien werden gern in den Verlandungszonen von Binnengewässern angelegt

Gegen Ende der Brutzeit wirken Trauerseeschwalben scheckig, da sie sich dann mausern und ihr Ruhekleid anlegen

Die Dunenjungen besitzen ein überwiegend bräunlich und schwarz gemustertes Kleid und haben um das Auge einen hellen Ring. Sie werden von beiden Partnern versorgt

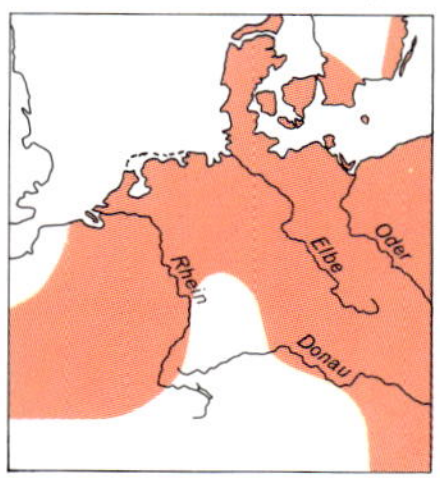

Sommervogel, der im tropischen Afrika überwintert

Trauerseeschwalbe *Chlidonias niger*

Im Brutkleid ist die Trauerseeschwalbe durch ihren schwarzen Körper und die einfarbig grauen Schwingen unverwechselbar. Sie stößt – nicht sehr häufig – Rufe aus, die wie „krek-krek" und „kriäh" klingen.

In Mitteleuropa ist die Trauerseeschwalbe nur örtlich Brutvogel, vor allem im Norden. Flache Seen und Teiche mit Verlandungsbeständen und offene Sumpflandschaften mit freien Wasserstellen sind ihre Brutgebiete. Auf dem Zug kann man sie auch an anderen Gewässern beobachten. Ihre Überwinterungsgebiete liegen im tropischen Afrika.

Die Vögel brüten vielfach in Kolonien. Ihre Nester bauen sie aus abgebrochenen Pflanzenteilen auf schwimmendem Material oder auf Teppichen aus Wasserpflanzen. Das Gelege besteht aus zwei bis drei dunkel gefleckten Eiern. Beide Partner beteiligen sich am Brutgeschäft. Die Dunenjungen sind im Alter von etwa drei Wochen flugfähig.

Trauerseeschwalben ernähren sich von Insekten, Würmern, kleinen Fischen und kleinen Amphibien.

Seeschwalben im Flug

Man kann grob zwei verschiedene Typen von Seeschwalben unterscheiden: die grau und weißen und die schwarzen, an Binnengewässern lebenden Arten. Die marinen Seeschwalben fliegen schnell und haben häufig einen tiefgegabelten Schwanz. Ein anderes typisches Merkmal ist ihr Rütteln über dem Meer mit anschließendem Stoßtauchen. Körper und Schnäbel der Seeschwalben sind schlanker als die der Möwen. Im Brutkleid haben die meisten Arten einen schwarzen Oberkopf.

Die grau und weißen Seeschwalben sind überwiegend klein. Die Raubseeschwalbe mit ihrem kräftigen, roten Schnabel ist jedoch fast so groß wie eine Silbermöwe. Die Brandseeschwalbe ist ebenfalls verhältnismäßig groß; sie hat einen langen, schwarzen Schnabel mit gelber Spitze. Ihre kratzenden Rufe sind charakteristisch und weit zu hören. Fast genauso groß ist die Lachseeschwalbe, deren schwarzer Schnabel relativ kurz und kräftig ist.

Die kleineren grau und weißen Seeschwalben sind oft schwer zu unterscheiden. Besonders die Küsten- und die Flußseeschwalbe ähneln sich sehr, vor allem im Ruhekleid. Zur Brutzeit ist der Körper der Küstenseeschwalbe deutlich grau, der Schnabel einfarbig dunkelrot, und alle Schwungfedern sind hell durchscheinend. Im Gegensatz dazu hat die Flußseeschwalbe einen weißlichen Körper, einen roten Schnabel mit dunkler Spitze und nur eine kleine durchscheinende Zone im mittleren Flügelbereich. Die Rosenseeschwalbe ist an ihrer weißeren Erscheinung und den langen, sich häufig durchbiegenden Schwanzspießen zu erkennen. Die kleinste von allen ist die Zwergseeschwalbe. Sie hat einen gelben Schnabel mit schwarzer Spitze und in allen Kleidern eine weiße Stirn.

Trauerseeschwalben fliegen im allgemeinen niedrig über dem Wasser und picken häufig, Nahrung aufnehmend, auf die Oberfläche. Diese Art hat nur im Brutkleid einen schwarzen Körper, dazu einfarbig graue Oberflügel und helle Unterflügel. Bei der ähnlichen Weißflügelseeschwalbe sind die Flügel auf der Oberseite weißlich, während die Flügeldecken auf der Unterseite schwärzlich gefärbt sind. Im Ruhekleid hat die Trauerseeschwalbe einen schwarzen Fleck an den Brustseiten.

Lachseeschwalbe
Sterna nilotica
Ruhekleid
Seite 169

Brandseeschwalbe
Sterna sandvicensis
Ruhekleid
Seite 168

Raubseeschwalbe
Hydroprogne caspia
Ruhekleid, Durchzügler; Brutvogel im Bereich der Ostsee

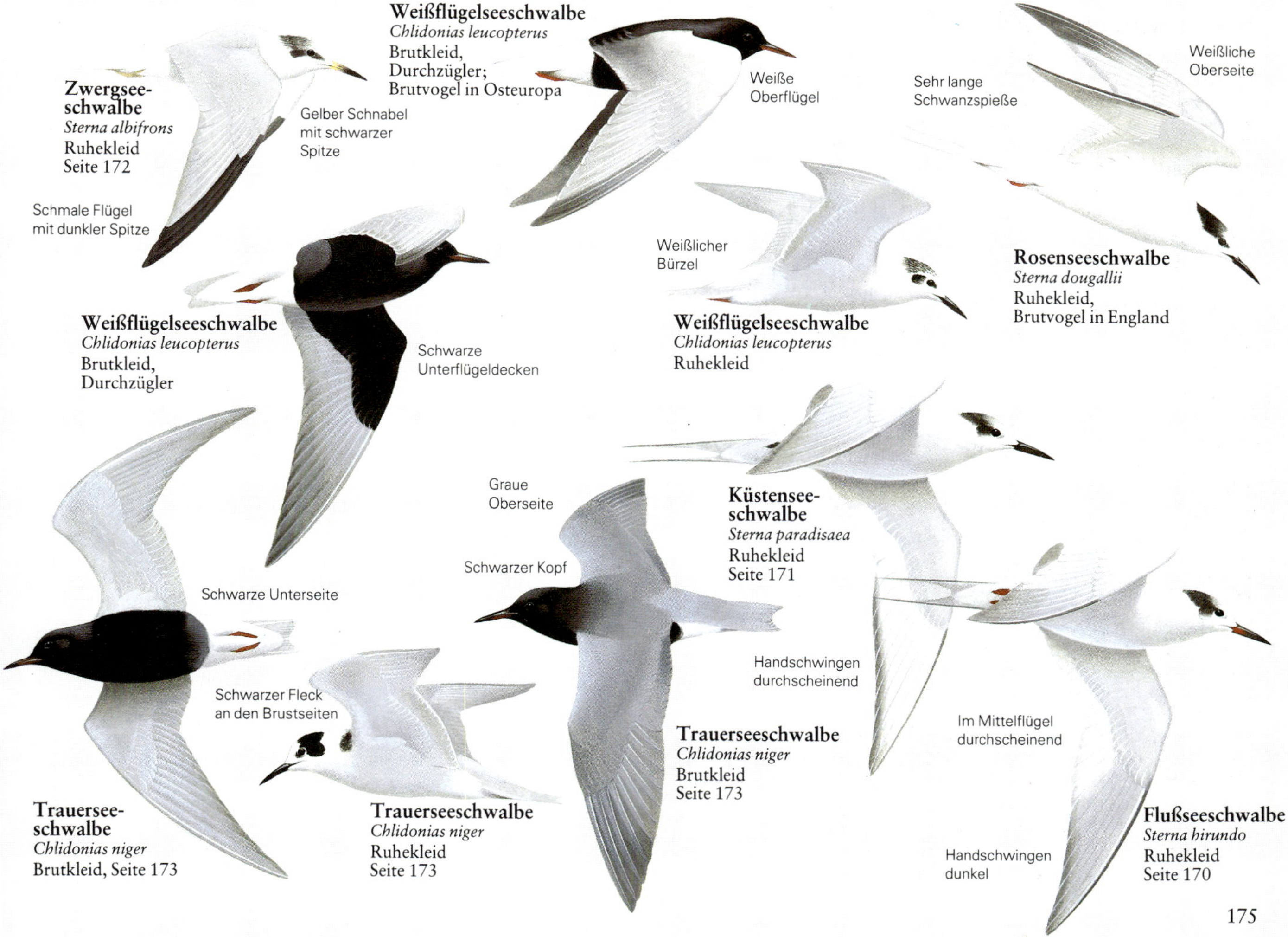

Zwergseeschwalbe
Sterna albifrons
Ruhekleid
Seite 172

Weißflügelseeschwalbe
Chlidonias leucopterus
Brutkleid,
Durchzügler;
Brutvogel in Osteuropa

Rosenseeschwalbe
Sterna dougallii
Ruhekleid,
Brutvogel in England

Weißflügelseeschwalbe
Chlidonias leucopterus
Brutkleid,
Durchzügler

Weißflügelseeschwalbe
Chlidonias leucopterus
Ruhekleid

Küstenseeschwalbe
Sterna paradisaea
Ruhekleid
Seite 171

Trauerseeschwalbe
Chlidonias niger
Brutkleid
Seite 173

Trauerseeschwalbe
Chlidonias niger
Brutkleid, Seite 173

Trauerseeschwalbe
Chlidonias niger
Ruhekleid
Seite 173

Flußseeschwalbe
Sterna hirundo
Ruhekleid
Seite 170

Schlanker, spitzer Schnabel

Adulter Vogel im Brutkleid. Die Oberseite ist schwarzbraun, die Unterseite weiß. Die Geschlechter sind gleichgefärbt. Größe: 42 cm

Schwarzbraune Oberseite

Beim Ruhekleid sind die Wangen und die Unterseite weiß. Vom Auge zieht sich ein dunkler Streif nach hinten

Etwa drei Wochen alte Küken springen vom Brutplatz am Felsen ins Meer – und zwar in der Dämmerung, um die Gefahr zu verringern, die durch Räuber droht

Wird das länglich-kreiselförmige Lummenei angestoßen, so dreht es sich nur und rollt nicht hinab

Einige Trottellummen haben am Kopf eine weißliche, brillenartige Zeichnung, weshalb man sie Ringellummen nennt

Zur Brutzeit an Felsklippen; sonst auf dem Meer

Vögel in einer Kolonie verbeugen sich häufig

Trottellummen nisten in großen Kolonien auf Felsbändern

Trottellumme *Uria aalge*

Mit ihrer schwärzlichen Oberseite und weißlichen Unterseite und mit der im Sitzen sehr aufrechten Haltung erinnert die Trottellumme etwas an einen kleinen Pinguin; sie kann aber fliegen. Am Brutplatz läßt sie laut knarrende, wie „arrr“ klingende Rufe hören.

Zur Brutzeit bewohnt die Trottellumme steile Felsklippen mit Bändern und Nischen. An Küsten vieler Inseln im nördlichen Atlantik brütet sie oft in großen Kolonien – auch an der Steilküste von Helgoland, wo sich die einzige Lummenkolonie Deutschlands befindet. Außerhalb der Brutzeit kann man der Trottellumme an verschiedenen Orten im europäischen Küstenbereich begegnen.

Das eine Ei wird ohne Unterlage auf Felsbändern abgelegt. Wenn der Jungvogel etwa drei Wochen alt ist, springt er von den Klippen hinab ins Meer und wird dort von den Eltern weiterversorgt.

Die Nahrung der Trottellumme besteht vor allem aus kleinen Seefischen.

Kräftiger Schnabel

Schwarze Oberseite

Die schwarze Kehle und die ebenso gefärbte Vorderbrust werden im Winter weiß

Durch das dunklere Rückengefieder und den kräftigen Schnabel unterscheidet sich der Tordalk von der Trottellumme. Die Geschlechter sind gleichgefärbt. Größe: 40 cm

Vor Beginn der Brutzeit vollführen Tordalken gemeinsame Tauchmanöver, die zu den Vorstufen der Balz gehören

Beim Auffliegen rennen die Vögel zunächst eine Strecke flügelschlagend auf dem Wasser dahin

Adulter Vogel im Brutkleid

Adulter Vogel im Ruhekleid

Die Kolonien der Tordalken befinden sich in Küstengebieten an steilen, unzugänglichen Klippen

Das Dunenjunge wird von den Eltern zwei bis drei Wochen lang am Brutplatz gefüttert

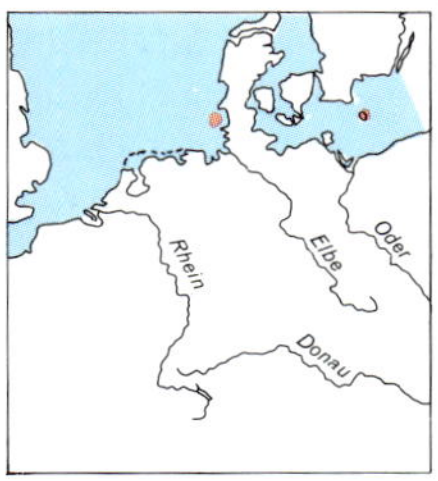

Etwa Februar–Juli am Brutplatz; sonst auf dem Meer

Tordalk *Alca torda*

Der Tordalk ähnelt einer Lumme, hat aber einen kräftigeren Schnabel. Er ist ein guter Taucher, der lange unter Wasser bleiben kann. Hier fängt er vorwiegend kleinere Fische. Mit seinem seitlich zusammengedrückten, recht hohen Schnabel fängt er kleinere Fische, etwa Sprotten und Stichlinge, sowie Krebstiere und Mollusken. Seine Flügel dienen ihm beim Tauchen als wirksame Ruder.

Der Tordalk ruft tief knarrend „knarrr". Wie die Trottellumme brütet er an steilen Meeresküsten; so kommt er z. B. vereinzelt an der Felsküste Helgolands vor. Auf felsigen Inseln im Atlantik ist er zum Teil recht häufig. Außerhalb der Brutzeit trifft man ihn in Küstenbereichen oder auf dem offenen Meer an.

Tordalken sind wie die Lummen meist Koloniebrüter. Das einzige bräunlichweiße, dunkelgefleckte Ei wird ohne Unterlage auf ein Felsband oder in eine Nische gelegt. Beide Partner brüten und versorgen dann das Junge. Dieses springt im Alter von etwa drei Wochen ins Meer, wo es bald selbständig ist.

Adulte Hohltauben zeigen im Flug zwei kurze, schwarze Flügelbinden

Einfarbig graublauer Rücken und Bürzel

Felsentaube
Columba livia
Im Flug am weißen Bürzel zu erkennen. In Mitteleuropa kommt diese Art nur domestiziert vor; sie lebt vor allem in Süd- und Westeuropa.

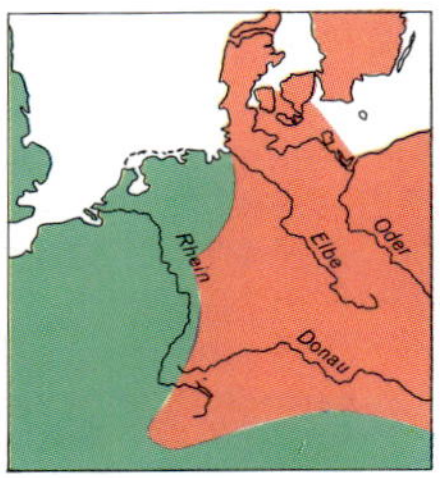

Überwintert in Westeuropa und im Mittelmeerraum

Die Hohltaube ist kleiner als die Ringeltaube und hat keine weißen Abzeichen an den Flügeln oder am Hals. Der Bürzel ist nicht heller als der Rücken. Die Geschlechter sind gleichgefärbt. Größe: 33 cm

Manchmal kommt es zwischen zwei Paaren zum Streit um eine Nisthöhle

Die Hohltaube lebt in alten Baumbeständen, in denen es Höhlen gibt, vor allem solche vom Schwarzspecht

Hohltaube *Columba oenas*

Die Hohltaube ähnelt einer grauen Haustaube, hat aber nie einen weißlichen Bürzel. Kehle und Brust haben eine leicht weinrötliche Tönung. Der Hinterhals weist einen grünlichen Schimmer auf. Zur Brutzeit ruft die Hohltaube hohl „huhwup-huhwup- ...“.

In Mitteleuropa ist die Hohltaube in Waldgebieten verbreitet, mancherorts jedoch recht selten geworden. Sie bewohnt Wälder mit Altholzbeständen, größere Parks mit hohlen Bäumen und ähnliche Landschaften. Da Altholzbestände mit Höhlenbäumen mehr und mehr verschwinden, ist der Bestand der Hohltaube sehr zurückgegangen.

Baumhöhlen, vor allem vom Schwarzspecht, und große Nistkästen dienen der Art als Brutstätten. Dort tragen die Altvögel einige Reiser als Nestunterlage ein. Die meist zwei reinweißen Eier werden von beiden Partnern 16 bis 18 Tage lang bebrütet. Es finden zwei bis drei Bruten im Jahr statt.

Die Nahrung der Hohltaube besteht aus verschiedenen Sämereien sowie aus Beeren und kleinen Schnecken.

Immaturen Vögeln fehlt der weiße Halsfleck

Das Weiß am Flügelbug und in den Schwingen ist beim fliegenden Vogel deutlich zu erkennen. Wenn Ringeltauben auffliegen, verursachen sie ein lautes Flattergeräusch

Beim Balzflug fliegt das Männchen steil in die Höhe, klatscht dann mit den Flügeln und segelt mit ausgebreiteten Schwingen abwärts

Die Jungen werden von den Altvögeln zunächst mit der sogenannten Kropfmilch gefüttert, die ausgewürgt wird

Die Ringeltaube ist an den weißen Halsflecken und am weißen Flügelbug zu erkennen. Die Geschlechter sind gleichgefärbt. Größe: 40 cm

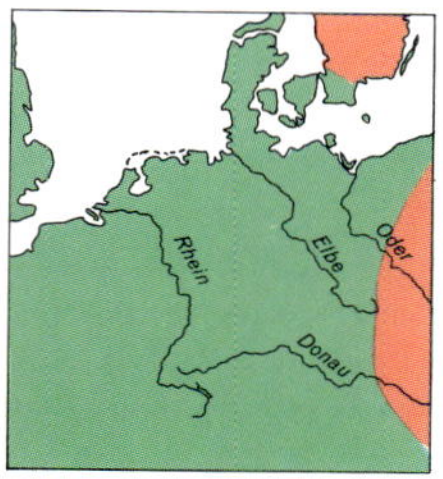

Teilzieher, der in West- und Südeuropa überwintert

Auf dem Zug suchen Ringeltauben oft in großen Scharen auf den Feldern Nahrung

Ringeltaube *Columba palumbus*

Die Ringeltaube, die größte Wildtaube Europas, ist in Mitteleuropa sehr verbreitet und gebietsweise recht häufig. Sie bewohnt Waldungen aller Art bis zur Baumgrenze, Parkanlagen und Alleen, Feldgehölze, Obstgärten usw. Zur Nahrungssuche kommt sie auch auf Felder. Die Überwinterungsgebiete liegen in Westeuropa und im Mittelmeerraum. Auf dem Zuge bilden Ringeltauben oft riesige Schwärme.

Das Männchen gurrt dumpf, etwa „krukruh-krukrukrukrukru-kruh- …“. Bei der Balz verneigt sich das Männchen vor dem Weibchen, schnäbelt mit ihm und füttert es aus dem Kropf. Auf Bäumen und in höheren Büschen baut die Ringeltaube ein durchsichtiges Reisignest. Beide Partner bebrüten die zwei reinweißen Eier 16 bis 18 Tage lang; die Jungen verlassen im Alter von etwa vier Wochen das Nest und sind mit fünf Wochen flugfähig. Ringeltauben brüten zwei- bis dreimal im Jahr.

Ihre Nahrung besteht aus Sämereien, grünen Pflanzenteilen, Beeren, Weichtieren und Raupen.

Im Flug sehen Türkentauben oberseits grau aus. Auf der Unterseite fällt die breite weiße Endbinde am Schwanz sehr auf

Immature Vögel haben ein nur angedeutetes Halsband

Beim Balzflug steigt die Türkentaube steil empor und gleitet dann mit ausgebreiteten Schwingen abwärts

Wie alle Tauben trinkt die Türkentaube, ohne den Kopf zu heben: Sie trinkt „pumpsaugend"

Das Nest der Türkentaube ist ein verhältnismäßig flacher Bau, der im Gezweig angelegt wird

Schwarzes Halsband

Die graue Färbung mit einem Anflug von Weinrot und Braun sowie der schwarze Halsring sind für diese Art charakteristisch. Die Geschlechter sind gleichgefärbt. Größe: 32 cm

Jahresvogel, der nur unwesentlich umherstreift

Türkentauben versammeln sich oft an Scheunen oder Getreidesilos

Türkentaube *Streptopelia decaocto*

Die Türkentaube hat ihren Namen wegen ihrer Herkunft aus dem Vorderen Orient erhalten. Von dort aus hat sie zunächst den Balkan besiedelt. Etwa ab 1930 breitete sie sich in einer wahren Bevölkerungsexplosion nahezu über ganz Europa aus.

In Mitteleuropa kommt die Türkentaube nur in oder dicht bei menschlichen Siedlungen vor. In Dörfern und Städten ist sie eine häufige Erscheinung. Manche Menschen fühlen sich durch ihre eintönigen, dreisilbigen Rufe, die wie „gu-guh-guck" klingen und ständig wiederholt werden, in den frühen Morgenstunden belästigt. Überdies lassen beide Geschlechter ein gurrendes Kichern hören.

Das Nest wird aus Reisern auf Bäumen oder höheren Büschen und in Nischen an Gebäuden gebaut. Beide Partner bebrüten die zwei weißen Eier 16 bis 17 Tage lang. Die Jungen verlassen das Nest mit knapp drei Wochen. Türkentauben brüten mehrmals im Jahr.

Die Nahrung der Türkentaube besteht aus Sämereien, Beeren, Hühnerfutter, Küchenabfällen und kleinen Schnecken.

Bei der Balz führt das Männchen vor dem Weibchen Verbeugungen aus

Das Nest besteht aus dünnen Reisern; es wird meist niedriger angelegt als das anderer Taubenarten

Im Flug unterscheidet sich die Turteltaube durch ihre rostbräunliche, dunkelgezeichnete Oberseite von der Türkentaube. Auf der Unterseite beschränkt sich das Weiß mehr auf die Schwanzseiten; es ist nicht so gerade abgesetzt wie bei der Türkentaube

Wie alle jungen Tauben haben die beiden Jungen der Turteltaube eine haarähnliche, gelbliche Befiederung

Rostbräunliche, dunkelgefleckte Oberseite

Schwarz und weiß gezeichneter Halsfleck

Rosafarbene Brust

Die Turteltaube ist verhältnismäßig schlank. Auf dem Rücken hat sie eine rostbräunliche und schwarze Zeichnung. Besonders charakteristisch sind die schwarzweißen Halsflecken. Die Geschlechter sind gleichgefärbt. Größe: 28 cm

Immature Vögel sind matter gefärbt als adulte, und es fehlen ihnen die Halsflecken

Sommervogel, der in Afrika überwintert

Wenn die Turteltaube auch menschliche Siedlungen meidet, so kommt sie doch bei Aussiedlerhöfen, die in Waldnähe liegen, vereinzelt zu den Futterstellen der Hühner

Turteltaube *Streptopelia turtur*

Die Turteltaube ist die kleinste Wildtaube Europas. Im Gegensatz zu der etwas größeren Türkentaube, von der sie sich auch durch ihren dunkelgefleckten Rücken unterscheidet, kommt sie nie in Städten vor. Ihren Namen verdankt sie dem Gurren des Männchens, das wie ein hohes „Trurr-turrturr-turr-trurr- ...“ klingt.

Die Turteltaube bevorzugt in Mitteleuropa wärmere Gebiete, in denen sie lichte Misch- und Laubwälder mit viel Unterholz sowie Feldgehölze, Auwälder, Parkanlagen und ähnliche Lebensräume bewohnt. Sie meidet höhere Gebirge.

Das Nest wird auf Bäumen oder im höheren Gebüsch aus Reisern gebaut. Wie alle Taubennester ist es ein sehr lockerer, manchmal durchscheinender Bau. Die zwei weißen Eier werden von beiden Partnern abwechselnd bebrütet. Die Eltern füttern die Jungen mit Kropfmilch, einer quarkartigen Kropfausscheidung, und mit gequollenen Sämereien aus dem Kropf.

Die Nahrung der Turteltaube besteht hauptsächlich aus Samen verschiedener Art.

Ein aufgeregter Teichrohrsänger vertreibt einen nestsuchenden Kuckuck aus seinem Revier

Ein Teichrohrsänger füttert einen ausgeflogenen Jungkuckuck

Immaturer Vogel der rotbraunen Phase

Adulter Vogel

Das Flugbild des Kuckucks mit seinen spitzen Flügeln ist falkenartig. Die Flügelschläge sind relativ flach. Im Gegensatz zum Falken streckt der Kuckuck den Kopf weit vor

Immaturer Vogel der grauen Phase

Der Kuckuck legt seine Eier in die Nester anderer Vögel. Der frischgeschlüpfte Kuckuck schiebt die Eier seiner Wirtseltern über den Nestrand und wird dann allein von den Wirtsvögeln aufgezogen

Ein frischgeschlüpfter Jungkuckuck wirft ein Ei der Wirtsvögel über den Nestrand

Häufig verschlingt das Kuckucksweibchen eines der Eier aus dem Nest des Wirtsvogels

Immaturer Kuckuck der rotbraunen Phase. Alle jungen Vöge sind bis zur Kehle hi auf dunkel gebänder und haben einen weißlichen Nackenfleck

Schlanker Schnabel

Einfarbig graue Kehle und Vorderbrust; dunkelgewellte Unterseite

Adulter Vogel in der häufigeren grauen Phase. Die Männchen gehören immer der grauen Phase an, die Weibchen nicht selten der rotbraunen. Bei dieser sind die sonst grauen Partien des Gefieders rötlichbraun gefärbt. In der Zeichnung sind die Geschlechter einander ähnlich. Junge und immature Vögel sind bis zur Kehle hinauf gebändert. Größe: 33 cm

Abgerundeter Schwanz mit weißen Spitzen

Sommervogel (Apr.–Aug.), der in Afrika überwintert

Beim Rufen öffnet der Kuckuck seinen Schnabel kaum sichtbar. Dafür bläht er die Kehle. Nur das Männchen ruft „Guck-uck"

Kuckuck *Cuculus canorus*

Wenn der Kuckuck im Laufe des Aprils aus Afrika in Mitteleuropa eintrifft, hört man vielerorts die charakteristischen Rufe des Männchens. Nach diesem hohlen „Guck-uck" hat der Vogel seinen Namen erhalten. Wenn es erregt ist, ruft das Männchen manchmal auch dreisilbig und läßt ab und zu ein gutturales „Gwachachach" hören. Das Weibchen ruft kichernd „kwickwickwick …".

In Mitteleuropa bewohnt der Kuckuck Wälder aller Art sowie Wiesen, Sümpfe und Bergmatten. Über offenem Gelände fliegt er in fast falkenartigem Flug dahin.

Der Kuckuck ist ein Brutparasit. Das Weibchen legt in das Nest eines Kleinvogels ein Ei; dabei bevorzugt es bestimmte Vogelarten als Wirt. Wenn der Jungkuckuck geschlüpft ist, schiebt er Eier oder andere Nestinsassen über den Nestrand. Im Alter von etwa drei Wochen fliegt er aus und wird noch drei weitere Wochen von den Wirtseltern gefüttert.

Die Nahrung des Kuckucks besteht aus Insekten und ihren Larven, besonders aus behaarten Raupen.

Wird der Altvogel am Brutplatz gestört, nimmt er die hier gezeigte Verteidigungsstellung ein. Die Jungen tragen zunächst ein weißes Dunenkleid, danach ein wolliges Jugendkleid

Pfähle und Baumstümpfe dienen dem Vogel in der Dämmerung und in der Nacht als Jagdwarte

Heller Gesichtsschleier

Unterseite weißlich- oder gelblichbraun, einfarbig oder zart dunkel gefleckt

Adulte Vögel haben eine gelblichbraune Oberseite mit zarter, dunkler Zeichnung, die wie ein schleierartiger Überzug wirkt. Die Geschlechter sind gleichgefärbt. Größe: 34 cm

Die fliegende Schleiereule wirkt im Dämmerlicht der Nacht sehr hell. Sie jagt meist in offenem Gelände

Die Schleiereule ist fast ausschließlich nachts aktiv. Sie erbeutet vor allem kleine Nagetiere

In Mitteleuropa verbreitet; nirgends häufig

Schleiereule *Tyto alba*

Das Gefieder der Schleiereule wirkt, als sei es von einem zarten Schleier überzogen. Auch hat dieser Vogel einen ausgeprägten herzförmigen „Gesichtsschleier". Die Augen sind schwärzlich. Die Schleiereule läßt meist nur ein schnarchendes „Chrrüüh" hören. Die Jungen zischen und knappen mit den Schnäbeln.

In Mitteleuropa ist die Schleiereule verbreitet, aber nirgends häufig. Sie bewohnt offenes Gelände mit Ruinen oder Scheunen, ferner Felswände mit Höhlen und Nischen sowie Dachböden und Kirchtürme. Manchmal kommt sie auch in Parks mit hohlen Bäumen vor.

Ein Mauerloch, ein besonderer Nistkasten oder ein Winkel im Innern eines Gebäudes dient dem Vogel als Brutplatz. Die weißen Eier werden direkt auf den Boden des Nistplatzes gelegt. Das Weibchen allein brütet; während dieser Zeit wird es vom Männchen gefüttert. In Jahren mit reichlichem Mäuseangebot brüten die Schleiereulen häufig ein zweites Mal.

Die Nahrung besteht aus Mäusen, Maulwürfen, größeren Insekten, Kleinvögeln, Reptilien und Amphibien.

Auf Grund der Struktur seiner Federn fliegt der große Uhu fast lautlos

Der Uhu hat orangefarbene Augen und auffallende Federohren. Die Geschlechter sind gleichgefärbt; das Weibchen ist meist größer als das Männchen (ca. 70 cm)

Der Uhu ist die größte Eule Europas. An einigen Orten wurde er mit Erfolg wieder eingebürgert

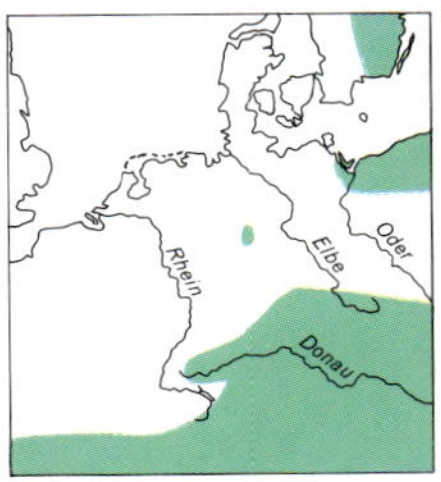

Jahresvogel; jüngere Vögel streifen etwas umher

Uhu *Bubo bubo*

Der Uhu erreicht eine Flügelspannweite von etwa 1,70 m. Seinen Namen hat er nach dem Balzruf des Männchens, einem in größeren Abständen wiederholten „Wuoh". Das Weibchen ruft höher „huhuh". Außerdem lassen Uhus glucksende, kichernde und krächzende Laute hören.

In Mitteleuropa ist der Uhu weitgehend ausgerottet, doch wurde er gebietsweise wieder eingebürgert. Er bewohnt fast immer felsiges Gelände, kommt aber auch in Waldgebieten und sogar in der Nähe von Ortschaften vor.

Uhupaare leben meist in Dauerehe. Vor allem Nischen und Höhlen in Felswänden dienen ihnen als Brutplätze; manchmal brütet der Uhu jedoch auch auf dem Erdboden sowie in verlassenen Horsten von Greifvögeln. Das Weibchen legt ein bis drei weiße Eier direkt auf den Boden und bebrütet sie etwa 35 Tage lang. Während dieser Zeit wird es vom Männchen gefüttert.

Uhus ernähren sich vor allem von kleineren Säugetieren. Außerdem werden größere Vögel und Insekten sowie Amphibien und Reptilien erbeutet.

Steinkäuze fliegen meist niedrig und in einer bogenförmig auf und ab führenden Linie

Leuchtendgelbe Augen

Der Steinkauz ist klein und hat einen auffallend kurzen Schwanz. Die schwefelgelben Augen sind ziemlich groß; der Kopf wirkt recht flach. Die Geschlechter sind gleichgefärbt. Größe: 23 cm

Steinkäuze brüten oft in hohlen Obstbäumen oder Kopfweiden. Auch besondere Niströhren werden gern bezogen

Tagsüber sitzen Steinkäuze oft auf Pfosten und Telefonmasten

Jahresvogel; gebietsweise nahezu ausgerottet

Flügge Jungvögel haben ein wolliges und weniger kontrastreiches Federkleid als adulte

Mauerlöcher in älteren Gebäuden sowie Felsspalten dienen dem kleinen Kauz ebenfalls als Brutplätze

Steinkauz *Athene noctua*

Der Steinkauz ist eine kleine Eulenart, die man nicht selten auch am Tage sieht. Oft knickst der Vogel aufgeregt, indem er sich plötzlich lang macht und dann wieder zusammenzieht. Der Gesang des Männchens ist ein ansteigendes, fast fragend klingendes „Uuhg“, das etwa im Atemabstand wiederholt wird. Bei wachsender Erregung geht es in ein mehrfach wiederholtes „Kwiau“ über. Darüber hinaus hört man von beiden Geschlechtern ein gellendes „Kwiff-kwiff-kwiff“.

Der Steinkauz ist in Mitteleuropa weit verbreitet, in vielen Gebieten aber selten geworden oder gar verschwunden. Er bewohnt offenes Gelände mit einzelnen Bäumen oder Baumgruppen, Steinbrüche, Felsschluchten, Ruinen oder auch Scheunen und Gehöfte. Baumhöhlen, Mauerlöcher, Felsspalten, Winkel in Gebäuden usw. dienen ihm als Brutplätze. Die Eier werden direkt auf den Boden gelegt und nur vom Weibchen bebrütet.

Steinkäuze ernähren sich von Insekten, Regenwürmern, Kleinsäugern bis etwa Maulwurfsgröße und Kleinvögeln bis etwa Drosselgröße.

Der Flug des Rauhfuß-kauzes ist geradlinig und lautlos

Der nachts aktive Rauhfußkauz mit dem dicken Kopf ist im allgemeinen häufiger zu hören als zu sehen

Dieser kleine Kauz hat einen dick wirkenden Kopf mit auffallendem Gesichtsschleier und großen, gelben Augen. Die Füße sind bis zu den Zehen dicht befiedert. Die Geschlechter sind gleichgefärbt. Größe: 25 cm

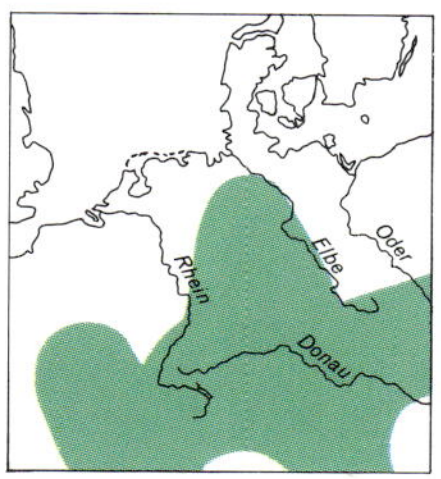

Jahresvogel; Weibchen und Junge streifen weit umher

Ängstlich macht sich der Rauhfuß-kauz ganz schlank und täuscht Federohren vor

Rauhfußkauz *Aegolius funereus*

Der Rauhfußkauz ähnelt dem Steinkauz, hat aber längere Flügel und einen dickeren, rundlichen Kopf mit ausgeprägtem Gesichtsschleier. Der Gesang des Männchens ist ein hohles, anschwellendes „Bubububububu", das in regelmäßigen Abständen wiederholt wird. Außerdem hört man unter anderem ein fast peitschendes „Zjuck" und ein heiseres, nasales „Kjuwääk". Im Vorfrühling singen ledige Männchen in klaren, windstillen Nächten fast ohne Unterbrechung die ganze Nacht hindurch. Nach der Verpaarung singt das Männchen nur noch anfangs, wenn es dem brütenden Weibchen Beute bringt, und verschweigt allmählich ganz.

In Mitteleuropa bewohnt der Rauhfußkauz vor allem ausgedehnte Waldungen des Berglands; im Norden kommt er auch in tieferen Lagen vor. Vor allem Schwarzspechthöhlen, aber auch andere Baumhöhlen dienen ihm als Brutstätte. Die Eier werden direkt auf den Boden der Nisthöhle gelegt.

Rauhfußkäuze erbeuten vorwiegend Mäuse, daneben auch Kleinvögel und Insekten.

Diese kleinste Eule Europas hat eine längsgestreifte Unterseite, einen weißlich quergebänderten Schwanz und eine dunkle, konzentrische Wellenzeichnung im Gesicht. Die Augen sind gelb und relativ klein. Die Geschlechter sind gleichgefärbt; das Weibchen ist aber etwas größer als das Männchen (17 cm)

Ist der Sperlingskauz aufgeregt, stellt er den Schwanz auf und bewegt ihn ruckartig hin und her

Erschreckt macht der Kauz sich schmal. Es erscheinen dann „Federohren"

Der Sperlingskauz jagt vor allem tagsüber und hat deshalb für eine Eule verhältnismäßig kleine Augen

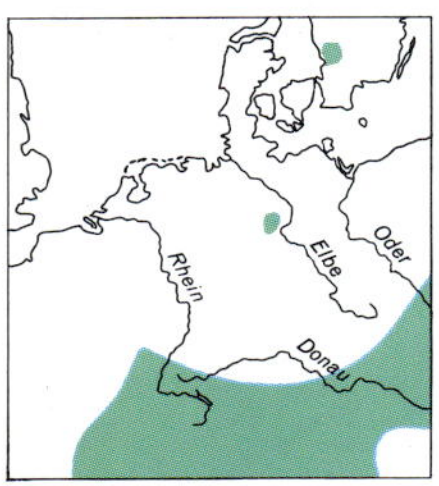

Jahresvogel. Bleibt oft jahrelang im gleichen Revier

Der immature Vogel ist einfarbiger

Sperlingskauz *Glaucidium passerinum*

Der Sperlingskauz hat nur etwa die Größe eines Stars. Der überwiegend tagaktive Vogel setzt sich gern auf Baumspitzen und läßt von dort seinen Gesang erschallen. Dieser besteht aus monotonen „Düh"- oder „Gühg"-Rufen, an die in bestimmten Situationen ein halblautes Vibrieren angehängt wird. Vor allem nach der Brutzeit lassen Männchen und Weibchen eine ansteigende Tonleiter aus fünf bis sechs „Düh"-Rufen hören, bei welcher der letzte Ton falsch klingt oder sich überschlägt.

Der Sperlingskauz bewohnt ausgedehnte Misch- und Nadelwälder, vor allem im höheren Gebirge, z. B. im Bayerischen Wald, im Schwarzwald, im Fichtelgebirge und im Alpenraum. Als Brutplätze dienen meist Höhlen von Buntspechten. Nur das Weibchen brütet. Während dieser Zeit wird es vom Männchen gefüttert. Wenn das Männchen sich mit Beute lockend der Bruthöhle nähert, fliegt ihm das Weibchen mit hohen „Siiht"-Rufen entgegen.

Die Nahrung des Sperlingskauzes besteht aus Kleinsäugern wie Mäusen und Spitzmäusen sowie aus Kleinvögeln.

Sobald Kleinvögel den Waldkauz am Tag entdecken, umfliegen sie ihn zeternd. Dieses „Hassen" scheint ihn aber wenig zu stören

Junge haben ein hell und dunkel gebändertes, wolliges Gefieder und dunkle Augen

Dunkle Augen

Seine Größe und die schwarzbraunen Augen machen den Waldkauz unverkennbar. Dank der gezähnelten Kante der ersten Handschwingen und der samtartigen Struktur der Flügeloberseite ist sein Flug lautlos. Das Weibchen ist größer als das Männchen (38 cm)

Jahresvogel; in Mitteleuropa weit verbreitet

Der Waldkauz lauert meist auf einem Ansitz und stürzt sich von dort aus lautlos auf seine Beute

Waldkäuze brüten oft in größeren Baumhöhlen. Sie sind aber bezüglich des Brutplatzes wenig wählerisch

Waldkauz *Strix aluco*

Der Waldkauz kommt in einer grauen und einer rötlichen Farbphase vor. Er hat große, schwarzbraune Augen. Vor allem in klaren Winter- und Frühlingsnächten kann man den Gesang des Männchens hören: ein heulendes, hohles „Huuh-huhuuuu", wobei der dritte Teil der Strophe tremolierend klingt. Außerdem rufen beide Partner gellend „kjuwitt".

Der Waldkauz bewohnt aufgelockerte Waldungen, Parkanlagen, Auwälder, Gartengelände sowie Dörfer und Städte. Als Brutplatz dienen ihm größere Baumhöhlen, zum Teil auch alte Fuchs- und Dachsbaue, verlassene Krähen- oder Greifvogelhorste, Winkel in Gebäuden sowie Nischen unter ausgerodeten Baumwurzeln.

Das brütende Weibchen wird vom Männchen gefüttert. Die Jungen verlassen im Alter von vier bis fünf Wochen das Nest und sind dann noch nicht voll flugfähig; sie werden noch zwei bis drei Monate lang von den Eltern geführt und ernährt.

Die Nahrung des Waldkauzes besteht vor allem aus Kleinsäugern, Kleinvögeln, anderen Wirbeltieren und Insekten.

Die Waldohreule fliegt lautlos, mit verhältnismäßig langsamen und weit ausholenden Flügelschlägen. Im Brutgebiet klatscht sie nicht selten mit den Flügeln

Die Federohren haben nichts mit dem Gehör zu tun; sie spielen jedoch eine Rolle bei Ausdrucksbewegungen. Die Ohren sind schlitzförmige Öffnungen an den Kopfseiten hinter dem „Gesicht"

Teilzieher; · in Mitteleuropa vorwiegend Jahresvogel

Die Waldohreule ist durch ihre Größe, die Gefiederfärbung sowie durch die Federohren und orangefarbenen Augen gut gekennzeichnet. Die Geschlechter sind gleichgefärbt. Größe: 34 cm

Wenn die Waldohreule ängstlich ist, macht sie sich schlank und richtet die Federohren steil auf

Die Drohgeste: Der Vogel plustert sich auf und spreizt die Schwingen; dazu pendelt er mit dem Körper hin und her

Waldohreule *Asio otus*

Die Waldohreule ist etwas kleiner als der Waldkauz, von dem sie sich auch durch ihre „Federohren" am Kopf und die orangefarbenen Augen unterscheidet. Das Männchen ruft zur Brutzeit in der Dämmerung und nachts dumpf „huh" – ein Laut, der im Abstand von zwei bis drei Sekunden wiederholt wird. Ausgeflogene Jungvögel lassen ein hohes Fiepen hören.

Die Waldohreule ist in Mitteleuropa weit verbreitet und verhältnismäßig häufig. Sie bewohnt Wälder mit Lichtungen, Feldgehölze und Parks. Krähen- und Elsternnester sowie verlassene Greifvogelhorste dienen ihr als Brutplatz. Ihre Nahrung besteht aus Kleinsäugern, gelegentlich auch aus Kleinvögeln, anderen kleinen Wirbeltieren und Insekten.

Die wesentlich kleinere Zwergohreule, *Otus scops*, besitzt ein bräunliches oder graues Gefieder mit rindenartiger Zeichnung. Die kleinen Ohrbüschel sind nicht immer sichtbar. Der Vogel ruft im Atemabstand „kjüh". Er kommt örtlich im südlichen Mitteleuropa vor. Dort bewohnt er offenes Gelände mit Bäumen und brütet in Spechthöhlen. Größe: 19 cm.

Im Flug wirkt die Sumpfohreule gelblicher als die Waldohreule. Sie fliegt ähnlich gaukelnd mit weit ausholenden Flügelschlägen

Auf Pfählen sitzt der Vogel oft fast waagrecht

Sehr helle Unterseite

Schwärzliche Augenumgebung

Beim Balzflug schlägt der Vogel die Flügelspitzen klatschend unter dem Körper zusammen

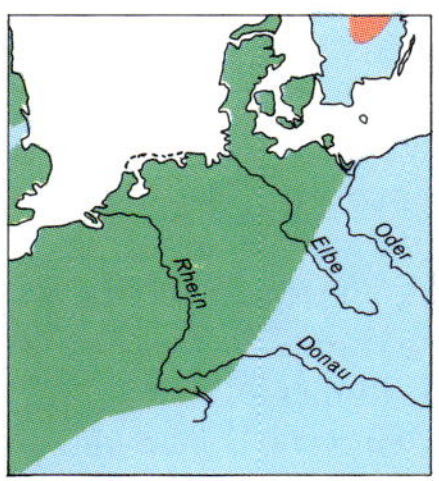

Teilzieher; überwintert in Mittel-, West- und Südeuropa

Von unten gesehen wirkt der Körper vorne dunkel, und nach hinten wird er immer heller. Der Schwanz ist weniger, aber kräftiger gebändert als derjenige der Waldohreule. Die Geschlechter sind gleichgefärbt. Größe: 38 cm

Sumpfohreulen brüten auf dem Boden; die Jungen verlassen den Brutplatz, noch ehe sie fliegen können, und verbergen sich in der Umgebung

Die Zahl der Sumpfohreulen, die in einem Gebiet brüten, hängt vom Angebot an Kleinsäugern ab

Sumpfohreule *Asio flammeus*

Die Sumpfohreule ähnelt der Waldohreule, ist aber heller und hat gelbe Augen. Ihre Federohren sind sehr kurz. Die Sumpfohreule ist vor allem tagsüber aktiv. Der Gesang des Männchens besteht aus einem dumpfen „Wudwudwud …". Bei Störungen am Brutplatz rufen Sumpfohreulen gellend „kiäw".

In Mitteleuropa ist die Sumpfohreule selten geworden, weil der Mensch das ihr zusagende Gelände weitgehend umgewandelt hat. Sie benötigt ausgedehnte offene Landschaften, vor allem Riedgebiete, Moore und saure Wiesen. Als einzige europäische Eule trägt sie manchmal etwas dürres Pflanzenmaterial als Nestunterlage zusammen. Der Brutplatz wird meist im Schutz höherer Vegetation angelegt und von oben her gedeckt. Das Weibchen legt die Eier gewöhnlich im Abstand von zwei Tagen. Die Jungen schlüpfen etwa im Legeabstand, was bei Nahrungsknappheit zum Verlust der „Nesthäkchen" führt: Diese werden von ihren Geschwistern aufgefressen.

Sumpfohreulen ernähren sich überwiegend von Kleinsäugern, ferner von anderen Wirbeltieren und Insekten.

Das Gefieder adulter Vögel ist überwiegend braun und hat auf der Oberseite hellere und dunklere Zeichnungen, die ein „Rindenmuster" ergeben. Der Schnabel ist kurz, der Rachen tief gespalten. An dessen Rändern stehen lange Borsten. Das Männchen hat weiße Abzeichen in den Handschwingen und an den äußeren Schwanzfedern. Größe: 27 cm

Ziegenmelker setzen sich fast immer in Längsrichtung auf Äste

Man sieht Ziegenmelker hauptsächlich in der Dämmerung, wenn sie über Waldblößen in unstetem Flug Insekten jagen

Tagsüber oder beim Brüten sitzen die Vögel regungslos und kaum sichtbar auf dem Boden

Ziegenmelker *Caprimulgus europaeus*

Der Ziegenmelker ist ein langflügeliger Vogel, dessen Flugbild fast falkenartig wirkt. Bald nach der Rückkehr aus dem Winterquartier fliegt das Männchen flügelklatschend im Revier umher und singt ausdauernd. An milden Frühlingsabenden bis in den Frühsommer hinein erklingt sein anhaltendes Schnurren, dessen Tonhöhe geringfügig wechselt und wie „errrr … örrrr … errrr …" klingt. Von beiden Geschlechtern hört man überdies ein gedämpftes „Guig".

Der Ziegenmelker bewohnt Moore und Heideflächen mit lockerem Baumbestand sowie lichte Wälder mit Schneisen und Blößen. Die beiden Eier werden direkt auf den Boden gelegt. Die Jungen bleiben, bis sie flugfähig sind, am Brutplatz. Gelegentlich kommt es zu Schachtelbruten: Während das Weibchen auf dem zweiten Gelege brütet, zieht das Männchen die Jungen aus dem ersten auf.

Die Nahrung des Ziegenmelkers besteht ausschließlich aus Insekten – vor allem aus Nachtschmetterlingen –, die der Vogel meist im Flug mit weit aufgerissenem Rachen fängt.

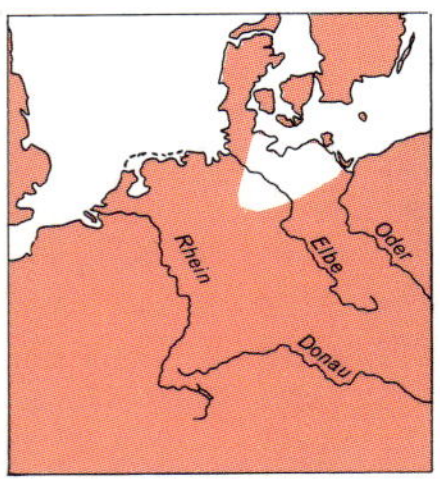

Sommervogel, der im tropischen Afrika überwintert

Das Weibchen hat keine weißen Abzeichen im Schwanz und in den Schwingen. Die Jungen werden mit ausgewürgter Nahrung gefüttert

In der Nähe des Brutplatzes schießen Mauersegler oft in rasendem Flug mit sehr schnellen Flügelschlägen und gellend schreiend umher

Adulte Mauersegler haben ein überwiegend rußschwarzes Gefieder und lange, sichelförmige Flügel. Der kurze Schwanz ist schwach gegabelt. Die Geschlechter sind gleichgefärbt. Größe: 16,5 cm

In der Dämmerung fliegen Trupps von Mauerseglern oft über Städten und lassen sich von einer Thermik in die Höhe tragen

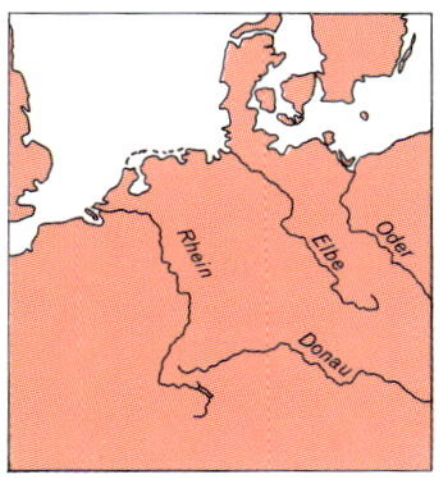

Sommervogel; überwintert im tropischen Afrika

Mauersegler nisten oft in sehr engen Spalten und Höhlungen im Mauerwerk

Alpensegler *Apus melba*
Die Oberseite des Alpenseglers ist graubraun, die Unterseite weiß mit graubraunem Brustband. Der Vogel kommt nur im südlichen Mitteleuropa (bei Freiburg i. Br., Alpen) vor. Die Geschlechter sind gleichgefärbt. Größe: 21 cm.

Die Federn der Jungen haben helle Ränder. Das Nest besteht aus Federn und Halmen, die mit Speichel verkittet sind

Mauersegler *Apus apus*

Auf den ersten Blick erinnert der Mauersegler an eine Schwalbe; seine Flügel sind aber spitzer und sichelförmig, und sein Flug ist reißender. Betrachtet man den Vogel aus der Nähe, so erkennt man, daß seine Füße sehr kurz sind und vier nach vorne gerichtete, krallenbewehrte Zehen aufweisen. Meist jagen die Mauersegler im Verband um Türme und größere Gebäude und stoßen dabei schrille „Srih“-Rufe aus.

Mauersegler leben überwiegend im Luftraum und sind fast überall zu beobachten. Zum Brüten suchen sie Gemäuer und Gebäude auf, wo sie in Mauerspalten oder in Hohlräume unter Ziegeln einschlüpfen. Dort bauen sie aus Speichel und Nistmaterial, das sie in der Luft aufgreifen (Federn, Halme usw.), ein flaches Nest.

Die zwei weißen, länglichen Eier werden von beiden Partnern bebrütet. Die Jungen verlassen nach etwa 42 Tagen das Nest und sind dann voll flugfähig. Mauersegler ernähren sich ausschließlich von fliegenden Insekten. Die Jungen werden mit zusammengepreßten Nahrungsballen gefüttert.

Bienenfresser
Merops apiaster
Der Flug des Bienenfressers ist fast schwalbenartig. Der Vogel kommt örtlich im südlichen Mitteleuropa vor. Er brütet in selbstgegrabenen Höhlen in Böschungen.
Die Geschlechter sind gleichgefärbt. Größe 28 cm.

Blauracke *Coracias garrulus*
Der etwa taubengroße Vogel hat einen kastanienbraunen Rücken, eine blaue Unterseite und einen blauen Kopf. In Mitteleuropa ist er fast nur Durchzügler. Die Blauracke brütet vor allem in Baumhöhlen. Beim fliegenden Vogel fallen die tiefblauen Armschwingen auf. Die Geschlechter sind gleichgefärbt. Größe: 30 cm.

Wiedehopf *Upupa epops*
Dieser Vogel ist an der aufrichtbaren Federhaube und den schwarzweiß gezeichneten Flügeln leicht zu erkennen. Er ruft hohl „upupup“.

Rackenvögel

Zu den Rackenvögeln, einer in den Tropen weitverbreiteten und artenreichen Familie, gehören in Mitteleuropa vier Arten. Ihre Vertreter sind meist sehr bunt gefärbt, z. B. auch die Blauracke, der Bienenfresser und der Eisvogel. Alle sind Höhlenbrüter. Bienenfresser und Eisvögel brüten in selbstgegrabenen, Wiedehopfe und Blauracken in bereits vorhandenen Höhlen.

Heute sind die Blauracke und der Wiedehopf vielerorts verschwunden. In Südeuropa hingegen trifft man diese beiden Arten noch häufiger an.

Beim fliegenden Vogel fallen die kurzen Flügel, der kurze Schwanz und der türkisblaue Rücken auf

Adulte Vögel haben einen kompakten Körper mit langem, spitzem, fast dolchartigem Schnabel. Die Füße sind schwach und rot gefärbt. Die Unterseite hat überwiegend eine orangebräunliche Farbe. Die Geschlechter sind gleichgefärbt. Größe: 16,5 cm

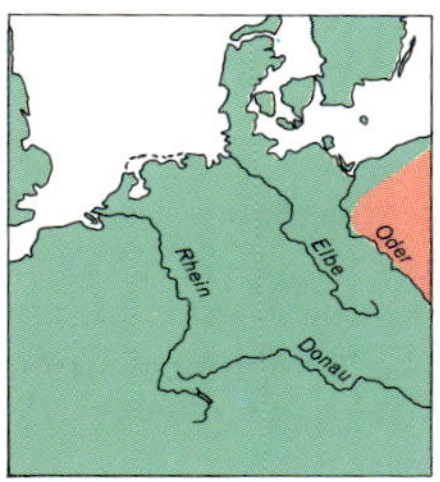

Teilzieher; überwintert vereinzelt an Binnengewässern

Gern stürzt sich der Eisvogel von einem Zweig über dem Wasser auf Beutetiere, die unter ihm vorbeischwimmen

Eisvogel *Alcedo atthis*

Am Eisvogel fallen besonders der lange, spitze Schnabel, die orangebraune Unterseite und der türkisblaue Rücken auf. Eisvögel rufen hoch pfeifend „tiht" oder „titiht". Außerdem lassen sie zur Brutzeit ein kurzes Trillern hören.

In Mitteleuropa ist diese Art weit verbreitet, aber nirgends häufig. Der Vogel lebt an einigermaßen sauberen Binnengewässern, vor allem wenn an ihren Ufern Büsche oder Bäume mit überhängenden Zweigen stehen. Von dort aus fängt er stoßtauchend seine Beute. Häufig rüttelt er auch über dem Wasser und stößt dann blitzschnell hinein. Seine Nahrung besteht aus kleinen Fischen sowie aus Larven von Wasserinsekten und anderen kleinen Wassertieren. Die Beute wird auf einem Ruheplatz ausgiebig auf die Unterlage geschlagen und mit dem Kopf voran verschlungen.

Eisvögel graben ihre Bruthöhle vor allem in Uferböschungen. Sie führt etwa einen Meter weit ins Erdreich hinein und ist am Ende backofenförmig erweitert. Die weißen Eier werden dort direkt auf den Boden gelegt.

Der Flug des Wendehalses verläuft weniger bogenförmig als der anderer Spechte. Der Vogel fliegt nur kleinere Strecken, meist in geringer Höhe, von Baum zu Baum

Wendehälse öffnen Ameisenhaufen und fahren mit ihrer langen, klebrigen Zunge hinein, um Ameisen und ihre Puppen herauszuholen. Wenn sie umherhüpfen, wird der Schwanz leicht gestelzt

Der Wendehals brütet vor allem in Baumhöhlen. Später bringen die Eltern große Ballen von Ameisenpuppen und Ameisen an und verfüttern sie an die Jungen

Wird ein Wendehals in der Hand gehalten, verdreht er den Kopf und sträubt das Scheitelgefieder

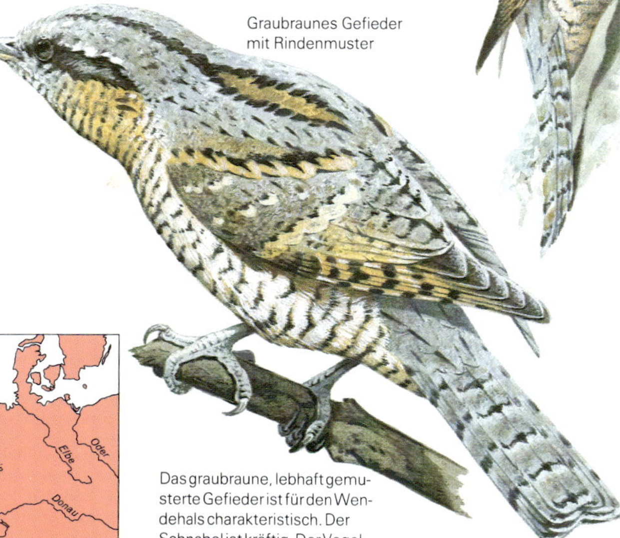

Graubraunes Gefieder mit Rindenmuster

Das graubraune, lebhaft gemusterte Gefieder ist für den Wendehals charakteristisch. Der Schnabel ist kräftig. Der Vogel hat keinen Stützschwanz. Die Geschlechter sind gleichgefärbt. Größe: 16,5 cm

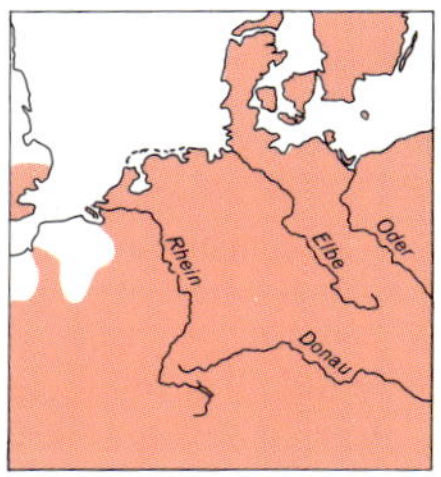

Sommervogel; überwintert im tropischen Afrika

Wendehals *Jynx torquilla*

Der etwa sperlingsgroße Wendehals mit seinem rindenartig gemusterten Gefieder gehört zu den Spechten. Wie bei diesen sind auch bei ihm zwei Zehen nach vorne und zwei nach hinten gerichtet. Seinen Namen hat er erhalten, weil er bei Erregung in merkwürdiger Weise den Hals verdreht.

Der Wendehals ist in Mitteleuropa weit verbreitet, aber nirgends häufig. Er bewohnt Parkanlagen, Obstbaumgelände und lichte Laubwälder. Häufig hält er sich auf dem Boden auf, wo er nach Ameisenhaufen Ausschau hält.

Baumhöhlen, besonders von Spechten gezimmerte, Nistkästen usw. dienen ihm als Brutplätze. Bald nach der Ankunft im Brutrevier lassen Männchen und Weibchen etwas nasal klingende Rufreihen hören, die wie „wiewiewie …" klingen. Jungvögel klingeln hell. Wie alle Spechte baut der Wendehals kein Nest. Vorhandenes Nistmaterial und auch Gelege von anderen Vogelarten wirft er aus der gewählten Nisthöhle hinaus.

Die Nahrung des Wendehalses besteht überwiegend aus Ameisen und ihren Puppen.

Der Bartstreif des Weibchens ist schwarz. Jungvögel sind unten kräftig hell und dunkel gewellt; oberseits haben sie hellere Flecken

Zum Baden setzt sich der Grünspecht zuweilen auf Zweige, die ins Wasser ragen. Am Boden bewegt er sich hüpfend

Grauspecht *Picus canus*
Der Grauspecht hat einen grauen Kopf. Das Männchen weist eine rote Stirn auf. Der Vogel ruft abfallend und in der Tonfolge langsamer werdend „gügügü-gü-gük". In Mitteleuropa ist er weit verbreitet.

Jahresvogel; streift nur wenig umher

Adulte Vögel haben einen grünen Rücken und einen roten Scheitel. Die Umgebung der Augen ist schwarz. Das Männchen hat einen roten Bartstreif. Größe: 32 cm

Grünspecht *Picus viridis*

Der Grünspecht ist verhältnismäßig groß; er hat ein überwiegend moosgrünes Gefieder und einen gelblichen Bürzel. Der gesamte Oberkopf ist rot. Vor allem im Frühling hört man die lachenden Rufreihen beider Geschlechter, die wie „glückglückglück ..." klingen. Grünspechte trommeln selten.

In Mitteleuropa ist diese Art weit verbreitet. Sie bewohnt lichte Wälder, Parklandschaften, Obstbaumgelände und geht im Gebirge über 1700 Meter hoch hinauf.

Die Bruthöhle zimmert der Grünspecht meist in Laubbäumen. Das Weibchen legt die weißen Eier direkt auf den Boden der Nisthöhle. Beide Partner brüten. Die Jungen werden nach dem Ausfliegen noch etwa drei Wochen von den Eltern geführt und gefüttert.

Grün- und Grauspechte sind sogenannte Erdspechte; sie suchen ihre Nahrung, die vor allem aus Ameisen und sonstigen Insekten sowie ihren Larven besteht, auf dem Boden. Sie züngeln mit ihrer langen, klebrigen Zunge bis zu zehn Zentimeter weit und ziehen sie mit Ameisen besetzt wieder zurück.

In Buntspechthöhlen brüten gern Stare

Der Flug des Buntspechts ist wellenförmig. Der weiße Schulterfleck ist dabei gut zu sehen

Das Männchen vollführt manchmal Flugsprünge wie ein Fliegenschnäpper, um Insekten im Flug zu erbeuten

Weibchen

Jungvögel haben einen roten Oberkopf, einen großen, weißen Schulterfleck und einen scharf abgesetzten roten Unterbauch

Weißer Schulterfleck

Die Bruthöhle wird von beiden Partnern in dicken Ästen oder Baumstämmen gezimmert

Rote Unterschwanzdecken

Den Buntspecht charakterisieren seine Größe, die roten Unterschwanzdecken und die weißen Schulterflecken. Das adulte Männchen hat eine rote Binde im Genick, die dem Weibchen fehlt. Größe: 23 cm

Der große Buntspecht kommt im Winter häufig, wie beispielsweise Meisen und Kleiber, an Futterplätze

Jahresvogel, der nur wenig umherstreift

Buntspecht *Dendrocopos major*

Der Buntspecht ist an seinem schwarzweißen Gefieder und dem scharf abgesetzten roten Bauch gut zu erkennen. Er ruft scharf „gick“ und trommelt häufig, indem er mit dem Schnabel in rascher Folge gegen einen Ast o. ä. schlägt. Dieses Trommeln hat nichts mit der Nahrungssuche zu tun wie das langsamere Klopfen des Vogels, sondern zeigt vor allem den Besitz des Reviers an.

Der Buntspecht bewohnt Laub-, Misch- und Nadelwälder, Parks, Obstbaumgelände und andere baumbestandene Landschaften bis zur Baumgrenze. Die Bruthöhle wird in Laub- und Nadelbäumen gezimmert. Beide Partner brüten.

Die Nahrung des Buntspechts besteht aus Insekten und Larven, die im Holz oder unter der Rinde leben. Außerdem nimmt der Vogel reifes Obst, Nüsse und Baumsamen. An manchen Stellen legt er eine „Spechtschmiede“ an: Er hackt in einen Baumstamm oder einen dicken Ast eine Mulde, in die er Fichten- oder Kiefernzapfen oder Nüsse klemmt, um sie danach mit dem Schnabel zu bearbeiten und die Samen herauszuholen.

Am fliegenden Vogel fällt die weiße Bänderung der Schwingen auf

Adulte Vögel sind kleiner als die anderen schwarzweißen Spechte. Das Männchen hat einen roten Oberkopf, während der Scheitel des Weibchens grauweiß aussieht. Die Unterseite der Vögel ist schmutzigweiß mit dunkler Strichelung, ohne jegliches Rot. Größe: 14,5 cm

Kleinspechte suchen oft an dünnen Zweigen nach Nahrung. Jungvögel ähneln den Weibchen, haben aber manchmal etwas Rot auf dem dunkleren Scheitel

Ein Männchen bringt Insektenlarven für die Jungen. Die Nisthöhle im Stamm oder Ast ist stets nach unten gewandt

Überwiegend Jahresvogel streift nur wenig umher

Der Kleinspecht nistet oft in Obstgärten und Parks

Kleinspecht *Dendrocopos minor*

Der Kleinspecht ist etwa sperlingsgroß. Er hat keine weißen Schultern und ist auf der Unterseite nicht rosa oder rot gefärbt. Der Scheitel des Männchens sieht rot aus, der des Weibchens weißlich. Kleinspechte rufen hell „kikikiki ...“; außerdem trommeln sie häufig.

In Mitteleuropa ist der Kleinspecht recht weit verbreitet, doch nirgends ausgesprochen häufig. Gebietsweise fehlt er auch ganz. Er bewohnt Obstbaumgelände, Parkanlagen, Auwälder und kommt außerdem in lichten Laub- und Mischwaldungen vor. Im Frühling hört man sein Trommeln und seine Rufzeichen sehr oft. Die Bruthöhle wird von beiden Partnern gezimmert, vielfach in abgestorbenen, stärkeren Ästen alter Bäume. Beide Partner brüten, und sie füttern auch die Jungvögel gemeinsam.

Die Nahrung besteht in erster Linie aus Insekten und ihren Larven. Im Winter sucht der Kleinspecht vor allem solche, die im Holz leben oder dort überwintern; im Sommer verzehrt er viele Blattläuse und Raupen.

Mittelspecht *Dendrocopos medius*
Der Mittelspecht ähnelt stark dem Buntspecht, ist aber kleiner und hat einen roten Oberkopf. Mittelspechte rufen heiser „gäih-gäih- …"; daneben sind gickernde Rufe zu hören. Diese Art trommelt so gut wie nie. Jahresvogel. Größe: 21 cm.

Dreizehenspecht *Picoides tridactylus*
Diese Art ist auf der Oberseite vorwiegend schwarz und hat eine grauweiße Rückenmitte. Der Oberkopf des Männchens ist gelb, der des Weibchens grauweiß. Die Flanken sind kräftig dunkel quergebändert. Der Dreizehenspecht hat nur drei Zehen; zwei davon sind nach vorn gerichtet, eine steht nach hinten. Die Stimme ähnelt der des Buntspechts, ist aber weicher. Der Dreizehenspecht trommelt häufig. Er bewohnt ausgedehnte Bergwälder, vor allem Nadelholzbestände in höheren Lagen. In Mitteleuropa sieht man ihn vor allem in den Alpen. Größe: 22 cm.

Weißrückenspecht
Dendrocopos leucotos
Der Hinterrücken des Vogels ist weiß, der Oberkopf beim Männchen rot, beim Weibchen weißlich. Die Art kommt in den Alpen, im Bayerischen Wald und Böhmerwald vor. Größe: 25 cm.

Seltenere Spechte

Von den schwarz und weiß gezeichneten Spechtarten kommen in Mitteleuropa noch drei weitere vor. Zwei von ihnen, der Mittel- und der Weißrückenspecht, sehen dem Buntspecht und dem Kleinspecht ähnlich. Die dritte Art, der Dreizehenspecht, ist durch das Fehlen von Rot im Gefieder gekennzeichnet. In Mitteleuropa bewohnt er Bergwälder.

Das Weibchen ist durch den roten Hinterkopf gekennzeichnet

Dieser große Specht ist fast vollständig schwarz. Das Männchen hat eine rote Kopfplatte; der Schnabel sieht gelblich aus. Größe: 45 cm

Im Flug streckt der Schwarzspecht den Kopf weit vor. Sein Flug geht weniger auf und ab als der anderer Spechtarten

Der Schwarzspecht zimmert seine Bruthöhle gern in Buchen, Kiefern und Tannen, weniger in Fichten

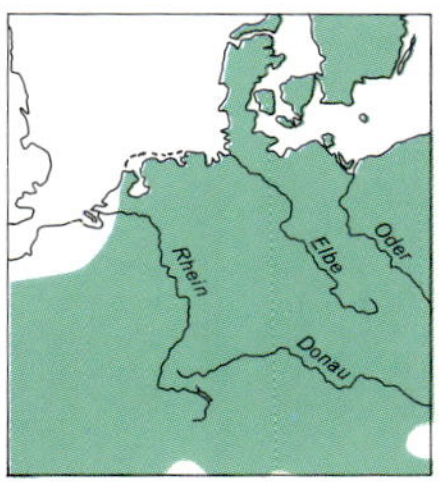

Überwiegend Jahresvogel; streift meist nur wenig umher

Schwarzspecht *Dryocopus martius*

Der Schwarzspecht ist der größte Specht Europas; seine Größe und Färbung machen ihn unverkennbar. Im Flug läßt er ein hohes, durchdringendes „Ripripriprip ..." hören. Wenn er an einem Stamm sitzt, ruft er melodisch „kliök". Zur Fortpflanzungszeit trommelt er häufig und ruft schallend, in der Tonfolge immer schneller werdend „kwick – kwick-kwickkwick ...".

In Mitteleuropa ist der Schwarzspecht weit verbreitet, gebietsweise aber selten geworden. Er bewohnt meist ausgedehnte Waldungen mit Altholzbeständen; diese sind für das Vorkommen der Art von größter Wichtigkeit.

Der Schwarzspecht zimmert seine Bruthöhle zumeist in den Stamm eines wenig beasteten und mehr oder weniger freistehenden Baumes. Das Flugloch ist im Gegensatz zu dem anderer Spechte oval. Beide Partner brüten.

Der Vogel ernährt sich in erster Linie von Insekten und ihren Larven, die im Holz leben. Mit Vorliebe verzehrt er Holzameisen. Auf der Suche nach ihnen schlägt er oft große Löcher in befallene Stämme.

Die Jungen der Rauchschwalbe werden von beiden Eltern mit Insekten gefüttert. Im allgemeinen sind sie erst im Alter von drei Wochen flugfähig. Eine so lange Nestlingszeit kommt bei Vögeln, die an sicheren Plätzen nisten, häufig vor

Rauchschwalben auf Telefondrähten

Bei der Nahrungssuche wechseln Schwalben ständig die Flugrichtung

Rauchschwalben fliegen elegant; ihr Flug ist unstet und führt auf und nieder. An der Unterseite der Vögel fallen die rotbraune Kehle und das schwarze Halsband auf. Bevor die Rauchschwalben nach Süden aufbrechen, sammeln sie sich gern in großer Zahl auf Telefondrähten

Insektenfangende Schwalben

Rauchschwalben setzen sich selten auf den Boden – allenfalls wenn sie Nistmaterial suchen. Sie trinken im Flug und streifen dabei mit dem Schnabel über die Wasseroberfläche. Ihre Nahrung fangen sie meist in niedrigem Flug

Im Trinkflug

Adulte Vögel sind an der rostbraunen Kehle, dem schwarzen Halsband und den langen Schwanzspießen zu erkennen. Der Rücken ist einfarbig bläulich schwarz. Den Schwanz ziert eine weiße Flekkenreihe. Die Geschlechter sind gleichgefärbt. Größe: 19 cm

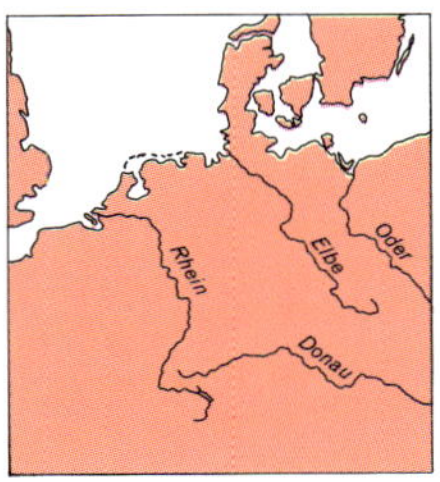

Sommervogel; überwintert im südlichen Afrika

Das Nest der Rauchschwalbe besteht aus Schlamm, der an Pfützen aufgenommen und mit Halmen zu einem festen Bau verarbeitet wird

Rauchschwalbe *Hirundo rustica*

An ihrer besonderen Färbung ist die Rauchschwalbe leicht zu erkennen. Sie ist die einzige Schwalbenart Mitteleuropas mit sehr langen Schwanzspießen und einer rötlichbraunen Kehle. Rauchschwalben rufen „witt-witt“ und scharf „biwist“. Ihr Gesang ist ein melodisches Geplauder, das aus zwitschernden und schnurrenden Lauten besteht.

Die Rauchschwalbe bewohnt vorwiegend offenes Kulturland mit Gehöften und Dörfern. Ihre Nahrung besteht vor allem aus Fliegen, Bremsen und anderen Insekten, die sie im Flug fängt.

Rauchschwalben bauen in Ställen, Kellergewölben, Hausfluren und ähnlichen Örtlichkeiten ein tassenförmiges Nest, das aus Schlamm und Halmen besteht und mit Federn ausgepolstert wird. Die Anflugkante liegt etwa 5 cm unter der Decke. Die drei bis sieben weißlichen, grob rotbraun gepunkteten Eier bebrütet hauptsächlich das Weibchen. Die Jungen werden von beiden Eltern gefüttert. Rauchschwalben brüten zwei- bis dreimal im Jahr.

Die fliegende Uferschwalbe kann man an der weißlichen Unterseite mit dem braunen Brustband erkennen

Einfarbig braune Oberseite

Felsenschwalbe
Hirundo rupestris
Die Felsenschwalbe hat eine bräunliche Unterseite und weißliche Flecken im Schwanz. Sie bewohnt felsiges Gelände im Gebirge. Größe: 15 cm.

Wenn die Jungen befiedert sind, kommen sie zum Eingang der Niströhre, um die fütternden Altvögel zu erwarten

Uferschwalben graben ihre Brutröhren selbst; sie scharren den Sand mit den Füßen hinaus

Die adulte Uferschwalbe ist kleiner als die Mehlschwalbe, und ihr Schwanz ist weniger tief gegabelt. Von oben gesehen ist sie einfarbig braun. Die Geschlechter sind gleichgefärbt. Größe: 12 cm

Sommervogel; überwintert in Ostafrika

Uferschwalben brüten in Kolonien. Sie legen Niströhren in steilen, sandigen Böschungen an

Uferschwalbe *Riparia riparia*

Die Uferschwalbe ist oberseits braun, auf der Unterseite weißlich mit bräunlichem Brustband. Die meist sehr geselligen Vögel rufen „dschrr" – ein Laut, der auch in den zwitschernden Gesang eingeflochten wird.

Früher war die Uferschwalbe weit verbreitet; heute kommt sie nur noch örtlich vor. Sie liebt offenes Gelände und bevorzugt die Nähe von Flüssen, Seen und anderen Gewässern mit sandigen Uferböschungen; doch begegnet man ihr auch weitab vom Wasser in Sandgruben und an ähnlichen Orten.

Uferschwalben graben in steile Böschungen bis etwa 1 m tiefe Röhren, die sie am Ende backofenförmig erweitern. Dort bauen sie aus Halmen und Würzelchen ein mit Federn gepolstertes Nest. Die fünf bis sechs reinweißen Eier werden von beiden Partnern bebrütet. Nach 16 bis 22 Tagen verlassen die jungen Uferschwalben das Nest. Manchmal findet eine zweite Brut im Jahr statt.

Die Nahrung der Uferschwalbe besteht vor allem aus nicht sehr großen fliegenden Insekten.

Von oben gesehen ist die Mehlschwalbe an dem weißen Bürzel und dem kürzeren Schwanz von der Rauchschwalbe gut zu unterscheiden

Blauschwarze Oberseite

Weiße Unterseite

Adulte Mehlschwalben haben eine reinweiße Unterseite. Die Oberseite ist überwiegend blauschwarz, der Bürzel jedoch weiß. Die Geschlechter sind gleichgefärbt. Größe: 12,5 cm

Nicht selten nisten sich Haussperlinge in Mehlschwalbennester ein

Unter Dachvorsprüngen findet man oft ganze Kolonien von Mehlschwalben. Auch künstliche Nester werden von den Vögeln gern angenommen

Junge Mehlschwalben bleiben so lange im Nest, bis sie voll flugfähig sind. Sie werden von beiden Eltern gefüttert

Sommervogel (Apr.–Okt.); überwintert in Afrika

Die Vögel versammeln sich oft an Pfützen, um Schlamm als Baumaterial aufzunehmen. Ihre Füße sind bis zu den Zehen hinab befiedert

Mehlschwalbe *Delichon urbica*

Die Mehlschwalbe ist an ihrer ganz weißen Unterseite und dem weißen Bürzel leicht zu erkennen. Sie ruft schnirpsend „schrrip" sowie heiser „zier". Ihr Gesang ist ein leises, schwatzendes Zwitschern.

In Mitteleuropa ist die Mehlschwalbe weit verbreitet. Sie bewohnt vor allem Städte und Dörfer sowie einzelnstehende Gebäude. Als geselliger Vogel brütet sie meist in größeren Kolonien. Die Nester werden aus Lehm und Schlamm unter Dachvorsprüngen oder an ähnlichen Plätzen gebaut. Sie sind halbkugelig und haben die Einschlupföffnung am oberen Rand. Innen sind sie mit Federn gepolstert. Die reinweißen Eier werden von beiden Partnern bebrütet. Nach etwa vier Wochen fliegen die Jungen aus; sie werden jedoch von den Eltern zur Fütterung immer wieder zum Nest zurückgeführt. Im Jahr finden ein bis zwei Bruten statt.

Die Mehlschwalbe jagt ihre Beute, in erster Linie Insekten, im Flug. Vielfach jagen die Vögel über Wasserflächen; meist sieht man sie aber über Dorfstraßen dahinschießen.

Am fliegenden Vogel fallen die weißen Flügelzeichnungen und die weißliche Genickbinde auf

Der Gesang wird vor allem im schleifenartigen Singflug vorgetragen

Das Nest ist ein tassenförmiger Bau aus Gras und Moos, der innen mit Haaren ausgepolstert wird

Die Heidelerche hat einen kurzen Schwanz und eine auffällige Gefiederzeichnung. Die Überaugenstreifen sind im Genick miteinander verbunden. Das Kopfgefieder kann haubenartig gesträubt werden. Die Geschlechter sind gleichgefärbt. Größe 15 cm

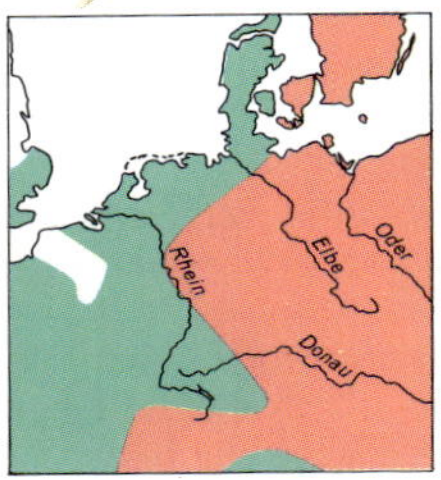

Teilzieher; überwintert größtenteils im Mittelmeergebiet

Die Heidelerche sucht ihre Nahrung auf dem Boden

Heidelerche *Lullula arborea*

Die Heidelerche ist klein und verhältnismäßig kurzschwänzig. Sie singt sowohl von Baumspitzen aus als auch während eines schleifenförmigen Singfluges. Der Gesang ist melodisch und besteht aus flötenden, wie „düdl-düdl-düdl- …“ und „lülülü-lü …“ klingenden Strophen. Beim Auffliegen ruft sie melodisch „düdloi“.

Die Heidelerche ist in Mitteleuropa nur örtlich verbreitet. Sie lebt an trockenen Waldrändern, auf Heideflächen und trokkenen, mit wenigen Bäumen bestandenen Hängen sowie auf Bergmatten oberhalb der Baumgrenze.

Das Nest wird sehr versteckt am Boden gebaut und ist fast immer von oben her durch überhängende Pflanzenteile geschützt. Die Eier sind auf weißlichem Grunde dicht und sehr fein bräunlich punktiert. Überwiegend brütet das Weibchen, das in dieser Zeit vom Männchen gefüttert wird. Die Jungen verlassen, wie alle Lerchen, noch flugunfähig das Nest.

Die Nahrung der Heidelerche besteht aus Unkrautsamen, zarten Pflanzenteilen und vor allem aus kleineren Insekten.

Auf dem Zug bilden Feldlerchen oft Trupps, die sich in offenem Gelände, z. B. in Dünenlandschaften, aufhalten

Ohrenlerche
Eremophila alpestris
Durchzügler aus dem Norden. Schwarze und gelbliche Kopfzeichnung und aufrichtbare, schwarze Federhörnchen.

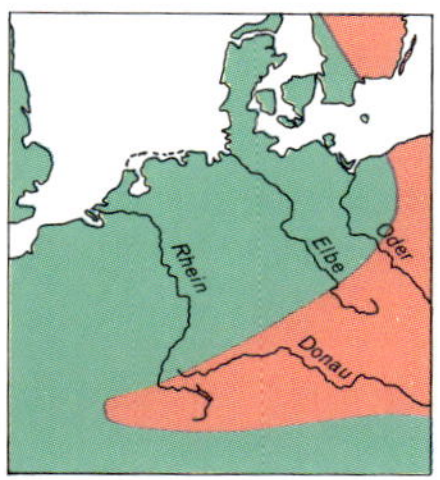

Teilzieher; überwintert vor allem im Mittelmeergebiet

Die Feldlerche ist größer und brauner als die Heidelerche; ihr Schwanz ist länger und hat weiße Kanten. An der Hinterzehe sitzen lange, spornartige Krallen. Die Geschlechter sind gleichgefärbt. Größe: 18 cm

Die Feldlerche hat einen ausgeprägten Singflug: Sie steigt flatternd und trillernd in die Höhe und schwebt schließlich wieder zur Erde hinab

Das kunstlose Nest wird in einer Mulde am Boden angelegt und ist fast immer gut versteckt

Feldlerche *Alauda arvensis*

Die Feldlerche ist die häufigste und bekannteste Lerche Mitteleuropas. Im Frühling singen die Männchen unermüdlich in ihren Revieren. Sie steigen mit tirilierendem Gesang allmählich empor, wobei sie förmlich in der Luft zu „hängen" scheinen, bis sie fast dem Auge entschwinden. In großer Höhe singen sie dann noch minutenlang, ehe sie wieder zur Erde hinabschweben. Von auffliegenden Vögeln wie auch von Feldlerchen im Flug hört man überdies ein „trrlit".

In Mitteleuropa ist die Feldlerche recht weit verbreitet, gebietsweise aber durch die Technisierung in der Landwirtschaft auch selten geworden. Sie bewohnt Kultursteppen, Ödflächen mit niedriger Vegetation, Bergmatten sowie küstennahes Marschland und Dünenlandschaften.

Das Weibchen bebrütet allein die dicht braun gefleckten Eier. Die Jungen verlassen im Alter von neun bis zehn Tagen noch flugunfähig das Nest. Feldlerchen brüten häufig zweimal im Jahr. Die Nahrung besteht aus Unkrautsamen, Grasspitzen und anderen zarten Pflanzenteilen sowie aus kleinen Insekten.

Im Flug wirken Haubenlerchen breitflügelig und kurzschwänzig. Ihr flatternder Singflug ist schwerfällig

Spitze Federhaube

Charakteristisch für die Haubenlerche sind ihre spitze Federhaube und der verhältnismäßig kurze Schwanz. Auf der Brust ist der Vogel dunkel längsgefleckt. Die Geschlechter sind gleichgefärbt. Größe: 17 cm

Das Nest ist stets gut getarnt. Wenn die Jungen sich in die Mulde drücken, sind sie kaum zu erkennen

Jahresvogel; im Winter auch in Großstädten

Haubenlerchen rennen mit schnellen Schritten hin und her, so daß es manchmal aussieht, als rollten sie

Haubenlerche *Galerida cristata*

Durch den deutlich sichtbaren spitzen Schopf sowie durch den relativ langen und spitzen Schnabel ist die Haubenlerche von der Feldlerche zu unterscheiden. Auffliegende Vögel lassen ein melancholisch klingendes „Dridridriö" hören. Der Gesang der Haubenlerche ist kürzer als derjenige der Feldlerche; wie dieser besteht er aus trillernden und flötenden Motiven. Dabei baut die Haubenlerche auch Imitationen anderer Vogelstimmen in ihren Gesang mit ein. Sie singt sowohl von erhöhten Warten aus als auch während des Fluges.

In Mitteleuropa ist die Haubenlerche nur örtlich verbreitet. Sie bewohnt offenes Gelände und kommt nicht selten auf Flugplätzen, Pferderennbahnen und an ähnlichen Orten vor. Im Winter trifft man sie zum Teil sogar in Städten an.

Das Nest wird nach Lerchenart in einer Bodenvertiefung angelegt. Es ist ein wenig kunstvoller Bau aus Halmen und Würzelchen, den der Vogel mit feinem Material auspolstert. Die Nahrung besteht aus Unkraut, Sämereien, zarten Pflanzenteilen sowie aus kleineren Insekten und Heuschrecken.

Seine Nahrung sucht der Baumpieper hauptsächlich auf dem Boden, wo er vor allem kleinere Insekten aufpickt

Der Baumpieper ist ein schlanker Vogel mit fleischfarbenen Beinen. Auf der Brust ist das Gefieder gelbbräunlich überhaucht. Baumpieper setzen sich gern auf Büsche oder Bäume. Die Geschlechter sind gleichgefärbt.
Größe: 15 cm

Im Singflug läßt der Vogel, während er mit ausgebreiteten Flügeln abwärtsschwebt, sein charakteristisches Lied ertönen

Das Nest wird meist in einer Bodenmulde angelegt. Es besteht überwiegend aus trockenem Gras

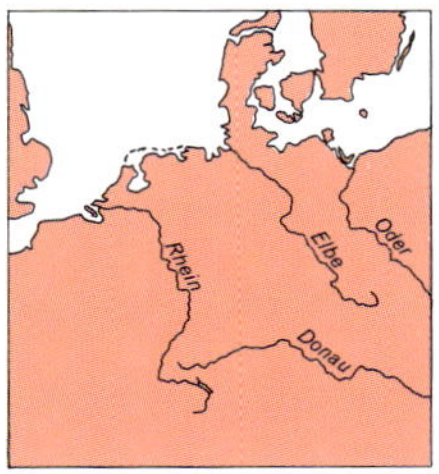

Sommervogel; überwintert vor allem im tropischen Afrika

Rotkehlpieper
Anthus cervinus
Im Frühling hat der Vogel eine roströtliche, im Winter eine weißliche Kehle. Ruf: „zieh“. Durchzügler.

Baumpieper *Anthus trivialis*

Das Gefieder des Baumpiepers erinnert etwas an das einer Lerche; doch ist der Baumpieper viel schlanker und auch langschwänziger; überdies hat er längere Beine.

Im Frühling läßt er auf Baumspitzen oder an anderen erhöhten Stellen seinen trillernden und zwitschernden Gesang ertönen. Plötzlich steigt er steil empor und fängt, kurz bevor er den Höhepunkt erreicht, zu singen an, um dann mit hochgestelltem Schwanz und ausgebreiteten Schwingen langsam auf eine andere Warte hinabzugleiten. Beim Abwärtsschweben läßt der Vogel Strophen hören, die wie „ziah-ziah- …“ klingen. Am Brutplatz warnt er mit weichen „Sib-sib-sib“-Rufen, und beim Auffliegen ruft er hoch „psieh“.

Der Baumpieper bewohnt lichte Waldungen mit Blößen, Obstbaumgelände, Kiefernheiden, Pflanzgärten usw. Im Gebirge geht er bis über die Baumgrenze hinaus. Das Nest wird nur vom Weibchen an einer geschützten Stelle auf dem Boden gebaut; es ist stets sehr gut versteckt. Die Nahrung besteht aus kleineren Insekten, Spinnen und gelegentlich aus Sämereien.

Gestreifte Brust

Lange Krallen an den Hinterzehen

Der kräftig gestreifte Vogel ist zur Brutzeit grauer als der Baumpieper. Seine Beine sind bräunlich; die Schwanzkanten sind weiß. Im Herbst hat er auf der Oberseite einen Anflug von Olivgrün. Die Geschlechter sind gleichgefärbt. Größe: 14,5 cm

Der Balzflug ähnelt dem des Baumpiepers, aber der Gesang dabei ist einfacher. Der normale Flug wirkt wie bei allen Piepern hüpfend

Das Nest des Wiesenpiepers wird sehr versteckt im Gras gebaut. Beide Eltern füttern die Jungen

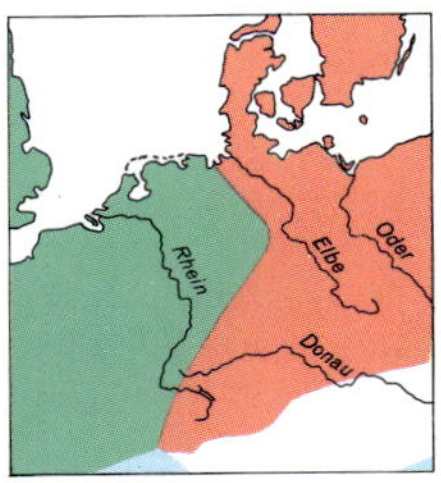

Teilzieher; überwintert vor allem im westlichen Europa

Spornpieper
A. novaeseelandiae

Seltener Durchzügler. Er ist durch seine Größe (18 cm), die langen, blassen Beine mit sehr langen Krallen an der Hinterzehe und einen hellen Augenstreif gekennzeichnet.

Wiesenpieper *Anthus pratensis*

Der Wiesenpieper ähnelt dem Baumpieper; er hat aber bräunliche Beine und sehr lange Krallen an den Hinterzehen. Die Färbung ist im allgemeinen grauer.

Wie der Baumpieper, so führt auch der Wiesenpieper einen Singflug aus, doch ist der Gesang weniger abwechslungsreich: Der Vogel flattert mit einem immer schneller werdenden „Dip-dip-dip- ...“ in die Höhe und gleitet dann mit gespreizten Flügeln und einer schneller werdenden Folge von „Zi-zi-zi“-Lauten auf eine andere Warte hinab. Im normalen Flug ruft er fast tonlos „isst“.

In Mitteleuropa kommt der Wiesenpieper nur örtlich vor. Er bewohnt feuchte Wiesen, Moore und Bergmatten. Außerhalb der Brutzeit begegnet man ihm auf Wiesen und Äckern sowie an Ufern von Gewässern.

Die vier bis sechs Eier sind auf grauweißlichem Grunde dicht dunkelbraun gefleckt. Nur das Weibchen brütet. Die Nahrung des Wiesenpiepers besteht aus Insekten, Spinnen, kleinen Weichtieren und gelegentlich Unkrautsamen.

Der wellenförmige Balzflug des Brachpiepers beginnt immer am Boden. Vor dem höchsten Punkt der Flugbahn stößt der Vogel „Zirrlüi"-Rufe aus; dann gleitet er mit zitternden Flügeln zu Boden

Der Brachpieper ist etwas größer als der Baumpieper. Seine rahmfarbene Unterseite ist nahezu ungefleckt; die Oberseite sieht überwiegend sandfarben aus. Die Beine sind gelblich. Der Vogel besitzt einen deutlichen Überaugenstreif. Die Geschlechter sind gleichgefärbt. Größe: 17 cm

Jungvögel sind auf der Brust kräftig längsgestreift. Die Oberseite wirkt hell geschuppt

Charakteristisch ist der Lebensraum des Brachpiepers; trockenes, oft sandiges oder steiniges Gelände

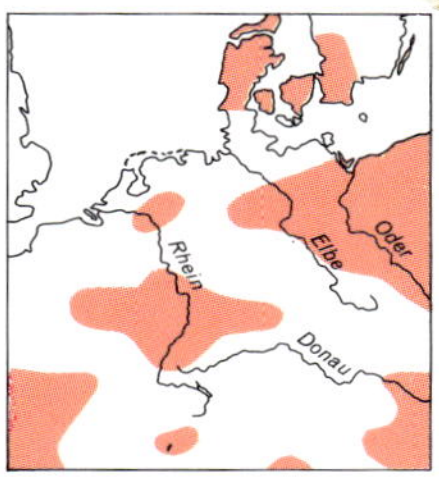

Sommervogel, der in Afrika und Asien überwintert

Brachpieper *Anthus campestris*

Der Brachpieper ist ein überwiegend einfarbig hell wirkender Pieper mit gelblich sandfarbenen Beinen. Über seinem Revier vollführt er wellenförmig auf und ab führende Singflüge, die von monotonen Rufen begleitet werden. Kurz vor Erreichen des oberen Wellenbogens läßt der Vogel ein wiederholtes „Zirrlüi" ertönen. Der Singflug führt im Kreis um das Revier.

In Mitteleuropa kommt der Brachpieper nur sehr lokal vor. Er bewohnt hier trockene Hänge mit spärlicher Vegetation, offenes, trockenes Gelände mit geringem Pflanzenwuchs, Dünengebiete, Brachäcker, sandige Heidegegenden mit wenigen Bäumen usw. Auf dem Zug trifft man ihn auch in anderen Landschaften an.

Das Nest wird am Boden angelegt – meist durch einen Grasbusch gut verdeckt. Die vier bis fünf weißlichen Eier sind kräftig braun und grau gefleckt. Nur das Weibchen brütet. Die Jungen verlassen noch flugunfähig das Nest.

Brachpieper ernähren sich vor allem von Insekten und ihren Larven sowie von Spinnen.

Der Strandpieper ist eine dunkle und unterseits kräftig längsgestreifte Unterart des Wasserpiepers. Er brütet im Küstenbereich Westeuropas, der Britischen Inseln und Skandinaviens und ist regelmäßiger Durchzügler und Wintergast an den Küsten Mitteleuropas

Der Strandpieper, eine Unterart des Wasserpiepers, hat einen schwächeren Augenstreif und graue Schwanzkanten

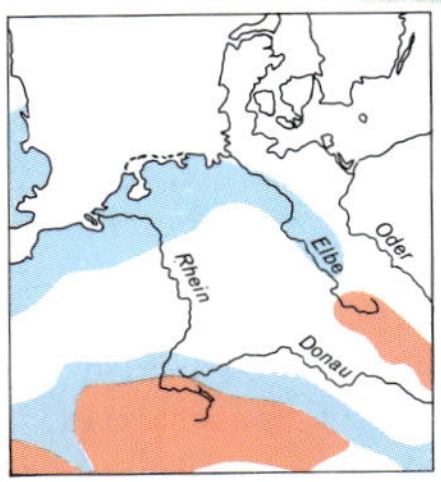

Teilzieher; überwintert an den europäischen Küsten

Der Wasserpieper ist etwas größer als der Wiesen- und der Baumpieper und hat dunkle Beine. Im Brutkleid ist er durch die grauere Oberseite und eine rosafarbene Tönung auf der Unterseite leicht vom etwa ebenso großen Brachpieper zu unterscheiden. Im Ruhekleid ist der Wasserpieper auf der Unterseite deutlich dunkel längsgefleckt. Durch den weißen Überaugenstreif und die weißen Schwanzkanten unterscheidet er sich nun vom Strandpieper. Die Geschlechter sind gleichgefärbt. Größe: 17 cm

Wasserpieper *Anthus spinoletta*

Der Wasserpieper (Bergpieper) ähnelt im Brutkleid ein wenig dem Brachpieper, hat aber eine zartrosa angehauchte Brust und einen graueren Rücken. Der Überaugenstreif und die Schwanzkanten sind weiß.

Der Vogel ruft hoch „tsi“ und bei Alarm hart „bick“. Der Gesang ähnelt dem des Wiesenpiepers, klingt aber härter. So steigt der Vogel mit einem metallischen „Dlitlitlitlit ...“ in die Höhe, wobei die Lautfolge immer mehr beschleunigt wird.

Der Wasserpieper bewohnt in Mitteleuropa nur höhere Mittelgebirge und die Alpen: Dort lebt er auf Bergmatten in der Nähe und oberhalb der Baumgrenze. Außerhalb der Brutzeit begegnet man ihm an Gewässern sowie an der Küste.

Der Wasserpieper baut sein Nest sehr versteckt am Boden. Die vier bis fünf kräftig dunkelgefleckten Eier werden vom Weibchen etwa zwei Wochen lang bebrütet. Beide Eltern füttern die Jungen, die nach etwa 16 Tagen das Nest verlassen.

Die Nahrung des Wasserpiepers besteht aus Insekten und ihren Larven sowie aus Spinnen.

Der fast erwachsene Jungvogel ist überwiegend hellgraubraun und hat im Bereich der Kehle eine schwärzliche Zeichnung

Durch ihre auffallende schwarzweiße Färbung und den langen Schwanz ist die Bachstelze gut charakterisiert. Sie trippelt häufig auf dem Boden umher und wippt dabei mit dem Schwanz. Größe: 18 cm

Der Flug der Bachstelze geht wellenförmig auf und ab

Die Bachstelze hat einen kräftigen schwarzen Brustlatz. Im Ruhekleid sind alle Zeichnungen weniger kontrastreich

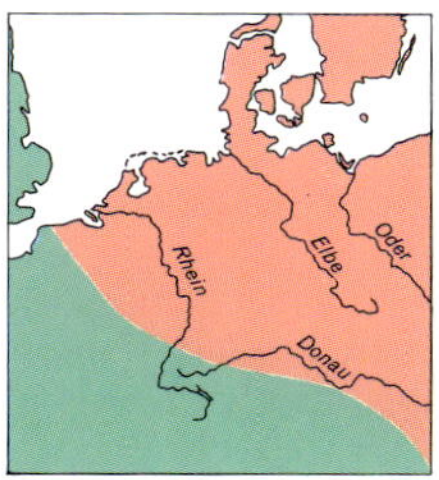

Teilzieher; überwintert vor allem im Mittelmeerraum

Die Trauerbachstelze, *M. a. varelli*, eine auf den Britischen Inseln lebende Unterart hat einen schwärzlichen Rücken

Bachstelze *Motacilla alba*

Die Bachstelze mit ihrer typischen schwarzweißen Kopfzeichnung und dem langen, wippenden Schwanz ist vielen Menschen bekannt. Sie ruft laut „zillip“. Ihr Gesang ist aus ähnlichen Lauten zusammengesetzt und wird häufig von erhöhten Punkten aus vorgetragen.

In Mitteleuropa ist die Bachstelze weit verbreitet. Sie kommt sowohl an Gewässern als auch weitab von ihnen in Weinberggelände mit Mäuerchen sowie auf Bauernhöfen vor. Im Gebirge geht sie teilweise über die Baumgrenze hinaus.

Als Nischenbrüter legt die Bachstelze ihr Nest mit Vorliebe in Mauerlöchern und anderen Halbhöhlen an. Es besteht aus Halmen, Würzelchen und Blättern und ist mit Haaren und Federn gepolstert. Die Eier sind auf weißlichem Grund dunkelbraun und bräunlich punktiert; sie werden von beiden Geschlechtern bebrütet. Im Jahr finden meist zwei Bruten statt.

Die Nahrung der Bachstelze besteht aus kleineren Insekten und ihren Larven sowie aus Spinnen, kleinen Krebs- und Weichtieren.

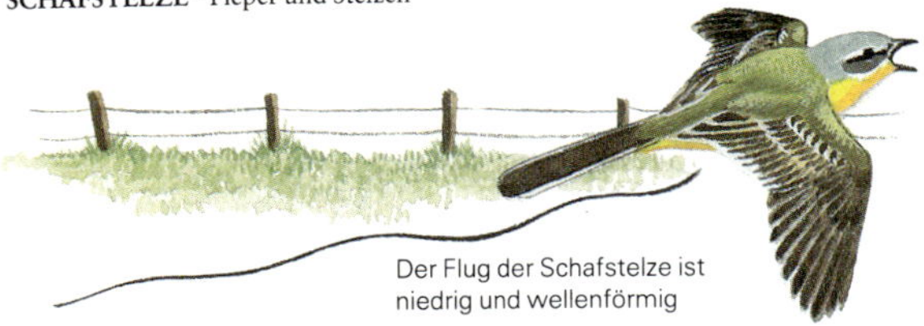

Der Flug der Schafstelze ist niedrig und wellenförmig

Jungvögel sind überwiegend blaßbräunlich und haben eine dunkle Kehlzeichnung

Blaugrauer Oberkopf

Schafstelzen halten gern von erhöhten Punkten Ausschau. Sie erjagen fliegende Insekten in einer Art Flugsprung

Sommervogel; überwintert vor allem im tropischen Afrika

Das adulte Männchen hat einen blaugrauen Oberkopf, der stark mit dem grünlichen Rücken kontrastiert, ferner einen weißen Überaugenstreif und dunkle Ohrdecken. Beim Weibchen sind alle Farben blasser. Größe: 16,5 cm

Eine Unterart auf den Britischen Inseln *(M. f. flavissima)* hat einen gelblichgrünen Oberkopf und einen gelblichen Überaugenstreif

Schafstelze *Motacilla flava*

Die Schafstelze ist etwas kurzschwänziger als die Bachstelze, sonst aber von ähnlicher Gestalt. Das Männchen hat einen blaugrauen Oberkopf und eine leuchtendgelbe Unterseite. Beim Auffliegen ruft der Vogel häufig „psiäh". Der Gesang besteht aus einem halblauten Zwitschern.

In Mitteleuropa bewohnt die Schafstelze feuchtes Wiesengelände, Viehweiden, Sumpfgebiete und nicht zu trockene Feldmarken. Zur Zugzeit begegnet man ihr auf Äckern sowie an Gewässern aller Art. In dieser Zeit sind bei uns auch andere geographische Unterarten der Schafstelze zu beobachten, die sich durch verschiedene Kopfzeichnungen unterscheiden.

Das Nest wird sehr versteckt auf dem Boden angelegt, mit Vorliebe unter vorjährigem Gras. Es ist ein Bau aus Blättern, Halmen und Würzelchen, den der Vogel mit feinen Halmen und Haaren auspolstert. Die Eier sind auf gelblich- oder grünlichweißem Grund sehr dicht braun gewölkt und gefleckt.

Die Nahrung der Schafstelze besteht in erster Linie aus Insekten und ihren Larven.

Gebirgsstelzen fangen häufig fliegende Insekten, vor allem über dem Wasser

Jungvögel sind oben blaßgraubraun, unterseits schmutzigweiß und auf der Brust dunkel gefleckt. Sie haben gelbe Unterschwanzdecken

Auf dem Zug überwintern Gebirgsstelzen oft in größerer Zahl im Röhricht; sonst leben sie einzeln oder paarweise

Das Nest wird meist in Wassernähe angelegt. Es besteht aus Moos und Gras und ist mit Haaren ausgepolstert

Das erwachsene Weibchen ist matter gefärbt als das Männchen und hat keinen schwarzen Kehlfleck

Das Männchen im Brutkleid ist durch die graue Oberseite und den schwarzen Kehlfleck von der Schafstelze unterschieden. Dem Ruhekleid fehlt der schwarze Kehlfleck. Größe: 18 cm

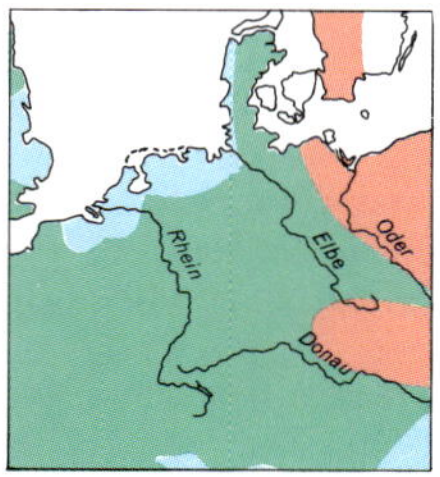

Überwintert in Mittel-, West- und Südeuropa

Gebirgsstelze *Motacilla cinerea*

Wie die Schafstelze, so hat auch die langschwänzige Gebirgsstelze eine gelbe Unterseite. Der Rücken ist aber stets grau, niemals grünlich. Ihr Flug ist wellenförmig. Der Vogel wippt häufig mit dem Schwanz. Er ruft scharf „zississ", sein Gesang besteht aus einem halblauten Gezwitscher.

Die Gebirgsstelze bewohnt die Ufer von schnell fließenden, seichten Flüssen und Bächen, mit Vorliebe von solchen im Gebirge. Gelegentlich kommt sie auch an Seen, Teichen und Kanälen vor. Wie die Bachstelze ist sie ein Nischenbrüter, der sein Nest in Mauerlöchern und Felsspalten sowie unter Brücken und in Höhlungen an Uferböschungen baut. Die vier bis sechs Eier sind auf gelblichweißem Grund dicht rötlichbraun gewölkt und punktiert. Beide Partner brüten. Im Alter von 12 bis 13 Tagen verlassen die Jungen das Nest. Gebirgsstelzen brüten häufig zweimal im Jahr, manchmal sogar dreimal.

Die Nahrung besteht vorwiegend aus Wasserinsekten und ihren Larven sowie aus kleineren Krebsen, Spinnen und Weichtieren.

Die Jungvögel ähneln dem Weibchen; ihr Gefieder wirkt jedoch stärker geschuppt

Männchen haben einen grauen Oberkopf, einen breiten, schwarzen Augenstreif, einen rotbraunen Rücken und weiße Zonen im dunklen Schwanz. Die Unterseite ist zartrosa überhaucht. Größe: 17 cm

Das Weibchen ist oben dunkel rötlichbraun. Die Unterseite ist auf hellem Grund dunkel gewellt

Beim fliegenden Vogel fallen die weißen Zonen an den Schwanzseiten besonders auf. Der Flug ist leicht wellenförmig

Das Nest aus Halmen und Moos ist weich ausgepolstert. Es befindet sich meist in einem Dornbusch

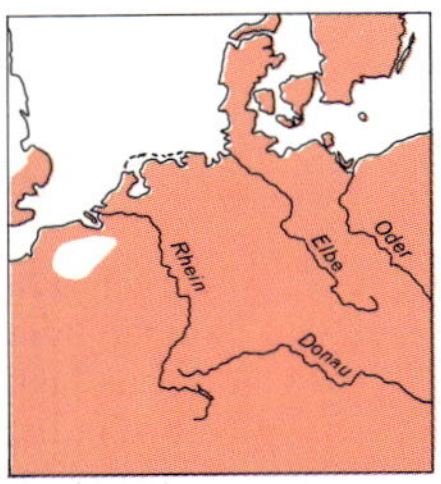

Überwintert im tropischen und südlichen Afrika

Größere Beutetiere, wie Käfer, kleine Eidechsen und Frösche, werden vom Neuntöter auf Dornen und andere spitze Gegenstände gespießt

Neuntöter *Lanius collurio*

Der Neuntöter wird wegen seines rotbraunen Rückens auch Rotrückenwürger genannt. Wie alle Würger setzt er sich gern auf exponierte Punkte und schaut von dort nach Beute aus. Er ruft rauh „gä" – ein Laut, der bei Erregung gereiht wird. Der Gesang ist ein Geplauder, in das Imitationen anderer Vogelstimmen eingewoben werden.

In Mitteleuropa bewohnt der Neuntöter offenes Gelände mit Buschgruppen, Waldränder mit Hecken, Feldgehölze, Waldlichtungen mit Dorngestrüpp, bebuschte Wegränder, Parks und größere Gärten. Das Nest baut er mit Vorliebe in Dornengestrüpp, manchmal auch in Büschen und Bäumen. Die Eier sind auf weißlichem Grund graubraun gefleckt, wobei die Flekken in der Nähe des stumpfen Pols eine Art Kranz bilden. Nur das Weibchen brütet.

Die Nahrung besteht aus größeren Insekten, vor allem Käfern und Heuschrecken, sowie aus kleinen Wirbeltieren. Häufig spießt der Neuntöter seine Beute auf, um sie so besser zerkleinern zu können.

Rotbrauner Oberkopf

Der juvenile Vogel ist auf der Ober- und Unterseite dunkel gewellt

Die Geschlechter ähneln einander sehr; das Weibchen ist lediglich etwas matter gefärbt. An dem rotbraunen Oberkopf und dem weißen Schultergefieder ist der Rotkopfwürger leicht von allen anderen Würgern Mitteleuropas zu unterscheiden. Größe: 17 cm

Der Rotkopfwürger fliegt meist geradlinig. Das Flugbild ist durch die weißen Schulterflecken, den weißen Bürzel und die weißen Kanten des dunklen Schwanzes geprägt

Junge Rotkopfwürger sind nicht so auffällig gefärbt wie ihre Eltern. Deutlich sieht man hier die Wellenzeichnung

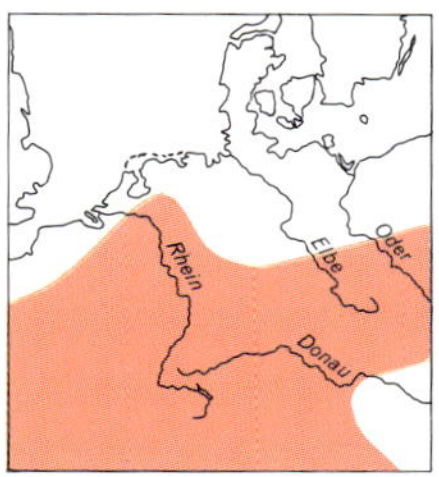

Sommervogel, der im tropischen Afrika überwintert

Rotkopfwürger *Lanius senator*

Der Rotkopfwürger ist etwas größer als der Neuntöter und durch seinen rotbraunen Oberkopf sowie durch die weißen Schulterfedern gekennzeichnet. Er läßt quäkende Laute hören. Sein Gesang ist ein halblautes Geplauder, in das Imitationen anderer Vogelstimmen eingewoben sind.

In Mitteleuropa bewohnt der Rotkopfwürger vor allem offenes Gelände mit Baumgruppen, Feldgehölze, Obstbaumgelände und ähnliche Landschaften.

Das Nest wird meist mehrere Meter hoch in Astgabeln von Bäumen gebaut. Nur das Weibchen bebrütet die grünlichweißen, graubraun gefleckten Eier. Es wird in dieser Zeit vom Männchen gefüttert.

Wie die meisten Würger setzt sich der Rotkopfwürger gern auf einen exponierten Punkt, auf die Spitze von Bäumen oder Büschen, auf Pfosten oder Drähte, und macht von da aus Jagd auf Beutetiere am Boden und in der Luft. Seine Nahrung besteht vor allem aus Insekten, z. B. Heuschrecken, Schmetterlingen und Käfern.

Schwarzstirnwürger im Jugendkleid

Altvogel

Breiter, schwarzer Augenstreif

Gefiederfarben schwarz, grau und weiß

Der breite, schwarze Augenstreif und das graue, weiße und schwarze Gefieder sind für diese Art typisch. Die Geschlechter sind gleichgefärbt. Größe: 24 cm

Die weiße Unterseite fällt besonders dann auf, wenn man den Vogel gegen einen dunklen Hintergrund sieht

Der Raubwürger kehrt immer wieder zu bestimmten Warten zurück. Hier bewahrt er auch Beutereste auf

Schwarzstirnwürger
Lanius minor
Der Vogel hat ein breites, schwarzes Stirnband, das in einen Augenstreif übergeht, und eine rosa überhauchte Unterseite. Bei uns nur örtlich. Größe: 20 cm.

Teilzieher; überwintert in Mittel- und Westeuropa

Der Raubwürger jagt unter anderem Mäuse und kleinere Vögel, die er dann an bestimmten Rastplätzen verzehrt

Raubwürger *Lanius excubitor*

Der Raubwürger ist die größte Würgerart Mitteleuropas. Als einzige der vier Arten kann man sie bei uns auch im Winter beobachten. Der Vogel ruft durchdringend „trrüüii" und läßt kreischende und keckernde Laute hören. Der Gesang ist ein halblautes Geschwätz mit eingestreuten Imitationen anderer Vogelstimmen.

Der Raubwürger bewohnt offenes Gelände mit einzelnen Bäumen oder Baumgruppen. Auch in Wäldern mit Lichtungen kommt er vor. Das Nest wird meist auf Bäumen in Astgabeln angelegt. Es ist ein stabiler Bau aus Reisern, Halmen, Moos und Papierfetzen, der mit Haaren und Federn gepolstert wird. Die Eier sind auf weißlichem Grund graubraun gefleckt.

Wie die anderen Würger jagt der Raubwürger von Warten aus. Häufig rüttelt er auch wie ein kleiner Falke über der Beute. Seine Nahrung besteht aus Insekten und kleinen Wirbeltieren wie Mäusen, Eidechsen, Fröschen und kleineren Vögeln. Er spießt seine Beute seltener auf; vielmehr klemmt er sie in Astgabeln ein und bearbeitet sie dann mit dem Schnabel.

Die Nester werden oft in Spechthöhlen angelegt; aber auch andere Löcher und Spalten können als Brutplätze dienen

Zur Brutzeit haben beide Altvögel gelbe Schnäbel und ein erzglänzendes Gefieder mit nur wenigen hellen Flecken. Beim Singen spreizt der Star das Kehlgefieder ab. Größe: 22 cm

Gelber Schnabel

Schillerndes Gefieder

Der Star fliegt gerade und schnell. Er kann aber auch rasche Wendungen ausführen

Nach der Brut versammeln sich Stare oft in riesigen Verbänden, die in Baumgruppen oder Schilf zum Übernachten einfallen

Telegrafendrähte und Überlandleitungen werden von Staren gern als Rastplätze benutzt

Nach der Sommermauser haben die Vögel ein weißgepunktetes Gefieder

Die Jungen sind graubraun. In ihrem ersten Winter wirken sie bräunlicher als Altvögel und sind wie diese weiß „geperlt"

Überwintert in Westeuropa und im Mittelmeerraum

Star *Sturnus vulgaris*

Bei vielen Menschen ist der Star als Frühlingskünder beliebt, bei anderen verhaßt, weil er Kirschen und Weintrauben verzehrt. Er ruft rauh „stoär", scharf „bett-bett" und heiser „räh". Sein Gesang ist ein bauchrednerisches Geplauder mit lauten Pfiffen und zahlreichen Imitationen anderer Tierlaute. Beim Singen schlägt der Vogel in auffälliger Weise mit den Flügeln.

In Mitteleuropa ist der Star weit verbreitet. Er bewohnt Wälder aller Art, Feldgehölze, Parkanlagen, Obstgärten und menschliche Siedlungen. Im Sommer und Herbst übernachten die Vögel scharenweise in Röhrichtbeständen und Baumgruppen. Stare sind Höhlenbrüter; sie bauen ihr kunstloses, flaches Nest aus Halmen, Blättern und Federn in Baumhöhlen, in Mauerspalten unter Dächern sowie in Nistkästen. Die hellblauen Eier werden von beiden Partnern bebrütet. Im Jahr finden ein bis zwei Bruten statt.

Stare ernähren sich von Insekten und ihren Larven, Spinnen, Würmern sowie von Beeren und anderen Früchten.

Das Männchen hat ein leuchtendgelbes Gefieder mit überwiegend schwarzen Flügeln und einen ebenso gefärbten Schwanz. Das Weibchen sieht matt gelblichgrün aus; seine hellere Unterseite ist dunkel längsgefleckt. Jungvögel ähneln dem Weibchen; wie diese haben sie gelbe Unterschwanzdecken. Größe: 24 cm

Jungvögel ähneln dem Weibchen; wie diese haben sie gelbe Unterschwanzdecken

Im Flug ist das goldgelbe und schwarze Männchen unverkennbar. Beim Weibchen fallen vor allem die gelben Zonen im Schwanz auf

Das Nest aus Halmen und Bast wird in einer Astgabel aufgehängt. Es befindet sich meist außen an einem Zweig

Pirol *Oriolus oriolus*

Der männliche Pirol ist an seinem auffallenden schwarzen Gefieder leicht zu erkennen. Er ruft in dicht belaubten Bäumen klangvoll flötend „düdüdelütlio“. Dieser Ruf hat die Funktion eines Reviergesangs. Außerdem läßt das Männchen ein halblautes Gezwitscher hören. Beide Geschlechter rufen überdies bei Erregung krächzend „chrräh“.

Der Pirol bewohnt Parkanlagen, Auwälder, Laub- und Kiefernwaldungen sowie Obstbaumbestände mit alten Bäumen. Als ausgesprochener Sommervogel kommt er erst Ende April oder Anfang Mai aus dem Winterquartier zurück.

Das Nest wird meist gut versteckt hoch auf Bäumen gebaut. Dort hängen es die Vögel in einer waagrechten Astgabel wie ein Körbchen auf. Die Eier sind auf rosaweißlichem Grund spärlich schwarz gefleckt. Im August und September ziehen die Pirole ins Winterquartier.

Die Nahrung besteht überwiegend aus Insekten, vor allem aus Raupen und Schmetterlingen. Daneben verzehrt der Vogel gern süßes Obst, wie Kirschen und Beeren.

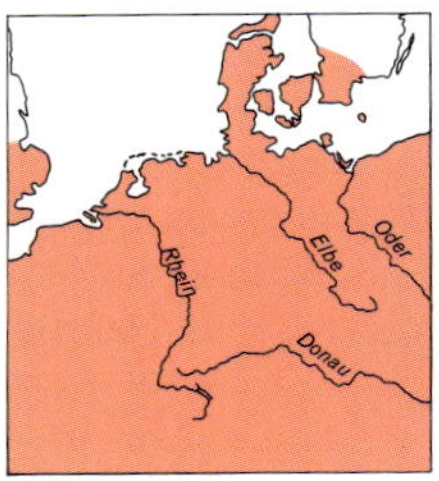

Überwintert im tropischen und südlichen Afrika

Alpendohlen sind ausgezeichnete Flieger, die geschickte Wendungen ausführen und sich in der Luft überschlagen

Junge Vögel haben ein matteres Gefieder und einen blasseren Schnabel

In der Umgebung von häufig besuchten Berghütten verliert die Alpendohle ihre Scheu vor Menschen fast völlig

Die Alpendohle ist ein einfarbig schwarzer Vogel mit nur geringem Glanz. Der Schnabel ist gelb; die Beine sind rot. Jungvögel haben schwarze Beine. Die Geschlechter sind gleichgefärbt. Größe: 38 cm

Alpenkrähe
Pyrrhocorax pyrrhocorax
Durch den längeren und roten Schnabel und den bläulichen bis purpurfarbenen Glanz des schwarzen Gefieders ist die Alpenkrähe leicht von der Alpendohle zu unterscheiden. Sie kommt örtlich im südlichen und östlichen Alpenbereich vor.

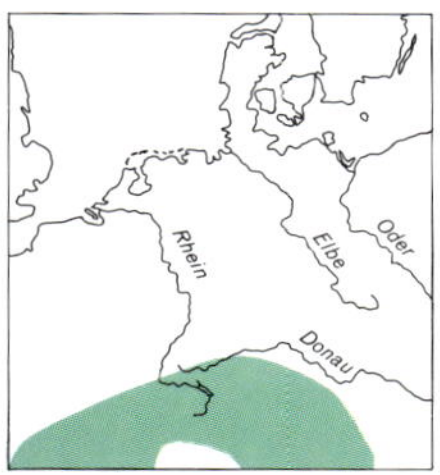

Jahresvogel, der vor allem im Winter die Täler aufsucht

Alpendohle *Pyrrhocorax graculus*

In der Umgebung von Bergstationen und Schutzhütten oberhalb der Baumgrenze in den Alpen ist die Alpendohle ein charakteristischer Vogel. Sie ist dort oft sehr vertraut. Im Winter kommt sie auch bis in die Täler, wo sie nicht selten in der Nähe von Häusern nach Futter sucht. Die Alpendohle fällt durch ihre Flugspiele und durch ihre Rufe auf. Man hört von ihr laute, wie „tjip“ klingende Pfiffe und ein rollendes „Krürr“. Der Gesang ist ein krakelndes Geschwätz. Beunruhigt ruft die Alpendohle rauh „kraah“.

Alpendohlen sind gesellige Vögel, die ihre Nester meist kolonieweise in Nischen und Löchern an steilen Felswänden anlegen. Gelegentlich nisten sie auch in Mauernischen. Das Nest ist ein kräftiger Bau aus Reisern, der mit Haaren, Wolle, Halmen usw. weich gepolstert wird. Die Eier sind auf weißlichem Grund bräunlich gefleckt. Die Jungen fliegen nach 31 Tagen aus; danach werden sie noch lange Zeit von den Eltern geführt.

Insekten, Spinnen, Würmer, kleinere Wirbeltiere, Beeren und Obst sowie Küchenabfälle dienen dem Vogel als Nahrung.

Der Flug der Elster wirkt schwerfällig; der lange Schwanz ist für den fliegenden Vogel ein gutes Kennzeichen

Langer Schwanz

Schwarzweißes Gefieder

Adulte Vögel haben ein schwarzweißes Gefieder mit Erzglanz. Die Geschlechter sind gleichgefärbt. Größe: 45 cm

Das Elsternnest ist ein riesiger Bau aus Reisern. Die Nestmulde wird mit Erde verstärkt und mit Zweigen überdacht

Schwingen und Schwanz des Vogels schillern erzfarben

Wenn junge Elstern das Nest verlassen, haben sie noch kurze Schwänze

Jahresvogel, der nur selten sein Brutgebiet verläßt

Elstern plündern häufig die Nester anderer Vögel

Elster *Pica pica*

An ihrem schwarzweißen Gefieder und dem langen Schwanz ist die Elster gut zu erkennen. Sie ruft laut schackernd „ schakkarack“; außerdem läßt sie noch andere rauhe Rufe hören. In Gefangenschaft gehaltene Elstern lernen oft, Geräusche täuschend zu imitieren und Pfiffe sowie menschliche Worte nachzuahmen.

Die Elster ist ein weitverbreiteter Vogel, der nur in baum- und buschlosen Landschaften sowie im geschlossenen Wald fehlt. Sie bewohnt offenes Gelände mit Hecken und Bäumen, Waldränder, Auwälder, Parks sowie Gärten in Städten. Im Gebirge geht sie zum Teil bis über 1800 Meter hinauf.

Das sehr große, überdachte Nest wird auf Bäumen oder in dichten Hecken angelegt. Die grünlichweißen Eier sind graubraun gefleckt. Normalerweise brüten Elstern nur einmal im Jahr; doch machen sie, wenn sie gestört werden, Nachgelege.

Elstern sind Allesfresser; sie verzehren Insekten, Würmer, kleine Wirbeltiere, Aas, Abfälle und plündern häufig Nester anderer Vögel.

Tannenhäher
Nucifraga caryocatactes
Überwiegend dunkelbraun, dabei dicht weiß gefleckt. Weiße Unterschwanzdecken und weiße Schwanzbinde. Der Vogel brütet in Wäldern der Mittelgebirge und der Alpen. Größe: 32 cm.

Beim fliegenden Vogel sind der weiße Bürzel und die Flügelzeichnung charakteristisch

Dunkelgestreifte Federhaube

Adulte Vögel haben ein überwiegend hellrostbräunliches Gefieder, einen schwarzen Bartstreif sowie blau und schwarz gebänderte Flügeldecken. Die Geschlechter sind gleichgefärbt. Größe: 34 cm

Blaue, schwarz gebänderte Flügeldecken

Nicht selten fressen Eichelhäher die Eier oder Jungen kleinerer Vögel

Teilzieher; überwintert in Mittel- und Südeuropa

Im Herbst sammeln Eichelhäher Nüsse und Eicheln und vergraben sie als Vorräte in der Erde oder unter Laub

Das Nest ist ein kompakter Bau aus Reisern. Die Nestmulde ist häufig mit Erde verstärkt und innen gepolstert

Eichelhäher *Garrulus glandarius*

Die hellblauen, schwarzgebänderten Flügeldecken sind für den Eichelhäher charakteristisch und recht vielen Menschen bekannt. Der Eichelhäher läßt häufig ein lautes „Rätschen" sowie miauende und quäkende Rufe hören. Sein Gesang ist ein bauchrednerisches Geplauder. Wie die meisten Rabenvögel ist auch der Eichelhäher ein guter Spötter, der in Gefangenschaft menschliche Worte nachsprechen lernt.

Laub- und Mischwälder, aber auch Nadelwaldungen und Parkanlagen sowie Auwälder sind Lebensräume des Eichelhähers. Zur Nahrungssuche kommt der Vogel auch in Obstgärten, wo er manchmal sogar brütet. Das Nest wird auf einem Baum meist in der Nähe des Stammes gebaut. Die Eier sind auf grünlichweißem Grund dicht braungrau gepunktet; sie werden von beiden Partnern bebrütet.

Eichelhäher sind Allesfresser; sie verzehren Eicheln, Bucheckern, Haselnüsse und Beeren, Insekten und ihre Larven, Würmer, Mäuse und Eidechsen. Zur Brutzeit plündern sie auch Nester anderer Vögel.

Dohlen treten meist in Trupps auf. Auch im Flug sind sie an der grauen Färbung des Hinterkopfes gut zu erkennen

Besonders gern halten sich Dohlen an Ruinen auf

Grauer Hinterkopf und Nacken

Dunkelgrauer Körper

Die Dohle ist durch die schwarze Stirn, den mit ihr stark kontrastierenden grauen Hinterkopf sowie durch die hellgrauen Augen charakterisiert. Die Geschlechter sind gleichgefärbt. Größe: 33 cm

Dohlen sind Höhlen- und Nischenbrüter und nisten gelegentlich sogar in Kaminen

Als gesellige Vögel versammeln sich Dohlen oft in riesigen Schwärmen auf Bäumen, Gemäuern oder Felsen

Dohle *Corvus monedula*

Die Dohle hat einen kurzen Schnabel und einen grauen Hinterkopf und Nacken. Sie ruft hell „jack“ und bei Erregung heiser „krääh“. In der Gefangenschaft lernen Dohlen fremde Geräusche zu imitieren und Wörter nachzusprechen. Ihr Gesang ist ein krakelndes Geschwätz.

Dohlen bewohnen Schluchten mit steilen Wänden, in denen sich Höhlungen befinden. Bei uns leben sie vor allem an Burgruinen, Türmen und anderen großen Gebäuden. Auch in Parks und lichten Waldungen mit hohlen Bäumen kommen sie vor.

Dohlen sind gesellige Vögel. Im Winter vergesellschaften sie sich gern mit Saatkrähen und ziehen mit ihnen umher, und sie brüten meist in Kolonien. Die Nester werden vorwiegend in Nischen und Höhlen aus Reisern, Lumpen, Federn usw. gebaut. Die Eier sind auf hellblaugrünem Grunde graubraun gefleckt. Nur das Weibchen brütet; während dieser Zeit wird es vom Männchen gefüttert. Als Allesfresser ernähren sich Dohlen von Schnecken, Würmern, Insekten und pflanzlicher Kost. Gelegentlich plündern sie auch Nester kleiner Vögel.

Teilzieher; streicht außerhalb der Brutzeit umher

Baumhöhlen sind ebenfalls beliebte Brutplätze

Außerhalb der Brutzeit bilden Dohlen oft mit Saatkrähen große Verbände

Nackter Schnabelgrund

Das schwarze Gefieder der Saatkrähe hat einen deutlichen Purpurglanz. Das lockere Bauchgefieder bildet eine „Hose". Die Geschlechter sind gleichgefärbt. Größe: 45 cm

Hosenbildung

Oft erscheinen Saatkrähen scharenweise auf frisch gepflügten Äckern, um Insektenlarven, Würmer und ähnliches aufzulesen

Saatkrähen sind Koloniebrüter. Oft befinden sich gleich mehrere Nester auf einem Baum

Zur Brutzeit bringen die Altvögel Nahrung für die Jungen im Kehlsack herbei

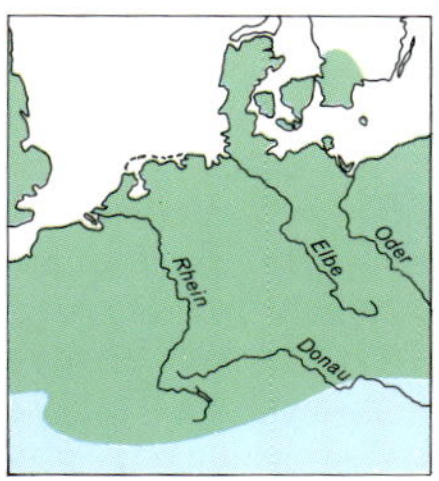

Teilzieher; im Winter kommen viele Vögel aus Rußland

Junge Saatkrähen haben einen befiederten Schnabelgrund

Saatkrähen nisten in Kolonien auf Bäumen. Dort vollführen sie ein weithin hörbares Geschrei

Saatkrähe *Corvus frugilegus*

Wie die Dohlen, so sind auch die Saatkrähen gesellige Vögel. Im Winter sieht man in Mitteleuropa Schwärme von ihnen vor allem auf gepflügten Feldern. Im März und April wandern nordische und östliche Saatkrähen wieder in ihre Heimatgebiete zurück.

Altvögel sind an dem nackten, grauweißlichen Schnabelgrund zu erkennen. Saatkrähen rufen tief und rauh „kraah". Ihr Gesang ist ein bauchrednerisches „Krakeln".

Im Frühling und Sommer bewohnt die Saatkrähe offenes Gelände mit Baumgruppen und Auwäldern. Meist brütet sie in größeren Kolonien, auch in Parks und auf Alleebäumen. Dabei werden die Nester oft nur wenige Meter voneinander entfernt auf höheren Bäumen errichtet. Sie bestehen aus Reisern und sind mit Haaren, Lumpen und anderem weichen Material gepolstert. Die grünlichen Eier sind graubraun gefleckt.

Saatkrähen sind Allesfresser, die sich vorwiegend von Schnecken, Würmern, Insekten und Mäusen ernähren, aber auch pflanzliche Kost verzehren.

Nebelkrähe
Corvus corone cornix
Etwa östlich der Elbe lebt die Nebelkrähe, eine andere Unterart der Aaskrähe. Sie hat einen grauen Körper.

Die Jungen betteln mit weitaufgerissenen Schnäbeln um Futter

Zwischen Rabenkrähen und Nebelkrähen kommen manchmal Bastarde vor

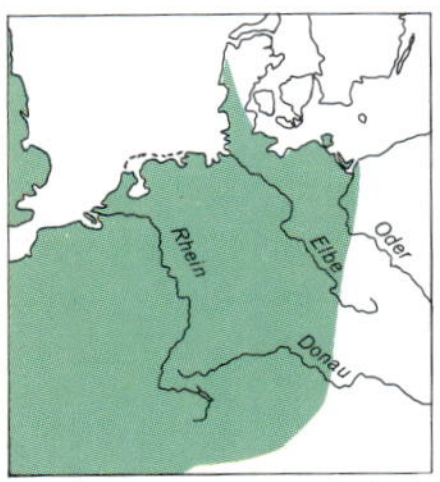

Jahresvogel; streift außerhalb der Brutzeit kaum umher

Kräftiger, an der Spitze leicht abwärts gebogener Schnabel

Adulte Rabenkrähen haben ein glänzendschwarzes Gefieder. Ihr Schnabel ist am Grund befiedert. Die Geschlechter sind gleichgefärbt. Größe: 47 cm

Rabenkrähen fressen oft Aas, beispielsweise Tiere, die auf Landstraßen überfahren worden sind

Das Nest ist ein stabiler Bau aus Reisern, das mit Haaren, Wurzeln und Federn weich gepolstert wird

Rabenkrähe *Corvus corone corone*

Die Rabenkrähe, die häufigste Krähe Mitteleuropas, ist kurzflügeliger und weniger glänzend als die Saatkrähe. Sie ruft schnarrend „quarr" sowie rauh „krääh". Gelegentlich hört man von ihr auch ein helles „krik". Der Gesang ist ein bauchrednerisches Geplauder. Wie viele Rabenvögel lernen zahme Rabenkrähen, fremde Laute nachzuahmen und Wörter nachzusprechen.

Die Rabenkrähe ist die westliche Unterart der Aaskrähe; sie kommt etwa westlich der Elbe vor. Hier bewohnt sie Kulturlandschaften, Moorgebiete und kleinere Waldungen, Feldgehölze, Auwälder sowie Parkanlagen und Baumgruppen in Ortschaften. Zur Brutzeit leben Rabenkrähen nicht gesellig. Sie bauen ihr Nest vor allem auf höheren Bäumen. Die Eier sind auf grünlichem Grunde graubraun gefleckt; sie werden nur vom Weibchen bebrütet.

Als Allesfresser ernähren Rabenkrähen sich von allem, was genießbar ist, und plündern auch Nester kleinerer Vögel. Im Winter besuchen sie häufig Müllplätze.

Eine bevorzugte Nahrung des Kolkraben ist Aas

Wenn der Kolkrabe ruft, sträuben sich die Federn an der Kehle und am Oberkopf

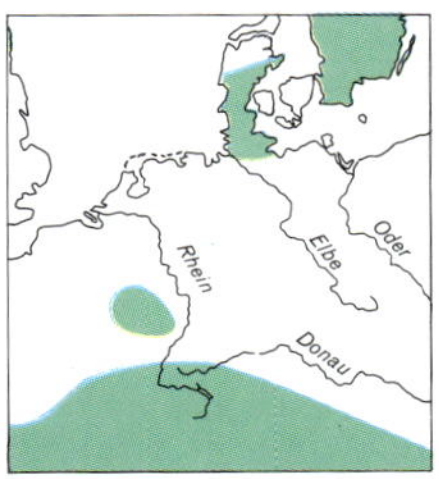

Jahresvogel; streift außerhalb der Brutzeit kaum umher

Die enorm großen Kolkraben sind ganz schwarz. Sie haben einen mächtigen Schnabel und einen keilförmigen Schwanz. Die Geschlechter sind gleichgefärbt. Größe: 64 cm

Kolkraben sind hervorragende Flieger. Auch im Flugbild fallen der keilförmige Schwanz und der mächtige Schnabel auf

Der Horst des Kolkraben ist ein riesiger Bau aus Reisern. Seine Mulde wird mit weichem Material gepolstert

Kolkrabe *Corvus corax*

Der Kolkrabe, der größte Rabenvogel Europas, ist am deutlichsten durch seinen mächtigen Schnabel gekennzeichnet. Er ruft dumpf „krorrk“ und hohl „klock“ sowie rauh „krack-krack“. Außerdem läßt er manchmal gutturale Laute vernehmen. Kolkraben imitieren vielfach Stimmen aus ihrer Umgebung, und in Gefangenschaft lernen sie Wörter und Sätze täuschend ähnlich nachzusprechen.

In Mitteleuropa bewohnen Kolkraben vor allem höhere Gebirgsregionen, z. B. die der Alpen, doch kommen sie auch in Wäldern und küstennahen Gebieten vor.

Im Spätwinter beginnen die Vögel zu balzen, wobei sie laut rufend Flugspiele ausführen. Kolkraben leben paarweise. Der Horst wird in Nischen und Höhlen von Felswänden oder auf hohen Bäumen gebaut. Das Gelege besteht aus drei bis sechs blaugrünlichen Eiern, die olivgrün und schwarzbraun gefleckt sind. Im Alter von etwa 40 Tagen verlassen die Jungen den Horst; die Familie bleibt jedoch mehrere Monate zusammen.

Kolkraben sind Allesfresser.

Im Flug erinnern Seidenschwänze an Stare. Sie sind schnelle Flieger. Ihr hohes Trillern verrät sie dem Kundigen

Der Seidenschwanz besitzt einen auffallenden Federschopf und ein überwiegend bräunlichgraues Gefieder. Der dunkle Schwanz hat eine gelbe Endbinde; die Kehle und der Augenstreif sind schwarz. Die Geschlechter sind gleichgefärbt. Größe: 18 cm

Im Winterquartier sind Seidenschwänze oft nicht sehr scheu

Die Schäfte der Flügeldeckfedern sind an den Spitzen lanzettartig verbreitert und lackrot gefärbt

Seidenschwänze leeren im Winter beerentragende Sträucher und Bäume nicht selten in unglaublich kurzer Zeit

Wintergast; erscheint bei uns nicht in jedem Jahr

Gegen Ende des Winters kann man Seidenschwänze beim Trinken an Pfützen beobachten

Seidenschwanz *Bombycilla garrulus*

Seidenschwänze sind in Mitteleuropa Wintergäste aus dem hohen Norden. Sie treten meist in Trupps, manchmal sogar in großen Schwärmen auf. Vor allem im Flug lassen sie ein hohes, schwirrendes „Sirr" in verschiedener Lautstärke hören.

Seidenschwänze brüten in Nordskandinavien, Nordosteuropa und Sibirien. In manchen Jahren erscheinen sie bei uns invasionsartig als Wintergäste; in anderen wiederum kann man sie nicht beobachten. Ihr Auftreten hat nichts mit der Strenge des Winters zu tun; die Vögel kommen dann, wenn im Norden ein gutes Brutjahr war und anschließend die Nahrung knapp wird. In ihrer Brutheimat bewohnen Seidenschwänze ausgedehnte Nadel-, Misch- oder Laubwälder und brüten dort häufig in lockeren Kolonien.

In Mitteleuropa besuchen die Vögel vor allem Sträucher, die noch Beeren tragen, oder Obstbäume mit hängengebliebenen Äpfeln oder Birnen. Eine besondere Vorliebe haben sie für die Beeren von Eberesche und Schneeball. Im Sommer ernähren sie sich fast ausschließlich von Insekten, vor allem von Mücken.

Junge Wasseramseln sind auf der Oberseite grauer als adulte. Die Unterseite ist weißlich mit grauer Fleckung

Der Flug ist gerade; die Flügel schlagen schnell, fast schwirrend

Als einzige Singvögel können Wasseramseln schwimmen

Kurzer Schwanz

Wasseramseln setzen sich gern auf einen Stein im Bach. Die dunkle Oberseite und der weiße Brustlatz in Verbindung mit der gedrungenen Gestalt und dem kurzen Schwanz machen diese Art unverkennbar. Die Geschlechter sind gleichgefärbt. Größe: 18 cm

Die Wasseramsel wippt fast ständig mit ihrem Körper auf und ab

Das Nest, ein umfangreicher Bau mit seitlichem Einschlupf, wird auch in Nischen hinter Wasserfällen angelegt

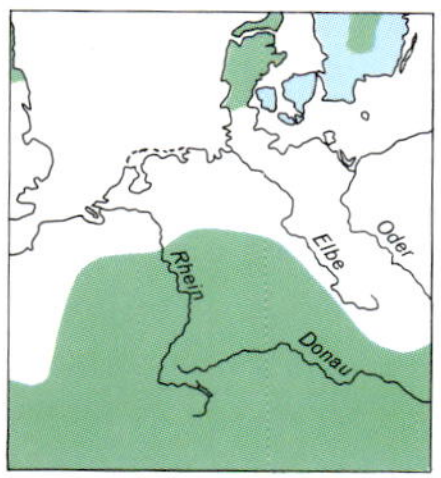

Jahresvogel; streift außerhalb der Brutzeit wenig umher

Wasseramseln können unter Wasser auf dem Boden flacher Gewässer dahinlaufen und zwischen Steinen nach Nahrung suchen

Wasseramsel *Cinclus cinclus*

An ihrer gedrungenen Gestalt, dem weißen Brustlatz und der starken Bindung an Bäche ist die Wasseramsel leicht zu erkennen. Wenn sie aufgescheucht wird oder niedrig über dem Wasser dahinfliegt, ruft sie scharf „zerrb“ oder „zwews“. Ihr Gesang ist ein zwitscherndes und schnarrendes Geschwätz.

Die Wasseramsel lebt an Bächen und kleinen Flüssen, vor allem an Bergbächen. Sie hat ein wasserabstoßendes Gefieder und sucht ihre Nahrung, die vorwiegend aus Larven von Wasserinsekten und Flohkrebsen besteht, unter Wasser. Außerhalb der Brutzeit kann man den Vogel gelegentlich auch an anderen Gewässern sehen. Die Verunreinigung von Bächen hat dazu geführt, daß er mancherorts verschwunden ist.

Ihr Nest legt die Wasseramsel mit Vorliebe unter Brücken an, ferner auch in Nischen und Höhlen an den Ufern von Bächen. Häufig benutzt sie es mehrere Jahre lang und bessert es immer wieder aus. Die reinweißen Eier bebrütet nur das Weibchen. Die Jungen fliegen im Alter von etwa 20 Tagen aus; sie können dann bereits tauchen.

Der Zaunkönig fliegt mit raschen, fast schwirrenden Flügelschlägen niedrig von einer Deckung zur anderen

Gestelzter Schwanz

Manchmal werden Nester auch in oder an Gartenhütten gebaut

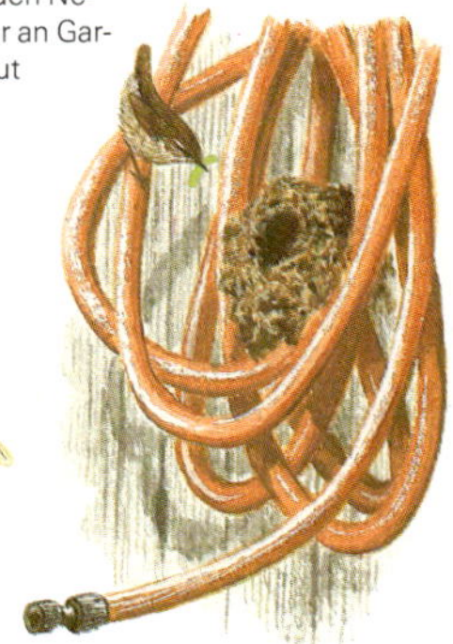

Das Gefieder ist überwiegend braun mit dunkler Wellenzeichnung. Der kurze Schwanz wird häufig gestelzt. Die Geschlechter sind gleichgefärbt. Größe 9,5 cm

Das Nest ist ein relativ großer Bau aus Moos, Laub und Halmen. Das Einschlupfloch befindet sich an der Seite

Das Männchen läßt seinen lauten Gesang von erhöhten Warten aus erschallen

Jahresvogel, der meist ständig in seinem Revier bleibt

Auf der Suche nach Nahrung schlüpfen Zaunkönige geschickt durch Gestrüpp und Blattwerk

Zaunkönig *Troglodytes troglodytes*

Der Zaunkönig huscht wie eine Maus im Gestrüpp umher und stellt dabei den kurzen Schwanz fast immer senkrecht auf. Sein Gesang ist ungewöhnlich laut und besteht aus einem Wechsel von melodischem Schmettern und Trillern. Bei Erregung ruft der Vogel schnarrend „zerr“ und zeternd „tetettetteteltett“.

Der Vogel bewohnt Waldungen aller Art, vor allem Auwälder, feuchte Schluchten mit Gestrüpp, Parkanlagen mit Unterholz oder Büschen sowie Gartengelände mit ausreichender Deckung. Dort beginnt das Männchen, mehrere Nester zu bauen, sogenannte Spielnester. Das Weibchen richtet eines davon als Brutnest her und polstert es aus. Nicht selten hat ein Männchen mehrere Weibchen. Mit Vorliebe werden die Nester unter Überhängen an Böschungen angelegt. Aber auch in Mauerlöchern, in Nischen mit Efeugerank und an ähnlichen Örtlichkeiten kann man sie finden. Die weißlichen, rotbraun punktierten Eier werden nur vom Weibchen bebrütet. Das Männchen kümmert sich vielfach nicht um die Aufzucht der Jungen.

Zaunkönige ernähren sich von Insekten und Spinnen.

Heckenbraunellen haben einen grauen Kopf und eine überwiegend bleigraue Unterseite. Die Geschlechter sind gleichgefärbt. Größe: 14,5 cm

Junge Vögel sind auf der Ober- und Unterseite kräftig gestrichelt

Ihren recht melodischen Gesang läßt die Heckenbraunelle von einer erhöhten Warte aus erschallen

Das Nest ist auf einer Unterlage aus zarten Reisern überwiegend aus Moos gebaut. Die Eier sind blaugrün

Alpenbraunelle
Prunella collaris
Größer als die Heckenbraunelle, mit heller, schwärzlichgestrichelter Kehle. Flanken kräftig rotbraun gestreift. Brutvogel in den Alpen.

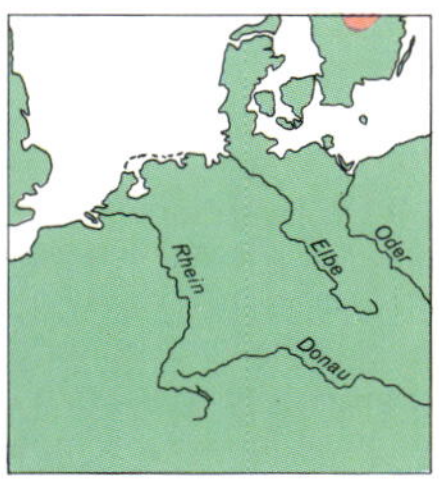

Teilzieher; überwintert in Mittel- und Südeuropa

Heckenbraunelle *Prunella modularis*

Die unscheinbare Heckenbraunelle wird manchmal mit einem Sperling verwechselt; sie hat aber einen dünnen Insektenfresserschnabel. Auf dem Boden rutscht sie förmlich dahin und zuckt dabei ständig mit den Flügeln und dem Schwanz. Ihr Gesang ist ein melodisches, plauderndes Liedchen, das entfernt an den Gesang des Zaunkönigs erinnert, jedoch weniger kräftig ist und keine „Roller" enthält. Daneben ruft sie fein „zihp" sowie etwas blechern „dididit".

In Mitteleuropa bewohnt die Heckenbraunelle Misch- und Nadelwälder mit Lichtungen und dichtem Unterwuchs. Auch in Parks und auf Friedhöfen sowie in größeren Gärten und Auwäldern ist sie anzutreffen. Das Nest wird in dichtem Gebüsch, mit Vorliebe in Fichtengestrüpp, gebaut. Im Jahr finden meist zwei Bruten statt.

Heckenbraunellen suchen am Boden nach Insekten, Spinnen und kleinen Sämereien, die der Vogel dann jeweils ganz verschluckt. Die Samen werden im Kropf aufgeweicht und dort zur Verdauung vorbereitet.

Feldschwirle sieht man nur wenige Augenblicke im Flug, wenn sie von einer Deckung zur anderen fliegen

Auf der Oberseite ist der Feldschwirl kräftig längsgestreift. Der verhältnismäßig lange Schwanz ist gerundet

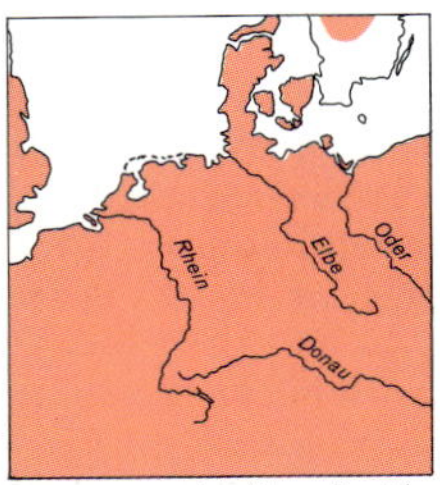

Sommervogel (Apr.–Sept.); überwintert in Afrika

Das adulte Männchen singt von einer erhöhten Warte aus, wobei es den Kopf hin und her wendet, so daß der Gesang an- und abschwellend wirkt. Die Geschlechter sind gleichgefärbt. Größe: 12,5 cm

Die lange Mittelzehe befähigt den Vogel, gleichzeitig zwei Halme zu umfassen und sich in dichter Vegetation geschickt zu bewegen

Wird der Vogel gestört, schlüpft er meist geschickt durch die Vegetation davon

Das Nest wird auf dem Boden aus dürrem Pflanzenmaterial gebaut und mit feineren Pflanzenstoffen gepolstert

Feldschwirl *Locustella naevia*

Der Feldschwirl hat seinen Namen wegen seines schwirrenden Gesangs erhalten, der eine gewisse Ähnlichkeit mit dem Zirpen großer Laubheuschrecken hat. Der Vogel sitzt beim Singen meist erhöht auf einem Stengel oder einem Grashalm und läßt mit weitaufgerissenem Schnabel ein langanhaltendes „Sirrr" hören. Außerdem ruft er schnalzend „täck-täck".

Der Feldschwirl bewohnt Wiesengelände mit Büschen, Verlandungszonen von Gewässern, Lichtungen, Auwälder, vegetationsreiche Blößen sowie Jungkulturen in Waldungen.

Das Nest wird von beiden Partnern auf dem Erdboden, geschützt durch umgebende Vegetation, angelegt. Die rosafarbenen, fein rotbraun und violett gepunkteten Eier werden abwechselnd vom Männchen und Weibchen bebrütet. Die Jungen verlassen im Alter von zehn bis zwölf Tagen das Nest und verstecken sich dann einzeln in der umgebenden Vegetation.

Die Nahrung des Feldschwirls besteht aus kleineren Insekten aller Art sowie ihren Larven; daneben werden auch Spinnen und kleine Nacktschnecken verzehrt.

Der Rohrschwirl ist oben einfarbig braun und hat einen deutlich gestuften, abgerundeten Schwanz. Die Geschlechter sind gleichgefärbt. Größe: 14 cm

Der Rohrschwirl erbeutet seine Nahrung, indem er emsig in der Vegetation umherklettert

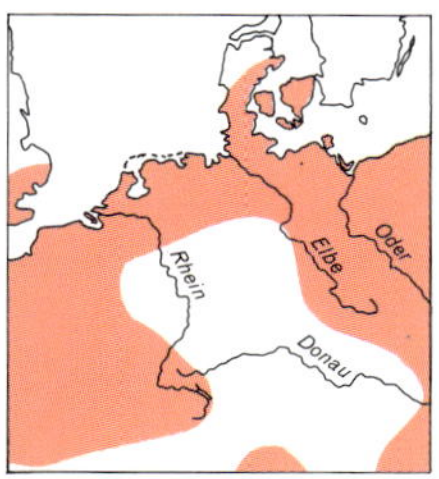

Sommervogel, der im tropischen Afrika überwintert

Rohrschwirle bewegen sich im Schilf sehr geschickt

Schlagschwirl
Locustella fluviatilis
Im Süden Mitteleuropas. Gesang wie „wewewese …“.

Das Nest ist ein umfangreicher Bau aus Schilfblättern in dichter Vegetation. Beide Eltern füttern die Jungen

Rohrschwirl *Locustella luscinioides*

Der Rohrschwirl hat eine ähnliche Gestalt wie der Feldschwirl, ist aber auf der Oberseite einfarbig braun. Sein Gesang besteht aus einem anhaltenden Schwirren auf „ö“; er klingt wie „örrrrr“. Dieses Schwirren beginnt meist mit einleitenden, tikkenden Lauten. Als Singwarten dienen meist Schilfstengel. Von hier aus läßt der Vogel mit weit aufgerissenem Schnabel sein monotones Lied hören und wendet dabei den Kopf hin und her. Wie der Feldschwirl singt auch der Rohrschwirl häufig nachts.

Die Art kommt in Mitteleuropa örtlich in Sümpfen mit Röhricht- und Binsenbeständen sowie an verlandenden Seen und sumpfigen Flußufern vor. Das Nest wird meist auf umgebrochenem, vorjährigem Schilf oder auf Seggenbülten gebaut. Die Eier sind auf weißlichem Grund dicht graubraun gepunktet. Sie werden nur vom Weibchen bebrütet. Der Rohrschwirl brütet gelegentlich ein zweites Mal im Jahr.

Kleinere Insekten und ihre Larven sowie Spinnen sind die Hauptnahrung des Rohrschwirls.

Zur Brutzeit vollführt das Männchen Singflüge, bei denen es senkrecht emporflattert und dann singend auf eine andere Warte hinabgleitet

Am fliegenden Vogel fällt der rötlichbraune Bürzel auf

Dunkel gestreifter Rücken

Rahmfarbener Überaugenstreif

Der gestreifte Rücken und der kräftige Überaugenstreif unterscheiden den Schilfrohrsänger vom oberseits einfarbig braunen Teichrohrsänger. Die Geschlechter sind gleichgefärbt. Größe: 12,5 cm

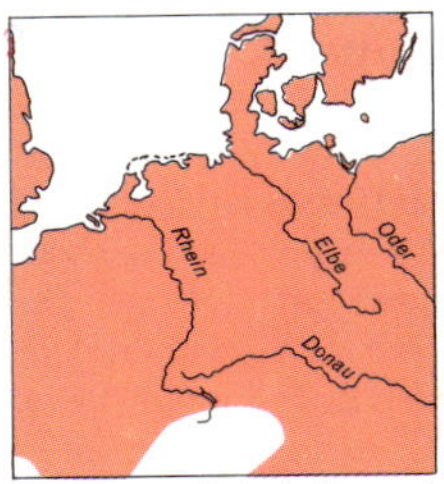

Sommervogel, der in Ost- und Südostafrika überwintert

Der Gesang des Schilfrohrsängers wird von erhöhten Warten aus vorgetragen. Er ist abwechslungsreicher als der des Teichrohrsängers

Der Vogel verbringt sehr viel Zeit mit der Nahrungssuche. Dabei schlüpft er im dichten Gestrüpp umher

Das Nest aus Moos, Halmen und Stengeln ist mit Hälmchen, Federn oder Pflanzenwolle ausgepolstert

Schilfrohrsänger *Acrocephalus schoenobaenus*

Der Schilfrohrsänger hat einen gestreiften Rücken und einen kräftigen, rahmfarbenen Überaugenstreif. Sein Gesang besteht aus einer rhythmischen Folge von Lauten, die wie „tschärr-dididit-tschärr-..." klingen und in die gereihten, weich flötenden, wie „wihd" oder „woid" klingenden Pfiffe eingewoben werden. Der Vogel singt im Sitzen, beim Umherklettern und während seines Singfluges.

Schilfrohrsänger bewohnen Sumpfgebiete mit Seggen und Binsen, Uferzonen von Gewässern mit Weidenbüschen und Schilf, Hecken an Wasserläufen und ähnliche Lebensräume. Sie setzen ihr Nest meist dicht über dem Boden auf eine lockere Unterlage aus altem Gras und sonstigen Pflanzen. Die Ränder des Nestes werden nach Rohrsängerart an Pflanzenstengel angeflochten. Die Eier sind auf weißlichem Grunde so dicht bräunlich gefleckt, daß sie fast einfarbig erscheinen. Die Jungen sind mit knapp zwei Wochen flügge.

Die Nahrung besteht aus kleineren Insekten und ihren Larven, Spinnen und anderen kleinen, wirbellosen Tieren.

Sumpfrohrsänger halten sich gern in Weidendickichten an Gewässern auf

Das Nest hängt wie ein Korb zwischen Pflanzenstengeln

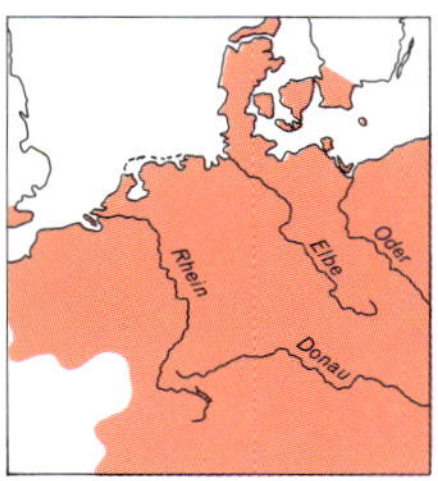

Sommervogel; überwintert in Ost- und Südostafrika

Fleischfarbene Beine

Sumpfrohrsänger suchen ihre Nahrung gern im Weidengestrüpp

Der meist von einer erhöhten Warte aus vorgetragene Gesang ist melodischer und abwechslungsreicher als der anderer Rohrsänger

Der schlanke Vogel mit olivbräunlicher Ober- und rahmfarbener Unterseite ähnelt sehr dem oberseits meist rötlichbrauneren Teichrohrsänger. Von diesem unterscheidet er sich am deutlichsten durch seine Stimme. Die Geschlechter sind gleichgefärbt. Größe: 12,5 cm

Beide Altvögel füttern die Jungen und tragen den in einer Hülle abgesetzten Kot im Schnabel weg

Sumpfrohrsänger *Acrocephalus palustris*

Der Sumpfrohrsänger ist ein oberseits einfarbiger Sänger, der nicht selten auch nachts singt. Sein Lied ist ein fortlaufendes Geplauder, in das Flötentöne sowie Imitationen anderer Vogelstimmen eingewoben sind. Man hört von ihm oft täuschend ähnliche Nachahmungen der Gesänge von Stieglitz, Rauchschwalbe, Feldlerche oder Kohlmeise.

Der Sumpfrohrsänger bewohnt offene Landschaften mit Gestrüpp, Brennesseln und anderen höheren Stauden, ferner Sumpfgelände, Gebüsch an Gewässern, lichte Auwälder und Getreidefelder, die manchmal weitab vom Wasser liegen.

Das Nest hängt der Vogel zwischen Pflanzenstengeln auf, die er mit Nistmaterial kunstvoll umschlingt. Die Eier sind auf grünlichweißem Grund mit großen, olivgrünlichen Flecken gezeichnet. Beide Partner beteiligen sich am Brutgeschäft. Die Jungen verlassen etwa zehn Tage nach dem Schlüpfen noch flugunfähig das Nest.

Kleinere Insekten und ihre Larven sowie Spinnen sind die Hauptnahrung des Sumpfrohrsängers.

Der metronomartige, schwätzende Gesang wird oft unermüdlich vorgetragen und ist zuweilen auch nachts zu hören

Beine meist dunkel

Der Teichrohrsänger ist auf der Oberseite wärmer braun als der Sumpfrohrsänger. Die Geschlechter sind gleichgefärbt. Größe: 12,5 cm

Ehe die Jungen voll flugfähig sind, können sie bereits im Röhricht umherklettern

Das Nest hat eine verhältnismäßig tiefe Mulde. Es schwankt zwar im Wind, doch Eier oder Junge fallen nicht heraus

Teichrohrsänger suchen ihre Nahrung auch in umgebenden Büschen

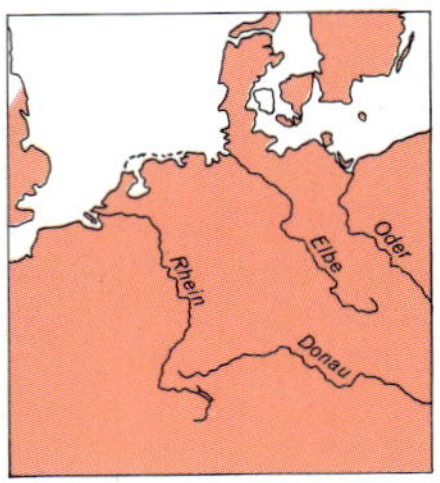

Sommervogel; überwintert in Mittel- und Südafrika

Nicht selten bauen Teichrohrsänger alte Nester ab und verwenden das Nistmaterial für ein neues Nest

Teichrohrsänger *Acrocephalus scirpaceus*

Der Teichrohrsänger ähnelt sehr dem Sumpfrohrsänger, wenngleich er auf der Oberfläche meist rötlicher braun wirkt. An der Stimme sind die beiden Arten jedoch leicht zu unterscheiden. Teichrohrsänger singen metronomartig „tschirr-tschirr-tschirr-jäg-jäg-jäg-tschirr-...“. Diese Folge wird vielfältig variiert. Das Männchen singt entweder von einer Singwarte im Röhricht aus oder beim Umherschlüpfen in der Vegetation, und zwar am Tage wie auch in hellen Nächten.

Der Lebensraum des Teichrohrsängers ist in den meisten Fällen ebenfalls anders als der des Sumpfrohrsängers. Der Vogel bewohnt in erster Linie verlandende Zonen an Seen und Teichen mit Röhrichtbeständen. Dort wird das Nest meist zwischen Schilfstengeln befestigt oder nach Rohrsängerart im Ufergestrüpp aufgehängt. Die Eier sind auf weißlichem Grund olivgrün gefleckt. Beide Partner brüten. Teichrohrsänger werden häufig vom Kuckuck als Wirtsvögel ausgewählt.

Die Nahrung besteht aus kleineren Insekten und ihren Larven sowie aus Spinnen.

Das Nest ist ein umfangreicher Bau mit tiefer Mulde. Es besteht aus Schilfblättern und dürren Halmen, die der Vogel vor dem Verbauen anfeuchtet. Normalerweise wird das Nest etwa einen Meter über dem Wasserspiegel aufgehängt

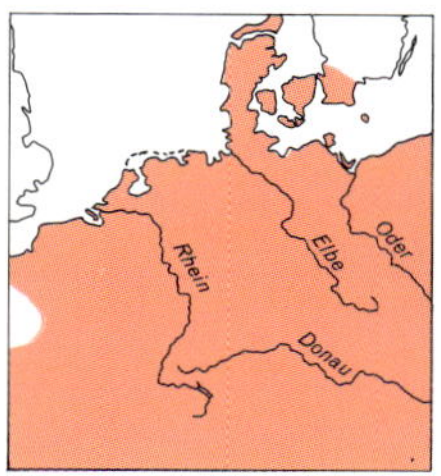

Sommervogel, der im tropischen Afrika überwintert

Der Drosselrohrsänger ist fast drosselgroß und auf der Oberseite einfarbig braun. Er hat einen kräftigen Überaugenstreif. Die Geschlechter sind gleichgefärbt.
Größe: 19 cm

Fast immer legt der Vogel sein Nest in dichtem Schilf an; daher ist es trotz seiner Größe nicht leicht zu finden

Drosselrohrsänger *Acrocephalus arundinaceus*

Der Drosselrohrsänger ist der größte Rohrsänger Europas. Sein rhythmischer Gesang ist sehr laut und rauh. Er wird im allgemeinen von einer höheren Warte, besonders vom oberen Teil eines Schilfstengels aus, vorgetragen und klingt wie „karre-karre-kiet-karre-kiet-...“. In der Lautfolge kann er mannigfach variiert werden.

Drosselrohrsänger sind heute mancherorts selten geworden oder gar verschwunden. Sie bewohnen Röhrichtwälder am Rand von Seen, Flüssen und Teichen mit kleineren Schilfbeständen, wenn dort Weidendickicht vorhanden ist. Das Nest wird nach Rohrsängerart zwischen mehreren Rohrstengeln aufgehängt. Die grünlichweißen Eier sind unregelmäßig olivgrün und olivbraun gefleckt. Die Jungen verlassen im Alter von zwölf Tagen das Nest und klettern im Rohr umher. Im Jahr finden ein bis zwei Bruten statt.

Drosselrohrsänger ernähren sich von Insekten und ihren Larven, vor allem von Eintagsfliegen, Libellen und Schnaken, ferner von Spinnen und anderen Kleintieren.

Die Oberseite des Gelbspötters ist gelblicholivgrün, die Unterseite blaßgelb. Der Vogel hat einen gelben Überaugenstreif. Die Beine sehen bleigrau aus. Die Geschlechter sind gleichgefärbt.
Größe: 13 cm

Der Gelbspötter baut sein Nest in Astgabeln. Beim Brüten drückt er sich tief in die Nestmulde

Gelbspötter *Hippolais icterina*

Die Erscheinung des Gelbspötters ist rohrsängerartig. Mit seiner blaßgelblichen Unterseite ähnelt der Vogel entfernt auch den Laubsängern.

Seinen rhythmischen Gesang läßt er meistens aus den Kronen dicht belaubter Bäume hören. Dieses Lied besteht aus wohltönenden und gequetscht klingenden Motiven sowie aus schleifenden Lauten. Außerdem ruft der Gelbspötter „dederoid" und zetert unterdrückt. Seinen Namen verdankt er der Fähigkeit, auch Stimmen anderer Vögel nachzuahmen.

Lichte Laub- und Mischwälder, Auwälder, Parkanlagen und Gärten mit Bäumen und Büschen, gelegentlich auch Alleen in größeren Städten sind Lebensräume des Gelbspötters. Sein Nest erinnert an das eines Rohrsängers, ist jedoch fester gebaut. Es befindet sich einige Meter über dem Boden. Beide Partner bebrüten abwechselnd das Gelege.

Seine Nahrung sucht der Gelbspötter im Laubwerk der Büsche und Bäume. Sie besteht aus kleinen Insekten, ihren Larven und Spinnen. Im Herbst verzehrt der Vogel auch Beeren.

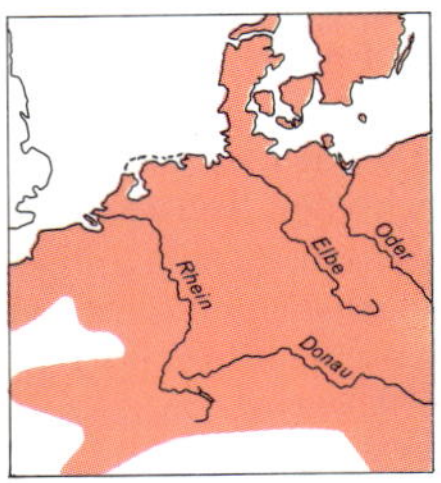

Sommervogel, der im tropischen Afrika überwintert

Beide Eltern füttern die Jungen. Diese sind auf der Unterseite blasser als die Altvögel

Seggenrohrsänger
Acrocephalus paludicola
Ähnlich Schilfrohrsänger, aber mit hellem Längsstreif auf dem Oberkopf. Singt rhythmisch „ärr-didi-ärr-didi-...“. Bewohnt Sumpfland, vorwiegend in Norddeutschland. Größe: 12,5 cm.

Sperbergrasmücke
Sylvia nisoria
Augen leuchtend schwefelgelb. Gesang „orgelnd“, dazwischen ein hartes Zetern. Lebt vor allem im östlichen Europa. Größe: 15 cm.

Berglaubsänger
Phylloscopus bonelli
Oberseite olivbraun, Bürzel leicht grünlichgelb; Unterseite weißlich, ohne gelblichen Anflug. Bewohnt vor allem lichte Kiefern- und Lärchenwälder sowie trockene Berghänge. Kommt in Mittelgebirgen und in den Alpen vor. Gesang ein „Scheppern“ auf dem gleichen Ton, wie etwa „didididi-didit“. Größe: 11 cm.

Seidensänger
Cettia cetti
Ähnlich Nachtigall, aber Schwanz nicht rotbraun. Lebt versteckt im Gebüsch an Gewässern. Der kurze, aber sehr laute Gesang klingt wie „tschi-tschiwi-tschiwit-jewitjewitje“. Der Vogel kommt im südlichen Mitteleuropa vor. Größe: 14 cm.

Seltenere Grasmückenartige

Von den vier hier vorgestellten Arten bewohnt eine, der Berglaubsänger, besondere Lebensräume; die drei anderen erreichen in Mitteleuropa ihre Verbreitungsgrenze. Den Berglaubsänger findet man vor allem an trockenen Hängen mit schütterem Baumbestand im Mittelgebirge und im Alpenraum. Dort ist er gebietsweise gar nicht selten. Der Seidensänger ist eine süd- und westeuropäische Art, die aber auch schon wiederholt in Mitteleuropa beobachtet wurde. Seggenrohrsänger und Sperbergrasmücken haben mehrfach im mitteleuropäischen Raum gebrütet.

Dichtes Unterholz ist ein besonders beliebter Aufenthaltsort der Gartengrasmücke

Bei der Balz spreizt das Männchen den Schwanz und zittert mit den ausgebreiteten Schwingen

Die Gartengrasmücke ist verhältnismäßig kräftig. Sie hat eine olivgraubraune Oberseite und eine hellrahmfarbene Unterseite. Die Geschlechter sind gleichgefärbt. Größe: 14 cm

Das Männchen trägt an Stellen, die es für den Nestbau in Aussicht genommen hat, Nistmaterial zusammen und zeigt dem Weibchen diese Stellen durch einen halblauten Gesang an

Das Weibchen wählt eines der vom Männchen angebotenen Scheinnester und baut es aus

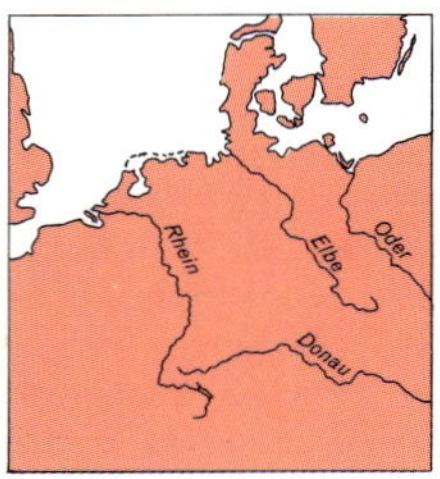

Sommervogel; überwintert im tropischen Afrika

Wie viele Grasmücken, so ernährt sich auch die Gartengrasmücke im Herbst überwiegend von Beeren. Die im Saft enthaltenen Farbstoffe färben häufig den Schnabel des Vogels und vor allem die Ausscheidungen rötlich oder violett

Gartengrasmücke *Sylvia borin*

Die Gartengrasmücke hat keine auffälligen Gefiederzeichnungen. Ihr Gesang, den sie vor allem aus dichtem Gebüsch oder aus dem Laubwerk von Bäumen erschallen läßt, ist jedoch sehr charakteristisch. Er gleicht einem fortlaufenden Geplauder aus flötenden Tönen mit einem „orgelnden“ Charakter. Außerdem ruft der Vogel schnalzend „zeck“ und tiefer „tscharr“.

Die Gartengrasmücke bewohnt buschreiche Landschaften und hat eine besondere Vorliebe für Auwälder mit dichtem Unterholz. Sie kommt aber auch in Laub- und Mischwäldern mit dichtem Unterwuchs, in Parkanlagen und größeren, buschreichen Gärten vor.

Das Nest, ein lockerer Bau aus Halmen, Stengeln und Würzelchen, wird meist in geringerer Höhe über dem Boden im Gebüsch angelegt. Die grünlichweißen, olivbraun gefleckten Eier werden von beiden Partnern abwechselnd bebrütet.

Die Nahrung der Gartengrasmücke besteht aus Insekten und ihren Larven sowie aus Spinnen. Im Spätsommer und Herbst verzehrt der Vogel Beeren.

Manche Mönchsgrasmücken kommen zeitig im Frühjahr zurück und werden von Wintereinbrüchen überrascht

Weibchen: braune Kopfplatte

Durch die schwarze Kopfplatte unterscheidet sich das Männchen von allen anderen Grasmücken Mitteleuropas. Die braune Kopfplatte des Weibchens ist weniger auffällig. Größe: 14 cm

Männchen mit Nistmaterial. Wie das Männchen der Gartengrasmücke „zeigt" es dem Weibchen mögliche Brutplätze

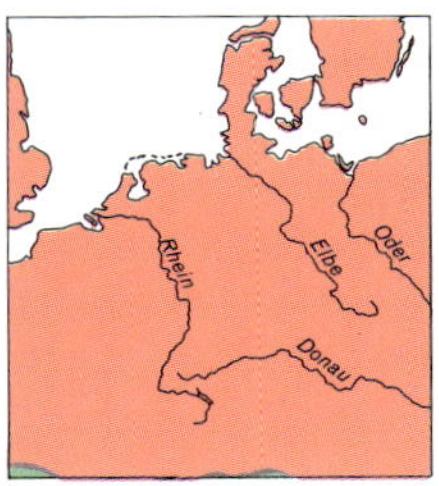

Apr.–Okt. in Mitteleuropa; sonst im Mittelmeergebiet

Ein Weibchen füttert ausgeflogene Junge. Diese haben etwas matter gefärbte Kopfplatten als der Altvogel

Erregte Mönchsgrasmücken sträuben das Kopfgefieder, spreizen den Schwanz und breiten die Flügel etwas aus. Dabei stoßen sie in schneller Folge „Tzäck"-Rufe aus

Die Jungen sind zunächst blind. Sie rekken den Kopf und „sperren", wenn ein Altvogel das Nest erschüttert

Mönchsgrasmücke *Sylvia atricapilla*

Die männliche Mönchsgrasmücke ist durch ihre schwarze Kopfplatte gut gekennzeichnet. Ihr Gesang gehört zu den schönsten Vogelgesängen Mitteleuropas; er besteht aus einem halblauten, melodischen Geplauder, an das sich ein lauter „Überschlag" aus flötenden Tönen anschließt. Beide Geschlechter rufen hart „tzäck".

Die Mönchsgrasmücke ist in Mitteleuropa weit verbreitet. Sie bewohnt lichte, nicht zu trockene Laub-, Misch- und Auwälder mit viel Unterholz, ferner Parks, buschreiche Gärten und Feldgehölze. Gebietsweise geht sie über die Baumgrenze hinaus. Das Nest wird in Gestrüpp und Buschwerk aller Art in geringer Höhe über dem Erdboden angelegt. Es ist ein lockerer Bau aus Halmen, Würzelchen und Stengeln, der meist mit Haaren ausgepolstert wird. Beide Partner brüten abwechselnd.

Kleinere Insekten aller Art sowie Larven und Spinnen sind die Hauptnahrung der Mönchsgrasmücke. Im Spätsommer und Herbst verzehrt sie auch viele Beeren und pickt überreifes Obst an.

Der Singflug beginnt an einer Singwarte. Er führt flatternd auf und ab und endet schließlich auf einer anderen Singwarte

Weiße Kehle

Rotbraune Flügeloberseiten

Das Männchen besitzt einen grauen Kopf, eine weiße Kehle, rötlichbraune Flügel und eine zartrosa angehauchte Unterseite. Größe: 14 cm

Beim fliegenden Vogel fallen die weißen Schwanzkanten besonders auf

Dorngrasmücken haben eine besondere Vorliebe für dorniges Gestrüpp, vor allem solches mit Brombeergerank

Dorngrasmücken schlüpfen geschickt im Gestrüpp umher. Sie sind dort schwer zu beobachten

Apr.–Sept.; überwintert im tropischen Afrika

Das Nest wird nicht selten zwischen Brennesseln gebaut, die einen gewissen Schutz vor Feinden gewähren

Dorngrasmücke *Sylvia communis*

Von den übrigen Grasmücken Mitteleuropas ist die Dorngrasmücke durch die rotbraune Färbung ihrer Flügeloberseiten in Verbindung mit der weißen Kehle unterschieden. Ihr Gesang besteht aus einem eiligen, etwas rauh klingenden Geschwätz, das der Vogel sowohl von einer Singwarte aus als auch beim Umherschlüpfen im Gebüsch und im flatternden Balzflug hören läßt. Erregt rufen Dorngrasmücken gereiht „wääd".

Sie bewohnen offenes Gelände mit dornigen Hecken und anderem Gestrüpp, sonnige Waldränder und Waldlichtungen mit Gebüsch, gelegentlich auch Park- und Gartenanlagen.

Das Nest wird niedrig über dem Boden im Gestrüpp angelegt. Wie die meisten Grasmückennester ist es ein lockerer Bau aus Halmen. Die dunkel gefleckten Eier werden abwechselnd vom Männchen und Weibchen bebrütet. Im Jahr finden ein bis zwei Bruten statt.

Dorngrasmücken ernähren sich vor allem von kleinen Insekten und ihren Larven sowie von Spinnen. Im Spätsommer verzehren sie auch Beeren.

Durch die einfarbig graubraunen Flügel unterscheidet sich die Klappergrasmücke von der Dorngrasmücke

Das Nest wird auf Zweige aufgesetzt. Es ist manchmal so locker, daß man von unten die Eier durchscheinen sieht

Zur Verfestigung des Nistmaterials werden oft Spinnweben verwendet

Der Klappergrasmükke fehlt das Rotbraun in den Flügeln. Sie hat dunkle Wangen. Das Weibchen ist weniger kontrastreich. Größe: 13,5 cm

Das Nest wird stets gut versteckt. Die Eier sind auf weißlichem Grund grau und bräunlich gefleckt

Ihren Gesang trägt die Klappergrasmücke meist in dichtem Gebüsch vor

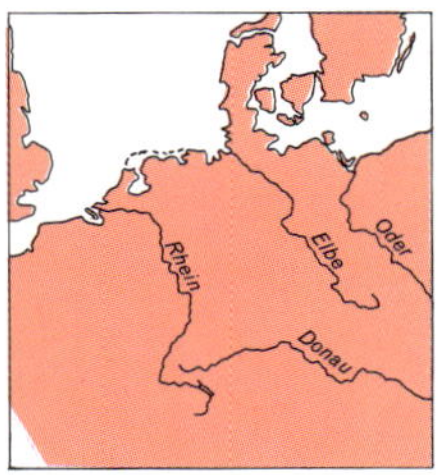

Apr.–Sept.; überwintert vor allem in Ostafrika

Der Vogel schlüpft häufig geschickt im Gebüsch umher

Klappergrasmücke *Sylvia curruca*

Die auch als Zaungrasmücke bezeichnete Klappergrasmücke ähnelt ein wenig der Dorngrasmücke; sie hat aber kein Rotbraun auf den Flügeln, sondern sieht oben grau aus. Überdies ist sie scheuer und seltener. Ihr Gesang ist ein leises Geplauder mit Lauten, die wie „zizizizi" klingen, und einem weit hörbaren, klappernden „Didldidldildidl...". Außerdem rufen Klappergrasmücken schnalzend „tzeck".

Die Klappergrasmücke bewohnt offenes Gelände mit Buschgruppen, Feldgehölze, lichte Auwälder mit viel Gestrüpp, Parks und Gärten mit Büschen sowie Latschengestrüpp im Gebirge. Das Nest ist ein lockerer Bau aus Halmen und Würzelchen; es wird, meist nicht höher als einen Meter, im Gebüsch gebaut. Die vier bis sechs Eier werden von beiden Geschlechtern abwechselnd bebrütet. Normalerweise findet nur eine Brut im Jahr statt.

Klappergrasmücken ernähren sich von kleinen Insekten und ihren Larven sowie von Spinnen. Im Spätsommer und Herbst verzehren sie, wie alle Grasmücken, viele Beeren.

Nordischer Laubsänger *P. borealis*
Gast aus Nord- und Nordosteuropa. Oberseite hell olivgrünlich mit schwacher, heller Flügelbinde. Größe: etwa 12 cm.

Manches Insekt wird im Flug gefangen

Grüner Rücken

Zitronengelbe Kehle und Brust

Der Waldlaubsänger ist kräftiger gefärbt als die anderen Laubsänger. Kehle und Brust sind zitronengelb. Geschlechter gleichgefärbt. Größe: 12,5 cm

Das Nest am Boden ist meist nicht so gut in der Vegetation versteckt wie das anderer Laubsänger

Das Nest hat ein seitliches Einschlupfloch und ist innen mit feinen Hälmchen gut ausgepolstert

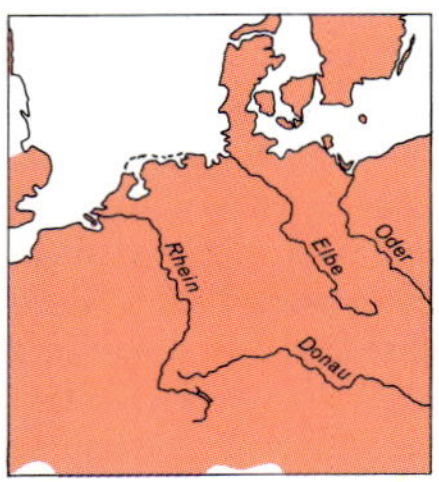

Apr.–Sept.; überwintert im tropischen Afrika

Die aus „Düh"-Lauten bestehende Strophe wird stets im Sitzen gesungen

Wenn der Vogel seinen schwirrenden Gesang ertönen läßt, fliegt er häufig von einer Singwarte zur anderen

Waldlaubsänger *Phylloscopus sibilatrix*

Der recht lebhaft gelb und grünlich gefärbte Waldlaubsänger fällt vor allem durch seinen Gesang auf. Dieser besteht aus einer immer schneller werdenden Folge von „Sib"-Lauten, die schließlich in ein Schwirren übergeht und wie „sib-sib-sibsibsibsirrr…" klingt. Dieses Schwirren wechselt ab und zu mit einem weichen, etwas anschwellenden „Düh-düh-düh…" ab.

Der Waldlaubsänger bewohnt Laub- und Auwälder und Parkanlagen, gelegentlich auch Mischwälder. Er ist ein Charaktervogel des Buchenwaldes; in Nadelwäldern kommt er nur örtlich vor.

Das Nest wird am Boden, häufig im Fallaub und im Schutz umgebender Vegetation angelegt. Es ist kugelförmig und überdacht und mit feinen Grashalmen und Würzelchen ausgepolstert. Die Eier sind auf weißlichem Grund ziemlich dicht bräunlich gepunktet. Nur das Weibchen brütet. Im Jahr findet meist nur eine Brut statt.

Kleinere Insekten, ihre Larven und Spinnen sind die Hauptnahrung des Waldlaubsängers.

Bei der Balz spreizt das Männchen den Schwanz und zittert mit den ausgebreiteten Schwingen

Der Flug des Fitis führt meist nur von einem Baum zu einem anderen in der Nähe

Der Fitis ist auf der Unterseite gelblicher als der Zilpzalp, und er hat hellere Beine. Größe: 11 cm

Auf der Nahrungssuche turnen Fitisse rastlos durchs Gezweig

Das Nest hat wie alle Laubsängernester einen seitlichen Eingang und ist stets gut versteckt angelegt

Apr.–Sept.; überwintert im tropischen Afrika

Jungvögel sind auf der Unterseite wesentlich gelber als alte

Fitis *Phylloscopus trochilus*

Der grünlich-bräunliche Fitis ähnelt stark dem Zilpzalp und in etwas geringerem Maße auch dem Waldlaubsänger. Er ist etwas kleiner als dieser und weniger kontrastreich gefärbt. Sein Gesang ist eine sanfte, wohltönende, abfallende Strophe, die etwa mit „titītütütüiju" wiedergegeben werden kann. Sie erinnert ein wenig an einen abfallenden, weichen Buchfinkenschlag. Außerdem ruft der Vogel weich „hüid".

Der Fitis ist ein Charaktervogel der Auwälder; er lebt aber auch in lichten Laub- und Mischwäldern, in Parkanlagen, Feldgehölzen und Gärten. Im Gebirge findet man ihn selten in Höhen über tausend Metern.

Das Nest wird am Boden gebaut und stets in der umgebenden Vegetation gut versteckt. Die vier bis sieben Eier sind auf weißlichem Grund hell rötlichbraun gepunktet. Nur das Weibchen bebrütet sie. Die Jungen sind im Alter von 13–16 Tagen flügge. Fitisse brüten meist nur einmal im Jahr.

Kleinere Insekten, ihre Larven sowie Spinnen dienen dem Vogel als Nahrung.

Adulte Vögel wirken grauer als Fitisse und unterseits blasser. Die Beine sind meist dunkel. Die Geschlechter sind gleichgefärbt. Größe: 11 cm

Jungvögel sind auf der Unterseite gelber und ähneln Fitissen sehr

Beim Balzflug breitet das Männchen die Schwingen weit aus

Das Nest des Zilpzalps ähnelt dem des Fitis; es hat aber auf der Seite einen engeren Einschlupf

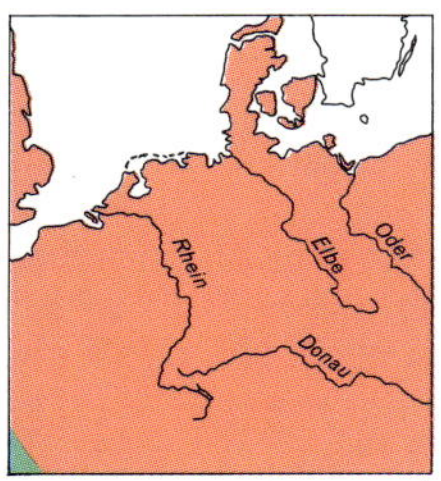

März–Anfang Nov.; überwintert im Mittelmeerraum

Auf dem Zug kann man manchmal grauere Exemplare aus Skandinavien beobachten

Wenn der Zilpzalp mit Futter zum Nest fliegt, landet er oft höher und schlüpft dann im Gezweig hinab

Zilpzalp *Phylloscopus collybita*

Der Zilpzalp ähnelt dem Fitis sehr und ist im Freiland von ihm oft nicht zu unterscheiden. In der Hand kann man ihn nach der Schwingenformel bestimmen: Bei ihm sind die Handschwingen bis zur sechsten, beim Fitis nur bis zur fünften Schwinge am Vorderrand eingebuchtet.

Der Gesang des Zilpzalps klingt ganz anders als der des Fitis, nämlich eintönig „zilp-zalp-zilp-zalp...“. Manchmal wird in diese Lautfolge noch ein tonloses, gereihtes „Trrr“ eingeschoben.

Der Zilpzalp bewohnt unterholzreiche Laub-, Misch- und Nadelwälder, Auwälder mit reichem Unterwuchs, Parkanlagen und Gärten. Im Gebirge geht er bis zur Baumgrenze. Das Nest ähnelt dem des Fitis. Meistens wird es in dichtem Gebüsch oder im Pflanzengewirr nur wenig über dem Boden angelegt. Die Eier sind auf weißlichem Grund dunkel rötlich-braun gesprenkelt. Im Jahr finden häufig zwei Bruten statt.

Die Nahrung besteht aus kleinen Insekten, ihren Larven und Spinnen.

Jungvögel sind auf der Oberseite einfarbig grünlich und haben keinen gelben Scheitelstreif

Goldhähnchen lassen den Beobachter oft nah herankommen, so daß man sie aus kurzer Entfernung beobachten kann

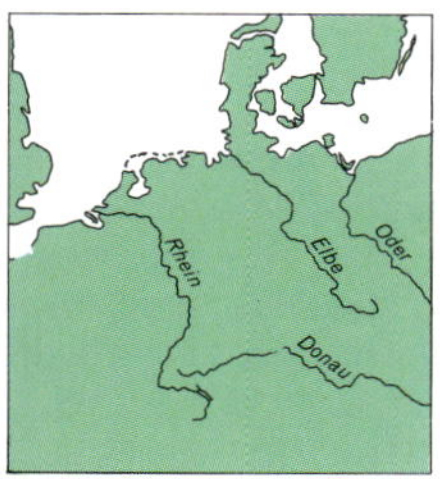

Überwiegend Jahresvogel, der nur wenig umherstreift

Das kunstvoll gebaute Nest wird meist mehrere Meter über dem Erdboden in den äußeren Zweigen von Nadelbäumen angelegt

Wintergoldhähnchen *Regulus regulus*

Die beiden Goldhähnchenarten sind die kleinsten Vögel Mitteleuropas. Das Wintergoldhähnchen hat seinen Namen deshalb erhalten, weil es auch im Winter bei uns bleibt. Sein Gesang ist ein sehr hohes „Sisisíh-sisisíh-sisisíseretet". Außerdem läßt es hohe, wispernde Laute hören.

Wintergoldhähnchen kommen in ganz Mitteleuropa vor. Sie bewohnen vor allem Nadelwälder von der Ebene bis zur Baumgrenze, aber auch Mischwälder sowie Nadelholz- und Parkanlagen. Das Nest wird meist in einem Nadelbaum (vor allem einer Fichte) an der äußersten Spitze eines herabhängenden Zweiges angelegt. Es ist ein fast kugeliger Bau, hauptsächlich aus Moos und mit Gespinsten verfilzt. Die acht bis elf Eier sind auf weißlichem Grund bräunlich oder rötlich gefärbt. Nur das Weibchen bebrütet sie. Im Jahr finden gewöhnlich zwei Bruten statt.

Goldhähnchen suchen ihre Beute kletternd und flatternd im Gezweig, wobei sie ab und zu rütteln. Ihre Nahrung besteht aus kleinen Insekten, ihren Larven und Spinnen.

Jungvögel haben außer einem dunklen Augenstreif keine Kopfzeichnung

Bei Erregung sträubt der Vogel sein Kopfgefieder, so daß die orangefarbenen Federn besonders auffallen

Orangener Scheitelstreif

Augenstreif und Überaugenstreif

Adulte Sommergoldhähnchen sind durch ihre Kopfzeichnung gut vom Wintergoldhähnchen zu unterscheiden. Außerdem haben sie an den Halsseiten einen bronzefarbenen Anflug. Das Weibchen ist auf dem Oberkopf blasser gefärbt als das Männchen. Größe: 9 cm

Bei Wintereinbrüchen vergesellschaften sich Goldhähnchen häufig mit Meisen

Das Nest ist meist etwas kompakter als das des Wintergoldhähnchens. Es wird stets gut im Gezweig versteckt

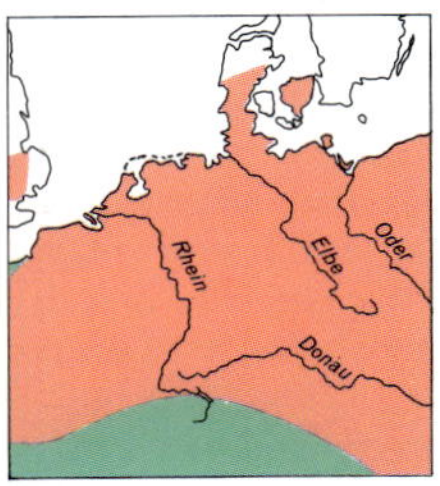

März–Nov.; überwintert vor allem im Mittelmeerraum

Sommergoldhähnchen *Regulus ignicapillus*

Das Sommergoldhähnchen ähnelt dem Wintergoldhähnchen, hat aber einen schwarzen Augen- und einen weißen Überaugenstreif. Sein Gesang ist ein hohes, anschwellendes „Sississisi...", das mit einem betonten „Sia" endet. Außerdem ruft es hoch „sri-sri".

Sommergoldhähnchen bewohnen in ganz Mitteleuropa Nadel- und Mischwälder. Sie sind nicht so stark an Nadelwälder gebunden wie Wintergoldhähnchen; daher kommen sie beispielsweise auch in Parks vor.

Das fast kugelförmige Nest ähnelt dem des Wintergoldhähnchens und wird wie dieses in den äußeren Zweigen eines Baumes – vor allem von Nadelbäumen – gebaut. Die Eier ähneln denen des Wintergoldhähnchens; sie sind auf weißlichem Grund dunkler rötlichbraun gefärbt. Die Jungen werden von beiden Eltern gefüttert.

Sommergoldhähnchen ernähren sich von kleinen Insekten und ihren Larven sowie von kleinen Spinnen. Die Nahrung wird bei emsiger Suche im Gezweig erbeutet.

Das Männchen ist oben ganz dunkel, unten weiß. Die Flügel sind schwarz und weiß gemustert. Größe: 12,5 cm

Jungvögel sind fein hell-dunkel gefleckt und gestrichelt. Sie haben eine weiße Flügelzeichnung

Zwergschnäpper
Ficedula parva
In Laub- und Mischwäldern (z.B. Alpen, Raum Hamburg). Hat an den Schwanzseiten einen weißen Fleck. Das mehrjährige Männchen ist auf der Brust hellrötlichbraun.

Der männliche Halsbandschnäpper fliegt mögliche Bruthöhlen an und „zeigt“ sie so umherstreifenden Weibchen

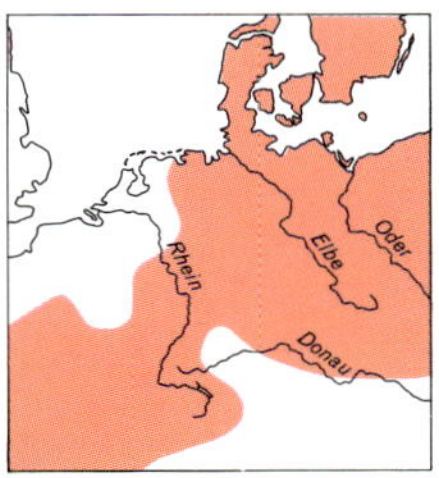

Apr.–Okt.; überwintert im tropischen Afrika

Manchmal sucht der Trauerschnäpper seine Nahrung auch am Boden

Trauerschnäpper *Ficedula hypoleuca*

Der kontrastreich schwärzlich bis dunkelgrau und weiß gefärbte Trauerschnäpper zuckt häufig mit den Flügeln und mit dem Schwanz. Sein Gesang klingt wie „tschitra-tschitra-tschi-schititit“. Außerdem ruft der Vogel hart „bit“.

Trauerschnäpper bewohnen dichte Laub-, Misch- und Auwälder sowie Parkanlagen, Obstgärten usw. Sie sind Höhlenbrüter. Vor allem brüten sie in Spechthöhlen und Nistkästen. Wenn man künstliche Nisthöhlen in Nadelwäldern aufhängt, kann man sie auch dort ansiedeln.

Das Nest ist ein meist recht flacher Bau aus Halmen und Baststreifen. Die hellbläulich-grünen Eier bebrütet nur das Weibchen. Der Trauerschnäpper ernährt sich überwiegend von fliegenden Insekten, die er in einer Art Flugsprung erbeutet.

Dieser Art recht ähnlich ist der Halsbandschnäpper, *Ficedula albicollis* (siehe Foto). Er kommt örtlich im südlichen Mitteleuropa – auch in Süddeutschland – vor. Vom Trauerschnäpper unterscheidet er sich durch sein weißes Halsband; überdies hat er mehr Weiß in den Flügeln.

Jungvögel sind graubraun und kräftig gefleckt

Nach erfolgreicher Jagd auf ein fliegendes Insekt in Form eines Flugsprungs kehrt der Vogel meist zu seiner Warte zurück

Manchmal baut der Vogel sein Nest auch an einer merkwürdigen Stelle, wie hier in einer Petroleumlampe

Der einfache Gesang wird von einer etwas exponierten Warte aus vorgetragen

Wenn der Vogel nach einem Insekt schnappt, entsteht ein knackendes Geräusch

Scheitel, Kehle und Brust des adulten Vogels sind dunkel gestreift. Die Geschlechter sind gleichgefärbt. Größe: 14 cm

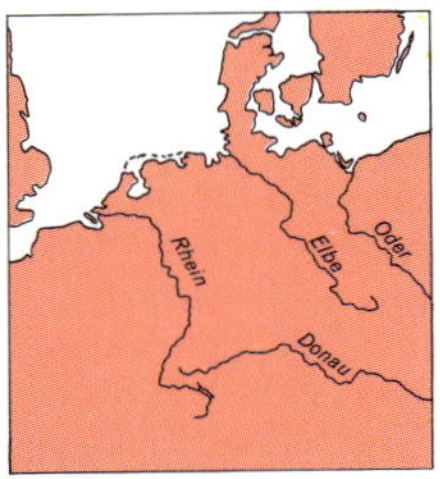

Mai–Sept.; überwintert im tropischen Afrika

Grauschnäpper *Muscicapa striata*

Der Grauschnäpper ist auf der Oberseite einfarbig graubraun; Kehle und Brust sind fein längsgestreift. Man hört von diesem Vogel meist nur ein scharfes „Ist“ und ein hartes „Teck-teck“. Der Gesang besteht aus einer rhythmischen Wiederholung dieser Rufe.

Der Grauschnäpper bewohnt aufgelockerte Waldungen, Auwälder, Parks, Gärten, Feldgehölze und offenes Gelände mit spärlichem Baumbestand. Häufig trifft man ihn auch in Hausgärten und auf Bauernhöfen an. Gern kehrt der Grauschnäpper alljährlich zu seinem alten Nistplatz zurück. Das Nest aus Halmen, Würzelchen und Moos wird meist in Halbhöhlen und Nischen gebaut. Die Eier sind auf grünlichweißem Grund braun gefleckt. Nur das Weibchen brütet. Im Jahr finden ein bis zwei Bruten statt.

Der recht fluggewandte Grauschnäpper setzt sich gern auf Drähte und Baumspitzen, um von da aus in einem „Flugsprung“ Jagd auf fliegende Insekten zu machen. Im Sommer und Herbst verzehrt er gelegentlich auch Beeren.

Das adulte Männchen ist im Herbst matter gefärbt als zur Brutzeit. Auch beim fliegenden Vogel sieht man die weißen Flecken an der Schwanzwurzel

Weiße Flecken an der Schwanzwurzel

Weißer Überaugenstreif

Das adulte Männchen im Brutkleid hat einen kräftig weißen Überaugenstreif und ist an der Kehle und der Vorderbrust ockerfarben getönt. Kennzeichnend sind auch die weißen Flekken am Schwanz. Größe: 12,5 cm

Die Weibchen sind stets matter gefärbt als die Männchen, und der Augenstreif ist bei ihnen weniger auffällig

Die Männchen fallen im Frühling sehr auf, weil sie sich gern auf erhöhte Punkte setzen

Apr.–Okt.; überwintert im tropischen Afrika

Braunkehlchen fangen nicht selten auch fliegende Insekten, indem sie wie Fliegenschnäpper eine Art Flugsprung ausführen

Im Herbst sind Jungvögel des gleichen Jahres im dürren Gras oft schwer zu erkennen

Das Nest am Boden ist immer sehr gut versteckt. Die Jungen werden von beiden Eltern gefüttert

Braunkehlchen *Saxicola rubetra*

Das Braunkehlchen hat einen etwas gedrungenen Körper und einen kurzen Schwanz. Die Oberseite ist bräunlich gefleckt, die Brust ockerfarben. Der Vogel setzt sich gern auf höhere Stengel im Wiesengelände. Von dort läßt er seinen aus kurzen, meist kratzenden Motiven bestehenden Gesang erschallen. Aufgeregt ruft er „jü-tick-tick".

Das Braunkehlchen bewohnt vor allem Wiesen und Moore mit einzelnen Büschen und höheren Stauden, die ihnen ebenfalls als Singwarte dienen. Wegen der Flurbereinigungen und der Technisierung in der Landwirtschaft ist es vielerorts selten geworden oder gar verschwunden.

Das Nest wird sehr verborgen am Boden angelegt, meist unter vorjährigem Gras. Die blaugrünen Eier bebrütet das Weibchen 14 Tage lang.

Braunkehlchen sind ständig in Bewegung. Sie fliegen schwirrend von einer höheren Pflanze zur anderen, um von dort nach Insekten Ausschau zu halten, die sie oft im Flug erhaschen. Außerdem ernähren sie sich auch von Spinnen.

Bei der Balz vollführt das Männchen unregelmäßig auf und ab führende Singflüge

Das adulte Männchen hat einen schwarzen Kopf und eine ebensolche Kehle. Die weißen Halsflecken bilden ein vollständiges Halsband. Beide Geschlechter wirken gedrungen. Größe: 12,5 cm

Das Weibchen ist matter gefärbt als das Männchen, und es fehlt ihm die weiße Zeichnung am Hals. Auch hat es keinen weißen Bürzel. Das Männchen im Ruhekleid ähnelt dem Weibchen

Jungvögel im Herbst ähneln dem Braunkehlchen, haben aber keinen weißen Überaugenstreif

Im Flug unterscheidet sich das Männchen vom Braunkehlchen durch den weißen Bürzel. Im Schwanz fehlt das Weiß

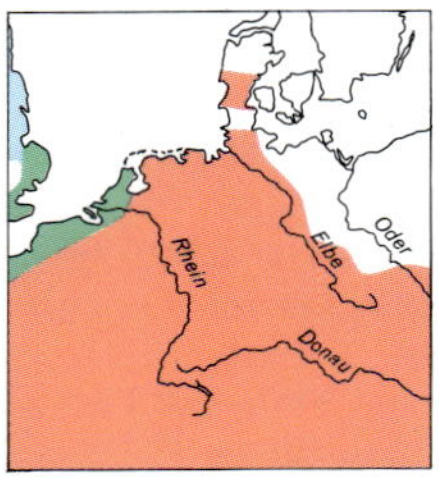

Überwintert in Westeuropa und im Mittelmeerraum

Schwarzkehlchen lesen ihre Nahrung hauptsächlich vom Boden auf

Das Nest des Schwarzkehlchens besteht aus Moos, Gras und Haaren und ist am Boden hervorragend verborgen

Schwarzkehlchen *Saxicola torquata*

Das Schwarzkehlchen ähnelt dem Braunkehlchen; es hat aber einen unvollständigen weißen Halsring und einen weißen Bürzel. Seine Farben sind allgemein dunkler. Das Schwarzkehlchen setzt sich gern auf erhöhte Warten, von denen aus es nach Nahrung Ausschau hält oder seinen Gesang erschallen läßt. Dieser besteht aus kurzen Strophen mit kratzenden und melodischen Lauten und wird auch im Singflug vorgetragen. Bei Erregung ruft der Vogel scharf „fid-tek-tek“.

In sonnigem und steinigem Gelände mit einzelnen Büschen hält sich das Schwarzkehlchen am liebsten auf. Auch in Heidelandschaften und Weinbergen sowie an Bahndämmen und auf größeren Ruderalflächen kann man es antreffen. Das Nest legt der Vogel – wie auch das Braunkehlchen – sehr gut versteckt am Boden unter Vegetation an. Die Eier sind auf grünlichem Grund fein rötlichbraun punktiert; sie werden nur vom Weibchen bebrütet. Meist finden zwei Bruten im Jahr statt.

Die Nahrung des Schwarzkehlchens besteht aus kleineren Insekten aller Art, ihren Larven und Spinnen.

Steinschmätzer fangen oft fliegende Insekten in einer Art „Flugsprung“

Das Nest befindet sich manchmal recht tief in einer Höhlung. Die Jungen werden von beiden Eltern gefüttert

Jungvögel haben die gleiche Schwanzzeichnung wie die Alten; sie sind aber kräftig gefleckt

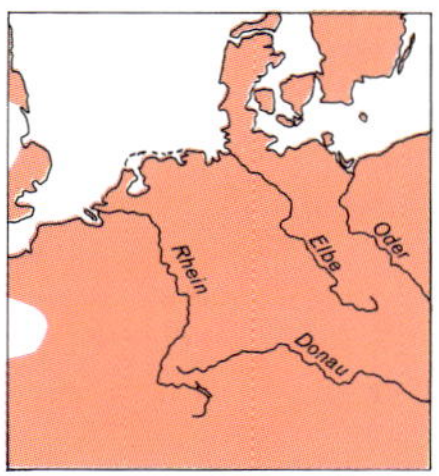

Sommervogel; überwintert in den Steppen Afrikas

Der fliegende Vogel ist durch den weißen Bürzel und die schwarze T-Zeichnung im Schwanz gut gekennzeichnet

Wenn Steinschmätzer etwa in der zweiten Märzhälfte aus dem Winterquartier zurückkommen, suchen sie häufig auf Äckern nach Nahrung

Steinschmätzer *Oenanthe oenanthe*

Der Steinschmätzer hat eine charakteristische, schwarzweiße Schwanzzeichnung. Er hüpft mit großen Sprüngen umher, hält dann kurz inne, knickst und führt eine Art Verbeugung aus. Sein Gesang besteht aus kurzen, melodischen Strophen, die auch kratzende Laute enthalten. Dieses Lied wird von einem niedrigen Sitz, etwa einem Stein oder Pfahl, aus vorgetragen. Bei Erregung ruft der Vogel hoch „jiw“ und schmatzend „täck-täck“.

Der Steinschmätzer bewohnt steiniges, offenes Gelände, Weinberge mit Mäuerchen, Schuttplätze, magere Wiesen mit Steinhaufen und ähnliche Landschaften. Mauerspalten, Erdlöcher und Höhlungen in Holzklaftern oder Steinhaufen dienen ihm als Brutplätze. Das Nest wird aus dürren Halmen angefertigt und mit Haaren und Federn gepolstert. Die bläulichweißen Eier sind spärlich rötlich oder grau punktiert; sie werden nur vom Weibchen bebrütet.

Steinschmätzer ernähren sich von Insekten aller Art, ferner von Spinnen, kleinen Würmern und Schnecken.

Das adulte Männchen ist rußschwarz und hat einen weißlichen Fleck am Flügel. Der Schwanz sieht rostbraun aus. Größe: 14 cm

Weißer Fleck

Rostfarbener Schwanz

Das Weibchen ist überwiegend graubraun und hat kein Weiß im Flügel, doch ebenfalls einen rostfarbenen Schwanz

Hausrotschwänze fangen häufig fliegende Insekten, wobei sie oft rüttelnd in der Luft stehen

Jungvögel sind graubraun und zart dunkel gewellt und gefleckt

Das Nest, ein verhältnismäßig großer Bau aus Gras, Moos und Würzelchen, ist innen mit Federn gepolstert

Überwintert in Westeuropa und im Mittelmeerraum

Zur Zugzeit kann man Hausrotschwänze nicht selten an der Küste beobachten

Hausrotschwanz *Phoenicurus ochruros*

Das dunkel rußgraue Gefieder und der rostfarbene Schwanz des Hausrotschwanzes machen die Bestimmung dieser Art recht einfach. Der Vogel bewegt sich am Boden hüpfend fort wie ein Steinschmätzer und zittert, wenn er innehält, mit dem Schwanz. Das Männchen läßt seinen Gesang von erhöhten Warten aus erschallen; es singt mit Vorliebe in der Morgen- und Abenddämmerung. Der Gesang ist ein kurzes Liedchen, das sich etwa mit „dirididit-tschrch-trilipiritit" wiedergeben läßt. Erregt ruft der Vogel hart „hit-teck-teck".

Der Hausrotschwanz ist ursprünglich ein Felsbewohner. Im Lauf der Zeit hat er sich aber menschlichen Siedlungen angeschlossen und nistet nun in und an Gebäuden und Ruinen. Das Nest wird in Felslöchern oder Mauernischen oder anderen Halbhöhlen gebaut. Die vier bis sechs reinweißen Eier bebrütet nur das Weibchen. Meist finden zwei Bruten im Jahr statt.

Der Hausrotschwanz ernährt sich hauptsächlich von Insekten und Spinnen. Im Herbst verzehrt er überdies Beeren, vor allem vom Holunder.

Das fliegende Weibchen ähnelt der Nachtigall. Von ihr unterscheidet es sich aber durch die graubraune Oberseite und die dunkle Schwanzmitte

Jungvögel sind überwiegend bräunlich und weisen eine dunkle Fleckung und Wellenzeichnung auf

Das adulte Weibchen sieht auf der Oberseite bräunlich und auf der Unterseite blaß ockerfarben aus. Bürzel und Schwanz sind rostfarben

Das adulte Männchen hat eine weiße Stirn, eine schwarze Kehle und eine orangebräunliche Brust. Bürzel und Schwanz sind rostfarben. Größe: 14 cm

Grauer Rücken

Rostfarbener Schwanz

Gartenrotschwänze brüten gern in Baumhöhlen. Das Nest aus Halmen, Moos und Blättern wird mit Federn gepolstert

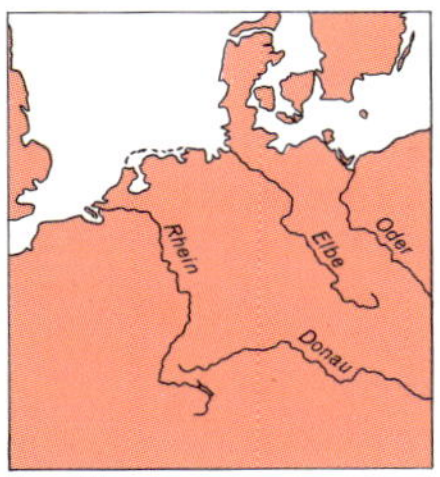

Sommervogel (Apr.–Okt.); überwintert in Afrika

Steinrötel
Monticola saxatilis

Ziegelroter Bauch. Kopf, Vorderrücken, Kehle und Vorderbrust sind blaugrau; auf dem Hinterrücken ein weißer Fleck. Weibchen bräunlich gefleckt. Seltener Brutvogel im Alpenraum. Größe: 19 cm.

Gartenrotschwanz *Phoenicurus phoenicurus*

Der männliche Gartenrotschwanz ist durch sein buntes Gefieder leicht vom düster gefärbten Hausrotschwanz zu unterscheiden. Wie dieser zittert er mit dem rostfarbenen Schwanz. Der Vogel ruft „hüit-teck-teck". Er singt vor allem in der Morgen- und Abenddämmerung. Sein variables Lied beginnt meist mit kurzen Flötentönen, auf die ein oder mehrere kurze Triller folgen.

Gartenrotschwänze bewohnen lichte Waldungen, Waldränder, Parks, Obstbaumgelände und Gärten. Sie sind überwiegend Höhlenbrüter und bauen ihr Nest in Baumhöhlen, Nistkästen, Mauerspalten und Nischen. Das Männchen zeigt seinem Weibchen mögliche Brutplätze an, indem es aus dem Flugloch heraus singt und die Höhle häufig anfliegt. Dabei spreizt es seinen leuchtendroten Schwanz als optisches Signal. Die Eier sind einfarbig blaugrün.

Gartenrotschwänze ernähren sich vor allem von Insekten, die sie am Boden aufnehmen, aber auch fliegend erhaschen, sowie von Spinnen und im Herbst vielfach auch von Beeren.

Orange-bräunliche Brust

Altvögel sind an ihrer roten Brustzeichnung leicht zur erkennen. Auf der Oberseite sind sie olivbraun gefärbt; der Bauch ist weißlich. Die Geschlechter sind gleichgefärbt. Größe: 14 cm

Das Männchen singt das ganze Jahr über. Außerhalb der Brutzeit singen auch Weibchen, allerdings weniger intensiv

Rotkehlchen schlüpfen nicht selten wie Mäuse durch dichtes Gebüsch. Auf dem Boden bewegen sie sich mit großen Sprüngen

Jungvögel haben ein geflecktes Gefieder und ähneln jungen Nachtigallen; doch ist ihr Schwanz dunkler und kürzer

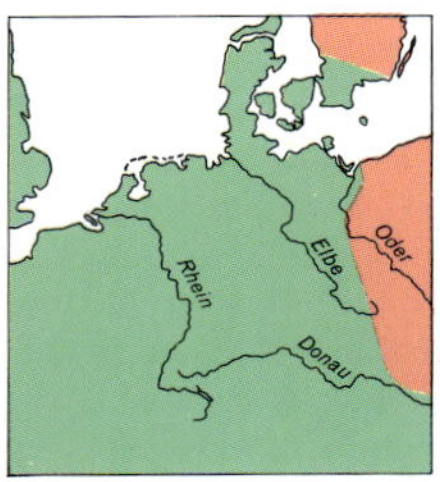

Überwintert in Mitteleuropa sowie im Mittelmeerraum

Rotkehlchen sind sehr aggressive Vögel, die keine Rivalen in der Nähe dulden. In der Brutzeit kommt es oft zu heftigen Kämpfen

Manchmal brütet das Rotkehlchen auch in weggeworfenen Gefäßen, wenn diese etwas von Vegetation bedeckt sind

Rotkehlchen *Erithacus rubecula*

Das Rotkehlchen mit seiner herzförmigen, orangebräunlichen Brust ist vielerorts ein bekannter Vogel. Häufig hört man sein scharfes „Schnickern". Sein zarter, melodischer Gesang besteht aus hohen, flötenden Tönen, die mit perlenden Strophen abwechseln. Der Vogel singt von einer erhöhten Warte aus, mit Vorliebe in der Morgen- und Abenddämmerung.

Das Rotkehlchen bewohnt Wälder aller Art, vor allem feuchte Waldungen und Auwälder, ferner Parkanlagen, Gärten und Feldgehölze. Das Nest wird gut versteckt in einer Bodenvertiefung gebaut, meist im Schutz umgebender Vegetation. Manchmal dienen auch etwas höher gelegene Nischen als Brutplätze. Die Eier sind weißlich und haben rötliche Punkte. Rotkehlchen brüten meist zweimal im Jahr. Sie sind häufig Wirtsvögel des Kuckucks.

Ihre Nahrung suchen diese Vögel vor allem auf dem Boden. Sie besteht aus kleinen Insekten und ihren Larven, aus Spinnen, Würmern und kleinen Schnecken. Im Herbst fressen Rotkehlchen viele Beeren.

Jungvögel haben ein bräunlich geschupptes Gefieder

Auch bei einer auffliegenden Nachtigall sind das braune Rückengefieder und der hell kastanienbraune Schwanz charakteristisch

Kastanienbrauner Schwanz

Die Nachtigall lebt meist sehr versteckt im Gebüsch. An dem oberseits einfarbig braunen, auf der Unterseite bräunlich rahmfarbenen Vogel ist der hell kastanienbraune Schwanz das Auffälligste. Die Geschlechter sind gleichgefärbt. Größe: 16,5 cm

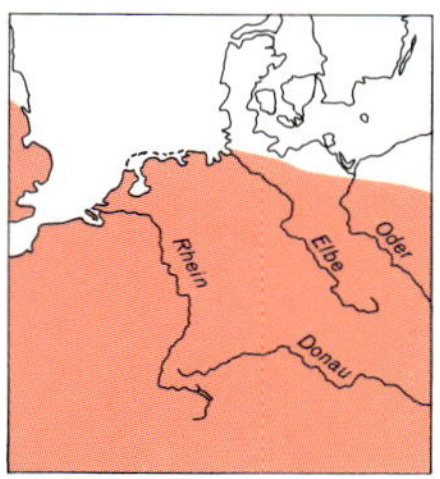

Sommervogel (Apr.–Aug.); überwintert in Afrika

Bei der Nahrungssuche kommt der Vogel auch einmal aus der Deckung heraus

Nachtigallen halten sich überwiegend in dichtem Buschwerk auf

Das stets gut versteckte Nest wird aus dürren Blättern gebaut und mit Grashalmen und Haaren gepolstert

Nachtigall *Luscinia megarhynchos*

So unscheinbar das Gefieder der Nachtigall ist, so auffallend ist ihr Gesang. Er besteht aus metallischen „Schlägen", die mit gezogenen Flötentönen abwechseln. Besonders eindringlich ist das „Schluchzen": ein weich anschwellendes „Düh-düh-düh…". Überdies läßt der Vogel ein sanftes „Wihd" und ein knarrendes „Krrr" hören. Nach der Rückkehr aus dem Winterquartier singen die Männchen in den von ihnen besetzten Revieren am Tag und häufig auch in der Nacht, vor allem in hellen Nächten, sehr eifrig.

In Mitteleuropa ist die Nachtigall örtlich verbreitet. Sie bewohnt vor allem Auwaldgebiete, ferner Parks mit viel Unterholz, Feldgehölze und Gartenanlagen mit viel Gebüsch. Das Nest wird gut geschützt an düsteren Stellen am Erdboden oder in Bodennähe gebaut, meist zwischen Baumwurzeln oder unter dichtbelaubten Büschen. Die Eier sind auf grünlichweißem Grund so dicht olivbraun gefleckt, daß sie einfarbig erscheinen.

Nachtigallen ernähren sich von Insekten und ihren Larven, von Spinnen, Würmchen, Schnecken und Beeren.

Der Sprosser ist mit der Nachtigall sehr nahe verwandt und ähnelt ihr stark. Er hat aber einen etwas dunkleren Schwanz und eine dunkel gewölkte Kehle und Brust. Die Geschlechter sind gleichgefärbt. Größe: 16,5 cm

Der Schwanz des Sprossers leuchtet nicht so auffallend rotbraun wie derjenige der Nachtigall

Das Nest des Sprossers ähnelt dem der Nachtigall. Es wird gut versteckt unter oder in Gebüsch angelegt

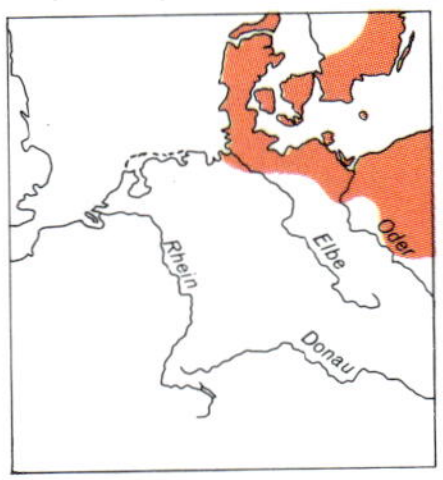

Kommt meist östlicher vor als die Nachtigall

Junge Sprosser sind von jungen Nachtigallen fast nicht zu unterscheiden

Sprosser *Luscinia luscinia*

Der Sprosser hat große Ähnlichkeit mit der Nachtigall. Auch sein Gesang ähnelt dem der Nachtigall, doch enthält er nicht die schluchzenden, anschwellenden „Düh-düh-düh"-Strophen. Dafür ist er noch lauter und volltönender und enthält überdies eine sich verlangsamende „Tschuck-tschuck-tschuck"-Strophe. Wie die Nachtigall singt der Sprosser bei Tag und Nacht, und seine Gesangszeit ist nur kurz; sie endet im allgemeinen bereits im Juni.

Der Vogel ist hauptsächlich im Osten Mitteleuropas verbreitet. Gebietsweise überschneidet sich sein Vorkommen mit dem der Nachtigall, zum Beispiel in Schleswig-Holstein; doch vermischen sich beide Arten nicht.

Der Sprosser bewohnt ähnliche Lebensräume wie die Nachtigall: auwaldartiges und buschreiches Gelände sowie lichtes Gehölz. Dabei hat er eine noch größere Vorliebe für feuchte Landschaften. Er ernährt sich von Insekten und ihren Larven sowie von Spinnen, Weichtieren und Würmern. Im Spätsommer verzehrt er auch Beeren.

Am fliegenden Vogel fällt der dunkel und rotbraun gezeichnete Schwanz auf

Das Weibchen besitzt eine weißliche Kehle

Jungvögel sind überwiegend bräunlich, weißlich und dunkel längsgestrichelt

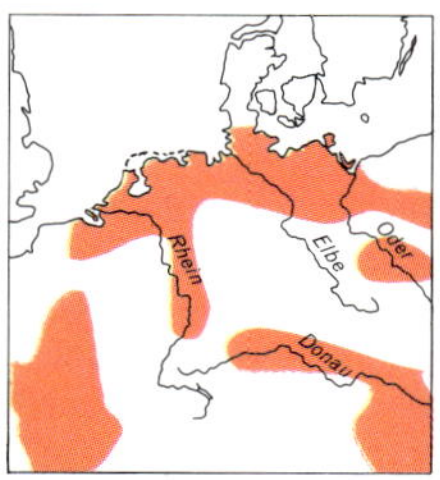

Sommervogel; überwintert in Afrika und Südasien

Das Männchen im Brutkleid hat eine leuchtendblaue Kehle, die von einem schwarzen und einem kastanienbraunen Brustband begrenzt wird. Größe: 14 cm

Das Rotsternige Blaukehlchen lebt in Skandinavien und den Ostalpen

Beim Ruhekleid sind die blauen Partien von bräunlichen Federsäumen bedeckt

Die mitteleuropäische Rasse des Blaukehlchens weist einen weißen Kropffleck („Stern") auf

Blaukehlchen *Luscinia svecica*

Das männliche Blaukehlchen ist an seiner himmelblauen Kehle und der rostbraunen Schwanzzeichnung gut zu erkennen. Es gibt mehrere Rassen, die sich dadurch unterscheiden, daß die blaue Kehle jeweils in der Mitte unterschiedlich gefärbt ist (Weißsterniges und Rotsterniges Blaukehlchen). Der Gesang beginnt mit einem hohen, immer schneller werdenden „Dip-dip-dip-…", dem allerlei Imitationen anderer Vogelstimmen folgen. Auch das Gezirpe der Feldgrille wird nachgeahmt. Der Vogel singt meist von einer erhöhten Warte aus, aber auch im Balzflug, bei dem er den Schwanz spreizt.

Blaukehlchen bewohnen sumpfiges Gelände mit Gebüsch, Verlandungszonen an Seen und Flüssen, Erlenbrüche, dichtes Weidengebüsch an Wasserläufen und moorige Landschaften mit Büschen. Das Nest wird am Boden angelegt. Die Eier sind auf graugrünem Grund dicht bräunlich gefleckt. Nur das Weibchen brütet.

Kleinere Insekten und ihre Larven sowie Spinnen und kleine Schnecken bilden die Hauptnahrung des Blaukehlchens.

Weißer, halbmondförmiger Brustfleck

Das adulte Weibchen ist graubrauner als das Männchen, und das Brustband ist bei ihm weniger ausgeprägt

Jungvögel ähneln dem Weibchen; sie sind aber stärker gefleckt und haben kein helles Brustband

Das Männchen hat auf der Brust einen weißen, halbmondförmigen Fleck. Brutvögel Mitteleuropas haben an den Handschwingen weißliche Säume. Größe: 24 cm

Adulte Männchen im Flug unterscheiden sich durch die hellen Schwingensäume und das weiße Brustband von Amseln

Das Nest ist ein verhältnismäßig umfangreicher Bau. Der Rand wird häufig mit Flechten verkleidet

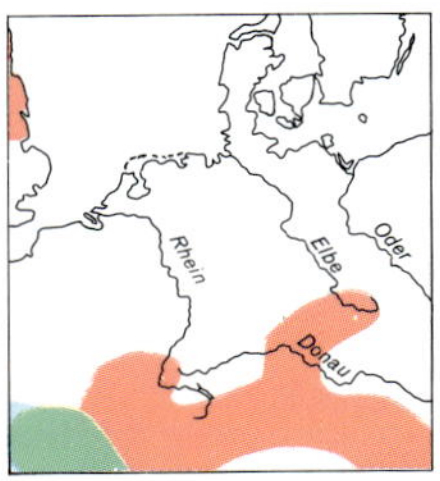

Apr.–Okt.; überwintert im Mittelmeerraum

Auf dem Herbstzug sind Ringdrosseln oft gesellig und besuchen in Trupps Beerenbüsche

Ringdrossel *Turdus torquatus*

Die Ringdrossel ähnelt etwas der Amsel, hat aber auf der Brust einen weißen, halbmondförmigen Fleck. Der Gesang besteht aus einer rhythmischen Folge verschiedener Strophen und erinnert an den der Singdrossel. Er klingt jedoch rauher und ist nicht so abwechslungsreich; auch enthält er eine charakteristische, wie „trü-trü-trü" klingende Strophe. Bei Erregung ruft die Ringdrossel hart „tocktocktock".

In Mitteleuropa bewohnt der Vogel höhere Gebirge, z. B. die Alpen, die Vogesen, den Schwarzwald, den Bayerischen und den Böhmerwald.

Das Männchen zeigt das besetzte Revier durch intensiven Gesang von exponierten Punkten aus an. Das Nest wird meist in geringer Höhe über dem Boden, dicht am Stamm von Nadelbäumen, aber auch in Felsnischen oder in Latschen und Alpenrosenbüschen angelegt. Die Eier sind auf grünlichweißem Grund rotbraun punktiert.

Die Ringdrossel ernährt sich vor allem von Würmern, überdies von Insekten und Spinnen sowie von Beeren.

Das adulte Männchen ist schwarz mit orangegelbem Schnabel und einem Augenring. Größe: 25 cm

Orangegelber Schnabel

Das Gefieder junger Vögel ähnelt dem des Weibchens, ist aber auf der Unterseite deutlicher gefleckt und geschuppt

Das Nest ist ein stabiler Bau, der mit Erde verfestigt und mit Halmen gepolstert wird. Es ist meist gut versteckt

In städtischen Anlagen und Gärten kommen gelegentlich teilalbinotische Vögel mit weißen Flecken im Gefieder vor

Der freigelegte Wurm wird gefaßt und herausgezerrt. Das dunkelbraune Weibchen ist vorn gefleckt

Bei der Nahrungssuche stehen Amseln oft mit seitlich geneigtem Kopf da und lauschen auf Geräusche von Kleintieren

In Ortschaften im allgemeinen Jahresvogel

Im ersten Winter haben junge Amselmännchen noch ganz schwarze Schnäbel. Zu dieser Zeit vergesellschaften sich Amseln nicht selten mit anderen Drosselarten, z. B. Rotdrosseln

Amsel *Turdus merula*

Die Amsel ist ein verbreiteter Gartenvogel und einer der ersten und letzten Sänger des Tages: Ihr flötender, sehr abwechslungsreicher Gesang wird vor allem am frühen Morgen sowie in der Abenddämmerung von Baumwipfeln und anderen hochgelegenen Punkten aus vorgetragen. Aufgeregt ruft die Amsel gellend „dix-dix-dix…" und läßt nicht selten ein schrilles Zetern folgen. Außerdem hört man von ihr ein dumpfes „Tack-tack-tack…" sowie ein hohes „Srih". Wenn Katzen im Brutrevier auftauchen, ruft sie gedämpft „duck-duck…".

Die Amsel kommt in Wäldern aller Art sowie in Parks, Gärten und auch mitten in Städten vor. Ursprünglich war sie ein reiner Waldvogel; im Laufe der Zeit hat sie aber Städte und Dörfer besiedelt. Ihr Nest baut sie in Hecken und auf Bäumen. Die grünlichen Eier sind rotbraun gefleckt. Im Jahr finden zwei bis drei Bruten statt.

Amseln ernähren sich von Regenwürmern und anderen Kleintieren. Im Sommer und Herbst verzehren sie viele Beeren und Früchte.

Die Singdrossel kommt mancherorts auch in Gärten, wo sie dann auf der Spitze eines Obstbaumes ihren Gesang erschallen läßt

Jungvögel unterscheiden sich durch ihren hell gefleckten Rükken von adulten

Die Oberseite der Altvögel ist braun, die Unterseite weißlich mit rahmfarbener Tönung auf der Brust. Die schwarze Fleckung ist feiner und weniger dicht als bei der größeren Misteldrossel. Die Geschlechter sind gleich gefärbt. Größe: 23 cm

Fliegende Singdrosseln sind durch das ockerfarbene Achselgefieder von Rotdrosseln unterschieden

An „Drosselschmieden" schlägt der Vogel Schnecken so lange gegen einen Stein, bis die Gehäuse zerspringen

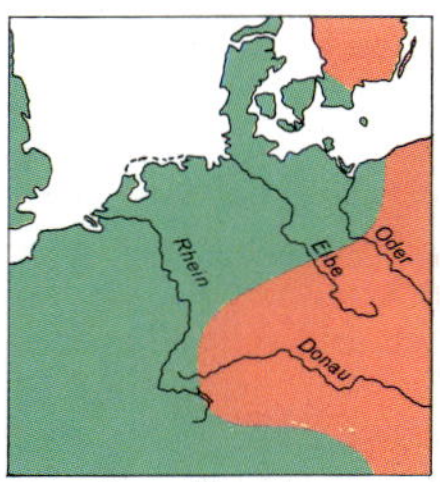

März–Nov. Überwintert zumeist im Mittelmeergebiet

Singdrossel *Turdus philomelos*

Unter den europäischen Drosseln läßt die Singdrossel den abwechslungsreichsten Gesang hören. Dieser besteht aus flötenden, pfeifenden und zwitschernden Motiven, die in wechselnder Folge rhythmisch jeweils mehrmals wiederholt werden. Beim Auffliegen und im Flug rufen Singdrosseln weich „zipp". Fühlen sie sich gestört, zetern sie heiser „dickdickdick".

In Mitteleuropa ist die Singdrossel weit verbreitet. Sie bewohnt Nadel-, Misch- und Laubwälder, Parkanlagen, Feldgehölze und Auwälder. Das Nest wird meist auf Bäumen zwei bis vier Meter über dem Erdboden angelegt. Es ist ein fester Bau aus Halmen, Moos und Laub, dessen Mulde mit feuchtem Holzmulm glatt „ausgeschmiert", aber nicht gepolstert wird. Die Eier sind auf blaugrünem Grund mit wenigen schwarzen Fleckchen gezeichnet. Im Jahr finden normalerweise zwei Bruten statt.

Singdrosseln ernähren sich vorwiegend von Würmern, kleineren Gehäuseschnecken und Insekten. Im Herbst werden auch Beeren und Früchte verzehrt.

Von der Singdrossel unterscheidet sich die Misteldrossel durch ihre graubraune Oberseite, die weißlichen Spitzen der Außenfahnen der äußersten Schwanzfedern sowie die grobe Fleckung auf der Unterseite. Außerdem ist die Misteldrossel größer. Die Geschlechter sind gleichgefärbt. Größe: 27 cm

Graubraune Oberseite

Dichte und grobe Flekkung auf der Brust

Beim kraftvollen Flug werden beide Flügel in regelmäßigen Abständen geschlossen

Im Flug fällt das weiße Achselgefieder auf, das diese Art von der Singdrossel unterscheidet

Jungvögel wirken wegen der hellen Schuppenzeichnung auf ihrer Oberseite heller als Altvögel

Das solide Nest aus Gras, Moos, Reisern und Flechten enthält im Unterschied zum Amselnest kaum Erde

Überwintert in Westeuropa und im Mittelmeerraum

Außerhalb der Brutsaison sammeln sich Misteldrosseln oft in Trupps zur Nahrungssuche auf Wiesen

Misteldrossel *Turdus viscivorus*

Die Misteldrossel ähnelt der Singdrossel; sie ist aber größer und hat auf der Unterseite eine gröbere Zeichnung. Ihr Gesang erinnert an den der Amsel, ist jedoch kürzer. Er besteht aus hastigen Flötenstrophen in ziemlich gleicher Tonhöhe, wodurch er fanfarenartig klingt. Beim Auffliegen und im Flug ruft der Vogel schnarrend „schnärrr".

In Mitteleuropa bewohnt die Misteldrossel vor allem bewaldete Gegenden. Gebietsweise kommt sie auch in Parks, städtischen Anlagen und Hausgärten vor. Wie die Singdrossel so singt auch die Misteldrossel von erhöhten Warten in ihrem Revier, das heißt von Baumspitzen aus. Das kompakte Nest wird in Astgabeln hoher Bäume angelegt. Die blaugrünen Eier sind unregelmäßig rotbraun gefleckt.

Die Misteldrossel verzehrt Würmer, Schnecken, Spinnen, Insekten und ihre Larven, Beeren und Fallobst, im Spätherbst und Winter auch Mistelbeeren. Sie sucht ihre Nahrung vornehmlich auf dem Boden, wobei sie mit dem Schnabel die Bodendecke aufreißt.

Bei der Nahrungssuche kommt es nicht selten zu Streitereien

Im Küstenbereich kommen Wacholderdrosseln gelegentlich auch mit Goldregenpfeifern zusammen vor

Wacholderdrosseln haben einen grauen Kopf und Bürzel. Die Unterseite ist bräunlicher und kräftiger gefleckt als bei den anderen Drosseln. Die Geschlechter sind gleichgefärbt. Größe: 20 cm

Im Flug wirken Wacholderdrosseln von unten sehr hell, vor allem wegen des weißlichen Achselgefieders

Das Nest ähnelt dem der Amsel; es wird oft in eine kräftige Astgabel hineingebaut und mit Erde verstärkt

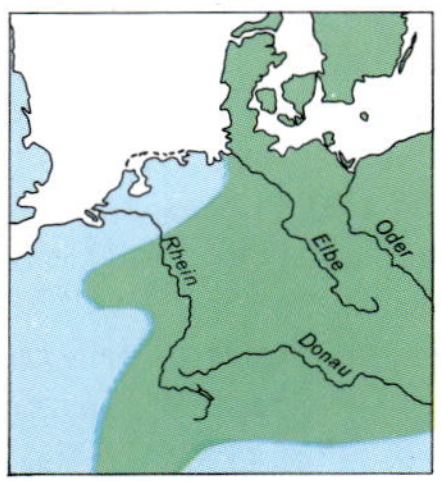

Teilzieher; überwintert vielerorts in Mitteleuropa

Beim Auffliegen fällt der graue Bürzel zwischen dem kastanienbraunen Rücken und dem schwarzen Schwanz auf

Wacholderdrossel *Turdus pilaris*

Die Wacholderdrossel ist durch ihren grauen Oberkopf und grauen Bürzel gekennzeichnet. Ihr wenig melodischer Gesang besteht aus einem gequetschten Zwitschern und Schnarren; er wird meist im Flug vorgetragen. Sonst läßt die Wacholderdrossel schackernde, wie „tschatschatscha“ klingende Laute, ein Schnarren sowie ein sanftes „Zieh“ hören.

In den letzten Jahren hat sich die Wacholderdrossel stark nach Westen und Südwesten ausgebreitet. Sie bewohnt Randbezirke verschiedener Waldtypen, Parklandschaften, Auwälder, Feldgehölze und Gärten.

Wo die Wacholderdrossel häufig vorkommt, schließen sich mehrere Paare zu einer Brutkolonie zusammen. Die Eier sind auf grünlichblauem Grund dicht rotbraun gepunktet. Häufig finden zwei Bruten im Jahr statt. Tierische Nestplünderer, die in das Brutrevier eindringen, werden von den Vögeln im Verband angegriffen und häufig vertrieben.

Die Nahrung der Wacholderdrossel besteht aus Würmern, Weichtieren, Spinnen und Insekten, Beeren und Obst.

Die adulte Rotdrossel hat einen hellen Überaugenstreif und rostrote Flanken. Im Herbst verzehrt sie gern Beeren aller Art. Die Geschlechter sind gleichgefärbt. Größe: 21 cm

Rotdrosseln übernachten meist zu mehreren in dichtem Buschwerk. In dieses lassen sie sich dann aus größerer Höhe geradezu hineinfallen

Beim fliegenden Vogel fällt das rostrote Achselgefieder auf

Das Nest wird meist niedrig in Buschwerk angelegt

Wird die Rotdrossel erschreckt, so nimmt sie eine Stellung ein, bei der der Schnabel steil nach oben zeigt

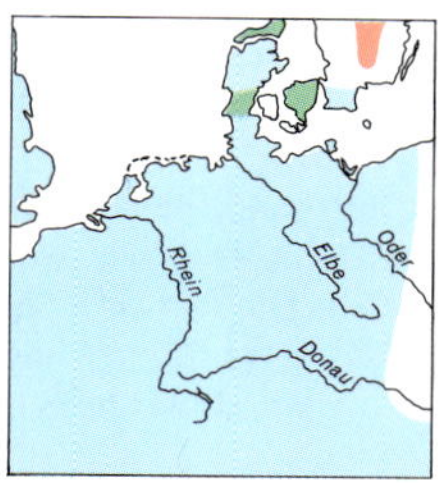

Zumeist Durchzügler und Wintergast (Okt.–Apr.)

Im Herbst und Vorfrühling suchen Rotdrosseln mit Singdrosseln und Amseln Nahrung

Rotdrossel *Turdus iliacus*

Die Rotdrossel ähnelt der Singdrossel, hat aber einen kräftigen weißlichen Überaugenstreif und rostrote Flanken. Der Gesang wird von erhöhter Warte aus vorgetragen; er besteht aus vier bis fünf flötenden, wie „trü" klingenden Lauten, die in der Tonhöhe abfallen und an die sich ein gepreßtes Zwitschern anschließt. Sehr charakteristisch ist auch ein langgezogenes „Zieh", das man vor allem im Herbst von ziehenden Vögeln aus dem Nachthimmel hört.

Die Rotdrossel bewohnt das nördliche Europa. Sie baut dort ein typisches, stabiles Drosselnest, das mit Halmen gepolstert wird. In unserem Raum erscheint sie vorwiegend als Durchzügler und Wintergast; gelegentlich kommen aber auch übersommernde Vögel vor. Sie halten sich in Parks, Obstgärten, Wäldern und Weinbergen auf. Häufig vergesellschaften sich Rotdrosseln mit anderen Drosselarten, in Weinbergen auch mit Staren.

In Mitteleuropa ernähren sich Rotdrosseln von Beeren und Fallobst sowie von Würmern, Weichtieren und Insekten.

Dem Weibchen fehlt die auffällige Zeichnung des Männchens

Das Männchen hat einen grauen Kopf mit breiten, schwarzen Bartstreifen und schwarze Unterschwanzdecken. Größe: 16,5 cm

Bartmeisen fliegen niedrig über dem Schilf und fächern dabei rhythmisch ihren Schwanz

Bei der Balz sträubt das Männchen das schwarze Bartgefieder und stelzt den Schwanz, um die schwarzen Unterschwanzdecken zu zeigen

Das Nest aus Halmen wird auf umgebrochenem Schilf angelegt. Von oben her ist es meist durch Vegetation geschützt

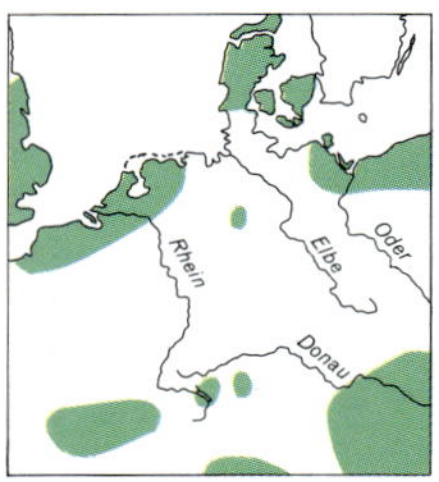

Teilzieher; streift außerhalb der Brutzeit umher

Jungvögel bleiben etwa neun bis zwölf Tage im Nest. Ihr Sperrrachen weist eine charakteristische Fleckung auf

Bartmeise *Panurus biarmicus*

Die Bartmeise mit ihren charakteristischen schwarzen „Bart"-streifen und ihrem langen Schwanz gehört zu den sogenannten Papageischnabelmeisen, einer sonst in Asien verbreiteten Vogelfamilie. Der irreführende Name beruht auf der oberflächlichen Ähnlichkeit dieser Art mit Meisen. Von den im Röhricht umherkletternden Bartmeisen hört man näselnde, wie „djing-djing..." klingende Rufe, ferner ein schnurrendes „Tschirr" und ein scharfes „Ziß". Der Gesang ist ein leises Gezwitscher, in dem die genannten Laute vorkommen.

In Mitteleuropa tritt die Bartmeise nur örtlich auf. Sie bewohnt ausgedehnte Rohrwaldungen am Rand von Seen sowie dicht mit Röhricht bestandene Sümpfe und ist dort nur schwer zu sehen. Ihr Nest baut sie versteckt im Schilf. Die Eier sind auf weißlichem Grund mit schwarzbraunen Flecken und Strichen gezeichnet. Männchen und Weibchen brüten abwechselnd 11–13 Tage lang.

Bartmeisen ernähren sich von kleinen Insekten und Sämereien wie Schilfsamen und Samen aus Rohrkolben.

Dem Jungvogel fehlt die Kopfzeichnung des adulten Vogels

Adulte Vögel haben eine auffallende, schwarze Gesichtsmaske. Der Schnabel ist fein und spitz. Die Geschlechter sind gleichgefärbt; die Färbung des Weibchens ist lediglich etwas matter. Größe: 11 cm

Nach Meisenart klettert die Beutelmeise gewandt im Gezweig umher

Das Nest wird am Ende eines dünnen Zweiges aufgehängt. Seitlich hat es einen kurzen, röhrenartigen Ausgang

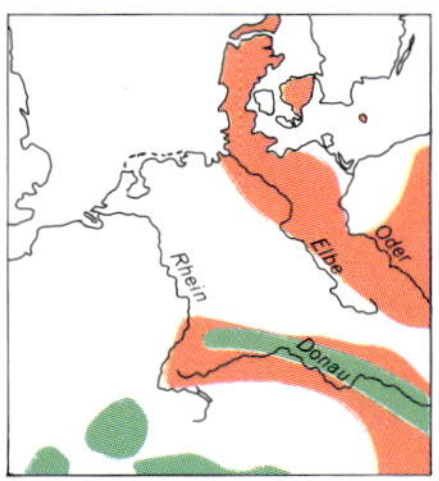

Teilzieher; streift außerhalb der Brutzeit umher

Das Nest hängt wie ein Beutel herab. Es besteht überwiegend aus Tier- und Pflanzenwolle

Beutelmeise *Remiz pendulinus*

Wie die Bartmeise so ist auch die unscheinbare Beutelmeise keine echte Meise. Ihr Gesang besteht aus einem leisen Zwitschern, das kaum auffällt. Viel charakteristischer ist der gezogene Lockruf, der wie ein hohes „Siüh“ klingt.

In Mitteleuropa kommt die Beutelmeise nur vereinzelt vor. Sie bewohnt sumpfige Fluß- und Seeufer mit Weidendickichten, Auwälder und Sumpflandschaften mit Gebüsch.

Das Männchen beginnt zunächst allein mit dem Bau des Nestes, wobei es eifrig singt. Gelingt es ihm nicht, ein Weibchen anzulocken, so läßt es das angefangene Nest hängen und beginnt an einer anderen Stelle neu zu bauen. Kommt ein Weibchen hinzu, stellen beide Vögel das Nest fertig. Die reinweißen Eier werden nur vom Weibchen bebrütet. Das Männchen kümmert sich meist nicht mehr um die Partnerin und verpaart sich dann nicht selten mit einer zweiten oder gar dritten.

Die Nahrung besteht aus kleinen Insekten und Spinnen sowie aus verschiedenen Sämereien.

An der Fütterung der Jungen beteiligt sich manchmal auch noch ein unverpaarter Altvogel

Außerhalb der Brutzeit streifen Schwanzmeisen in Trupps umher

Langer Schwanz

Am fliegenden Vogel fällt der extrem lange Schwanz besonders auf

Zur Ruhe drängen sich Schwanzmeisen oft sehr dicht zusammen, um sich gegenseitig zu wärmen

Das Innere des gut versteckt angelegten Nestes der Schwanzmeise wird mit vielen weichen Federn ausgepolstert

Jungvögel sind kurzschwänziger und matter gefärbt als adulte

Überwintert in Mittel- und Südeuropa

Der Kopf der Schwanzmeise ist entweder ganz weiß, oder er besitzt an beiden Seiten einen mehr oder weniger deutlichen schwarzen Streif. Die Geschlechter sind gleichgefärbt. Größe: 14 cm

Schwanzmeise *Aegithalos caudatus*

Auch die Schwanzmeise ist keine echte Meise, sondern gehört zu einer besonderen Familie. Sie ist durch den überaus langen, gestuften Schwanz gekennzeichnet. Außerhalb der Brutzeit ziehen Schwanzmeisen in hüpfendem Flug von Baum zu Baum und klettern nach Meisenart im Gezweig umher. Dabei lassen sie Rufe hören, die wie „sisisi" und „tschrrr" klingen. Der Gesang besteht aus einem leisen Klirren.

Die Schwanzmeise kommt in ganz Mitteleuropa vor, ist aber örtlich selten, oder sie fehlt ganz. Sie bewohnt Misch- und Laubwälder, Parkanlagen, Obstgärten, Feldgehölze und Auwaldungen und dringt auch in die unteren Lagen des Bergwaldes vor.

Das Nest ist ein ovaler Bau aus Moos, Pflanzenwolle und Insektengespinsten, der in Astgabeln oder im Gezweig gut versteckt angebracht wird. Der Eingang befindet sich an der Seite. Die Eier sind auf weißem Grund blaßrot gepunktet.

Schwanzmeisen ernähren sich von kleineren Insekten und Spinnen. In strengen Wintern gehen viele zugrunde.

Trotz ihres Namens findet man die Sumpfmeise häufig in Mischwäldern und in Gelände, das mit Obstbäumen bestanden ist

Adulte Vögel sind am glänzendschwarzen Oberkopf und dem kleinen, schwarzen Kinnfleck sowie an den einfarbig graubraunen Schwingen von der sehr ähnlichen Weidenmeise zu unterscheiden. Die Geschlechter sind gleichgefärbt. Größe: 12 cm

Überwiegend Jahresvogel; streift nur wenig umher

Im Winter vergesellschaften sich Sumpfmeisen häufig mit anderen Meisen und ziehen mit ihnen bei der Nahrungssuche umher

Jungvögel haben eine mattere Kopfplatte als adulte

Die Sumpfmeise zimmert sich ihre Bruthöhle nicht selbst, sondern benutzt eine bereits vorhandene

Sumpfmeise *Parus palustris*

Die Sumpfmeise mit ihrem glänzendschwarzen Oberkopf gehört zu den echten Meisen. Ihr Gesang ist sehr charakteristisch: ein klapperndes „Tjeptjeptjeptjeptjep", das sie in verschieden rascher Lautfolge hören läßt. Außerdem ruft die Sumpfmeise scharf „zipjä" und zeternd „zjädädäd". Den Gesang hört man vor allem im zeitigen Frühjahr.

In Mitteleuropa ist die Sumpfmeise weit verbreitet. Sie bewohnt Laub- und Mischwälder, Parkanlagen, Obstbaumgelände und Auwälder; keineswegs ist sie an Sumpflandschaften gebunden. Das Nest wird in einer Höhle angelegt, wobei der Vogel natürliche Baumhöhlen bevorzugt. Es ist ein typisches Meisennest und besteht aus Moos und Halmen, die mit Wolle und Haaren verfilzt werden. Die Eier sind auf weißlichem Grund weinrötlichbraun gepunktet. Nur das Weibchen bebrütet das Gelege, aber beide Eltern füttern die Jungen. Diese verlassen im Alter von 17–20 Tagen die Bruthöhle.

Sumpfmeisen ernähren sich von Insekten, Spinnen und Sämereien. Im Winter besuchen sie gern Futterhäuser.

Durch die auffallenden weißen Wangen, den mattschwarzen Oberkopf und eine helle Zone in den Flügeln unterscheidet sich die Weidenmeise von der Sumpfmeise. Die Geschlechter sind gleichgefärbt. Größe: 12 cm

Bei der Nahrungssuche turnt die Weidenmeise geschickt durch niedrigeres Gebüsch

Die Bruthöhle wird vor allem in Birken angelegt und mit Wolle, Halmen, Bast und Federn gepolstert

Überwiegend Jahresvogel, der nur wenig umherstreift

Im Gegensatz zur Sumpfmeise zimmert sich die Weidenmeise ihre Höhle selbst in morschen Ästen oder Stämmen

Weidenmeise *Parus montanus*

Die Weidenmeise ähnelt sehr der Sumpfmeise; sie hat jedoch einen mattschwarzen Oberkopf und einen größeren schwärzlichen Kinnfleck. Überdies wirkt sie dickköpfiger. Vor allem ist sie aber durch die Stimme leicht von der Sumpfmeise zu unterscheiden. So sind beispielsweise die durch ein leises „Si-si" eingeleiteten, gedehnten „Däh"-Rufe für die Weidenmeise sehr bezeichnend. Der Gesang besteht aus einem gezogenen „Ziühziüh...", das in längeren Reihen vorgetragen wird. Außerdem läßt die Weidenmeise ein halblautes, plauderndes Gezwitscher aus rollenden und pfeifenden Lauten hören. Der Gesang der ein wenig größeren alpinen Unterart (Alpenmeise, *P. m. montanus*) weicht etwas ab. Er besteht aus anschwellenden, weichen, fast flötend klingenden „Düh"-Reihen und erinnert an das „Schluchzen" der Nachtigall.

In Mitteleuropa ist die Weidenmeise örtlich verbreitet. Sie bewohnt Sumpfwälder, Auwaldungen und feuchte Nadel- und Mischwälder. Außerdem lebt sie im subalpinen Bergwald des Alpengebietes, wo sie bis zur Baumgrenze geht.

Mit Vorliebe sucht die Haubenmeise ihre Nahrung an Baumstämmen und -stümpfen

Die spitze, schwarz und weiß geschuppte Haube ist für diese Art charakteristisch. Die Geschlechter sind gleichgefärbt. Größe: 12 cm

Vorwiegend Jahresvogel; streift nur wenig umher

Haubenmeisen bewohnen besonders Nadelwälder; sie kommen aber auch in anderen Waldtypen vor

Gelegentlich zimmert die Haubenmeise ihre Bruthöhle selbst in morschen Stämmen oder Ästen

Haubenmeise *Parus cristatus*

Die Haubenmeise ist aufgrund ihres spitzen Schopfes und der schwarzweißen Kopfzeichnung unverkennbar. Ihr Gesang besteht aus einem halblauten, zirpenden und schnurrenden Zwitschern, das nur wenig auffällt. Bei Erregung aber ruft sie laut „zizigirr-girr-girr" und verrät so ihre Anwesenheit oft auch dann, wenn sie im Gezweig kaum zu sehen ist.

In Mitteleuropa ist die Haubenmeise recht weit verbreitet. Sie bewohnt hier vor allem Nadelwälder, ist jedoch auch in Mischwäldern zu beobachten. Außerhalb der Brutzeit taucht sie überdies in Gartengelände auf.

Ihr Nest baut die Haubenmeise sowohl in natürlichen Höhlen als auch in Nistkästen. Außerdem zimmert sie sich zuweilen selbst eine Nisthöhle. Sie brütet sehr zeitig im Frühling, nicht selten ein bis zwei Wochen früher als andere Meisen. Die Eier sind auf weißlichem Grund rötlichbraun gefleckt. Beide Eltern füttern die Jungen.

Haubenmeisen ernähren sich vorwiegend von Insekten in allen Entwicklungsstadien sowie von Spinnen.

Meisen vermögen auch einen strengen Winter zu überleben, da sie Insekten und ihre Larven unter der Rinde hervorholen können, wo diese Tiere vor Kälte geschützt sind

Die Tannenmeise hat einen schwarzen Oberkopf und einen weißen Genickfleck. Ihr Rücken ist grau, ihre Unterseite schmutzig weiß mit hellbräunlichem Schimmer. Die Geschlechter sind gleichgefärbt. Größe: 12 cm

Jungvögel haben gelbliche Wangen und einen ebensolchen Nackenfleck. Auch die Unterseite ist – ohne Längsstreif – zart gelblich gefärbt

Tannenmeisen brüten in Baumhöhlen sowie in Spalten. Beide Eltern kümmern sich um die Aufzucht der Jungen

Tannenmeise *Parus ater*

Die Tannenmeise ähnelt etwas der Kohlmeise, ist aber deutlich kleiner und auf der Unterseite nicht gelb gefärbt; auch fehlt ihr der schwarze Längsstreif auf der Brust. Die Tannenmeise singt charakteristisch „wize-wize-wize... zewih-zewih-zewih". Außerdem läßt sie noch wispernde Laute hören, bei starker Erregung, z. B. beim „Hassen" auf Eulen, überdies ein gequetschtes „Djeh", das rasch gereiht wird.

Die Tannenmeise ist weit verbreitet. Sie bewohnt vorwiegend Tannen- und Fichtenwälder, kommt aber auch in Mischwäldern, Parks und größeren Gartenanlagen vor, sofern einige Nadelbäume vorhanden sind. Im Gebirge geht sie bis zur Baumgrenze. Höhlen aller Art dienen der Tannenmeise als Brutstätte. Ihr Nest ist ein aus Moos, Halmen und Wolle verfilzter Bau, in den das Weibchen sieben bis neun weißliche, rötlichbraun gefleckte Eier legt.

Tannenmeisen ernähren sich von Insekten in allen Entwicklungsstadien sowie von Spinnen. Darüber hinaus verzehren sie auch Sämereien.

Überwiegend Jahresvogel, der nur wenig umherstreift

Tannenmeisen nehmen auch Höhlungen in Baumstümpfen oder Mauselöcher als Brutplätze an

Adulte Vögel sind durch das Blau am Oberkopf, auf den Schwingen und dem Schwanz sowie durch die gelbe Unterseite charakterisiert. Die Geschlechter sind gleichgefärbt. Größe: 12 cm

Jungvögel haben gelbliche Wangen. Nach dem Ausfliegen bleiben sie eine Zeitlang beieinander

Bei der Nahrungssuche sind Blaumeisen erfinderisch; so picken sie z. B. die Verschlußkappen von Milchflaschen auf

Blaumeisen sind lautfreudig und aggressiv. An Futterhäusern streiten sie sich oft um Futter

Blaumeisen nehmen gern Nistkästen an. Nach der Fütterung tragen sie den Kot der Jungen weg

Jahresvogel; zieht aber manchmal über die Alpen

Außerhalb der Brutzeit kann man Blaumeisen nicht selten in kleinen Gruppen, häufig auch mit anderen Arten zusammen beobachten

Blaumeise *Parus caeruleus*

Die Blaumeise ist etwa so groß wie die Hauben- und die Tannenmeise. Kennzeichnend ist vor allem ihre himmelblaue Kopfplatte. Ihr Gesang endet mit einem Triller; er klingt wie „zizizizisirrrr". Außerdem läßt der Vogel einen rhythmischen Gesang hören, der etwas an den der Kohlmeise erinnert. Bei Erregung zetert die Blaumeise „zörrettetet".

Ihr Lebensraum sind Gärten, Obstbaumgelände, Baumanlagen und Wälder aller Art. Auch in menschlichen Siedlungen kommt sie vor. In Bergwäldern fehlt sie weitgehend. Als Brutplätze dienen ihr in erster Linie Baumhöhlen, Mauerlöcher und Nistkästen. Dort baut sie ein typisches, verfilztes Meisennest aus Moos, Halmen, Tierhaaren und Wolle. Die Eier, die auf weißlichem Grund zart rötlich gefleckt sind, bebrütet nur das Weibchen.

Blaumeisen ernähren sich von kleinen Insekten aller Art und ihren Larven und Puppen, ferner von Spinnen. Daneben verzehren sie auch Sämereien. Vor allem im Winter kommen sie häufig an Futterhäuschen, um ölhaltige Samen zu verzehren.

Adulte Kohlmeisen haben einen grünlichen Rücken und bläulichgraue Oberflügel. Die Schwanzkanten sind weiß

Schwarzer Kopf mit weißen Wangen

Gelbe Unterseite mit schwarzem Längsstreif

Das adulte Männchen unterscheidet sich vom Weibchen durch das glänzendere Schwarz auf dem Oberkopf und den breiteren schwarzen Längsstreif am Bauch, der bis zu den Unterschwanzdecken reicht. Größe: 14 cm

Jungvögel haben gelbliche Wangen, und das Schwarz des Oberkopfs ist bräunlicher

Die männliche Kohlmeise füttert das brütende Weibchen. Das Männchen beteiligt sich nicht am Brutgeschäft

Kohlmeisen mögen gern das Fleisch von Kokosnüssen

Jahresvogel; wandert aber auch über die Alpen

Außerhalb der Brutzeit vergesellschaften sich Kohlmeisen auch mit anderen Meisen und streifen mit ihnen umher

Der Längsstreif auf der Unterseite des Weibchens ist schmaler und endet bereits in der Mitte des Bauches

Kohlmeise *Parus major*

Die Kohlmeise ist die häufigste Meise Europas. An ihrer gelben Unterseite mit dem breiten, schwarzen Brustband ist sie leicht zu erkennen. Ihr Gesang, der wie „zizidä-zizidä" klingt, kann vielfältig variiert werden. Außerdem ruft sie scharf „pink" und zetert bei Erregung.

In Mitteleuropa ist die Kohlmeise weit verbreitet. Sie kommt sowohl in Gärten, Parks, Obstbaumgelände und in menschlichen Siedlungen wie auch in Wäldern aller Art vor. In den Alpen geht sie selten höher als 1500 m. Wie alle echten Meisen ist sie ein Höhlenbrüter und hinsichtlich ihres Brutplatzes nicht wählerisch. Das Nest besteht aus Moos, Tierhaaren und Wolle. Die Eier sind auf weißem Grund rotbraun gefleckt. Im Jahr finden ein bis zwei Bruten statt.

Kohlmeisen ernähren sich von Insekten und ihren Larven sowie von Spinnen und Tausendfüßlern. Eine besondere Vorliebe haben sie für Raupen. Im Herbst und Winter verzehren sie vor allem ölhaltige Samen sowie tierische und pflanzliche Fette. Auch süßes Obst dient als Zusatznahrung.

Mauerläufer
Tichodroma muraria
Brütet nur in den Alpen. Besucht auch felsige Partien von Mittelgebirgen. Größe: 17 cm.

Der Kleiber legt eine Nuß in eine Vertiefung in der Rinde und hämmert sie dann mit dem Schnabel auf

Verbreiteter Jahresvogel, der nicht weit umherstreift

Blaugraue Oberseite

Der adulte Vogel besitzt einen meißelförmigen Schnabel, einen kurzen Schwanz und einen schwarzen Augenstreif. Die Oberseite ist blaugrau. Das Männchen hat rostfarbene Flanken. Größe: 14 cm

Der Eingang zur Nisthöhle wird von den Altvögeln mit Lehm so verengt, daß sie gerade noch hindurchschlüpfen können

Kleiber klettern an Baumstämmen hüpfend in die Höhe. Der Schwanz dient nicht als Stütze

Vor allem verlassene Spechthöhlen dienen dem Kleiber als Brutstätte. Er brütet aber auch in Nistkästen

Kleiber *Sitta europaea*

Der Kleiber ist ein lebhafter Vogel, der geschickt an Baumstämmen und Ästen herumklettert. Als einziger Vogel Mitteleuropas kann er mit dem Kopf voran einen Baumstamm hinabklettern. Kleiber sind sehr lautfreudig. Am auffallendsten ist ein metallisches „Tuit-tuit-tuit…“, das sie vor allem bei Erregung hören lassen. Der Reviergesang besteht aus einem pfeifenden, weithin hörbaren „Wihe-wihe-wihe“. Außerdem läßt der Kleiber häufig ein trillerndes „Trürrr“ hören. Seine Stimmfühlungslaute klingen hoch wispernd.

Der Kleiber bewohnt Laub-, Misch- und Nadelwälder mit Altholzbeständen, Parks und Obstgärten mit alten Bäumen. Im Gebirge geht er bis zur Waldgrenze. Kleiber sind Höhlenbrüter; sie benutzen Baumhöhlen, Nistkästen und manchmal sogar Mauerlöcher. Das Nest besteht aus einer dicken Lage von zarten Rindenschuppen und dürren Blättern. Die Eier sind auf weißlichem Grund rötlich gefleckt.

Kleiber ernähren sich von Insekten, ihren Larven und Puppen sowie von Spinnen und Sämereien.

Auf der Suche nach Insekten beginnt der Waldbaumläufer weit unten am Stamm; dann klettert er empor und fliegt danach zum Fuß eines anderen Baumes, um dort von neuem zu beginnen

Gartenbaumläufer
Certhia brachydactyla
Die hellgraubraunen Flanken und der undeutlichere Augenstreif unterscheiden diese Art vom Waldbaumläufer. Weit verbreitet in Parks, Gärten und Laubwäldern. Ruft „tit“.

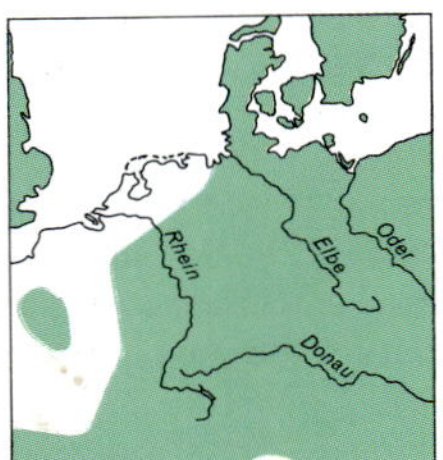

Jahresvogel; weicht im Winter in tiefere Lagen aus

Beim Klettern rutscht der Waldbaumläufer in Spiralen in die Höhe. Im Gegensatz zum Gartenbaumläufer hat er weißliche Flanken. Sein Schwanz ist ein Stützschwanz. Die Geschlechter sind gleichgefärbt. Größe: 12,5 cm

Der Flug des Vogels ist leicht wellenförmig; er führt meist nur von einem Baum zum anderen

Das Nest wird häufig hinter loser Rinde angelegt. Es besteht aus feinen Reisern, Moos und Holzstückchen

Waldbaumläufer *Certhia familiaris*

Die braune Oberseite in Verbindung mit der feinen, weißlichen Fleckung und dem langen, etwas abwärts gebogenen Schnabel kennzeichnet die Baumläufer. In Europa kommen zwei Arten vor: der Garten- und der Waldbaumläufer. Beim Waldbaumläufer ist die Unterseite einschließlich der Flanken einfarbig weißlich. Der Vogel ruft dünn „srih“. Sein kurzer Gesang beginnt mit abfallenden Pfeiftönen und endet mit einem Triller.

Bei uns ist der Waldbaumläufer weit verbreitet. Er bewohnt Wälder aller Art, vor allem solche im Gebirge; örtlich kommt er auch in Parks vor. Sein Nest baut er in Spalten an Baumstämmen, in Holzstößen, Ritzen an Waldhütten, künstlichen Nistkästen und ähnlichen Örtlichkeiten. Die Eier sind auf weißlichem Grund rötlich gepunktet. Im Jahr finden meist zwei Bruten statt.

Der Waldbaumläufer ernährt sich von kleinen Insekten in allen Entwicklungsstadien und Spinnen. Im Winter verzehrt er auch Koniferensamen sowie Teile von Moos und Algen. In kalten Wintern übernachten Baumläufer zu mehreren.

Der weibliche Haussperling ist wesentlich schlichter gefärbt als das Männchen, und es fehlt ihm beispielsweise die charakteristische Kopf- und Kehlzeichnung. Jungvögel ähneln dem Weibchen

Jungvögel betteln ihre Eltern mit weitaufgerissenem Schnabel und zitternden Flügeln an

Der braune, dunkelgestreifte Rücken und die beiden weißen Flügelbinden, der graue Scheitel, die weißlichen Wangen und die schwarze Kehle kennzeichnen den männlichen Haussperling. Größe: 14,5 cm

Frei gebaute Nester lassen erkennen, daß der Haussperling mit den afrikanischen Webervögeln verwandt ist: Es sind kugelige Gebilde mit seitlichem Einschlupf

Haussperlinge baden und planschen sehr gern in flachem Wasser aller Art. Oft tun sie das in Gruppen

Haussperlinge nehmen gern Staubbäder und hinterlassen danach eine flache Mulde im Boden

Im Winter vergesellschaften sich Sperlinge nicht selten mit Finkenvögeln. Sie kommen auch an Futterhäuser

Jahresvogel, der sehr wenig umherstreift

Haussperling *Passer domesticus*

Der relativ unscheinbar gefärbte Haussperling („Spatz") ist allgemein bekannt und auf der Erde weit verbreitet. Er kommt nicht nur in Europa, sondern auch in Nord- und Südamerika, in Südafrika, Australien und Neuseeland vor. Man findet ihn vor allem in oder bei menschlichen Siedlungen, selbst mitten in Großstädten. Sein Gesang ist ein rhythmisches „Schilp-schilp". Das Weibchen stößt diesen Laut als einzelnen Ruf aus. Auch andere zwitschernde und schilpende Rufe sind typisch. Außerdem zetern Haussperlinge „tetetetetrr".

Das Nest wird in Mauerlöchern, Baumhöhlen, unter Ziegeln, in Nistkästen, gelegentlich auch frei im Gebüsch oder in Kletterpflanzen gebaut. Die Eier sind auf schmutzig weißem Grund graubraun gefleckt und gestrichelt. Sie werden von beiden Partnern bebrütet. Im Jahr finden zwei bis vier Bruten statt.

Haussperlinge sind Allesfresser, die Küchenabfälle, Knospen, Samen, Getreidekörner usw. sowie zur Brutzeit viele Insekten und ihre Larven verzehren.

Höhlungen in alten Obstbäumen sind bei dieser Art als Brutplätze beliebt. Auch Nistkästen werden gern benutzt

Der kastanienbraune Oberkopf und der schwarze Fleck auf den weißen Wangen unterscheiden den Feldsperling vom männlichen Haussperling. Die Geschlechter sind gleichgefärbt. Größe: 14 cm

Feldsperlinge brüten häufig in Höhlungen innerhalb von Uferschwalbenkolonien

Wie der Haussperling badet auch der Feldsperling bei heißem Wetter gern in flachen Pfützen

Im Winter vergesellschaften sich Sperlinge bei der Nahrungssuche zuweilen mit Haussperlingen und Finken

Streift etwas weiter umher als der Haussperling

Bei der Balz wird der Schwanz hochgestelzt und der Schnabel gerade vorgestreckt

Feldsperling *Passer montanus*

Im Gegensatz zum Haussperling hat der Feldsperling einen schokoladenbraunen Oberkopf und einen schwarzen Fleck in der Ohrgegend. Erregt ruft er „zep-zep-zep" und hastig „chip-chip-chip" sowie „huik"; außerdem zetert er ähnlich wie der Haussperling. Der Gesang des Männchens ist ein abwechslungsreiches Geschwätz, das aus diesen Lauten besteht.

In Mitteleuropa ist der Feldsperling recht weit verbreitet; er bewohnt Feldgehölze, Gärten, Parks und Obstbaumgelände, kommt aber auch in Ortschaften vor. Der Vogel brütet in Baumhöhlen, Mauerlöchern, Nistkästen und Erdlöchern in Böschungen sowie in Hohlräumen unter Ziegeln. Gelegentlich baut er auch Freinester, die dem des Haussperlings ähneln. Die Eier sind auf schmutzig weißem Grund sehr dicht graubraun gefleckt und werden von beiden Partnern bebrütet. Im Jahr finden zwei bis drei Bruten statt.

Die Nahrung des Feldsperlings besteht aus Sämereien und Getreide, zur Brutzeit hingegen überwiegend aus Insekten und ihren Larven, besonders aus Raupen.

Am fliegenden Vogel fallen der weiße Flügelstreif und der weiße Schulterfleck besonders auf

Im Winter vergesellschaften sich Buchfinken oft mit anderen Finkenvögeln

Blaugrauer Oberkopf

Weinrötliche Brust

Das adulte Männchen im Brutkleid ist durch den blaugrauen Oberkopf, die weiße Flügelzeichnung und die weinrötliche Brust gekennzeichnet. Größe: 15 cm

Die olivgrünen Weibchen haben die gleiche Flügelzeichnung wie die Männchen

Wenn das Nest ziemlich frei angelegt wurde, ist es außen mit Flechten und anderem Material gut getarnt

Teilzieher; überwintert in Mittel-, West- und Südeuropa

An Futterplätzen kommt es oft zu Streitereien

Buchfink *Fringilla coelebs*

Der Buchfink ist der am weitesten verbreitete Vogel Mitteleuropas. Er hat einen blaugrauen Oberkopf und eine weinrötliche Brust. Der kräftige, wohllautende Schlag des Männchens läßt sich etwa mit „didüdüdüdüduritju“ wiedergeben. Der Name „Fink“ kommt von den harten, wie „pink“ klingenden Rufen des Vogels. Außerdem ruft er „trrüb“ oder „schit“, was im Volksmund als „Regenruf“ bezeichnet wird. Im Flug rufen beide Geschlechter kurz „jüb“.

Der Buchfink bewohnt Wälder aller Art, Parkanlagen, Gärten, Obstbaumgrundstücke, Feldgehölze und Alleen. Außerhalb der Brutzeit hält er sich auch in Schwärmen auf Feldern auf. Das Nest ist ein halbkugeliger Bau aus Halmen, Flechten und Moos. Die Eier sind auf bräunlich- oder bläulichweißem Grund mit wenigen bräunlichen Flecken und schwarzen, wie eingebrannt wirkenden Punkten gezeichnet.

Buchfinken ernähren sich von Sämereien und Knospen. Im Sommerhalbjahr verzehren sie vor allem Insekten und ihre Larven, mit denen sie ihre Jungen aufziehen.

Das Weibchen ähnelt dem Männchen, ist aber blasser und matter gefärbt

Das adulte Männchen im Brutkleid hat einen schwarzen Kopf und eine kräftig orangerote Brust, die deutlich mit dem weißen Bauch kontrastiert. Der Schnabel ist schwarz; er wird aber nach der Brutzeit gelblich. Größe: 14,5 cm

Am fliegenden Vogel fallen der weiße Bürzel und die orangefarbenen Schultern auf

Das Nest wird vor allem in Astgabeln gebaut und mit Flechten und Rindenstükken gut getarnt

Im Ruhekleid ähnelt das Männchen dem Weibchen; es ist jedoch immer noch kontrastreicher gefärbt

Wintergast aus Nord- und Nordosteuropa

Bergfink *Fringilla montifringilla*

Der Bergfink hat eine gewisse Ähnlichkeit mit dem Buchfink, ist aber durch den weißen Bürzel sofort von ihm zu unterscheiden. Nach der Mauser im Herbst sieht das Männchen zunächst unscheinbar bräunlich aus. Im Laufe der Zeit nutzen die Federn sich an den mattfarbenen Rändern ab, und es kommen satte schwarze und rötliche Töne zur Geltung. Der Gesang besteht aus einem gedehnten „Schrrräng“ und leisen Zirptönen. Charakteristisch ist ein wie „quäik“ klingender Ruf.

Der Bergfink ist ein Wintergast aus Nord- und Nordosteuropa. Er hält sich bei uns in Wäldern, Gärten, Parks und auf Feldern auf. Häufig bildet er große Schwärme, denen sich auch andere Finkenarten anschließen. Die Vögel verbringen die Nacht dicht gedrängt auf Ästen sitzend. In seiner nordischen Brutheimat baut der Bergfink in geringer Höhe ein halbkugeliges Nest. Die Eier ähneln denen des Buchfinken.

In der Brutzeit ernährt sich der Bergfink überwiegend von Insekten und ihren Larven. Außerhalb der Brutzeit verzehrt er Sämereien aller Art und Knospen.

Schneefink

Montifringilla nivalis

Kommt nur in den Alpen oberhalb der Baumgrenze vor; oft bei Berghütten. Das viele Weiß im Gefieder macht ihn unverkennbar.

Der männliche Girlitz singt häufig während seines fledermausartig flatternden Balzfluges

Die Unterseite, die Stirn und der Bürzel des Männchens sehen gelb aus. Überdies hat der Vogel einen gelben Überaugenstreif. Der Schnabel ist kurz und kegelförmig. Das Männchen singt häufig auch im Sitzen, wobei es sich ständig hin und her bewegt. Größe: 12 cm

Das adulte Weibchen ist unterseits auf gelblich-grauweißem Grund dunkel längsgefleckt. Bürzel und Überaugenstreif sind wie beim Männchen gelb. Jungvögel ähneln dem Weibchen

Das kleine Nest wird im Gezweig gebaut. Beide Eltern füttern die Jungen mit ausgewürgter Nahrung

Girlitz *Serinus serinus*

Der Girlitz, ein naher Verwandter des Kanarienvogels, ist erst im 18. Jahrhundert nach Mitteleuropa eingewandert. Er ruft klirrend „girrlitt". Sein Gesang besteht aus einer Folge von hohen, etwas gepreßt klingenden Trillern, die der Vogel häufig im Singflug, aber auch im Sitzen hören läßt.

In Mitteleuropa ist der Girlitz ziemlich weit verbreitet. Er bewohnt offenes Gelände mit Baumgruppen, aufgelockerte Laub- und Mischwaldbestände, Auwälder, Feldgehölze, Parks und Gärten.

Das recht kleine Nest wird auf Bäumen oder in höheren Büschen gebaut. Die Eier sind auf bläulichweißem Grund rostrot und dunkelbraun gefleckt. Die Jungen werden mit einem Brei aus vorverdautem Samen gefüttert, den die Altvögel aus dem Kropf auswürgen. Sie setzen ihren Kot auf dem Nestrand ab, der auf diese Weise leicht erhöht wird. Häufig finden zwei Bruten im Jahr statt.

Girlitze ernähren sich vor allem von verschiedenen Sämereien. Auch hauchzarte Blattspitzen werden verzehrt.

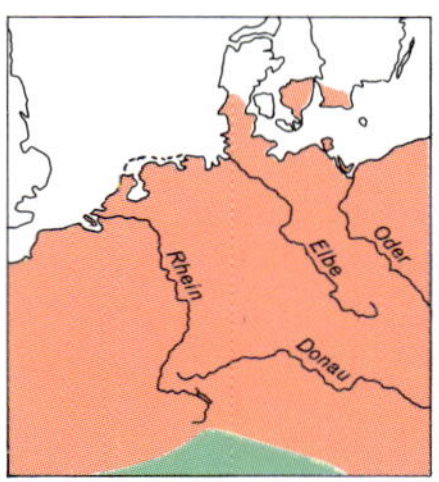

Überwintert vorwiegend im Mittelmeerraum

Zitronengirlitz

Serinus citrinella

Der Vogel kommt in den Alpen und in höheren Mittelgebirgen vor und bewohnt dort aufgelockerte Nadelwälder mit Lichtungen sowie Bergmatten mit Fichtengruppen. Größe: 12 cm.

Im Singflug fliegt das Männchen fledermausartig flatternd umher und zeigt dabei das besetzte Revier an

Die gelben Abzeichen in den Flügeln und im Schwanz fallen auch beim fliegenden Vogel auf

Jungvögel sind bräunlich gestreift; sie werden von beiden Eltern aus dem Kropf gefüttert

Gelbe Zone im Schwanz

Das adulte Männchen ist überwiegend moosgrün. In den Flügeln und im Schwanz weist es gelbe Zonen auf. Der relativ kräftige Schnabel ist schmutzig rosa. Größe: 14,5 cm

Schmutzig rosafarbener Schnabel

Das adulte Weibchen ist matter gefärbt und auf der Unterseite undeutlich gestreift

An heißen Tagen nehmen Grünfinken gern ein Bad in flachem Wasser, beispielsweise in Gartenteichen

In Mitteleuropa verbreitet; überwiegend Jahresvogel

Karmingimpel
Carpodacus erythrinus
Brutvogel in Nord- und Osteuropa, vereinzelt im äußersten Nordosten Mitteleuropas. Weibchen und junge Männchen olivbraun mit kräftiger Längsfleckung auf der helleren Unterseite. Größe: 15 cm.

Grünfink *Carduelis chloris*

Der Grünfink (Grünling) ist ein verbreiteter Vogel. Sein Gesang, den er sowohl im Balzflug als auch von exponierten Punkten aus hören läßt, klingt wie „tjoi-tjoi-tjoi-krürrr-düdüdüdüdüdüdüt". Wenn der Grünfink im Sitzen singt, hängt er häufig ein nasales „Queensch" an. Sein häufigster Ruf klingt trillernd „grürrr".

Der Vogel bewohnt Parks, Gärten, Feldgehölze, lichte Misch- und Laubwälder und lockere Nadelwaldungen. Oft sieht man ihn in der Nähe menschlicher Siedlungen. Sein Nest aus Moos und Halmen legt er mit Vorliebe in dichten Hecken, in kleineren Bäumchen oder in Kletterpflanzen an. Die Eier sind auf bläulichweißem Grund rotbraun und schwärzlich gepunktet. Nur das Weibchen bebrütet sie; während dieser Zeit wird es vom Männchen aus dem Kropf gefüttert.

Grünfinken ernähren sich in erster Linie von Samen, besonders von unreifen, ferner von Knospen, Blattspitzen und gelben Blüten. Zur Brutzeit verzehren sie hin und wieder auch Blattläuse und kleinere Raupen.

Das Gefieder des Jungvogels ist brauner als das des adulten Weibchens, aber ähnlich gezeichnet

Das adulte Männchen hat einen gelbgrünen Bürzel und eine gelbe Schwanzzeichnung, ähnlich der des Grünfinken. Der Oberkopf ist schwarz, und in der Kinngegend befindet sich häufig ein schwarzer Fleck. Charakteristisch ist die gelbe Flügelzeichnung. Größe: 12 cm

Das Nest ist ein kunstvoller Bau aus Moos, Halmen und Reisern. Häufig wird er mit Flechten verkleidet

Zeisige turnen im Winter in Schwärmen im Gezweig herum

Teilzieher; im Winter kommen nordische Vögel zu uns

Adulte Weibchen sind kräftiger gestreift als Männchen, und der Oberkopf ist nicht schwarz. Zeisige vergesellschaften sich im Winter manchmal mit Birkenzeisigen

Zeisig *Carduelis spinus*

Wegen seines gelblichgrünen Gefieders ähnelt der Zeisig etwas dem Girlitz. Er hat aber einen schlankeren Schnabel und eine auffallende gelbe Flügelzeichnung. Beim Männchen ist überdies der schwarze Oberkopf sehr markant. Der Gesang besteht aus einem munteren Zwitschern, das meist wie „didl-didl-dähtsch" endet. Außerdem ruft der Vogel klagend „diäh" und zetert hart „tetetetet".

Der Zeisig kommt in Mitteleuropa nur örtlich als Brutvogel vor. Er bewohnt dann vor allem Nadelwälder der höheren Gebirge. Außerhalb der Brutzeit kann man ihn auch anderenorts, vor allem an samentragenden Erlen und Birken, beobachten. Das Nest wird im allgemeinen mehrere Meter über dem Boden und gut versteckt in Nadelbäumen angelegt. Die Eier sind auf bläulichweißem Grund rötlichbraun gepunktet. Im Jahr finden ein bis zwei Bruten statt.

Die Nahrung des Zeisigs besteht vor allem aus Baumsamen (Erle, Birke, Fichte, Tanne), aus Unkrautsämereien, Knospen und kleinen Insekten.

Nach der Brutzeit suchen Stieglitze in Trupps samentragende Stauden von Wildkräutern auf

Adulte Vögel haben eine rote Gesichtsmaske, weiße Wangen und einen schwarzen Oberkopf. Sehr auffallend der gelbe Flügelstreif. Größe: 12 cm

Das Nest ist ein schön geflochtener Bau, der sehr viel Pflanzenwolle – vor allem von Pappelsamen – enthält

Den Jungvögeln fehlt die charakteristische Kopfzeichnung der adulten

Teilzieher; überwintert vor allem im südlichen Europa

Im Sommer kommen Stieglitze häufig in Trupps an Wasserstellen .

Stieglitz *Carduelis carduelis*

Der Stieglitz, auch Distelfink genannt, ist an seinen schwarz und gelb gezeichneten Flügeln sowie an der roten Gesichtsmaske leicht zu erkennen. Sein Gesang besteht aus einem lebhaften Zwitschern mit trillernden und wie „didelitt" klingenden Lauten. Die zuletzt genannten werden häufig auch als Einzelrufe geäußert.

In Mitteleuropa bewohnt der Stieglitz offenes Gelände mit Baumgruppen, Parkanlagen, Feldgehölze, Obstgärten sowie lichte Mischwälder mit Blößen. Das Nest wird auf Bäumen in Astgabeln gebaut. Die Eier sind auf bläulichweißem Grund rötlichbraun gepunktet; sie werden nur vom Weibchen bebrütet. Nach etwa 14 Tagen fliegen die Jungen aus und werden dann noch eine Zeitlang von den Eltern geführt. Im Jahr finden ein bis zwei Bruten statt.

Die Nahrung des Stieglitzes besteht vor allem aus Unkrautsämereien. Zur Brutzeit werden aber auch kleine Insekten, beispielsweise Blattläuse, verzehrt und von den Eltern an die Jungen verfüttert.

Im Flug ist das adulte Männchen durch den rosafarbenen Bürzel sowie dunkle Schwingen und einen gleichfarbigen Schwanz gekennzeichnet

Das adulte Männchen hat ein überwiegend kräftig gestreiftes Gefieder und einen rosafarbenen Bürzel. Der Schnabel ist gelblichweiß. Im Gegensatz zum Hänfling sind Schwungfedern und Schwanz einfarbig. Größe: 13,5 cm

Das Weibchen ist matter gefärbt als das Männchen und hat einen grauen Bürzel. Die dunklere, ungestreifte Kehle unterscheidet es vom männlichen Hänfling im Ruhekleid

Das Nest wird häufig auf dem Boden im Schutz von Heidekraut angelegt und mit Wolle oder Federn ausgepolstert

Berghänfling *Carduelis flavirostris*

Im Winter findet sich gelegentlich der Berghänfling in kleinen Trupps bei uns ein. Vom ähnlichen Hänfling unterscheidet er sich durch die einfarbigen Handschwingen und den einfarbigen Schwanz. Er ruft gäckernd „djädjädjä", nasal „tjui" und scharf „zirs". Auch der zwitschernde Gesang enthält gäckernde Laute.

In Mitteleuropa ist der Berghänfling als Wintergast aus dem Norden vor allem in Gebieten an der Nord- und Ostsee zu beobachten. Er hält sich hier am liebsten auf wenig kultiviertem Gelände mit samentragenden Wildpflanzen auf, z. B. auf Schuttplätzen und Brachäckern.

In seiner nordischen Brutheimat bewohnt er Gelände mit niedriger Vegetation und kleinen Büschen. Dort brütet er häufig in lockeren Kolonien und legt sein Nest auf dem Boden oder in Felsspalten an.

Die Nahrung des Berghänflings besteht vor allem aus Unkrautsamen. Außerdem verzehrt er kleinere Insekten, beispielsweise Räupchen.

Wintergast aus Nordeuropa; streift in Trupps umher

Im Winter vergesellschaften sich Berghänflinge auch mit anderen Finkenarten, z. B. mit Hänflingen und Grünfinken

Nach der Sommermauser sind die roten Partien des Männchens goldbraun gefärbt

Dem Weibchen fehlen die roten Zeichnungen, und es ist kräftiger gestreift als das Männchen. Dieses ähnelt dem Weibchen nur im Ruhekleid

Überwintert im mittleren und südlichen Europa

Das adulte Männchen hat im Brutkleid einen grauen Kopf, eine rote Stirn und eine ebensolche Brust. Der Rücken ist kastanienbraun. Im Ruhekleid wirkt der Vogel graubrauner, und es fehlt ihm dann die rote Zeichnung. Der Schwanz ist gegabelt. Größe: 13,5 cm

Adultes Männchen im Flug. Beide Geschlechter sind durch grauweiße Zonen im Schwanz und durch ebensolche Federränder der Handschwingen gekennzeichnet

Außerhalb der Brutzeit besuchen Hänflinge häufig Schuttplätze und Brachflächen

Hänflinge bauen ihr Nest gern in Wacholderbüschen. Die Jungen werden mit Brei aus dem Kropf gefüttert

Hänfling *Carduelis cannabina*

Wegen der blutroten Stirn- und Brustzeichnung des Männchens wird der Hänfling vielfach auch „Bluthänfling“ genannt. Er fällt durch seine häufigen, wie „gägägägägäg“ klingenden Rufe auf, die auch in den Gesang eingestreut werden. Dieser besteht aus einem melodischen Zwitschern.

In Mitteleuropa bewohnt der Hänfling offenes Gelände mit Gebüsch, besonders Wacholderheiden, ferner Bahndämme mit Gestrüpp, Weinberge, Bergmatten und Geröllfelder mit spärlicher Vegetation. Gebietsweise kommt er auch in Parks und Gartengelände vor.

Hänflinge sind gesellige Vögel, die außerhalb der Brutzeit Trupps bilden. Das Nest wird vor allem in dichten Hecken angelegt, selten höher als zwei Meter über dem Boden. Die Eier sind auf bläulichweißem Grund rotbraun und schwärzlich gepunktet. Sie werden nur vom Weibchen bebrütet. Im Jahr finden ein bis zwei Bruten statt.

Hänflinge ernähren sich hauptsächlich von Unkrautsamen, gelegentlich auch von kleinen Insekten und Spinnen.

Junge Vögel haben keinerlei Rot im Gefieder, und ihre Schnäbel sind gelblicher als die der adulten

Das Männchen hat eine rote Stirn, ein schwarzes Kinn und eine rosafarbene Brust. Das Weibchen hat auf der Brust kein Rosa. Größe: 13 cm

Birkenzeisige verzehren vor allem Baumsamen. Beide Geschlechter haben im Flügel zwei helle Binden

Im Norden bauen Birkenzeisige ihre Nester vor allem in Birken, in Mitteleuropa in Nadelbäumen

Birkenzeisige kommen gern ans Wasser – um dort zu trinken und zu baden

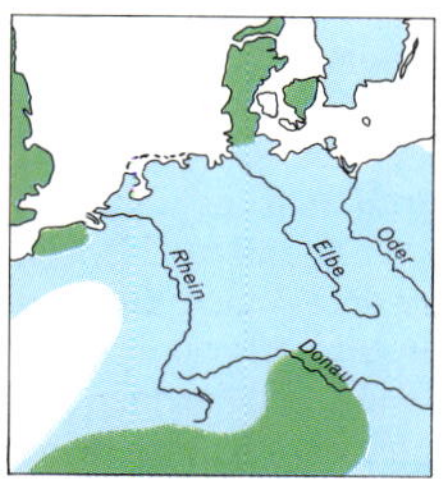

Überwintert in West- und Mitteleuropa

Größer und heller gefärbte Birkenzeisige aus Nordeuropa besuchen Mitteleuropa im Winter

Im Winter sind Männchen auf der Brust weniger kräftig rosa gefärbt. Sie suchen in Trupps nach Nahrung und vergesellschaften sich dabei auch mit Zeisigen

Birkenzeisig *Carduelis flammea*

Der Birkenzeisig ähnelt etwas dem Berghänfling; er hat aber eine rote Stirn und einen schwarzen Kinnfleck. Besonders im Flug ruft er „tschädschädschä…". Sein Gesang besteht aus einem nahezu tonlosen Trillern und Zwitschern, das entfernt an das Lied des Grünfinken erinnert.

Der Vogel brütet örtlich in Mitteleuropa, vor allem im Alpenraum. In den Wintermonaten kann man bei uns vielfach Trupps von Birkenzeisigen aus dem Norden beobachten, die etwas größer und zudem heller gefärbt sind. Die Art bewohnt lichte Nadel-, z. B. Lärchenwälder, und locker mit Moorkiefern oder Latschen bestandenes Gelände. Außerhalb der Brutzeit sieht man Birkenzeisige vor allem in offenem Gelände, in Unkrautbeständen und an samentragenden Birken. Das Nest wird im Gezweig angelegt. Die Eier sind auf hellgrünlichblauem Grund bräunlich gepunktet.

Birkenzeisige ernähren sich vor allem von Baumsamen und Unkrautsämereien. Zur Brutzeit verzehren sie zudem auch kleine Insekten.

Das Männchen ist überwiegend rot, das Weibchen grünlich. Beide besitzen einen kräftigen Schnabel mit überkreuzten Spitzen. Damit können sie Samen aus Baumzapfen herausholen. Größe: 16,5 cm

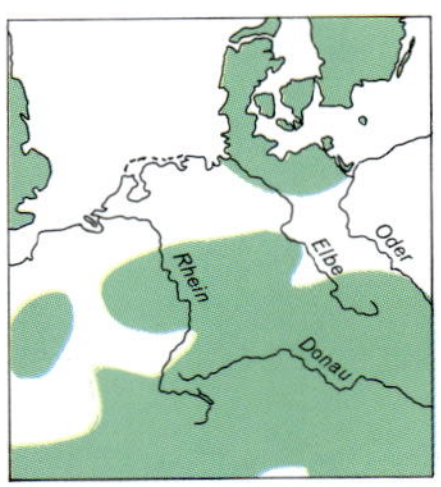

Überwiegend Jahresvogel; erscheint zuweilen in Scharen

Kreuzschnäbel sind gesellige Vögel und kommen in Trupps zum Trinken

Jungvögel sind kräftig längsgestreift. Sie haben bis etwa drei Wochen nach dem Ausfliegen noch keine überkreuzten Schnabelspitzen

Kiefernkreuzschnabel
Loxia pytyopsittacus
Schnabel höher als lang. Der Vogel lebt in Nord- und Osteuropa. Bei uns seltener Wintergast.

Das solide Nest aus Gräsern, Halmen und Moos wird in Nadelbäumen gebaut. Beide Eltern füttern die Jungen

Fichtenkreuzschnabel *Loxia curvirostra*

Kreuzschnäbel haben ihren Namen wegen ihres kräftigen Schnabels bekommen, dessen Spitzen überkreuzt sind. Der Fichtenkreuzschnabel ruft durchdringend „gipp-gipp…“ und nasal „tök-tök…“. Der Gesang ist aus diesen Lauten sowie aus knarrenden, pfeifenden und klirrenden Tönen zusammengesetzt.

In Mitteleuropa bewohnt der Fichtenkreuzschnabel Nadel- und Mischwälder. Außerhalb der Brutzeit ist er auch in anderen Wäldern sowie in Parks und in Gartengelände anzutreffen. In Jahren mit reichem Angebot an Fichtenzapfen treten Fichtenkreuzschnäbel manchmal invasionsartig auf. Sie können zu jeder Jahreszeit brüten, vor allem aber von Dezember bis Mai. Die Eier sind auf grünlichweißem Grund rötlich und schwärzlich gefleckt.

Fichtenkreuzschnäbel ernähren sich von Fichtensamen und anderen Baumsamen, von Unkrautsämereien, Knospen und kleineren Insekten. Im Winter werden häufig Mineralstoffe in Form von Salpeter von Mauerwerk u.a. aufgenommen.

Am fliegenden Vogel fallen der schwarze Oberkopf, der weiße Bürzel und der weiße Flügelstreif auf

Das adulte Männchen ist dank seiner leuchtendroten Unterseite, dem schwarzen, bläulich glänzenden Oberkopf und dem weißen Bürzel unverkennbar. Größe: 15 cm

Das adulte Weibchen hat eine bräunlichgraue Brust, ist im übrigen aber wie das Männchen gefärbt. Gimpel richten gebietsweise Schäden an, indem sie Knospen von Obstbäumen und Ziersträuchern abbeißen

Wie viele Finkenarten liebt auch der Gimpel an heißen Tagen ein kühles Bad in flachem Wasser

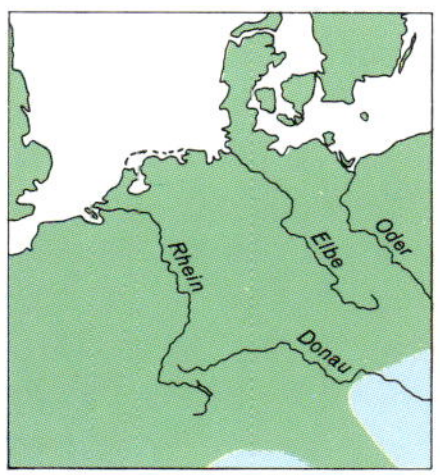

Vorwiegend Jahresvogel; im Winter Zuzug aus dem Norden

Jungvögel sind überwiegend bräunlich. Sie haben einen olivbraunen Oberkopf und einen weißen Bürzel

Gimpel *Pyrrhula pyrrhula*

Der Gimpel, auch Dompfaff genannt, ist wegen seiner lebhaften, roten, weißen und schwarzen Färbung ein auffälliger Vogel. Er ruft klagend „jiü" und kurz „bütt". Der Gesang klingt wie ein gequetschtes „Dí-dü-díiüh". Männchen und Weibchen singen beide.

In Mitteleuropa ist der Dompfaff weit verbreitet. Er bewohnt Nadel- und Mischwälder, Parkanlagen, gebietsweise auch Gärten und Auwälder. Das Nest wird in geringer Höhe in Bäumen oder im Gebüsch angelegt. Es ist ein flacher Bau aus Reisern, der mit Würzelchen und Haaren gepolstert wird. Die vier bis sechs Eier sind auf bläulichweißem Grund spärlich schwarz und rötlichbraun gepunktet. Die Jungen werden von beiden Eltern mit einem Brei aus dem Kropf gefüttert. Sie verlassen nach 16 bis 18 Tagen das Nest. Im Jahr finden ein bis zwei Bruten statt.

Gimpel ernähren sich von Samen aller Art sowie von Knospen, die sie mit den scharfen Kanten ihres kurzen, kräftigen Schnabels gut abschneiden können.

Das adulte Männchen ist kontrastreich gefärbt. Zur Brutzeit ist der Schnabel bläulichschwarz, im Herbst und Winter gelblich hornfarben. Größe: 18 cm

Im Flug erscheinen die Vögel großköpfig und kurzschwänzig. Die Flügel- und Schwanzzeichnungen sind charakteristisch

Bei der Nahrungssuche kommt es unter Kernbeißern oft zu Streitereien

Jungvögel sind bräunlicher als adulte, und es fehlt ihnen der schwarze Kehlfleck. Auf der Unterseite sind sie dunkel gefleckt

Das Nest besteht aus Reisern, Halmen und Würzelchen und ist mit weichen Pflanzenstoffen gepolstert

Kernbeißer besuchen auch Gemüsegärten, um halbreife Erbsen zu verzehren

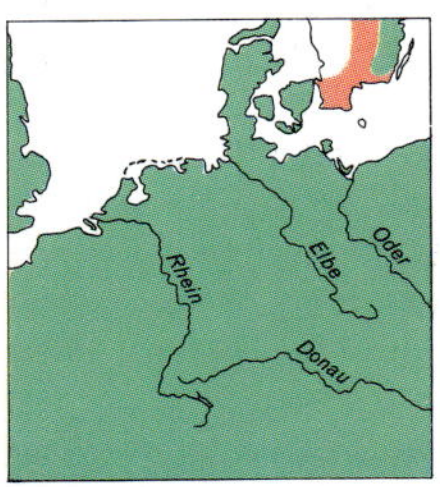

Viele Exemplare überwintern in Mitteleuropa

Außerhalb der Brutzeit sieht man Kernbeißer meist in kleinen Trupps. Weibchen sind matter gefärbt als Männchen

Kernbeißer *Coccothraustes coccothraustes*

Der Kernbeißer ist der größte Finkenvogel Europas und hat von allen Vertretern dieser Familie den mächtigsten Schnabel. Er ruft scharf „zicks“ und hoch „zieh“. Diese Rufe kehren auch in dem halblauten, klirrenden Gezwitscher, das seinen Gesang ausmacht, immer wieder.

Bei uns bewohnt der Kernbeißer lichte Laub- und Mischwälder, besonders Eichen-Hainbuchen-Bestände, ferner Auwälder, Parks, Feldgehölze und Obstgartengelände. Er baut sein Nest meist einige Meter hoch auf Bäumen. Die Eier sind auf bläulichweißem Grund graubraun und schwärzlich gepunktet. Sie werden hauptsächlich vom Weibchen bebrütet. Im Alter von etwa zwei Wochen verlassen die Jungen noch kaum flugfähig das Nest. Meist findet nur eine Brut im Jahr statt.

Kernbeißer ernähren sich zur Brutzeit vielfach von Insekten und ihren Larven. Fast ausschließlich damit ziehen sie auch ihre Jungen groß. Daneben verzehren sie Baum- und andere Samen sowie Kirsch- und Pflaumenkerne, die sie mit ihrem mächtigen Schnabel aufknacken.

Kräftiger Schnabel

Gestreiftes Gefieder

Bei den Flügen von Singwarte zu Singwarte läßt das Männchen die Beine herabhängen

Das gut getarnte Nest wird aus Halmen, Wurzeln und Blättchen gebaut und meist mit Haaren weich gepolstert

Die Grauammer erkennt man an dem oberseits braunen, unterseits helleren, streifig gefleckten Gefieder und dem gedrungenen Schnabel. Die Geschlechter sind gleichgefärbt. Größe: 18 cm

Zwergammer
Emberiza pusilla
Durchzügler und Wintergast aus Nordeuropa. Das Männchen hat rötlichbraune Wangen und eine schwarze Kopfstreifung. Größe: 13 cm.

Teilzieher; überwintert hauptsächlich in Südeuropa

Im Herbst vergesellschaften sich Grauammern gebietsweise mit Sperlingen und suchen bei Feldscheunen nach Nahrung

Grauammer *Emberiza calandra*

Die Grauammer ist die größte Ammer Europas. Männchen setzen sich gern auf exponierte Punkte, sei es ein größerer Stein am Boden, sei es ein Baum, und lassen dort ihren klirrenden, wie „zick-zick-zickzickzickzrrrrrps" klingenden Gesang hören. Außerdem rufen sie scharf „zicks".

In Mitteleuropa bewohnt die Grauammer offenes Gelände mit wenigen Bäumen und Büschen; auch kommt sie auf Weiden, in der Feldmark sowie in Sumpflandschaften vor. Ihr Flug ist geradlinig.

Das Nest wird gut versteckt in einer Bodenvertiefung angelegt. Die meist vier bis fünf Eier sind auf weißlichem Grund dunkel gepunktet und mit Schnörkeln und Haarlinien gezeichnet. Sie werden nur vom Weibchen bebrütet. Das Männchen kümmert sich so gut wie gar nicht um die Brut. Im Jahr findet wohl nur eine Brut statt.

Grauammern ernähren sich von Unkrautsamen und Getreidekörnern, zur Brutzeit vor allem von Insekten und ihren Larven. Auch kleinere Schnecken werden verzehrt.

Am fliegenden Vogel fallen der kastanienbraune Bürzel und die weißen Schwanzkanten auf

Das Weibchen ist matter gefärbt als das Männchen, dabei aber kräftiger gestreift. Jungvögel ähneln dem Weibchen, sind jedoch noch matter

Teilzieher; überwintert in Mittel- und Südeuropa

Leuchtendgelber Kopf

Gelbe Unterseite

Das Männchen hat einen leuchtendgelben Kopf und eine ebensolche Brust. An den Seiten der Brust befinden sich braune Flecken. Größe: 16,5 cm

Im Winter vergesellschaften sich Goldammern bei der Nahrungssuche nicht selten mit anderen Ammerarten sowie mit Finken und Sperlingen

Das Nest wird gut gedeckt angelegt. Beide Eltern füttern die Jungen ausschließlich mit Insekten

Goldammer *Emberiza citrinella*

Von anderen unterseits gelben Ammern unterscheidet sich die Goldammer durch ihren kastanienbraunen Bürzel. Das Männchen ist ein eifriger Sänger. Sein Lied klingt etwas wetzend wie „didididididi-dieh“. Im Volksmund wird es mit „Wiewiewie hab ich dich lieb“ übersetzt. Außerdem ruft der Vogel scharf „zick“ und „zickür“.

Die Goldammer ist bei uns weit verbreitet. Sie bewohnt offenes Gelände mit Baumgruppen und Büschen. Außerdem trifft man sie in Feldgehölzen, Weinbergen, in Parks sowie auf Obstbaumgelände mit Hecken an. Im Winter ist sie oft scharenweise auf Feldern und Dorfstraßen zu beobachten.

Das Nest wird im Gestrüpp niedrig über dem Boden, seltener auch etwas höher in Büschen und dichten Bäumchen gebaut. Die Eier haben auf weißlichem Grund dunkle Punkte und haarartige Schnörkel. Im Jahr finden meist zwei Bruten statt.

Die Goldammer ernährt sich von Sämereien aller Art und von Insekten; dabei verzehrt sie vornehmlich Heuschrecken und Schmetterlinge sowie Raupen.

Gelb und schwarz gezeichneter Kopf

Olivgrünlicher Bürzel

Das adulte Männchen ist durch die gelbe und schwarze Kopfzeichnung, das olivgrünliche Brustband und den ebenso gefärbten Bürzel leicht von der männlichen Goldammer zu unterscheiden. Die Kehle ist schwarz. Größe: 16,5 cm

Das Weibchen baut das Nest allein; es wird lediglich vom Männchen begleitet

Das Weibchen hat keine auffallenden Zeichnungen am Kopf. Auf der Unterseite ist es gestreift

Das Nest wird sowohl in dichtem Gebüsch als auch am Boden gebaut. Stets ist es gut getarnt

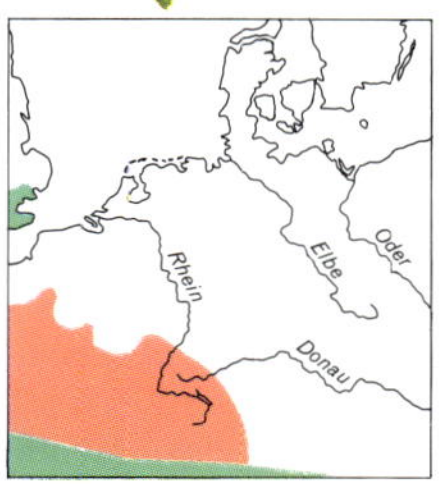

Jahresvogel, der nicht weit umherstreift

Im Winter vergesellschaften sich Zaunammern manchmal mit Goldammern

Zaunammer *Emberiza cirlus*

Die hübsche Zaunammer ähnelt der Goldammer, hat aber einen olivgrünlichen Bürzel. Außerdem ist die Kehle des Männchens schwarz. Sein Gesang erinnert etwas an den einer einförmig singenden Goldammer sowie an das Klappern der Klappergrasmücke; er klingt wie „drilililililil“. Außerdem hört man ein feines „Sieh“.

In Mitteleuropa kommt die Zaunammer nur in warmen Gebieten vor, etwa in Südwestdeutschland und der Schweiz. Sie bewohnt trockenes, offenes Gelände mit wenigen Büschen und Bäumen sowie Weinberge und trocken-warmes Obstbaumgelände. Das Nest wird meist in geringer Höhe über dem Boden in Gestrüpp oder Buschwerk aus Halmen erbaut. Die Eier haben wie die der Goldammer schnörkelartige Zeichnungen. Nur das Weibchen bebrütet das Gelege. Im Jahr finden meist zwei Bruten statt.

Zaunammern ernähren sich während der Brutzeit hauptsächlich von Insekten. Sonst verzehren sie überwiegend Samen von Wildkräutern.

Manchmal kommen Rohrammern auch in trockenerem Gelände vor, in dessen Nähe sich aber ein Gewässer befindet

Kehle und Kopf schwarz

Äußere Schwanzfedern weiß

Das adulte Männchen im Brutkleid ist durch seinen schwarzen Kopf und die schwarze Kehle gekennzeichnet. Die Oberseite ist überwiegend lebhaft braun mit schwärzlicher Zeichnung. Die äußeren Schwanzfedern sind weiß. Größe: 15 cm

Das adulte Weibchen hat keine schwarze Kopfzeichnung, und die Kehle ist hell. Ein weißlicher und ein dunkler Bartstreif sind angedeutet

Das Nest wird gut verborgen in der Vegetation angelegt. Hier befindet es sich in dichtem Seggenbestand

Im Winter ähnelt das Männchen dem Weibchen; es ist dann aber am Kopf und an der Kehle dunkler. Der Vogel spreizt häufig den Schwanz

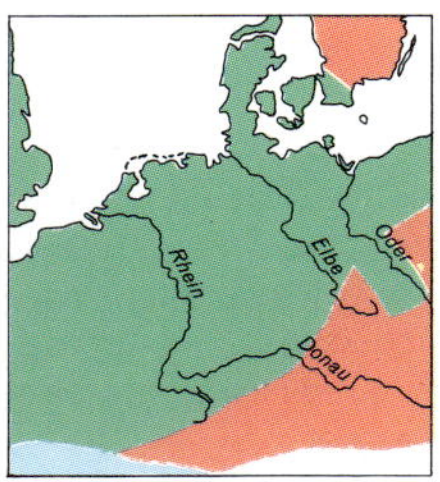

Teilzieher; überwintert vorwiegend in Südeuropa

Bei Wintereinbrüchen im zeitigen Frühling vergesellschaften sich Rohrammern mit anderen Arten, z. B. mit Goldammern

Rohrammer *Emberiza schoeniclus*

Die Rohrammer wirkt auf den ersten Blick etwas sperlingsähnlich, weshalb sie gebietsweise auch als „Rohrspatz" bezeichnet wird. Das Männchen singt sein örtlich variierendes Liedchen von erhöhten Warten aus. Es klingt stammelnd und läßt sich etwa mit „zja-ti-tai-zissis" ausdrücken. Außerdem rufen Rohrammern hoch und gedehnt „zieh".

Die Rohrammer bewohnt Sumpfgelände, Rohrwälder sowie verschilfte Fluß- und Seeufer. Ihr Nest legt sie am Boden, häufig unter vorjährigem Gras an. Die drei bis sechs Eier sind auf hellbräunlichem Grund mit dunklen Flecken und Schnörkeln gezeichnet. Sie werden nur vom Weibchen bebrütet, aber beide Eltern füttern die Jungen. Im Jahr finden ein bis zwei Bruten statt.

Rohrammern ernähren sich zur Brutzeit überwiegend von Insekten, kleinen Schnecken, verschiedenen Krebstieren und Spinnen. Sonst verzehren sie Samen von Unkräutern, Schilf- und Sumpfgräsern. Die Jungen werden ausschließlich mit Insekten gefüttert.

Schwarzer Kopf mit weißem Streif hinter dem Auge

Rostbraunes Nackenband

Das adulte Männchen im Ruhekleid ist weniger kontrastreich und ähnelt damit dem Weibchen

Fliegende Spornammern kann man an dem rostbraunen Nackenband sowie an ihren Flugrufen erkennen, die wie „tick-tick-tiü" klingen

Im Ruhekleid ist das Männchen durch die schwärzliche Zeichnung der Vorderbrust vom Weibchen unterschieden

Das adulte Männchen im Brutkleid ist durch seinen schwarzen Kopf, die schwarze Kehle und Vorderbrust, den weißen Streif hinter dem Auge und das rostbraune Genickband gekennzeichnet. Größe: 15 cm

Dem Weibchen und den Jungvögeln fehlt die schwarze Zeichnung an Kopf, Kehle und Vorderbrust

Durchzügler und Wintergast; vor allem an den Küsten

Spornammern suchen häufig in Gesellschaft von anderen Finkenvögeln sowie von Lerchen nach Nahrung

Spornammer *Calcarius lapponicus*

Die Spornammer hat ihren Namen nach der spornartig verlängerten Kralle der Hinterzehen. In der Färbung erinnert sie etwas an die Rohrammer, doch hat sie eine rostbraune Genickbinde. Sie ruft hart, dabei an den Hänfling erinnernd, „gegegeg". Außerdem läßt sie einen kurzen, abfallenden Pfiff ertönen, der wie „tiü" klingt. Auch hört man von ihr schnurrende Laute, etwa „trrrt-trrrt". Der Gesang besteht aus kurzen, melancholischen Strophen, die sowohl von erhöhter Warte aus als auch im Flug vorgetragen werden.

In Mitteleuropa ist die Spornammer zumeist Durchzügler aus dem Norden. Zur Brutzeit bewohnt sie arktische Tundra mit niedriger Vegetation und einigen Büschen. Auf dem Zug hält sie sich hauptsächlich am Strand sowie auf Stoppelfeldern auf. In ihrer nordischen Heimat baut die Spornammer ihr Nest auf dem Boden, meist im Schutz eines Grasbüschels. Die Eier sind auf grünlichweißem Grund dicht rotbraun gefleckt.

Spornammern ernähren sich von Insekten und ihren Larven sowie von Sämereien, Knospen und Grasspitzen.

Bevorzugte Nistplätze der Schneeammer sind Spalten zwischen Steinen. Dort wird das Nest aus Moos und Halmen gebaut und gut ausgepolstert

Weißer Kopf

Schwarzer Rücken

Das adulte Männchen im Brutkleid hat ein auffälliges schwarzweißes Gefieder. Größe: 16,5 cm

Das fliegende Männchen im Brutkleid fällt durch seinen weißen Kopf sowie die großen weißen Zonen in den Schwingen und im Schwanz auf

Das Weibchen ist überwiegend bräunlich und hat weniger Weiß in den Schwingen als das Männchen

Im Winter bilden Schneeammern oft große Trupps. Man kann sie vor allem im Küstenbereich beobachten

Durchzügler und Wintergast; vor allem an den Küsten

Im Ruhekleid ähneln die Männchen den Weibchen, doch haben sie mehr Weiß in den Flügeln und eine weiße Kehle. (Vorn das Männchen, hinten das Weibchen)

Schneeammer *Plectrophenax nivalis*

Durch das Weiß in den Flügeln und im Schwanz erinnert die Schneeammer etwas an den Schneefink; sie kommt aber in ganz anderen Lebensräumen vor. Das Männchen ist im Sommer vorwiegend schwarzweiß, im Winter bräunlicher. Der Vogel ruft zweisilbig „tihü“, halblaut „trr“ und hänflingartig „gägägäg“. Der Gesang besteht aus einem harten Zwitschern und Trillern.

Die Schneeammer ist in Nordeuropa zu Hause; nach Mitteleuropa kommt sie nur als Durchzügler und Wintergast. In ihrer Heimat bewohnt sie arktische Felsenküsten, felsige Tundra mit spärlicher Vegetation und kahles, eisfreies Gelände. Auf dem Zug trifft man sie meist in offenem Gelände an. In ihrer nordischen Heimat baut die Schneeammer ihr Nest meist in Felsspalten, zwischen Steinen oder in Mauerlöchern. Es ist dick mit Federn und Moos gepolstert.

Zur Brutzeit ernähren Schneeammern sich vor allem von Insekten, sonst von Unkrautsamen, Abfällen, Getreidekörnern und Saatkeimen.

Das adulte Männchen sieht auf der Unterseite überwiegend rosabräunlich aus. Es hat einen graugrünen Kopf mit gelbem Bartstreif und gelber Kehle. Der Schnabel ist rosa. Auffallend der helle Augenring. Größe: 16,5 cm

Zippammer *Emberiza cia*
In Mitteleuropa örtlich an warmen, felsigen Stellen mit Gebüsch, z. B. an Hängen des Rheintals. Ruft gedehnt „zihp". Der Gesang erinnert an den der Heckenbraunelle.

Die Jungen in dem gut versteckten Nest werden von beiden Eltern gefüttert. Im Jahr findet nur eine Brut statt

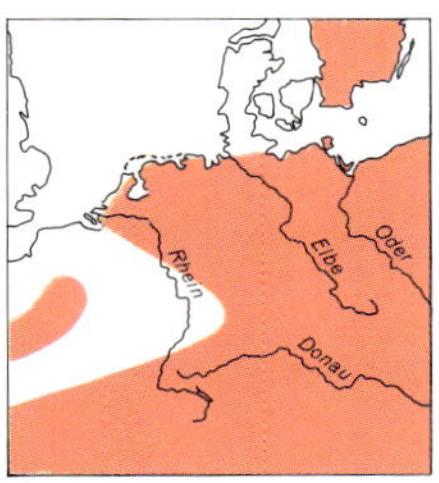

Sommervogel; überwintert in Afrika südlich der Sahara

Weibchen und Jungvögel sind weniger kontrastreich gefärbt und mehr gefleckt als das Männchen. Sie haben aber den gleichen hellen Augenring und einen rosafarbenen Schnabel

Ortolan *Emberiza hortulana*

Der ziemlich bunt gefärbte Ortolan hat einen auffallenden Augenring. Sein schwermütiger Gesang erinnert etwas an den der Goldammer, ist aber weicher. Er klingt wie „düdüdüdüdidiüh" und wird von einer erhöhten Warte aus vorgetragen. Außerdem ruft der Ortolan „zück" und gedehnt „ziüh".

Bei uns kommt er örtlich vor. Er bewohnt offenes, trockenes Gelände mit niedriger Vegetation und einzelnen Bäumen und Büschen, z. B. Feldmarken mit ausgedehnten Getreidefeldern und vereinzelten Bäumen. Man sieht den Ortolan aber auch an felsigen Hängen mit Buschgruppen.

Das Nest wird meist in einer Vertiefung des Bodens gebaut, gelegentlich auch wenig darüber in dichtem Gestrüpp. Das Weibchen baut das Nest allein; es polstert die Mulde mit feinen Halmen, Würzelchen und Haaren aus. Die bläulichweißen Eier sind mit schwarzbraunen, wie ausgelaufen wirkenden Punkten gezeichnet.

Der Ortolan ernährt sich von Insekten und ihren Larven und verzehrt außerdem Sämereien.

Finken und Ammern im Flug

Hier sind überwiegend Männchen im Brutkleid dargestellt. Flügel-, Bürzel- und Schwanzzeichnungen kennzeichnen im allgemeinen die Finken. Ammern unterscheiden sich nur leicht an Kopf, Bürzel und den äußeren Schwanzfedern. Hänflinge, Berghänflinge und Stieglitze bewohnen offenes Gelände mit Büschen und Bäumen; Birkenzeisige und Girlitze halten sich gern auf Bäumen auf. Gimpel leben vor allem in Wäldern und Parks. Kreuzschnäbel sind Bewohner von Nadelwäldern. Schnee- und Spornammern halten sich vor allem in offenem Gelände auf. Die Rohrammer hat eine Vorliebe für Feuchtgebiete. Die Grauammer erkennt man an ihrem klirrenden Gesang.

Bergfink
Fringilla montifringilla
Männchen
Seite 280

Buchfink
Fringilla coelebs
Seite 279

Grünfink
Carduelis chloris
Männchen
Seite 282

Girlitz
Serinus serinus
Männchen
Seite 281

Birkenzeisig
Carduelis flammea
Männchen
Seite 287

Berghänfling
Carduelis flavirostris
Männchen
Seite 285

Stieglitz
Carduelis carduelis
Seite 284

Zeisig
Carduelis spinus
Männchen
Seite 283

Hänfling
Carduelis cannabina
Männchen
Seite 286

Gimpel
Pyrrhula pyrrhula
Männchen
Seite 289

Kernbeißer
Coccothraustes coccothraustes
Männchen
Seite 290

Fichtenkreuzschnabel
Loxia curvirostra
Seite 288

Rohrammer
Emberiza schoeniclus
Männchen
Seite 294

Goldammer
Emberiza citrinella
Männchen
Seite 292

Ortolan
Emberiza hortulana
Männchen
Seite 297

Schneeammer
Plectrophenax nivalis
Männchen
Seite 296

Zaunammer
Emberiza cirlus
Männchen
Seite 293

Spornammer
Calcarius lapponicus
Männchen im Brutkleid
Seite 295

Grauammer
Emberiza calandra
Seite 291

VOGELBEOBACHTUNG ALS HOBBY

Ausrüstung und Technik

Vogelbeobachtung ist ein Hobby, das rasch zur Gewohnheit werden kann und das nicht nur in starkem Maße befriedigt, sondern darüber hinaus auch gesund ist. Am Anfang braucht man nur ein scharfes Auge und etwas Wißbegierde. Wenn man weiter voranschreitet, benötigt man eine gewisse Ausrüstung: ein Fernglas, ein Notizbuch, Vogelbestimmungsbücher, Allwetterkleidung und schließlich vielleicht noch eine Kamera mit Teleobjektiv und ein Tonbandgerät.

Sehr bald wird man die Grundbegriffe für die Feldbeobachtung erlernen, z. B. wie man sich draußen bewegt, ohne sehr aufzufallen; wie man natürliche Deckung geschickt ausnutzt und wie man sich Vögeln nähert, ohne sie zu erschrecken. Von der ersten, elementaren Zufriedenheit, die sich einstellt, wenn man verschiedene Arten sicher ansprechen kann, ist es nur ein kleiner Schritt zu dem Wunsch, das Verhalten der Vögel zu verstehen oder seltenere Arten aufzuspüren. Man kann die Vögel, die man gesehen hat, in Listen erfassen und diese immer weiter zu vervollständigen suchen. Überdies kann man aber auch eine Art herausgreifen und sie genauer studieren. Ja, man kann sich sogar um ein bestimmtes Individuum einer Art besonders kümmern. Wenn man das Leben der Vögel besser versteht, wird dadurch auch das eigene Leben bereichert.

Der Schlüssel zum Erfolg bei der Vogelbeobachtung ist ein dreifacher: leise sein; nicht auffallen; Geduld. Manche Vogelarten sind natürlich schwieriger zu beobachten als andere. An Vögel in Städten kommt man im allgemeinen viel leichter nahe heran als an solche, die im Freiland leben und die Anwesenheit von Menschen nicht so gewöhnt sind. Aber, wo immer man sich auch aufhält, sollte man daran denken, daß jedes plötzliche Geräusch oder jede ruckartige Bewegung – das Knacken eines trockenen Astes unter dem Fuß, das unerwartete Heben einer Hand – die Vögel leicht verscheuchen kann. Bei der Beobachtung im Freiland sollte man unauffällige Kleidung tragen, die keine leuchtenden Farben enthält. Indem man natürliche Deckung, etwa Hecken, Bäume und Büsche, weitgehend ausnutzt und sich dabei langsam, aber stetig seinem Ziel nähert, kommt man im allgemeinen an die meisten Vogelarten so nah heran, daß man sie mit Sicherheit bestimmen kann.

Ferngläser und Fernrohre

Ein gutes Fernglas sollte das erste sein, was sich ein Vogelbeobachter anschafft. Darüber hinaus muß er aber auch sein Auge darin schulen, die Umgebung ohne Fernglas zu erkunden und Vögel rasch zu sehen. Zur Bestimmung wird dann das Fernglas herangezogen. Mit ihm kann man natürlich auch Wasserflächen oder Gebüsch langsam und sorgfältig absuchen.

Wenn man sich ein Fernglas anschafft, sollte man vor allem drei Dinge beachten: die Vergrößerung, das Gewicht und die Objektivöffnung. Alle Ferngläser tragen zwei Zahlen, z. B. 7 × 50 oder 8 × 30. Die erste Zahl gibt die Vergrößerung an, die zweite den Durchmesser des Objektivs in Millimetern. Als Objektiv bezeichnet man jeweils die große Vorderlinse. Die kleine, die ans Auge geführt wird, ist das Okular. Der Anfänger sollte noch keine zu starke Vergrößerung wählen, da er erst lernen muß, das Fernglas ruhig zu halten. Je stärker die Vergrößerung ist, desto mehr macht sich die natürliche Handunruhe bemerkbar, da die kleinen Zitterbewegungen „mitvergrößert" werden. Deshalb wählt man zunächst am besten ein Fernglas mit den Kennzahlen 8 × 30, also mit achtfacher Vergrößerung bei einem Objektivdurchmesser von 30 Millimetern. Die Ferngläser, die von Vogelbeobachtern am meisten benutzt werden, sind 8 × 30, 7 × 50, 10 × 40 und 10 × 50. Ein Glas mit großem Objektivdurchmesser ist besonders lichtstark und daher bei schwacher Beleuchtung von Nutzen. Allerdings ist es meist auch unhandlicher, schwerer. Ehe man sich ein Glas kauft, sollte man verschiedene Typen ausprobieren und sich eventuell von Freunden deren Gläser zeigen lassen.

Wenn man Vögel am Wasser, in Sumpfgebieten oder im Gebirge beobachten will, reicht ein Fernglas häufig nicht mehr aus, weil die Vögel zu weit entfernt sind. Deshalb ist es in solchen Fällen oft notwendig, ein kleines Fernrohr zu verwenden. Es gibt heute sehr gute Fernrohre; man bezeichnet sie als „Spektive" und kann mit ihnen Vergrößerungen bis etwa 60fach erzielen. Wer ein Spektiv auswählt, sollte keines nehmen, dessen Objektivdurchmesser geringer ist als 60 mm; dieses Gerät wäre zu lichtschwach. Spektive müssen in Verbindung mit einem Stativ verwendet werden.

Festhalten von Beobachtungen

Es ist wichtig, die Beobachtungen, die man als Feldornithologe macht, auch festzuhalten. Das geschieht am besten durch Notizen in einem Notizbuch. Diese kann man zu Hause ins reine schreiben und sie dann in einem Ordner oder in einem speziellen Buch aufbewahren. Solche Tagebücher werden für den Beobachter bald zu einem unersetzlichen Nachschlagewerk. Wenn man einen ungewöhnlichen Vogel sieht, sollte man sich eine knappe, ganz rohe Skizze machen: Man zeichnet die Silhouette und notiert dann um sie herum so viele Angaben wie möglich über Zeichnungen im Gefieder. Auch Beobachtungen über das Verhalten sollten nicht fehlen. Jede Eintragung enthält zweckmäßigerweise auch das Datum der Beobachtung, die Örtlichkeit, die Tageszeit und eine kurze Beschreibung der Witterung. Außerdem macht man Angaben über andere Vogelarten; über Exemplare, die zur gleichen Zeit zu sehen waren; wie viele Exemplare es waren; ob es sich um Männchen oder Weibchen handelte usw. Wichtige Beobachtungen aus diesem Tagebuch sollte man an ornithologische Gesellschaften weiterleiten, vor allem an solche, die sich mit Avifaunen befassen. (Als Avifauna bezeichnet man die Vogelwelt eines bestimmten Gebietes.) Durch Vergleiche mit Veröffentlichungen in der Fachliteratur kann man ermitteln, welche Beobachtungen überregionale Bedeutung haben und einer Veröffentlichung wert sind.

Wenn man meint, man habe ein besonders seltenes Exemplar gesehen, sollte man ein Beobachtungsprotokoll anfertigen und es, eventuell zusammen mit einem Foto des betreffenden Vogels, der jeweils zuständigen ornithologischen Gesellschaft zuleiten.

Vogelberingung

Die Methode, Vögel zu fangen und zu beringen – ihnen einen leichten Metallring mit einer Nummer um das Bein zu legen –, wird seit Ende des 19. Jahrhunderts angewandt. Auf diese Weise studiert man die Wanderungen der Vögel und ihr Verhalten, was unter Umständen für die Erhaltung einiger Arten wichtig sein kann. Die Beringung hat es z. B. den Naturschützern ermöglicht herauszufinden, wo bestimmte Arten auf ihrem Zug rasten. So konnte man internationale Übereinkommen zum besonderen Schutz solcher Rastgebiete treffen.

Die häufigste Art, Vögel zu fangen, um sie zu beringen, ist die Verwendung von „Japannetzen“ – schwarzen Nylonnetzen, die für einen fliegenden Vogel fast unsichtbar sind. Diese Netze werden an Stellen aufgestellt, wo Vögel zur Zugzeit in größerer Zahl durchziehen oder rasten. Der Beringer befreit die gefangenen Vögel vorsichtig aus dem Netz, notiert Art, Geschlecht und Alter und beringt sie dann. Häufig werden die Vögel dabei auch noch gewogen, und ihr Mauserzustand wird kontrolliert. Der Ring enthält die Anschrift einer Vogelberingungsstation sowie eine Registriernummer, die von Ring zu Ring verschieden ist. Die Nummer wird mitsamt den vorher ermittelten Daten sowie mit dem Zeitpunkt und dem Ort der Beringung in eine Liste eingetragen. Diese Listen gehen dann an die jeweils zuständige Vogelwarte.

Natürlich kann nicht einfach jeder Vögel fangen und beringen. Dazu muß man besondere Kenntnisse und eine Erlaubnis der zuständigen Vogelwarte besitzen. Ein Reihe von Vogelarten dürfen z.B. wegen ihres besonderen Schutzbedürfnisses überhaupt nicht gefangen und beringt werden. Überdies darf die Beringung nicht zu lange dauern; nachdem alles Wichtige notiert wurde, ist der Vogel unverzüglich wieder freizulassen. Wer so einen beringten Vogel tot oder verletzt findet, sollte die Ringnummer der zuständigen Vogelwarte melden.

Fotos und Bandaufnahmen

Das Fotografieren von Vögeln erfordert viel Geduld und Erfahrung sowie eine meist teure Fotoausrüstung. Gute Vogelfotos sind in der Ornithologie wichtige Dokumente, vor allem wenn sie Verhaltensweisen zeigen oder das Auftreten seltener Arten belegen. Dabei gilt allerdings als oberster Grundsatz: Das Fotografieren darf den Vogel oder gar dessen Brut nicht stören. Deshalb ist für eine Reihe von Vogelarten das Fotografieren am Nest verboten bzw. nur bei wenigen speziellen Forschungsarbeiten erlaubt.

Die geeignetste Kamera ist eine einäugige Spiegelreflexkamera mit auswechselbarer Optik. Teleobjektive müssen im allgemeinen eine Brennweite von mindestens 400 mm haben. Häufig werden Schnellschußobjektive verwendet, deren Brennweite 600 mm beträgt und bei denen die Scharfeinstellung mittels eines Pistolengriffs vorgenommen wird. Bei so langen Brennweiten sollte man zumindest anfangs ein Stativ benutzen. Erfahrene Vogelfotografen handhaben langbrennweitige Objektive aber auch aus der Hand und benutzen dabei eine Schulterstütze.

Da langbrennweitige Objektive eine relativ kleine Öffnung haben, sollte man Filme von nicht zu geringer Empfindlichkeit verwenden, nämlich solche von 19 DIN an aufwärts.

Der Vogelfotograf muß mit einem langen

Teleobjektiv draußen noch vorsichtiger sein als der Beobachter mit dem Fernglas. Manche Vögel, z. B. Krähen, sehen in einem derartigen Objektiv eine Ähnlichkeit mit dem Gewehr eines Jägers. Oft empfiehlt sich daher bei der Vogelfotografie die Verwendung eines Tarnzeltes.

Einige Vögel hört man mehr, als man sie sieht. Will man Vogelstimmen kennenlernen, so empfiehlt es sich, den singenden Vogel behutsam aufzuspüren und den akustischen Eindruck, den der Gesang vermittelt, mit dem optischen zu verbinden. Schallplatten- und Tonbandaufnahmen helfen dann, das Gehörte einzuprägen.

Für den, der selbst Tonbandaufnahmen machen will, gilt das gleiche wie für den Vogelfotografen: Er muß eine Störung der Vögel vermeiden. Deshalb nimmt man Vogelstimmen am besten aus einigem Abstand mit einem leistungsfähigen Richtmikrofon auf oder mit einem Mikrofon, das in einem Parabolreflektor montiert ist. Beide Geräte sind im Handel. Einen Parabolreflektor kann man sich auch selbst bauen. Die Vogelgesänge werden dann mit dem tragbaren, netzunabhängigen Tonbandgerät (oder Kassettenrecorder) aufgenommen. Vogelstimmen, die man selbst aufgenommen hat, behält man besonders gut.

Ornithologische Vereinigungen und Zeitschriften

Um mit anderen Vogelbeobachtern in Verbindung zu kommen, schließt man sich am besten einer ornithologischen Vereinigung an. Diese Vereinigungen veranstalten Zusammenkünfte für ihre Mitglieder. Der Deutsche Bund für Vogelschutz mit seinen Untergliederungen unternimmt auch Exkursionen, die von erfahrenen Vogelkennern geleitet werden und sowohl in die nähere Umgebung als auch in entfernte, vogelkundlich interessante Gebiete führen. Überdies werden Vortragsveranstaltungen mit Diskussionen und Film- oder Diavorträge organisiert.

Auf den Tagungen der Deutschen Ornithologen-Gesellschaft geht es um wisssenschaftliche Fragen, während Vogelschutzprobleme und damit zusammenhängende Forschungsarbeiten auf Veranstaltungen des Deutschen Bundes für Vogelschutz diskutiert werden. Daten feldornithologischer Art werden in der Bundesrepublik Deutschland von den Mitgliedsverbänden des Dachverbandes Deutscher Avifaunisten gesammelt.

Diese drei Gesellschaften bilden zusammen mit anderen Mitgliedsverbänden die Deutsche Sektion des Internationalen Rates für Vogelschutz. Dieser Rat ist weltweit tätig und hat in fast jedem Land der Erde eine nationale Sektion. Wer gern Näheres erfahren möchte, wendet sich an folgende Organisationen: Deutsche Ornithologen-Gesellschaft, Kontaktanschrift: Vogelwarte Radolfzell, 7760 Radolfzell-Möggingen; Deutscher Bund für Vogelschutz, Bundesgeschäftsstelle, Achalmstraße 33, 7014 Kornwestheim.

Die Deutsche Ornithologen-Gesellschaft gibt die Zeitschrift „Journal für Ornithologie“ heraus und publiziert gemeinsam mit den beiden Vogelwarten Radolfzell und Helgoland die Zeitschrift „Vogelwarte“.

Der Deutsche Bund für Vogelschutz (DBV) ist die größte Naturschutzorganisation ihrer Art auf dem europäischen Kontinent; sie hat zur Zeit rund 100 000 Mitglieder. Der DBV ist in Landesverbände sowie in Kreis- und Ortsgruppen untergliedert; er gibt die Zweimonatszeitschrift „Wir und die Vögel“ heraus.

Neben den genannten gibt es noch weitere ornithologische Publikationsorgane im deutschsprachigen Raum. Zu nennen sind vor allem: „Die Vogelwelt“ (Institut für Vogelforschung, Wilhelmshaven), „Ornithologische Schriftenschau“ (Institut für Vogelforschung, Garmisch-Partenkirchen), „Beiträge zur Vogelkunde“ (Tierpark, Ostberlin), „Egretta“ (Naturhistorisches Museum, Wien), „Der ornithologische Beobachter“ (Vogelwarte Sempach, Schweiz).

Verhaltensregeln

Was auch immer man als Vogelbeobachter tun will: im Land umherreisen; oder wandern, um Vögel zu beobachten; oder an einer bestimmten Stelle ein Tarnzelt aufbauen, um Vögel zu fotografieren bzw. zu zählen – stets sind bestimmte Regeln zu beachten:

1. Vermeide jede unnötige Störung der Vögel, vor allem in der Brutzeit!
2. Bleibe in Schutzgebieten auf den Wegen!
3. Wenn du deine Beobachtungen beendet hast, ziehe dich vorsichtig zurück, um den beobachteten Vogel nicht zu erschrecken!
4. Hinterlasse keine Überbleibsel, die an deinen Besuch erinnern!
5. Trage keine auffallende Kleidung!
6. Betritt besonders gekennzeichnetes Privatgelände oder allgemein gesperrte Gebiete nie ohne Genehmigung!
7. Vergewissere dich im Küstenbereich, wann Ebbe und Flut sind!
8. Wenn du im Gebirge wanderst, hinterlasse eine Nachricht, wohin du zu gehen gedenkst und wann du zurück sein willst!

Ein Garten für Vögel

Unabhängig davon, ob man in einer Stadt oder auf dem Lande lebt, kann man seinen Garten leicht zu einem privaten Vogelschutzgebiet machen. Dabei muß man darauf achten, daß genügend Nahrung und Wasser vorhanden sind und daß es Nist- und Rastplätze gibt. Dann ist es möglich, einer Vielzahl von Vogelarten einen Lebensraum zu bieten. Wenn man die richtigen Büsche und Blumen pflanzt, kann man beispielsweise Rotkehlchen, Zaunkönige, Heckenbraunellen, Meisen, Spatzen, Grünfinken, Stieglitze, Amseln und Mönchsgrasmücken bei sich beobachten. Im Frühling und Herbst wird ein solcher Garten auch von durchziehenden Vögeln besucht.

Die Vögel, die in Hausgärten Nahrung suchen, verzehren in erster Linie Sämereien, Früchte und Insekten. Pflanzen wie Sonnenblumen, Vergißmeinnicht und verschiedene Margeritenarten werden von Finken, Meisen und anderen samenfressenden Vögeln besucht – das heißt, wenn diese Blumen nicht nach der Blüte abgeschnitten wurden, sondern ihre Samen entwickeln konnten. Wenn man bereit ist, einen Teil des Gartens „verwildern" zu lassen, so daß dort z. B. auch Disteln und Holunder wachsen, so wird dieser Abschnitt für manche Vogelarten besonders attraktiv werden. Holunderbeeren werden ja im Herbst von vielen Vögeln verzehrt.

Beeren sind aber auch im Winter als Nahrungsquelle wichtig. Vor allem die Beeren des Efeus und der Eberesche spielen hier eine Rolle. Auch hängengebliebenes Obst (Birnen und Äpfel) dient als Winternahrung; Amseln und andere Drosseln sowie Seidenschwänze ernähren sich in der kalten Jahreszeit gern davon. Ligusterbeeren werden beispielsweise vom Gimpel verzehrt. Je mehr Abwechslung man in sein kleines Revier bringt, um so mehr wird es für Vögel interessant. Rasen zieht z. B. Vögel an, die nach Würmern suchen. Eine Vogeltränke und ein kleiner Steingarten sorgen für ein reicheres Angebot an Insekten. Wenn der Garten groß genug ist, stellen Bäume und Büsche besondere Anziehungspunkte für Vögel dar. Auch abgestorbene Bäume haben eine nicht zu unterschätzende Bedeutung: Insektenfressende Arten suchen sie ab, und Spechte können dort ihre Bruthöhle hineinzimmern.

Fütterung an Futterplätzen

Vogelfutterplätze sind sehr beliebt. An einem Futterhäuschen kann man bei jeder Witterung das muntere Treiben der Vögel beobachten. Allerdings darf man hier nicht übertreiben; Vögel sollte man nicht das ganze Jahr über füttern, sondern in erster Linie in den Wintermonaten und den naßkalten Perioden des Frühjahrs.

Biologisch gesehen ist eine Winterfütterung in den meisten Fällen nicht notwendig. Ihre Bedeutung liegt vielmehr vor allem darin, daß sie Menschen für Vögel interessiert und für den Naturschutz motiviert. Überdies hat die Beobachtung der Vögel eine nicht zu unterschätzende therapeutische Wirkung. Ausführliche Auskünfte über eine sachgemäße Winterfütterung erteilt der Deutsche Bund für Vogelschutz, Achalmstr. 33, 7014 Kornwestheim.

Am zweckmäßigsten bietet man das Winterfutter in einem nicht zu kleinen Futterhäuschen dar. Dieses kann man selbst bauen, doch findet man auch im Handel eine große Auswahl. Die Grundfläche sollte mindestens 40 × 30 cm betragen. Ein Dach ist sehr zweckmäßig, damit kein Schnee das ausgelegte Futter zudeckt.

Ein solches Futterhaus bringt man etwa 1,5 m über dem Boden auf einem Pfahl an. Wo das nicht möglich ist, kann man es auch auf der Fensterbank so befestigen, daß es nicht herunterfällt. Überdies hängt man halbierte Kokosnußschalen oder kleine Kunststoffnetze mit speziellem Vogelfutter auf.

Viele Vogelarten, die im Winter bei uns bleiben, ernähren sich von Sämereien. Diesen Arten bietet man im Futterhäuschen Hanf, Sonnenblumenkerne, Glanzsamen, Hafer, Distelsamen, Negersaat und Mohn an. Für Insektenfresser sollte man außerdem zerschnittene Rosinen mit fettgetränkten Haferflocken bereithalten oder ein Gemisch aus Rinderfett und Weizenkleie, das sich in der Praxis sehr bewährt hat. Um dieses Gemisch herzustellen, nehme man ausgelassenes Rinderfett und Weizenkleie zu gleichen Gewichtsteilen, also etwa 1 kg Weizenkleie und 1 kg Rinderfett. In einem Topf bringt man das Rinderfett zum Zerlaufen und rührt dann langsam die Weizenkleie hinein. Den dicken Brei streicht man in halbierte Kokosnußschalen oder in flache Blechdosen, oder man formt aus ihm knödelartige Kugeln. Diese lassen sich in Netzsäckchen im Freien aufhängen, während man die flachen Dosen oder halbierten Kokosnußschalen entweder am Futterhaus oder an

Stämmen und Ästen von Bäumen aufhängt. Das Fett-Kleie-Gemisch kann aber auch zerbröselt im Futterhaus ausgelegt werden. Meisen, Kleiber, Baumläufer, Spechte, Amseln, Rotkehlchen, Zaunkönige, Buchfinken und Sperlinge nehmen dieses Futter gern an. Im Fachhandel kann man außerdem die verschiedenartigsten Mischungen für die Winterfütterung der Vögel kaufen.

Die Vogelfutterstelle im Garten soll immer so angelegt sein, daß Katzen hier nicht in einem plötzlichen Überraschungsangriff Vögel erbeuten können. Deshalb bietet man das Futter frei im Gelände an, mindestens einige Meter vom nächsten Gebüsch entfernt.

In manchen Jahren kommt es – vor allem gegen Ende eines feuchten und milden Winters – vor, daß an einer Futterstelle aufgeplusterte, kranke Vögel herumsitzen oder gar tote auf der Erde liegen. Ein solches Vogelsterben wird durch eine Infektion mit Salmonellen (Bakterien) verursacht. Ein kranker Vogel verseucht mit seinem Kot die Futterstelle, wo sich die Erreger infolge der milden Witterung rasch vermehren. Darauf infizieren sich weitere Besucher des Futterplatzes, so daß es schließlich zu einer regelrechten Epidemie kommt. Wer so etwas an seiner Futterstelle beobachtet, sollte sie sofort abbauen und den Boden wie auch die Geräte desinfizieren. Außerdem muß umgehend der zuständige Amtstierarzt verständigt werden.

Wasser zum Trinken und Baden

Vögel benötigen Wasser zum Leben; sie müssen trinken. Außerdem baden sie gern, vor allem im Sommer, wo sie sich oft bis auf die Haut durchnässen. Ein solches Bad gehört mit zur Gefiederpflege. Auch im Winter baden Vögel; allerdings durchnässen sie sich dann nicht so, daß sie auskühlen würden.

Die beste Möglichkeit, den Vögeln Wasser zu bieten, besteht darin, daß man im Garten einen Teich anlegt. Ein Ufer sollte so flach sein, daß hier den Vögeln ein Bad möglich ist. Auch können sie dort dann ohne weiteres trinken. Überdies ziehen ein Teich und die Pflanzen, die in ihm wachsen, zahlreiche Insekten an, die wiederum den Vögeln als Nahrung dienen.

Ein einfacher Futtertisch ohne Dach. An ihm ist eine halbierte Kokosnußschale mit einem Fett-Kleie-Gemisch sowie ein Säckchen mit einem Futterknödel aufgehängt. Das Drahtnetz am Pfahl soll verhindern, daß Mäuse heraufklettern

Wenn der Garten für einen Teich zu klein ist, erfüllt ein kleines Vogelbad den gleichen Zweck. Im Fachhandel sind Vogelbäder in den verschiedensten Größen erhältlich. Man kann sich aber auch selbst eine Wasserstelle herrichten, indem man eine flache Schale mit einem Durchmesser von etwa 30 cm in den Boden eingräbt. Wichtig ist, daß die Wasserstelle keine glatten Ränder hat. Nach Möglichkeit sollte sie unter einem ständig tropfenden Wasserhahn angebracht werden, damit sie ständig Wasser enthält. Tiefe Gefäße sind gefährlich. Ist eine Schale etwas tiefer, so legt man ein paar Steine hinein, die aus dem Wasser herausragen. In offenen Regentonnen bewahrt ein kleines Floß aus Brettchen die Vögel vor dem Ertrinken. Geeignet ist auch die Hälfte eines längsaufgeschnittenen Autoreifens, die man dann bis an den Rand im Boden eingräbt und mit Wasser füllt.

An heißen Sommertagen sollte man darauf achten, daß die Wasserstellen immer gefüllt sind. Bei Frost ist es im allgemeinen nicht notwendig, den Vögeln Wasser zu bieten; Schnee- und Eiskristalle werden dann anstelle von Wasser aufgenommen.

Nist- und Schlafplätze

Viele Bäume und Sträucher, die den Vögeln Nahrung bieten, stellen auch Nist- und Schlafplätze dar. Aber wenige Gärten sind so naturbelassen, daß sie natürliche Brutplätze enthalten. Ein guter Ersatz für Baumhöhlen sind Nistkästen. Einige Dutzend Vogelarten, die in Höhlen und Nischen brüten, nehmen künstliche Niststätten gern an, z. B. Meisen, Rotschwänze, Fliegenschnäpper, der Wendehals und sogar Eulen.

Die künstlichen Nisthöhlen sind verschieden groß und haben Einflugöffnungen von unterschiedlichem Durchmesser. So gibt es spezielle Nistkästen, die vor allem von Meisen angenommen werden und Fluglochweiten von 26 bzw. 32 mm haben. In Kästen mit dem größeren Flugloch gehen auch Kleiber, Fliegenschnäpper, Gartenrotschwänze, Wendehälse und Feldsperlinge hinein. Große Kästen mit einem Fluglochdurchmesser von etwa 9 bzw. 13 cm werden von höhlenbrütenden Eulen angenommen, z. B. vom Rauhfußkauz oder vom Waldkauz. Für den Steinkauz hat man spezielle Niströhren entwickelt, die an waagrechten Ästen befestigt werden.

Wenn man eine Ecke des Gartens verwildern läßt, so daß dort „Unkräuter" wie Disteln wachsen, schafft man natürliche Futterplätze für zahlreiche Vogelarten

Wer sich über die Ansiedlung von höhlenbrütenden Vögeln näher informieren will, der wende sich an den Deutschen Bund für Vogelschutz (Achalmstr. 33, 7014 Kornwestheim).

Künstliche Nisthöhlen können im Garten in Augenhöhe aufgehängt werden. Wenn die Gefahr besteht, daß Katzen diese Behausungen plündern, so empfiehlt es sich, die Kästen freischwebend an einem Ast aufzuhängen.

Viele Vogelarten brüten im Gebüsch oder in Bäumen. Die Amsel legt ihr Nest gern in Spalieren und Büschen an. Auch den Grünfinken kann man hier finden. Darüber hinaus sind Büsche und Bäume als Schlafplätze wichtig. Ein entsprechender Bewuchs im Garten ist geeignet, Vögel herbeizuziehen.

Vogelarten, die in Nischen brüten wie Hausrotschwänze, Bachstelzen und Grauschnäpper, suchen oft Winkel an Gebäuden. Man kann für sie aber auch an geschützten Stellen künstliche Halbhöhlen anbringen und sie damit zum Nisten veranlassen.

Für Schwalben bringt man an einer Hauswand unter der Dachtraufe oder in einem Stall künstliche Schwalbennester aus Holzbeton an. Außen brüten Mehlschwalben, im Innern von Gebäuden Rauchschwalben. Vor allem die Mehlschwalbe nimmt in den meisten Fällen ein künstliches Nest gern an.

Wo man Vögel beobachten kann

Die hier aufgeführten Gebiete stellen eine Auswahl aus vielen Reservaten und sonstigen vogelreichen Gegenden dar.

Bundesrepublik Deutschland

Sylt

Die Insel Sylt liegt vor der nördlichen Westküste Schleswig-Holsteins und ist mit ihr durch einen Eisenbahndamm verbunden. Besonders interessant ist das Rantumbecken, die Wattenlandschaft zwischen Sylt und dem Festland. Vor allem zur Zugzeit im Frühling und Herbst sind dort große Schwärme von Limikolen sowie von verschiedenen Entenarten zu beobachten. Das gleiche gilt für andere Schutzgebiete, z. B. für die Vogelkoje Kampen oder Gebiete im Norden von Sylt, bzw. an der schleswig-holsteinischen Westküste. Der Deutsche Bund für Vogelschutz (DBV) betreut hier einige Reservate. Weitere Auskünfte erhält man über den Landesverband Schleswig-Holstein des DBV (Nöthen 1–3, 2211 Oelixdorf).

Helgoland

Die Insel liegt etwa 60 km vom Festland entfernt in der Nordsee. Die Felsen im Norden und Westen der Insel sind die einzigen Brutplätze der Trottellumme und der Dreizehenmöwe in Deutschland. Beide Arten brüten hier in großen Kolonien. Außerdem ist auf Helgoland der Eissturmvogel zu beobachten; allerdings kommen immer nur wenige Paare vor. Auch der Tordalk hat hier schon gebrütet.

Zur Zugzeit rasten auf Helgoland große Scharen von Zugvögeln. Viele von ihnen werden von der Vogelwarte, die es dort gibt, beringt. Bei einem Aufenthalt auf der Insel empfiehlt sich auch ein Besuch dieses Instituts.

Schleswig-Holsteinische Seen

Die Seen in Schleswig-Holstein sind ornithologisch sehr interessant. Man kann dort unter anderem die letzten Seeadler Deutschlands bei der Jagd beobachten. Es ist allerdings nicht erlaubt, sich den streng geschützten Brutplätzen zu nähern; von diesen extrem bedrohten Vögeln soll jegliche Störung ferngehalten werden.

Auf den Seen kann man zahlreiche Entenarten betrachten und die Rohrweihe über das Schilf gaukeln sehen. In Schleswig-Holstein haben wir auch das westlichste Vorkommen des Sprossers in Mitteleuropa. Das Verbreitungsgebiet dieser Art überschneidet sich hier mit dem der Nachtigall.

Graswarder

Der Graswarder, ein Schutzgebiet des Deutschen Bundes für Vogelschutz, befindet sich bei Heiligenhafen an der Ostsee. Zahlreiche Möwen und Seeschwalben brüten hier. Der Besucher kann sich in einem Informationszentrum über einschlägige Fragen unterrichten, ehe er durch das Schutzgebiet geführt wird.

Fehmarn

Auf der Ostseeinsel Fehmarn, die durch die berühmte Fehmarnsundbrücke mit dem Festland verbunden ist, befindet sich das große, dem Deutschen Bund für Vogelschutz gehörende Wasservogelreservat Wallnau. Hier brüten unter anderem Rothalstaucher, Graugänse, Große Rohrdommeln und Bartmeisen. Zur Zugzeit ist der Fischadler ein regelmäßiger Gast.

Besucher werden zu bestimmten Zeiten im Reservat umhergeführt und können sich in einem Informationszentrum über die Vogelwelt in diesem Schutzgebiet und über besondere Fragen des Naturschutzes unterrichten lassen.

Wangerooge

Die Insel Wangerooge ist unter den Ostfriesischen Inseln im Hinblick auf den Vogelschutz besonders wichtig. Hier brüten in Schutzgebieten unter anderem Sumpfohreulen und Brandgänse. Zur Zugzeit wird die Insel von unzähligen Zugvögeln bevölkert.

Elbmündung

Das Mündungsgebiet der Elbe sowie die daran anschließenden küstennahen Gebiete des Wattenmeers sind vor allem für die Limikolen und Wasservögel wichtig.

Der Knechtsand südlich der Elbmündung ist der wichtigste Mauserplatz der Brandgans. Auf den Niederungswiesen brüten beispielsweise Säbelschnäbler, Uferschnepfen, Kampfläufer und Rotschenkel. Zur Zugzeit kann man dort zahlreiche Gänse- und Entenarten sowie Gold- und Kiebitzregenpfeifer beobachten.

Dümmer

Der Dümmer, ein flacher See mit Verlandungsbeständen nordöstlich von Osnabrück, steht unter Naturschutz. Er beherbergt zahlreiche Sumpfvogelarten, beispielsweise die Zwergdommel, die Große Rohrdommel und Rohrweihen. Auch Uferschnepfen, Kampfläufer und Trauerseeschwalben sind dort zu beobachten. Im Herbst und Winter halten sich vor allem zahlreiche Entenarten auf dem Dümmer-See auf.

In Norddeutschland sind weiterhin die Riddagshäuser Teiche bei Braunschweig und die Rieselfelder von Münster (Westf.) interessant.

Kühkopf

Der Kühkopf ist eine ausgedehnte Insel, die von einem Seitenarm des Rheins zwischen Worms und Mainz gebildet wird und überwiegend mit auwaldartiger Vegetation bedeckt ist. In diesem Schutzgebiet sind etwa 115 Brutvogelarten bekannt. Im Frühling hört man hier überall aus dem Buschwerk den Gesang der Nachtigall. Außerdem sind beispielsweise folgende Vogelarten zu beobachten: Zwergdommel, Schwarz- und Rotmilan, Graureiher, Haubentaucher und das Weißsternige Blaukehlchen.

Auwälder am Oberrhein

Unter den Landschaften am Oberrhein sind vor allem die Auwälder und ausgedehnte Wiesen zwischen Mannheim und Freiburg interessant. In den Auwäldern ist die Nachtigall häufig, während auf den Wiesen örtlich noch der Große Brachvogel vorkommt. Von besonderer Bedeutung ist das Schutzgebiet Taubergießen in der Nähe von Freiburg, wo man alljährlich größere Ansammlungen von Kormoranen beobachten kann.

Schwarzwald

In den ausgedehnten Nadelwaldungen des Schwarzwalds kann man unter anderem folgende Arten beobachten: Habicht, Auerhuhn, Sperlings- und Rauhfußkauz, Zeisig und Zitronengirlitz. An den Bergbächen leben Gebirgsstelzen und Wasseramseln. Kahle Flächen oberhalb der Baumgrenze, die sogenannten „Grinden", werden von Heidelerchen und Wiesenpiepern bewohnt. In den oberen Zonen des Waldgürtels lebt die Ringdrossel. Auf dem etwa 1500 m hohen Feldberg im südlichen Schwarzwald kann man sehr gut den Zitronengirlitz, den Wasserpieper und den Kolkraben beobachten.

Fährt man vom Feldberg die kurze Strecke nach Freiburg hinab, so trifft man dort auf das einzige Brutvorkommen des Alpenseglers in Deutschland.

Federsee

Der Federsee ist ein Endmoränensee in Oberschwaben bei Bad Buchau. Seine Uferzonen sind weit verlandet und mit entsprechender Vegetation bedeckt. Ein breiter Röhrichtgürtel säumt das offene Wasser. Die Umgebung des Sees bilden moorige Wiesen und kleine Wäldchen mit zahlreichen Birken.

Auf den Riedwiesen leben unter anderem der Große Brachvogel, das Braunkehlchen und der Feldschwirl, während in den Wäldchen Baumpieper, Fitisse und Weidenmeisen zu Hause sind. Im Röhricht des Sees, durch das ein Steg bis zum offenen Wasser und zu einem Beobachtungsstand des Deutschen Bundes für Vogelschutz führt, kann man Rohrammer, Teichrohrsänger, Bartmeisen und Rohrschwirle beobachten. Auf dem Wasser sind Haubentaucher, Bläß- und Teichhühner, Lachmöwen sowie verschiedene Entenarten zu sehen. Über dem Röhricht gaukelt nicht selten die Rohrweihe, und am Ufer sieht man regelmäßig Graureiher.

Auf dem Weg von Bad Buchau zum Federsee kommt man am Federsee-Museum vorbei, dessen Besuch sich lohnt.

Ismaninger Teichgebiet

Das Ismaninger Teichgebiet besteht aus künstlich angelegten Seen und befindet sich in Privatbesitz. Es liegt bei Ismaning im Norden von München und gehört zu den bedeutendsten Feuchtgebieten Deutschlands. Dort brüten beispielsweise Schwarzhalstaucher, verschiedene Entenarten – unter anderem die Kolbenente – und viele Lachmöwen. Auch die Bartmeise hat schon dort gebrütet.

Wer das Gebiet besuchen will, sollte sich vorher mit der Ornithologischen Gesellschaft in Bayern in Verbindung setzen (Kontaktadresse: Dr. W. Wüst, Hohenloher Str. 61, 8000 München).

Innstauseen

Nahe der deutsch-österreichischen Grenze befinden sich in Niederbayern die Innstauseen. Sie sind von auwaldartiger Vegetation umgeben. Vor allem im Herbst kann man dort große Ansammlungen von Wasservögeln beobachten. Aber auch zur Brutzeit kommen hier Arten vor, die in Mitteleuropa selten sind, z. B. Purpurreiher, Nachtreiher, Zwergdommeln, Flußseeschwalben, Beutelmeisen und

Schlagschwirle. Auch Stelzenläufer und Schwarzkopfmöwen wurden hier schon beobachtet.

Darüber hinaus gibt es noch weiter interessante Gebiete, die z. T. vom Deutschen Bund für Vogelschutz (DBV) betreut werden. Es empfiehlt sich, rechtzeitig Auskünfte bei der Bundesgeschäftsstelle des DBV, Achalmstr. 33, 7014 Kornwestheim, einzuholen.

Wollmatinger Ried

Der Untersee, ein Teil des Bodensees, ist ornithologisch besonders lohnend. Dort befindet sich das Wollmatinger Ried, ein mit dem Europadiplom ausgezeichnetes Naturschutzgebiet. In einem Naturschutz-Zentrum des Deutschen Bundes für Vogelschutz kann der Besucher sich über die Besonderheiten informieren und überdies an einer geführten Wanderung durch das Schutzgebiet teilnehmen.

Von den zu beobachtenden Vogelarten seien Haubentaucher, Schwarzhalstaucher, verschiedene Entenarten – vor allem Kolbenenten –, Graureiher, Flußseeschwalben und Rohrschwirle genannt.

Nationalpark Berchtesgaden

Der Nationalpark Berchtesgaden liegt in den bayerischen Alpen bei Berchtesgaden. Außer dem See selbst umfaßt er naturbelassene Bergwälder, Matten und Felslandschaften. Man kann dort unter anderem den Weißrückenspecht, den Dreizehenspecht, Sperlingskauz, Rauhfußkauz, Gänsesäger und Steinadler beobachten.

Neben dem Nationalpark sind noch weitere Gebiete im Bereich der bayerischen Alpen ornithologisch interessant, z. B. im Raum Garmisch-Partenkirchen, bei Oberammergau und im Raum Füssen.

Deutsche Demokratische Republik

Die Seen in Mecklenburg sind ornithologisch besonders interessant. Dort kommen beispielsweise die Kolbenente und die Graugans vor.

An den Müritzseen brütet der Seeadler.

An Teichen der Niederspree sieht man unter anderem Kraniche, Trauerseeschwalben und den Schwarzstorch.

Im Raum Görlitz brüten Seeadler, die Große Rohrdommel und die Blauracke.

Dänemark

Klægbanken und Tipperne

An der Westküste Jütlands, am südlichen Teil des Ringkøbingfjords, liegen die Reservate Klægbanken und Tipperne. Zusammen umfassen sie ungefähr 300 ha. Im Winter findet man hier in großer Zahl Sing- und Zwergschwäne, Kurzschnabelgänse, Bläßgänse, Graugänse und Ringelgänse sowie viele Entenarten – alles in allem ungefähr 50000 Wasservögel.

Niederlande

Texel

Texel in Nordholland ist eine außergewöhnliche Vogelinsel. Auf ihr befinden sich Naturschutzgebiete, die insgesamt viele Tausend Hektar groß sind.

Unter anderem brüten hier Lachmöwen, Flußseeschwalben, Brandseeschwalben, Küstenseeschwalben, Zwergseeschwalben, Eiderenten, Kiebitze und Austernfischer. Zur Zugzeit wird die Insel von zahlreichen anderen Vogelarten besucht.

Zwanenwater

Auf der Gemarkung Callantsoog in Nordholland liegt eine unberührte, 592 ha große Dünenlandschaft. Der Zugang ist auf einen markierten Wanderpfad beschränkt. Dieses verhältnismäßig kleine Gebiet ist bemerkenswert reich an Brutvögeln, unter denen Löffler, Rohrdommeln, Rohrweihen, Lachmöwen, Sturmmöwen, Brandgänse, Rohrammern und Heckenbraunellen zu nennen sind.

Im Herbst kann man hier unter anderem Wintergoldhähnchen, Bergfinken, Zeisige, Sperber und Eichelhäher sehen.

Fochteloër Veen

Das ungestörte Torfmoor liegt im Grenzgebiet zwischen den Provinzen Friesland und Drenthe; es gehört zur Gemarkung Ooststellingwerf und umfaßt 1660 ha. Das eigentliche Torfmoor darf nur im Zusammenhang mit wissenschaftlichen Untersuchungen betreten werden; aber von dem Fahrradweg aus, der von Appelscha nach Veenhuizen durch das Gebiet führt, bekommt man einen guten Eindruck von dem Reservat.

Das Zentrum des lebenden Torfmoors ist von feuchtem und trockenem Heideland umgeben. Dieses stellt einen wichtigen Brut-

0
100
200km
Klægbanken
und Tipperne
Sylt
Fehmarn
Helgoland
Schleswig-
Holsteinische Seen
Graswarder
Wangerooge
Elbmündung
Mecklenburgische
Seenplatte
Hamburg
Texel
Fochteloër
Veen
Müritzseen
Zwanenwater
Oostvaarders-
plassen
Weerribben
und De Wieden
Amsterdam
Dümmer
Riddagshäuser
Teiche
Naardermeer
Hoge
Veluwe
Berlin
Teiche der Niederspree
Oder
Veerse Meer
Rieselfelder
von Münster
Elbe
Verdronken Land
van Saaftinge
Groote Peel
Hofstade
Brüssel
Görlitz
Rhein
Grimonster
Deutsch-
luxemburgischer
Naturpark
Frankfurt
De Cussignière
Luxemburg
Kühkopf

platz für Birkhühner dar, aber auch Brachvögel und viele wiesenbewohnende Arten brüten hier.

Weerribben und De Wieden

Diese beiden Sumpf- und Torfmoorgebiete in Nordwest-Overijssel liegen dicht beieinander und wurden zusammengeschlossen. (Weerribben ist 2960 ha, De Wieden 2416 ha groß.) Damit stellen sie das ausgedehnteste Sumpfgebiet im nordwestlichen Mitteleuropa dar. Dort brüten unter anderem Purpurreiher, Rohrdommeln, Rohrweihen, Rohrschwirle, Haubentaucher und Trauerseeschwalben.

De Wieden gehört der Naturschutzverwaltung; es gibt hier ein Besucherzentrum in der Nähe von Sint-Jansklooster. De Weerribben ist ein staatliches Naturschutzgebiet und hat ein Besucherzentrum in der Nähe von Ossenzijl. Es gibt einige Entenkauen in diesem Gebiet, die unter bestimmten Bedingungen besucht werden können.

Oostvaardersplassen

An das 3500 ha große Sumpfgebiet am Ijsselmeer zwischen Almere und Lelystad in Gelderland schließen sich offenes Wasser, Schilfbestände und Weiden an. Es kann nicht betreten werden, aber von den Deichen Knardijk und Oostvaardersdijk hat man einen guten Überblick über das Gelände. Im Gebiet selbst befindet sich eine Beobachtungshütte, die vom Knardijk aus zugänglich ist. Oostvaardersplassen ist ungeheuer vogelreich und mit seinen Löffler- und Kormorankolonien sowie als Rastplatz für viele tausend Gänse international von großer Bedeutung. Dort befindet sich auch der wichtigste Mauserplatz der Graugans in Europa, und in der Zugzeit kommen Zehntausende von Limikolen und Enten dorthin.

Arten, die lange Zeit nicht mehr in den Niederlanden gebrütet haben, siedeln sich hier wieder an, z. B. die Graugans und der Seidenreiher. Überdies kommen Rohrweihen, Nachtreiher, Schnatterenten, Blaukehlchen und Bartmeisen vor.

Naardermeer

Dieser natürliche See liegt westlich von Naarden in Nordholland und ist 759 ha groß. Mitglieder der Naturschutzgesellschaft können das Naardermeer auf Anfrage einmal im Jahr besuchen. Das Reservat beherbergt Kolonien von Löfflern, Uferreihern und die größte Kormorankolonie in Europa (baumbrütende Kormorane). Außerdem gibt es hier Rohrdommeln, Rohrweihen und Trauerseeschwalben.

Hoge Veluwe

Das 5450 ha große Gebiet zwischen Hoenderloo, Otterlo und Schaarsbergen in Gelderland besteht aus Wirtschaftswäldern, Wanderdünen und Brachland. Dieser Nationalpark ist besonders wegen seiner Wildschweine, Rehe, Rothirsche und Mufflons berühmt; er beherbergt aber außerdem 80 Arten von Brutvögeln. Unter diesen sind zu beobachten: Meisen, Gartenrotschwänze, Kleiber, Gartenbaumläufer, Grünspecht, Habicht, Sperber, Fischadler, Raubwürger, Pirol, Birkhuhn, Türkentaube und Kernbeißer.

Veerse Meer

Der über 2000 ha große See in Seeland liegt nördlich von Walcheren und Südbeveland. Hier befindet sich ein Erholungsgebiet, das auch einige Naturschutzgebiete umfaßt. Wege und Straßen können hier allgemein benutzt werden.

Vom Muidenweg aus kann man gut die Vögel auf der Middel Platen beobachten, einem Gebiet mit 315 ha Schlammflächen. Unter anderem sieht man Säbelschnäbler, Löffelenten und Küstenseeschwalben als Brutvögel. Im Winter sind dort Bläßgänse, Weißwangengänse und Pfeifenten zu sehen. Auch Kampfläufer, Pfuhlschnepfen, Regenbrachvögel, Steinwälzer und Grünschenkel gibt es dort.

Verdronken Land van Saaftinge

Das 2580 ha große Naturschutzgebiet in Seeland besteht aus Brackwasserflächen im Gezeitenbereich. Es zieht sich an der Westerschelde auf der Gemarkung Hulst hin. Der südwestliche Teil ist öffentlich zugänglich; überdies kann man auch Exkursionen organisieren.

Während des ganzen Jahres ist dieser Bereich ein international wichtiges Vogelgebiet, in dem unter anderem Zehntausende von Lachmöwen, Tausende von Silbermöwen und Hunderte von Flußseeschwalben brüten. Weitere Brutvögel sind Säbelschnäbler, Kampfläufer, Wasserrallen, Rohrweihen und manchmal Schwarzkopfmöwen. Als Wintergäste finden sich hier Tausende von Enten und Gänsen ein.

Groote Peel

Das Torfmoor mit einer Größe von etwa 959 ha ist in Nordbrabant zwischen Asten und Nederweert gelegen; es umfaßt große

Zwanenwater
Oostvaarders-plassen
Amsterdam
Naardermeer
Weerribben und De Wieden
Dümmer
Riddagshäuser Teiche
Berlin
Hoge Veluwe
Teiche der Niederspree
Oder
Veerse Meer
Rieselfelder von Münster
Elbe
Verdronken Land van Saaftinge
Groote Peel
Hofstade
Brüssel
Görlitz
Rhein
Grimonster
Deutsch-luxemburgischer Naturpark
Frankfurt
De Cussignière
Luxemburg
Kühkopf
Paris
Auwälder am Oberrhein
Stuttgart
Orléans
Ismaninger Teichgebiet
Schwarzwald
Federsee
München
Innstauseen
Donau
Wien
Wollmatinger Ried
Klingnauer Stausee
Neusiedler See
Sologne
Rheindelta
Nationalpark Berchtesgaden
Zürich
Innsbruck
Rauristal
Champ-Pittet
Bern
Großglockner
Schweizerischer Nationalpark
Les Grangettes

Wasserflächen. Straßen und Wege in diesem Gebiet sind grundsätzlich der Öffentlichkeit zugänglich; doch ist ein großer Teil während der Brutzeit und der Zugzeit der Vögel für die Öffentlichkeit gesperrt.

Im Groote Peel gibt es einige Lachmöwenkolonien, und viele Sumpf- und Wasservögel sind hier zu Hause, z. B. Haubentaucher, Zwergtaucher, Wasserrallen und Uferschnepfen. Zur Zugzeit ist das Gebiet ein Rastplatz für Saatgänse und Kraniche. Ein Besucherzentrum „Mijl op Zeven“ befindet sich in der Nähe des Eingangs in Ospel bei Moostdijk 8.

Belgien

De Cussignière

Dieses 17 ha große Reservat liegt in der Provinz Luxemburg, südlich von Musson. In dem Sumpfgebiet sind zahlreiche Vogelarten zu Hause.

Unter anderem brüten hier Wiesenweihe, Raubwürger, Wasserralle, Bekassine, Rohrschwirl, Feldschwirl, Braunkehlchen, Pirol, Nachtigall und Neuntöter. Ziemlich regelmäßige Besucher sind Wiedehopf, Roter und Schwarzer Milan, Rotkopfwürger, Rohrweihe, Kornweihe, Mäusebussard und Kranich.

Grimonster

Die Domäne Grimonster, 3 km nordöstlich von Ferrières in der Provinz Lüttich gelegen, befindet sich in Privatbesitz. Das mehr als 1000 ha große Reservat kann in Begleitung eines Führers betreten werden. In dem hügeligen, waldreichen Gebiet findet man neben den sonst verbreiteten Waldvögeln noch Berglaubsänger, Klein- und Mittelspechte, Wasseramseln und Waldkäuze.

Hofstade

In dem staatlichen Vogelschutzgebiet in Brabant, südöstlich der Stadt Hofstade, gibt es zahlreiche Teiche. In Schilfgras- und Rohrkolbengürteln brüten verschiedene Wasservogelarten, und im Winter halten sich hier viele Enten auf.

Um die Teiche herum geht das Gehölz allmählich in einen 120 ha großen Wald über: ins Reservat Terlinden, das besonders viele Singvögel (u. a. Nachtigallen und Pirole) und einige Turmfalken beherbergt.

Luxemburg

Deutsch-luxemburgischer Naturpark

In Luxemburg sind Limikolen und Stelzenläufer sehr selten, weil größere Gewässer fehlen. Da das Land aber recht waldreich ist, kann man hier sehr viele Waldvögel beobachten.

Luxemburg liegt großenteils innerhalb des Deutsch-luxemburgischen Naturparks, zu dem auch ein Teil der sich anschließenden Eifel gehört. Der Park ist zwar kein Naturreservat, doch ist er landschaftlich sehr schön. In seinen weiten Wäldern sind Mäusebussarde, Waldbaumläufer, Spechte und gelegentlich auch einmal der Wendehals zu Hause.

Schweiz

Klingnauer Stausee

Das drei Kilometer lange Aare-Staubecken zwischen Koblenz (am Rhein) und Döttingen weist ausgedehnte Untiefen und Schlickbänke auf. Zwischen den Wasserrinnen breitet sich Bruchwald aus. Diese Gegend, vor allem auf der Westseite des Stausees, ist ein beliebtes Beobachtungsgebiet.

Im Herbst und Frühling sieht man hier Schnepfen, Wasserläufer- und Regenpfeiferarten. Stockenten, Reiher-, Tafel- und Krickenten überwintern dort, etwas weniger häufig auch Spieß-, Löffel- und Schellenten sowie verschiedene Limikolen.

Champ-Pittet

Am Südwestufer des Neuenburger Sees, zwischen Yverdon und Yvonand, befindet sich eine Verlandungszone mit Röhricht, Schilf, Riedwiesen und Lehrpfaden für den Besucher.

Hier brüten Bekassinen, Haubentaucher, Zwergdommeln, Drosselrohrsänger sowie Feld- und Rohrschwirle.

Les Grangettes

Das Mündungsdelta der Rhône in den Genfer See, westlich von Villeneuve, mit seinen alten Flußläufen und dem Schwemmgebiet mit Sumpf und Bruchwald ist ein Brutgebiet für Wasserrallen, Eisvögel, Nachtigallen, Pirole und mehrere Rohrsängerarten. Im Winterhalbjahr rasten hier Zugvögel und Wintergäste wie Reiher, Wasser- und Strandläuferarten.

Schweizerischer Nationalpark

Der Nationalpark im Unterengadin, zwischen Zernez und dem Ofenpaß, stellt das größte Naturreservat der Schweiz dar. Er liegt in einer Höhe von 1700–3100 m und ist 168 km^2 groß. Etwa die Hälfte davon liegt oberhalb der Baumgrenze.

Hier brüten, vor allem im Frühsommer, viele Arten der alpinen Region. Gut zu beobachten sind Steinadler, das Alpenschneehuhn und das Birkhuhn, etwas schwieriger Auerhuhn und Steinhuhn. Schwarz- und Dreizehenspechte sind relativ selten, ebenso Mauerläufer.

Häufig sind hingegen Felsenschwalben, Wasserpieper, Alpenbraunellen, Steinschmätzer, Ring- und Misteldrosseln, Birkenzeisige, Fichtenkreuzschnäbel, Schneefinken und Tannenhäher.

Österreich

Rheindelta am Bodensee

Der Rhein bildet bei seinem Eintritt in den Bodensee ein Delta mit ausgedehnten Sumpflandschaften. Dieses Gebiet im Bundesland Vorarlberg – bis in die Schweiz hinein – ist ornithologisch eines der wesentlichsten in Mitteleuropa. Hier brüten Zwergdommeln, Brachvögel, Bekassinen und verschiedene Rohrsängerarten, deren Lebensraum Riedwiesen, Flußmündungen und offenes Süßwasser sind.

Im Winterhalbjahr und zur Zugzeit wird das Rheindelta von zahlreichen Durchzüglern aufgesucht. Unter ihnen befinden sich viele Limikolen, Enten- und Gänsearten, der Kormoran und, regelmäßiger, der Zwergschwan. Sogar den Weißschwanz-Steppenkiebitz und den Mongolenregenpfeifer, deren Heimat Asien ist, hat man schon festgestellt.

Großglockner

Der Großglockner bietet hervorragende Möglichkeiten zur Beobachtung von Hochgebirgsvögeln. In der Umgebung des Großglocknerhauses sieht man Alpendohlen, Schneefinken, Alpenbraunellen, Wasserpieper und Kolkraben.

Bei Wanderungen in der Umgebung kann man Alpenschneehühner sehen. In tieferen Lagen, etwa beim Kaisereck, gibt es Steinrötel. Auch Ringdrosseln und Birkenzeisige kommen dort vor.

Rauristal

Das Tal bei dem Dorf Rauris in den Hohen Tauern ist vor allem deswegen erwähnenswert, weil dort regelmäßig zahlreiche Gänsegeier übersommern. Die Vögel kommen in erster Linie aus Jugoslawien, um auf den Bergmatten nach Nahrung zu suchen. Der World Wildlife Fund unterhält dort zusätzlich einen Futterplatz für die Geier.

Neben den Gänsegeiern sind dort auch andere typische Bergvögel wie Kolkraben und Steinadler zu beobachten.

Neusiedler See

Bei der Stadt Neusiedl im Burgenland, südöstlich von Wien, liegt der Neusiedler See, ein flacher, von einem breiten Schilfgürtel umgebener Steppensee. Im Südosten, im sogenannten Seewinkel zwischen dem See und der ungarischen Grenze, befinden sich zahlreiche flache Teiche mit sodahaltigem Wasser, die „Laken“.

Im gesamten Gebiet sind Graugänse sehr häufig. Überdies kann man Löffler, Seiden- und Silberreiher regelmäßig beobachten. Im Schilfwald ist die Rohrweihe ein relativ häufiger Brutvogel.

Im Seewinkel gibt es noch ein restliches Stück Pußtalandschaft, in dem unter anderem die Großtrappe und die Sumpfohreule vorkommen. Im buschreichen Gelände lebt die Sperbergrasmücke, während im Obstbaumgelände der Blutspecht und der Schwarzstirnwürger zu Hause sind.

Infolge starker Eingriffe des Menschen in die Landschaft sind eine Reihe von Vogelarten in den letzten Jahren stark zurückgegangen.

Frankreich

Sologne

Die Sologne, südlich von Orleans gelegen, ist 375 000 ha groß und besteht aus zahlreichen kleinen Seen und Teichen, ferner aus Röhrichtbeständen, sandigen Ebenen und Wäldern.

Hier brüten Kiebitze, Rohrweihen, Korn- und Wiesenweihen, Trauerseeschwalben und Weißbartseeschwalben, Sumpfohreulen und verschiedene Taucher-, Reiher- und Entenarten.

Fachausdrücke

Achselfedern Befiederung in der Achselgegend unter dem Flügel
Adult Erwachsener, geschlechtsreifer Vogel mit vollentwickeltem Federkleid
Alterskleid Federkleid adulter Vögel
Armschwingen Schwungfedern im hinteren Teil des Flügels; sie setzen am Armteil an
Augenring Ringförmige, auffällige Befiederung um das Auge
Augenstreif Heller oder dunkler Streif durch das Auge
Avifauna Vogelwelt eines bestimmten Gebietes
Balz Auffällige Handlungen, vor allem des Männchens, bei der Werbung um den Partner
Balzflug Auffällige Flugweise in oder über dem Brutrevier; manchmal mit Lautäußerungen verbunden
Bartstreif Auffälliger Streif vom Schnabelwinkel schräg abwärts
Brutkleid Besonders auffallend gezeichnetes oder gefärbtes Federkleid vor bzw. während der Brutsaison
Brutfleck Federlose Zone mit verdickter Haut in der Bauchgegend, die während der Bebrütungszeit ausgebildet ist
Brutparasit Vogel, der seine Eier in die Nester von Vertretern anderer Arten legt und diesen die Aufzucht der Jungen überläßt (z. B. Kuckuck)
Bürzel Zone zwischen Unterrücken und Schwanzansatz
Daune Meist bei Entenvögeln ausgebildete, wollig wirkende Feder. Weibliche Enten rupfen sich solche auf der Unterseite wachsenden Federn aus, um damit das Nest zu polstern
Decken Zum Kleingefieder zählende Federn, welche Zonen an den Flügeln und am Schwanz bedecken
Dialekt Örtliche Variation des Gesangs einer Vogelpopulation
Dune Erste Befiederung verschiedener Jungvögel, z. B. von Hühnern und Enten
Durchzügler Vogelart, die Mitteleuropa lediglich auf dem Zug besucht und sich hier meist nur kurzfristig aufhält
Fahne Partie einer Schwungfeder, die am Federkiel ansetzt
Flügelbinde Meist helle Binde über dem Flügel
Flügelkante, Flügelbug Vorderer Rand des Flügels
Flügelstreif Auffallender Streif über den Flügel
Genist Angeschwemmte, abgestorbene Pflanzenteile
Gesang Auffällige Lautäußerung des Männchens, die in erster Linie dazu dient, das besetzte Revier anzuzeigen und ein Weibchen anzulocken
Großgefieder Schwungfedern (Hand- und Armschwingen) und Schwanzfedern (Steuerfedern)
Hackordnung Rangordnung innerhalb einer Vogelgruppe
Handschwingen Die ersten (meist zehn) Schwungfedern, die am Handteil des Flügels ansetzen
Hassen Heftige Reaktion von Vögeln gegenüber Feinden. Beim Hassen stoßen die Vögel schimpfende Laute aus und versammeln sich oft in größerer Zahl um den Feind
Immatur Ausgewachsener, aber noch nicht geschlechtsreifer Jungvogel mit einem Federkleid, das vom Alters- und Jugendkleid abweicht
Invasionsvogel Vogelart, die in manchen Jahren invasionsartig aus anderen Gebieten nach Mitteleuropa kommt
Jahresvogel Vogelart, die das ganze Jahr über im Brutgebiet bleibt
Jugendkleid Federkleid, das Jungvögel beim Verlassen des Nestes und kurze Zeit danach tragen
Juvenil Jungvogel im Jugendkleid
Kleingefieder Befiederung von Körper und Kopf inklusive der Deckfedern von Flügel und Schwanz
Kloake Afteröffnung der Vögel, in die sowohl der Enddarm als auch Harn- und Geschlechtsorgane münden
Kropf Häutige Ausstülpung der Speiseröhre
Kropfmilch Käseartige, weißliche Substanz, die im Kropf der Tauben produziert wird
Limikolen Schnepfen und regenpfeiferartige Sumpfvögel, die sich mit Vorliebe auf schlammigem Grund aufhalten
Mauser Periodischer Wechsel des Federkleides
Nestflüchter Jungvogel, der bereits wenige Stunden nach dem Schlüpfen das Nest verläßt (z. B. Hühner)
Nesthocker Jungvogel, der meist wochenlang im Nest bleibt
Phase Bestimmte Variation der Gefiederfärbung bei einer Vogelart
Platzhocker Jungvogel, der sich bereits kurz nach dem Schlüpfen vom Brutplatz entfernen kann, aber trotzdem einige Tage lang dort verharrt (z.B. Möwe)
Polygam Ein Männchen, das sich mit mehreren Weibchen verpaart bzw. sie nur begattet
Population Gesamtheit der Vögel einer bestimmten Art in einem begrenzten Gebiet
Prachtkleid Brutkleid adulter Vögel, vor allem der Männchen
Rasse Bezeichnung für eine Unterart (oder Subspezies) einer Vogelart, die geographisch oder ökologisch von einer anderen abgetrennt ist und sich von ihr im Äußeren geringfügig unterscheidet (z. B. Rabenkrähe – Nebelkrähe)
Ruhekleid Federkleid adulter Vögel außerhalb der Brutzeit
Scheinmauser Scheinbarer Gefiederwechsel, der aber nur durch Abschuppen der äußeren Federränder hervorgerufen wird (z. B. bei Star und Buchfink)
Schlichtkleid → Ruhekleid
Schulterfedern Befiederung des Flügels in der Schultergegend
Sommervogel Vogelart, die nur zur Brutzeit (im Sommerhalbjahr) in einem bestimmten Gebiet vorkommt
Spiegel, Flügelspiegel Auffallend gefärbte Zone in den Armschwingen bei Enten
Steuerfedern Schwanzfedern
Subspezies → Rasse
Teilzieher Vogelart, bei der nur ein Teil der Population (s. d.) nach der Brutzeit wegzieht, ein anderer Teil aber im Brutgebiet bleibt
Territorium Revier, das ein Männchen oder ein Vogelpaar in der Brutzeit besetzt hat
Überaugenstreif Streif an den Kopfseiten über dem Auge
Unterart → Rasse
Wachshaut Unbefiederte Zone am Grund des Oberschnabels, vor allem bei Greifvögeln
Weibchenkleid Federkleid des Vogelweibchens
Wintergast Vogelart, die sich nur im Winterhalbjahr als Gast in Mitteleuropa aufhält
Winterkleid In den meisten Fällen das Ruhekleid der Vögel, bei Enten aber meist das Brutkleid bzw. das Prachtkleid

Register

Halbfette Seitenzahlen weisen auf einen Haupteintrag hin

Bildnachweis

Illustratoren

Umschlag: N. Arlott · 3, 8–17 J. Busby · 18–23 N. Arlott, H. Heinzel, P. Oxenham · 24–25 J. Russell · 26–33 J. Francis · 34–37 T. Boyer · 38–39 T. Hayward · 40–45 R. Gillmor · 46–49 R. Morton · 50–51 S. Milne · 52–57 S. Adams · 58–79 R. Morton · 80–99 K. Wood · 100 T. Boyer · 101–106 T. Hayward · 107 R. Gillmor · 108 T. Boyer · 109–113 T. Hayward · 114–119 J. Francis · 120 R. Morton · 121–137 T. Boyer · 138–141 T. Hayward · 142–147 R. Morton · 148–153 J. Francis · 154–177 T. Boyer · 178–181 T. Hayward · 182–183 P. Barrett · 184–191 T. Boyer · 192–194 R. Morton · 195 P. Barrett · 196–205 R. Morton · 206–208 N. Arlott · 209–210 D. W. Ovenden · 211 N. Arlott · 212 D. W. Ovenden · 213–214 N. Arlott · 215–216 D. W. Ovenden · 217 R. Morton · 218 D. W. Ovenden · 219 P. Barrett · 220 R. Morton · 221–227 P. Barrett · 228–268 N. Arlott · 269–287 K. Wood · 288–297 R. Morton · 298–299 N. Arlott · 300–301 J. Russell · 306–307 M. Loates

Fotografen

26 G. Ziegter/B. Coleman · 27 D. M. Turner-Ettlinger/NSP · 28 J. B. & S. Bottomley/Ardea · 29 J. A. Bailey/Ardea · 30 E. Hosking · 31 J. A. Bailey/Ardea · 32 S. C. Porter/B. Coleman · 33 A. Fatras/Ardea · 34 B. Hawkes · 35 R. Vaughan/Ardea · 37 M. Richards/RSPB · 38 T. Angermayer · 39 J. Good/NHPA · 41 J. Buckingham · 43 J. Markham/B. Coleman · 44 W. Layer/Photo-Center · 45 Dr. C. König · 46 J. P. Laub/Ardea · 47 J. B. Blossom/Wildfowl Trust · 48 J. Markham/B. Coleman · 49 L. Lee Rue/B. Coleman · 50 R. Williams/B. Coleman · 51 D. & H. Urry/B. Coleman · 52 M. D. England/Ardea · 53 S. Krasemann/NHPA · 54 P. Scott/NHPA · 55 R. J. C. Blewitt/Ardea · 56 M. C. Wilkes/Aquila · 57 G. Quedens · 59 L. R. Dawson/B. Coleman · 60 P. T. Castell/Aquila · 61 G. K. Brown/Ardea · 62 P. T. Castell/Aquila · 63 J. Dermid/B. Coleman · 64 G. Quedens · 65 J. & C. Bartlet/B. Coleman · 66 R. F. Porter/Ardea · 67 M. Richards/RSPB · 68 P. Scott · 69 G. Ziesler/Jacana · 70 Naturfoto · 71 B. Hawkes · 73 B. Gensbol/Naturfoto · 74 J. B. Blossom/Wildfowl Trust · 75 G. Langsbury/B. Coleman · 76 G. K. Brown/Ardea · 77 P. Scott/NHPA · 80 H. Reinhard/B. Coleman · 81 Dr. C. König · 82 P. T. Castell/Aquila · 83 F. V. Blackburn · 84 E. Hosking · 85 E. Martomäki/NHPA · 86 R. J. C. Blewitt/Ardea · 87 P. T. Castell/Aquila · 88 F. V. Blackburn · 89 J. Jeffery/NHPA · 90 Th. Neumann/WWF-Deutschland, Naturschutzstelle Nord · 91 M. Richards/RSPB · 92 M. C. Wilkes/Aquila · 93 D. Green/B. Coleman · 94 F. V. Blackburn/Aquila · 95 B. Hawkes · 100 Schrempp/Photo-Center · 101 C. Ott/B. Coleman · 102 P. T. Castell/Aquila · 103 P. T. Castell/Aquila · 104 D. N. Dalton/NHPA · 105 M. C. Wilkes/Aquila · 106 H. Reinhard/B. Coleman · 107 Meyers/Photo-Center · 108 A. Thau/Bavaria · 109 E. Hosking · 110 A. Fatras/Ardea · 111 H. Reinhard/B. Coleman · 112 E. Hosking · 113 J. A. Bailey/Ardea · 116 R. Volot/Jacana · 117 A. J. Deane/B. Coleman · 118 C. Knights/Ardea · 119 D. Green/Aquila · 120 Dr. C. König · 121 F. V. Blackburn · 122 E. H. Herbert/NSP · 123 R. Vaughan/Ardea · 124 R. Vaughan/Ardea · 125 B. Hawkes · 126 G. Langsbury/B. Coleman · 127 L. R. Davidson/B. Coleman · 128 G. J. H. Moon/F. Lane · 129 P. Varin/Jacana · 130 A. J. Deane/B. Coleman · 131 L. R. Dawson/B. Coleman · 132 S. Welch/Aquila · 133 J. van Wormer/B. Coleman · 137 B. Coleman · 138 T. Schmidt/Naturfoto · 139 H. Zettl/Okapia · 140 S. C. Porter/B. Coleman · 141 S. Dalton/NHPA · 142 E. Hosking · 143 T. Andrewartha/Aquila · 144 Hagemann/Anthony · 145 R. J. C. Blewitt/Ardea · 146 J. & D. Bartlett/B. Coleman · 147 C. Smith/Aquila · 150 A. Rainon/Jacana · 151 C. R. Knights/Ardea · 152 P. Burton · 153 M. H. Jensen/Naturfoto · 154 F. Erize/B. Coleman · 155 E. Hosking · 156 C. K. Mylne/Ardea · 157 J. A. Bailey/Ardea · 158 S. C. Brown/Aquila · 159 P. Burton · 160 D. & K. Urry/B. Coleman · 161 H. A. Hems/Aquila · 162 L. R. Dawson/B. Coleman · 163 L. R. Dawson/B. Coleman · 168 U. Hirsch/B. Coleman · 169 Limbrunner/Lindenburger · 170 D. Middleton/B. Coleman · 171 B. Hawkes · 172 G. J. Wren/OSF · 173 J. A. Bailey/Ardea · 176 J. Buckingham · 177 P. Burton · 178 G. Quedens · 179 R. J. C. Blewitt/Ardea · 180 R. T. Smith/Ardea · 181 D. N. Dalton/NHPA · 183 F. V. Blackburn · 184 A. Dalton/NHPA · 185 H. Reinhard/Mauritius · 186 S. Dalton/NHPA · 187 H. Reinhard/T. Angermayer · 188 Schrempp/Photo-Center · 189 E. Breeze-Jones/B. Coleman · 190 J. Burton/B. Coleman · 191 E. Breeze-Jones/B. Coleman · 192 F. V. Blackburn/Aquila · 193 U. Bergrens/Ardea · 195 J. Daniels/Ardea · 196 P. Burton · 197 R. J. C. Blewitt/Ardea · 198 M. C. Wilkes/Aquila · 199 S. Dalton/NHPA · 201 H. Reinhard/T. Angermayer · 203 A. J. Bond/Aquila · 204 F. V. Blackburn · 205 S. Dalton/B. Coleman · 206 J. A. Bailey/Ardea · 207 G. Wren/OSF · 208 Zingel/Okapia · 209 J. Markham/B. Coleman · 210 J. A. Bailey/Ardea · 211 Dr. C. König · 212 R. Vaughan/Ardea · 213 Siegel/Anthony · 214 Reinhard/Mauritius · 215 S. Dalton/NHPA · 216 F. V. Blackburn/Aquila · 217 Schlattau/Anthony · 218 G. Ziesler/B. Coleman · 219 J. B. Blossom/Wildfowl Trust · 220 Müller/Bio-Info · 221 Dr. C. König · 222 B. Hawkes · 223 J. A. Bailey/Ardea · 224 Nardin/Jacana · 225 Schrempp/Photo-Center · 226 P. T. Castell/Aquila · 227 F. V. Blackburn · 228 A. Ducrot/Jacana · 229 E. Breeze-Jones/B. Coleman · 230 S. Dalton/B. Coleman · 231 E. Hosking. 232 F. V. Blackburn · 233 L. Daschitz · 234 D. Middleton/B. Coleman · 235 P. Laub/Ardea · 236 S. Dalton/NHPA · 237 W. Layer/Photo-Center · 238 G. Ziesler/T. Angermayer · 240 F. V. Blackburn · 241 J. A. Bailey/Ardea · 242 F. V. Blackburn · 243 P. Burton · 244 S. C. Porter/B. Coleman · 245 M. D. England/Ardea · 246 J. Markham/B. Coleman · 247 H. Reinhard/B. Coleman · 248 R. T. Smith/Ardea · 249 Dr. C. König · 250 J. Good/NHPA · 251 P. Laub/Ardea · 252 D. Green/Aquila · 253 S. C. Brown/Aquila · 254 H. Reinhard/B. Coleman · 255 J. Buckingham · 256 E. A. Janes/Aquila · 257 D. Zingel/F. Lane · 258 J. Lindenburger · 259 R. Berger/T. Angermayer · 260 A. W. Cundall/NSP · 261 E. Hanson/Naturfoto · 262 D. Hosking · 263 S. Dalton/NHPA · 264 K. J. Carlson/Ardea · 265 N. Duerden/F. Lane · 266 J. Markham/B. Coleman · 267 W. Layer/Photo-Center. 268 I. Beames/Ardea · 269 F. V. Blackburn · 270 S. Dalton/NHPA · 271 R. T. Smith/Ardea · 272 J. Markham/B. Coleman · 273 E. Breeze-Jones/B. Coleman · 274 J. Daniels/Ardea · 275 S. C. Porter/RSPB · 276 J. & A. Clare/B. Coleman · 277 F. Greenaway/NSP · 278 M. C. Wilkes/Aquila · 279 J. A. Bailey/Ardea · 280 E. Hosking · 281 H. Gundel/Bavaria · 282 B. Hawkes · 283 R. Foster/Aquila · 284 F. V. Blackburn · 285 D. M. Turner-Ettlinger/NSP · 286 R. K. Murton/B. Coleman · 287 G. Gensbol/Naturfoto · 288 T. Andrewartha/Aquila · 289 L. R. Dawson/B. Coleman · 290 M. D. England/Ardea · 291 B. Gensbol/Naturfoto · 292 J. Markham/B. Coleman · 293 B Bevan/Ardea · 294 S. C. Porter/B. Coleman · 295 R Volet/Jacana · 296 C. J. Ott/B. Coleman · 297 Rademacher/Okapia

NHPA – Natural History Photographic Agency · NS – Natural Science Photos · OSF – Oxford Scientifi Films · RSPB – Royal Society for the Protection c Birds